百年城市规划史

让都市回归都市

献给克拉拉、凯瑟琳和约瑟夫

百年城市规划史

让都市回归都市

[德] 沃尔夫冈·桑尼 (Wolfgang Sonne) / 著

付云伍 / 译　　王国庆 / 审校

广西师范大学出版社
·桂林·

著作权合同登记号桂图登字:20－2017－173 号

图书在版编目(CIP)数据

百年城市规划史：让都市回归都市／(德)沃尔夫冈·桑尼
著;付云伍译.—桂林：广西师范大学出版社，2018.10
书名原文：Urbanity and Density in 20th-Century Urban Design
ISBN 978－7－5598－0855－4

Ⅰ.①百… Ⅱ.①沃… ②付… Ⅲ.①城市规划-建筑设计-
研究 Ⅳ.①TU984

中国版本图书馆 CIP 数据核字(2018)第 076384 号

出 品 人:刘广汉
责任编辑:肖　莉
助理编辑:季　慧
版式设计:张　晴　吴　茜
广西师范大学出版社出版发行

(广西桂林市五里店路 9 号 　　　 邮政编码:541004)
(网址:http://www. bbtpress. com)
出版人:张艺兵
全国新华书店经销
销售热线:021－65200318　021－31260822－898
深圳市泰和精品印刷有限公司印刷
(深圳市龙岗区坂田街道坂雪岗大道 4034 号　邮政编码:518129)
开本:889mm×1 194mm　　 1/16
印张:22　　　　　　　 字数:600 千字
2018 年 10 月第 1 版　　 2018 年 10 月第 1 次印刷
定价:198.00 元

如发现印装质量问题,影响阅读,请与出版社发行部门联系调换。

目录

前言

本书中所探讨的主要是欧洲和北美地区在整个20世纪过程中不断出现的密集型城市设计概念和大量实例，从而驳斥了两种谬传已久的陈腐观点：一是现代的城市设计趋于城市的分散和消融；二是20世纪城市设计的发展史是由两个转变过程界定的，即从"传统"阶段转变为"现代"阶段，进而再转变为"后现代"城市阶段。

本书通过20世纪欧美密集型城市设计的大量实例和观点对上述观点进行了批驳。尽管在这些实例的革新意图中依然保留着一些城市设计的传统惯例，但是它们却是具有现代风格的。与反都市主义倡导的城市类型相比，例如从花园城市到安居城市、带状城市、交通便利和布局分散的城市以及巨型建筑城市，城市现代主义所主张的城市类型和风格与这些前卫的观点并没有很大的区别，但是仍然保留着城市设计的传统惯例，比如精心铺设的街道和公共广场，功能齐全、便于社交的综合城区，以及气势不凡的建筑外观等。本书并不是对20世纪城市设计的盖棺定论，虽然没有涉及那些导致城市分散和消融的前卫设计倾向，但是也不会断言它们从未发生过。这种对立是客观存在的：城市消融观点的提出也是以城市观点为背景的，并非城市设计惯例的简单延续，也不是有意应对反城市运动的挑战而出现的。这就意味着在本书中会对两种对立的观点做出一些参考对比，但是并不会进行详尽阐述。对于书中所展示的城市项目以及它们的概念和设计特色，在论述上也有所克制，以避免走入极端。

本书的目的并不是要通过对城市设计中都市风貌和密度的描述而改变20世纪城市设计的历史，更多的是因为与城市消融观点的实例相比，可以从书中的实例中借鉴到更有价值的经验，以满足当前城市发展的需要。对于争论不休的设计来说，总结蕴含在密集型城市设计之中的经验的时代已经来临。现代城市的设计已经不仅是为了满足人们的居住和创造大量的巨型建筑了。

同时，这也意味着今天对于传统设计方法的应用并不代表着倒退回前现代时期，因为诸如街道、广场和周边街区等传统设计方法，在现代性方面也不断得到改善和提高。为了保证论述的连贯性，按照在20世纪城市设计中所反映的核心主题，对这些实例进行了组织分类。此外，由于它们在20世纪所出现的时间和跨度各不相同，一些章节也按照时间的顺序进行组织。但是这一顺序并不是说某一主题在其前后的主题之中没有影响作用，也未将其认定为代表着城市设计发展的必然产物。相反，由于本书所提出的是不同的见解，与历史上明确将20世纪城市设计视为不可避免的发展演变产物的观点是根本对立的。在任何情况下，不同的实例都不能在历史的结构和法则中找到存在的理由，它们只是在自己所处的位置上发挥作用，并随时可能被改变，无论是当时还是现在。

对于今天的学术生活习惯，本书的历史跨度较长，全面反映了这种实例组织形式矛盾的两个方面，一方面与本书的观点相悖，另一方面又支持了本书的观点，从而使那些坚信其与自己的研究主题具有相关性的人们受到鼓舞。

1988年，在悉尼举行的国际规划历史学会会议（IPHS）上，几乎将CIAM（国际现代建筑协会）的花园城市和城市设计视为20世纪城市设计的全部[1]。凭借着从苏黎世联邦理工大学的城市设计历史学教授维托利奥·马戈尼亚戈·兰普尼亚尼那里所学的关于城市设计多样性的知识，我认为这种将丰富的城市设计历史如此简化是一种耻辱，于是首次提出了在反历史和现代反都市城市设计中运用具有都市风貌的城市设计实例作为借鉴的想法。

由于接下来在2000年的赫尔辛基IPHS会议上主要针对的议题是关于城市的中心和外围设计[2]，在我看来，这无疑是一个提出用城市内部规划来替代流行的设计惯例的良机，这些设计惯例以城市消融的名义倡导对城市外围的美化设计。我遇到了尼古拉斯·布鲁姆，并与他一起用十张海报的形式将这一想法概念化，每一张海报都展示了一个十年之内的城市中心规划实例，从而涵盖了整个20世纪的经典范例。我们的意图是反对一些人想当然的看法，他们通过现实生活中城市设施的规划，认为20世纪城市设计的发展是以郊区化和边缘化为特征的。

由于会议的组织者劳拉·科尔比对这一想法表现出极大的热情，这次展览以"都市文化，20世纪城市中心规划的传统"为题顺利举行。这次展览由苏黎世联邦理工大学的斯蒂芬·舍勒主持设计，下列同仁也为展出做出了重要的贡献：

沃尔夫冈·桑尼，《美丽城市的市政中心》，克利夫兰市政中心，丹尼尔·哈德逊·伯纳姆等，1903年。

劳伦特·斯塔德尔，《城市街区的变革》，巴黎罗斯柴尔德竞赛基金会（1905—1909），林荫大道与环城道路（1919—1936）。

乌尔里奇·马克西米利安·舒曼，《摩天大楼中的公共空间》，芝加哥湖滨开发项目，莫斯科总体规划，弗拉基米尔·西米奥诺夫等，1935—1953年。

沃尔夫冈·桑尼，《公共舞台的都市古典主义》，克利夫兰市政中心，丹尼尔·哈德逊·伯纳姆等，1903年。

乌尔里奇·马克西米利安·舒曼，《改变传统的城市规模》，莫斯科总体规划，弗拉基米尔·西米奥诺夫等，1935—1953年。

彼得·穆勒，《欧洲城市的战后重建：勒阿弗尔，城市中心》，奥古斯特·佩雷特，1945—1963年；《德累斯顿，旧市场》，赫伯特·施奈德、约翰尼斯·拉舍尔，1952—1956年。

乌尔里奇·马克西米利安·舒曼，《城市的历史和类型》，奥尔多·罗西，《城市建筑》，1966年；《斯图加特内城的规划》，罗博·克里尔，1973年。

瓦莱里奥·詹卡斯普罗，《古老城镇中心的复兴》，博洛尼亚历史中心的保护规划，皮尔·路易吉·塞尔维拉蒂等，始于1969年。

鲁斯·哈尼什，《焕发活力的美国城市》，纽约巴特里公园城市，亚历山大·库珀·斯坦顿·埃克斯特、凯撒·佩利等，始于1979年。

沃尔夫冈·桑尼，《建造新的城市中心》，柏林波茨坦广场，伦佐·皮亚诺等，1991—1998年。

赫尔辛基会议上的这次展出，犹如男低音歌唱家发出的低音旋律，引发了一系列的共鸣，迈克尔·赫伯特还将展会的内容放置在国际规划史学会（IPHS）的官方网站上。随后，安德雷斯·杜安尼在2003年于布鲁日举行的欧洲城市化委员会（CEU）的成立会议上，再次举行了相同的展览，并且增加了更多的小型城市和具有现代大都市组成要素的面向传统的新型城市化的相关内容[3]。之后，又收到一系列的演讲邀请，但是在当时看来，这一计划似乎行将结束[4]。

一次工作地点迁往格拉斯哥的决定，意外地为这一计划注入了新的活力，那里十分适合为如此大型的研究计划筹集资金。于是，犹如过山车之旅的申请立项和拉取赞助机构的历程随之启动。我一共向艺术与人文研究委员会（AHRC）提交了三次项目申请，每一次的评估都截然不同，起初是项目很好，但是资金不足；然后是项目很好，很有前途，但是申请者缺乏相关的项目经验；最后是项目存在严重不足，申请者不应再进一步研究这一主题。这些就是一个科学的选择过程所做出的评估。同时，英国皇家建筑师协会（RIBA）通过研究信任奖对该项目的一部分进行了支持。2005年，在鲁斯·哈尼什的研究成果的支持下，两项研究报告《大都市中的住宅》和《1890—1940城市街区的变革》得以发表[5]。在2009年，迈克尔·赫伯特又将这两份研究报告在他主办的杂志《规划的发展进程》上发表[6]。同时，对立项失败的项目所做的总体概述以文章的形式在两本杂志上得以发表[7]。

后来我的工作地点迁往多特蒙德，这为我提供了新的机遇。由于我从未动摇将这一主题的相关内容编撰成书的决心，在索尼娅·尼丽卡的支持下，我向德意志研究基金会（DFG）提交了这一项目的申请。令我无比喜悦的是，这一次的申请很快便通过了。在此，我要感谢在2008年至2011年期间，作为该项目的同事和博士研究生的克里斯丁·比斯，正是他成功地对每一个项目的来源进行了研究。此外还要感谢于2011

年加入项目的安雅·齐巴思所做的贡献，当然还有精心编辑插图的索尼娅·尼丽卡。

部分我所专注的研究成果以"都市之城"和"功利主义盛行时期的都市文化"为题，于2010年在葡萄牙吉马良斯举办的第一届欧洲建筑史国际网络大会（EAHN）上首次发表。在大会上，约翰·彭德贝里以"打造现代的城镇风光"和"托马斯·夏普的重建规划"为题作了报告；安东尼奥·布鲁库莱利所作报告的题目则是"1941—1945年伦敦中部皇家学会项目中的城市设计和功能规划"；另外，安东尼·雷恩斯福德也以"从城市村落到风景如画的都市"和"城市周边、城镇风光与第二次世界大战中伦敦的'蜂窝规划'"为题作了报告；特蕾莎·马奎多·马拉特—门德斯和马法尔达·甘布塔斯·特谢拉·德·桑帕约的报告题目是"种植者埃蒂安"和"里斯本地区城市调节的三个尺度"；克里斯丁·比斯也贡献了自己的研究成果"街道与广场"和"马塞洛·皮亚森蒂尼城市艺术的传承"；艾达·坎彭为大家讲述了"20世纪50年代东德的城市重建"和"波茨坦住宅建设的案例研究"；格奥尔格·艾宾的报告题目是"不朽的都市空间"和"民主德国的'公路'"。这次大会的赞助者——《定位》杂志的编者在2010年的首期发表了一篇关于城市街区变革的文章，随后又刊登了更多的相关文章和演讲内容。在2012年，佛罗伦萨艺术历史研究所主办的以城市广场建筑为主题的会议[8]对关于城市广场方面的展示提出了要求。

在需要编撰相关项目和著作选集的时候，一个能够长期以专注的精力致力于这项工作的作者就显得必不可少。2012年，我在多特蒙德工业大学进行了一个学期的研究工作，这段经历帮了我的大忙。当最后一个障碍得以扫清时，这本书终于成功印刷成册。即使有些读者仍然认为德意志研究基金会（DFG）的决定也许是错误的，这一项目的批准是糊涂的历史性错误，可能还有很多其他可以想象得到的负面评论。但是，对于那些以不懈的努力和执着的精神追求这个从一开始就被拒绝的项目研究主题的人们来说，这些只能是一种激励。

我无法说出多年来每一个应该感激之人的名字，但是我从心底对他们的付出、各种批评和帮助表示诚挚的谢意。他们是罗伯特·亚当、阿诺德·巴特茨基、克里斯丁·比斯、哈拉尔德·博登沙茨、克劳斯·提奥·布伦纳、罗伯特·布吕格曼、安内格雷特·伯格、贾斯珀·塞普尔、让·路易·科恩、克里斯蒂安妮·克拉泽曼、柯林斯·康斯坦泽、多姆哈特·安德雷斯·杜安尼、大卫·邓斯特、尤恩·杜维尔、格奥尔格·艾宾、克劳斯·费赫尔曼、安德烈亚斯·费尔特克勒、罗伯特·福里斯通、希尔德布兰德·弗雷、诺尔曼·加里克、迈克斯·格兰丁、西尔克·哈普斯、迪尔曼·哈兰德、鲁斯·哈尼什、迈克尔·赫伯特、索妮娅·尼丽卡、里德尔·霍夫曼、阿克斯特黑尔姆、理查德·英格索尔、马库斯·雅戈尔、凯瑟琳·詹姆斯·查克拉博蒂、保罗·卡菲尔特、索斯滕·坎普、劳拉·科尔比、维托利奥·马戈尼亚戈·兰普尼亚尼、让·弗朗西斯·勒琼、沃尔特·范·洛姆、克里斯托弗·麦科勒、迈克尔·梅哈菲、汉斯·鲁道夫·迈耶、迪特里奇·纽曼、利塔·尼库拉、约翰·诺奎斯特、亚历山大·佩尔尼茨、约翰·彭德贝里、戴安娜·佩利顿、马可·伯格尼克、罗伯特·普朗克特、伯恩德·雷夫、奥姆布雷诺·罗麦斯、卡斯滕·鲁尔、马克·施伦博格、英格里德·舒尔曼、卡佳·施里西奥、乌尔里奇·马克西米安·舒曼、格雷厄姆·塞恩、沃尔特·西贝尔、斯蒂文·斯皮尔、约尔格·施塔贝诺、劳伦特·斯塔德尔、南希·施蒂贝尔、汉斯·史蒂曼、迈克尔·斯托扬、佐尔格·苏泽尔、安东尼·萨克利夫、克劳斯·特拉格巴尔、斯蒂芬·沃德、雷吉纳·威特曼、伊恩·博伊德·怀特和安雅·齐巴斯。

多特蒙德
2013年5月

引言

今天，关于20世纪城市设计的历史观似乎已有定论：在20世纪，现代城市设计已经成为一系列创新城市设计模式的展示舞台，这首先推动了现有城市结构的消融，从而有利于城市空间和结构组织的重新定义。从马克思主义者关于人与自然之间可以相互协调和适应的假设观点来看，城市与乡村也存在着同样的关系。提出城市消融这一前卫观点的先驱者及其论著包括埃比尼泽·霍华德和他的"花园城市"理论（1898）；布鲁诺·塔乌特和他的《城市溶解》（1920）；勒·柯布西耶和他的《我们必须抛弃街道和走廊》（1925）；尼古拉·米柳京和他的"带状城市"理论（1930）；弗兰克·劳埃德·赖特和他的"广亩城市"理论（1935）；汉斯·夏隆与他的《城市景观》（1946）；约翰尼斯·格德里茨和他的《密集和松散的城市结构》（1957）；汉斯·伯恩哈德·赖肖和他的《适合汽车的城市》（1959）；建筑电讯派和他们的"步行城市"理论（1964）；超级工作室以及它的《连续的巨型建筑》（1969）；托马斯·西弗茨和他的《中间城市》（1997）[1]。

20世纪的城市设计一直以来都是以描绘不连续的离散形态为标志的，一方面，它是具有现代性的革命，脱离了19世纪以及更早时期密集型建筑的设计惯例，从而有利于前面提到的一系列关于松散型和消融型城市的前卫设计模式。另一方面，这也是后现代主义的革命，其主张与现代性相背离，从而有助于回归传统的城市形态和概念。

他们的倡导人物及其论著主要有奥尔多·罗西和他的《建筑与城市》（1966）；罗布·克里尔和他的《城市空间的理论与实践》（1976）；安德雷斯·杜安尼的"海滨城镇"（1980）和"新都市主义运动"理论；以及在柏林国际建筑展览会上引人注目的约瑟夫·保罗·克莱修斯和他的城市"批判性重建"理论（1984/1987）。通常情况下，这种革命性的历史是由那些同样倡导这种变革的人们来讲述的，并且随着时间的推移，逐渐把他们自己塑造成革命中的英雄人物。

本书的编撰前提则完全不同，一方面，它所代表的现代城市设计理念并不仅仅是由前卫趋势和消融型城市所驱动的，传统的城市设计概念依然发挥着重要的作用。在两个阵营中，无论是反城市的现代主义者，还是支持城市传统定位的传统主义者都认为自己是符合现代潮流的。通过他们各自独立的观点立场和解决问题的思考方式，当今的历史学家可能会将他们归类为"部分现代性"范围。另一方面，本书所反映的思想表明，20世纪的城市设计历史受到革命性突破的影响并不多，反而是受到贯穿于整个世纪的"城市派"和"反城市派"之间激烈争论的影响较多。尽管在争论中某一方的观点有时会占据主导地位，但是这些观点并不属于任何一方。哪一派都不能简单地声称自己更符合假定的"时代思潮"，从而排除异己的观点，因为无论持有何种观点和立场，总会有与之相异的声音出现。

在描绘这些支持密集型城市的项目和理论的同时，本书还主张维护传统的亲城市化观点在20世纪的现代城市设计中存在的意义，进而证明这两种观点和立场完全可以并存。本书的聚焦点主要是已经实现的项目和最有影响力的理论，因为它们之间的历史关联性已经得到证明。优秀的实例与鲜为人知的实例在书中交替出现，一些人可能会漏掉某个实例，而另一些人可能会认为某些实例并不恰当。某些实例，例如一个世纪内众多的建立于单独地块上的私家别墅，需要分别对其进行细致的现场研究。

实例按照具体城市设计工作在某一特定历史时期的形成顺序而展现。不过，这种时间顺序并非在暗示可能或者必然形成历史的演变过程，而只是尽可能生动地去描绘每一个都市和密集型城市所表达出来的特征。

具有密集性和都市风貌的项目和理论的选择也有其自身的标准。即使在表达方式和形式的选择上，它们的创造者总是在暗示一种与过去历史相关的解读，但是这种历史事实并不牢固，以至于历史学家可以不用任何理由就可以将它们随意搁置。我们的研究包括对城市设计的负面定义，它并不来源于反城市化的观点和城市消融的主张，也不是将城市设计理解为纯粹的技术、社会或经济问题，这些问题都是可以通过科学的方法进行评估的。

城市设计的正面定义应该包括努力追求城市设计

的都市风貌和密度，除了功能、技术和卫生之外，还应该着重考虑城市设计中的美学、文化和历史方面的因素。

因此"都市风貌"在广义上可以理解为与术语"都市化"具有类似含义的词，尤其是包括了优雅高贵，并具有文化色彩的城市生活。但是，都市风貌也包括了政治、社会、经济和建筑方面的责任，从而使城市体现出积极的价值。

目前，对于"密度"一词的纯量化理解是一个非常棘手的问题，以最为常见的人口和建筑的密度还不足以对这种都市化城市所具有的现象做出恰当合理的表达。人口密度和建筑密度极高的居住区注定会包含在内，与之对应的则是反城市化模式的高层住宅，它们被绿地和界线模糊的公共区域环绕。除了人口和建筑的密度之外，城市密度这一术语还应该包含各种活动的密度以及社会和文化的密度。这是一种从文化角度理解的密度，在任何方面都无法进行量化，包含了历史性解释的不同方面。

下面是我们选择具有都市风貌和密集型城市特征的项目与理论的标准：

一个涉及各种功能整合的城市设计；

一个不存在社会排斥，属于全体公民的城市；

在建筑上具有连贯性和一致性；

具有公共空间；

通过建筑定义城市空间，尤其是私有空间与公共空间之间的界线；

具有那些可以通过外观令城市更具魅力和特色的建筑；

应该考虑到当地特定的历史背景，以及城市和建筑传统的类型；

一定是对城市的文化生活有所贡献的项目。

在这种背景之下，具有现代性的城市设计呈现出新的曙光。这里众多的实例对现有的都市化城市进行了详尽的阐述。它们很少受到激进变化的影响，这些变化通常是以政治、经济和社会历史领域中具有重要历史意义的时刻为标志的。看上去也许并非如此，但是密集建设的城市却具有惊人的免疫力可以免受政治、经济和社会动荡与变化的影响。通过打造城市生活，带有文化特色的都市风貌所具有的功能性更为持久，而不是昙花一现。同时，这一优势无论如何都有利于以城市传统为基础的现代项目：尽管很多现代化的工程，诸如高层住宅、庞大的建筑或是城市公路等，将会被下一代人拆除，但是传统的城市结构，例如经过变革的城市街区、街区周围的连栋别墅和市中心的商业街等，却依然备受欢迎。最近，人们已经对这些观点和态度的长期实用性大加赞赏。对于当前和未来的城市设计而言，通过这里展示的不同城区所学到的东西一定比通过那些前卫思想的项目学到的更多、更有价值。

1. 都市风貌

"都市风貌"这一术语充满了魅力，这就意味着对它的运用需要做出很多解释。但是这种魅力也促使这一术语在20世纪发挥了卓有成效的作用。自从出现至今，"都市风貌"已经成为一个规范的术语；也有人会将其解释为"城市的功能"[2]。无论内涵如何，当都市风貌成为构成要素时，城市便被赋予了特定的价值，这不仅仅使其与别的城市进行区分，更使其变得完全与众不同。就此而论，都市风貌这一术语与那些字面意思明确的术语是有很大区别的，例如"城市化"，就是指城市发展的现象；"都市特性"，是指城市设计和规划对方案塑造的影响。

显然，像"都市风貌"这样的古老术语并不会享有至高无上的地位，它的意义是在一定的历史条件下演变而来的，并在历史的长河中得以传承和发展。给它进行定义也并非易事，因为它不是永恒的实体，而是一种基于某种历史变化的文化现象。但是后来得出的结论是，这个术语由于缺乏精确性而无法使用，这就意味着谈论文化是不可能的，因为对于每个文化术语来说，这种变化的能力都是特定的。并且，这绝不是说在都市领域以及术语"都市风貌"发生的某些变化就意味着都市风貌在今天已经落伍。如此断言的人是以一种预先制定的历史演变模式为基础的，这种模式妄称城市的消融趋势是一种不可抗拒的规律。那些认为都市风貌有悖于城市设计趋势，甚至是破坏性的想法，在史学逻辑中是没有立足之地的。但是，既然史学逻辑不能成为反对社会规范需求的论据，那么反复出现的对于都市风貌的需求也就无须历史的证伪。

虽然在这一部分主要关注的是这一术语的历史，但是应当记住的是，这只是为了详细说明都市风貌的现象，并不足以用来研究这一术语的含义。有的时候，都市风貌也不带有术语的色彩，就像格奥尔格·齐美尔在谈论"大城市中知识分子的生活"那样，他的文章被视为都市风貌理论的基础。况且，由于语言学家关注的是修辞，而社会学家关注的是社会，建筑师关注的则是设计方面，所以都市风貌可能表达的是完全不同的含义。在描述同样的现象时，还要考虑到其他的词语和术语。此外，图片和文字描述这样的深度表述也必须加以考虑。

这种现象和都市风貌这一术语的历史可以被描述为日益分化的历史，以及对隐含在城市之中其他方面的逐步认知。这并不意味着形成了一种无冲突的逻辑假设，只有在内容增加的时候，其含义才更为丰富。都市风貌的历史也会被重新解读并获得新的突破，但是由于早期的意义往往在之后的概念中才能呈现出来，于是都市风貌的历史更像是一个分层的过渡结构。此外，应该指出的是，都市风貌的某些方面在激烈的矛盾和冲突中已经越来越精确地显现出来，而不再是以不言自明的方式出现。当涉及文化差异的时候，都市风貌的文化方面就会显得突出。当社会结构不稳定时，都市风貌的社会方面就显得极为重要。当城市的空间和建筑结构看似支离破碎的时候，都市风貌的设计方面就会成为关注的焦点。

除了这些积极的变化和意义上的丰富，当被分隔开来时，"都市风貌"也变得更为简洁："都市风貌"不仅是一个具有价值的术语，还是一个具有分化含义的术语。观点对立的双方也会根据历史形式而发生改变。长久以来，都市和乡村一直是并存的。之后，大约在1900年前后，出现了与大城市相对立的小型城镇。在20世纪后半叶，郊区与城市核心区域并存的局面开始形成。

对术语"都市风貌"的解释是以时间顺序呈现的。为了引起对这一现象的关注，除了这一术语的真实发展历史之外，还将术语在文化、经济、社会、政治和城市设计方面的演变逐步加以说明。这样做是为了能够在历史的背景之下去定位这些积极与消极的区别和界限。在古代，"都市风貌"是作为一个文化术语而走上世界历史舞台的[3]。

在公元前5世纪的古希腊，显示出雅典公民良好的教养和习惯，正如古希腊历史学家修西得底斯在关于伯利克里的演讲中所描述的，或者埃德加·沙林在1960年所讲的"积极的公众意识、热爱美好的事物、毫不夸张、热爱才智并且充满阳刚之气"[4]。雅典公民对于文化的这种理解与农村居民是完全对立的，也就是城市与土地、以及与外来者之间的对立，也包括雅典人与斯巴达人之间、古希腊人与野蛮人之间的差异。都市风貌只适用于男性和自由公民，而不包括女性、儿童、外来者和奴隶，这样的事实在当时并不是讨论的主题。

当罗马人征服了古希腊，并将其宣称为普遍的文化模式时，这种价值观念很快就融入罗马人优雅的都市生活方式之中。自从公元前 3 世纪以来，"都市风貌"一词就在一些文学体裁中偶尔出现，特别是在西塞罗的书信中，将其描绘为罗马公民突出的文化特征[5]。它在罗马城市居民的教养、智慧和使用正确的语调进行有见地的演讲等方面起到了突出的作用。"都市风貌"与农民的"乡土风格"形成了鲜明的对照，在罗马的贵族阶层与底层社会之间也包含着同样的差异，当然这并不值得我们去专门讨论。这个术语还有着很强的政治意味，因为在公众演讲和公共的政治行为中都带有明显的政治印记。公元 1 世纪，古罗马修辞学家和演说家昆体良曾经把它定义为修辞术语："在我看来，都市风貌所展示的是一种讲话的方式，所运用的词汇、声调基本表达出了作为首都的城市所具有的特殊品位。它也是有教养的人们可以接受的沟通交流方式，与农民的行为大相径庭。"[6]

在罗马，都市风貌更多的是从文化方面进行定义的，专门作为一种语言文化实践的形式，尤其是在区分社会特质和宣称政治主张及领导权方面起到了积极作用。在被教会否定之后，都市风貌在中世纪首次复苏，不只是修道院，宫廷和城市也发展成为文化中心。当都市风貌在字面上被古代宫廷接受之后，逐渐被称为礼貌和文雅，表示优雅的外表和得体的举止。与已经被抛弃的封建传统相比，古希腊人和共和制下的罗马人被认为是自由和积极的公民，他们原本具有的行为教养，目前已经被一个新的封建层次所盗取，这一趋势在整个帝国时期罗马元老所表现出的文雅举止中就已经很明显。虽然这里的现象是基于文学上的习惯特质的复兴，即使没有都市生活的事实，中世纪宫廷的礼貌和文雅所具有的功能模式仍然能够被解释为一种长期的城市影响效果，从而使其在野蛮时期得以幸存下来。

同时，在中世纪全盛时期和晚期，一种中产阶级的都市文化开始形成，为标准规范的城市概念提供了真实的历史依据。"城市自由空气"的口号反映了城市居民在法律和经济上已经从封建的束缚中解放出来。从古典时代晚期开始兴起的对城市赞颂的潮流，为强调城市描述中的特定城市价值（现在也包括建筑物的价值）提供了良机[7]。在这种背景下，安布罗吉奥·洛伦泽蒂在锡耶纳市政厅创作的有关政府与坏政府的壁画，可以被看作政治、经济、社会、文化以及设计中都蕴含着都市风貌的城市与行将崩溃、情景恐怖的城市之间的鲜明对照。这种以神圣耶路撒冷为隐喻，通过对建造城镇风光赞美的形式进行强调的手法，在现代时期的初始阶段被越来越多地运用到象征性的表达和描绘之中，诸如舍德尔的《纪事》、布劳恩和霍根伯格的《世界城市风貌》和梅立安的《城市景观》。在萨卢塔蒂或伊拉斯谟的那些涉及文艺复兴时期城邦国家的人文主义文学中，都市风貌的价值经常被描述为都市化和人性化的体现。除了培养有教养的行为之外，道德行为也得到了规范。

现代时期的初始年代所形成的宫廷社会和巴洛克艺术风格，都采用了都市风貌中优雅、杰出和举止得体的行为等价值观念，并将它们视为理想的和礼貌的行为规范。由巴尔达萨雷·卡斯蒂利奥内所著的《侍臣论》（印于 1528 年）就是一个早期的例子。17 世纪，法国作家巴尔扎克将罗马人的礼貌定义为贵族的理想行为，而沙夫茨伯里在 18 世纪早期的英国将都市风貌推进为绅士行为。所有这些表述中的对立面都是罗马文学中所描述的农村和农民的行为。在巴洛克时期，除了宫廷背景之外，都市风貌中有教养的生活方式还与城市的地貌和都市文化密切相关[8]。

狄德罗和达朗贝尔 1765 年在《百科全书》中定义了术语"都市风貌"，尤其与现实城市文化背景之下的巴黎有着紧密的联系。"Urbanité romaine"在这里被译为"语言的文雅，礼貌的精神"[9]。路易斯·塞巴斯蒂安·默西尔在他的多卷作品《巴黎即景》（1781 年）中，以令人眼花缭乱的观点赞颂了熙熙攘攘的城市生活，描绘了多样化城市生活的缩影。众多的法国作家都以巴黎为例，勾勒出大都市生活的方方面面。司汤达在小说《红与黑》中对都市化的定义简洁恰当，至今无法超越："都市风貌无非就是上等阶层抱怨他人无礼行为的无能表现。"[10] 在奥诺雷·德·巴尔扎克的故事中，都市风貌成为大城市生活方式的实质。出于对大城市生活中阴暗和有悖道德一面的迷恋，查尔斯·波德莱尔通过从街头行人的经历中一点一滴搜集而来的素材，为都市文化增添了一个新的层面。在所有这些例子中，都市风貌依然是一个从文化角度定义的术语，仍然保留着古罗马时代都市风貌的重要方面。

在19世纪早期君主制度的合法性出现危机的时期，都市风貌呈现出明确的政治内涵。在1820年的《布罗克豪斯百科全书》中，以经典的古代用语说道："都市风貌，人们通常理解为优雅的生活方式；实际上，它是与他人相处时所表现出的优良品性。人们试图以此来避免冒犯有文化的品位和美的感受。因此，它与礼貌和美貌是不同的，与其相对立的则是乡土风格。"[11]在这里，值得注意的是都市风貌同优雅礼貌之间的区别。礼貌的奉承意图是为了避免矛盾，而作为自由公民行为规范的都市风貌还允许"感觉并不舒服的感人事物"，并且不会带来冒犯。都市风貌在字面上的意味是："入乡随俗，尤其是在古罗马的共和时期。"

"如果缺乏一个被奉承者包围的领导者，将会阻碍礼貌行为的出现。并不是每一个公民的自由都会引起自由、开放和无畏的行为，这样的行为在君主国家就不会发生。"[12]自由公民会对有教养的生活方式提出异议，他们可以在法庭的质询中独立地表达自己的见解。由此可见，都市风貌的政治色彩在这个案例中可以作为辩论君主制国家与宪政国家优劣的论据。

但是，在新兴的工业时代，大城市不仅带来了新形式的都市风貌，还引发了一些新的观点。现在，大城市与小城镇之间的差别是非常重要的，正如社会学家费迪南德·滕内斯在他极具影响力的《社区与社会》中所宣称的那样。尽管古老并深受喜爱的具有社会性的"社区"在乡村和城镇得到了发展，但是更加审慎的全新"社会"行为构成形式却是在大城市中形成的："大城市是典型的社会环境"[13]。于是，在关于城市的认知中，又增加了一个新的组成部分，即社会。不过，在都市风貌被看作社会范畴之前，这一过程极其漫长。

这就是20世纪初期讨论中的问题所在，都市风貌更多是从文化角度进行价值定义，尤其是一场语言文化的运动。而诸如政治、社会这样的其他因素也早

已明确地包含在了都市风貌的定义之中。并且，在赞颂城市的框架中，城市建筑以及对建筑讴歌的表达也在蓬勃发展的巨大都市化舞台中找到了用武之地。接下来将要详细讨论这些观点和论据在20世纪是如何继续发展的。这里进行的关于都市风貌的理论探讨与后面章节中对都市化城市设计案例的研究是密不可分的。依据历史状况，一些作者及其观点立场也会跃然纸上。他们在这里表达的观点和主张也反映了一般性的需求和他们自身的性格特点。20世纪对都市风貌的讨论还形成了一种类型特别的独立性：在很长的时期内，它们的内容彼此之间的联系远比与当代的规划内容的联系更为密切。

20世纪关于都市风貌讨论的开场白是"大城市与精神生活"，这是哲学家和社会学家格奥尔格·齐美尔在1903年举行的德累斯顿城市博览会上所作的演讲，其中并没有使用术语"都市风貌"。在对大城市中知识分子的生活进行文化色彩的描述时，齐美尔清晰地展现了更早期的都市风貌讨论痕迹。但是，他的特殊成就是对大城市社会生活的心理研究，并通过经济事实进行佐证，这些佐证只是便于人们的理解，而不是对其进行评价。

对于齐美尔来说，个人与社会的争论主题才是当代生活的中心舞台："当面对社会、传承的历史、外来文化以及与生活相关的技术所带来的势不可当的冲击时，个人对于保持生存中的独立性和独特性的需求导致了现代生活中最为深刻的问题。"[14]与滕内斯一样，他也将大城市和小镇进行了对比。在小镇之中，会感到一种"更为缓慢、更为熟悉、平稳流动的韵律"，居民之间的界限通过群体价值观进行划分，并能够借助于心理情感，在社区内找到个人的定位。在大城市中则相反，由于多元化的观感，规则变成了"强化的紧张生活"，从而形成了个体的多样化。在基于合理的金融经济的商业框架内，居民可以借助这种合理性而获得满意的生活。

但是，为了应对这种观感，大城市的居民养成了一种消沉厌倦的态度，就像建筑的外观一样，可以将他们的个人情感隐藏在背后。大城市居民的典型行为就是"保留"，这也是允许个体具有"人身自由"的唯一

方式。然而就在这时，"都市风貌"这一术语的道德观念超越了所有的客观现实开始出现，齐美尔以保守的方式发现了这一现象并与之产生共鸣。

齐美尔的特殊成就是通过综合的方法审视现代的大城市生活。如果他的"厌倦态度"直接与司汤达的"上层社会的无能为力"相呼应的话，他就不会满足于仅仅描述这一文化现象。相反，他试图将其建立在大城市以金融经济为主的经济环境和大城市匿名特点的社交环境的基础之上。后来，马克斯·韦伯将这种多元化的解释方法纳入了他著名的"城市定义"[15]。尽管他对城市发展演变的起源和条件也很感兴趣，但是韦伯所定义的都是发展成熟的城市，包括城市的经济、政治、社会、文化和建筑空间。

1903 年，艺术历史学家卡尔·舍夫勒也将大城市在经济、社会和心理上的定义引入设计领域。在特定的经济、政治和社会条件中，他得出了一种统一的设计方法进行公寓建筑和城市景观的设计："今天的连栋公寓都是先于需求而建的，尽管人在一生中可能要在二十个不同的公寓中居住，但是这些公寓的布局结构都尽可能的相同，使居住者已经适应和习惯的生活方式得以继续。平面布局的差异越来越小，都市建筑的理想需求是租金一样的公寓最好采用同样的平面图。"[16]统一的平面图也导致了外观立面的统一："多层建筑统一的楼层平面图……清晰地显示在它的外观上……"[17]这反过来又成为现代民主化城市社会的审美模式，即统一的大城市："新城市艺术的目标是：整个街区的住宅既要坚固，又要样式统一。在相似建筑统一平面图的社会需求之后，艺术上的需求也随之而来。外加租金这一决定性因素，最终导致了同质化的建筑外观。"[18]

在这篇文章中，舍夫勒的论据首先是政治和社会方面的："旧的城市景观反映了其他方面的社会状况。在补偿的倾向和集中的压力之下，今天的民主社会却完全禁止了中世纪时期风景如画的建筑。"[19]今天的民主大众文化需要一定的城市面貌，同质化的城市美学将具有同样需求的社会恰当地表达出来："这种在外观上没有独树一帜的个体存在的建筑群体，与统一的城市设计趋势是一致的。"[20]

在之后的《大城市的建筑》一书中，舍夫勒再次使用了这种推理思路："现代大城市最为重要的术语不是居民的数量，而是大城市的精神，正是这种精神肩负着创造新型建筑主体的责任。诸如一些现代类型的地区、小城镇和乡村的建筑都是不存在这种精神的。……因此，我们应该牢记，我们十分期待的未来城市将是一种大都市艺术，其命运与城市的发展息息相关，并且也许只能是中层和中上层阶级民主文化的产物。"[21]舍夫勒以此为齐美尔的大城市精神提供了设计构成要素。

美国城市社会学的出现，标志着 20 世纪上半叶对大城市进行的分析进入下一个阶段。在芝加哥创立了城市社会学学校的罗伯特·帕克是齐美尔的学生，具有特殊的影响力。在 1925 年的开创性作品《城市》中，他尝试了按照人类的行为对城市进行定义。城市不只是简单的建筑、技术或制度："城市是一种精神状态，是传统和习俗，也是这些习俗中固有的、有条不紊的态度和情绪的体现，并与这一传统共同传承。"[22]通过强调城市中精神的决定性因素，他展现了与老师齐美尔的密切关系。这一途径继承了术语"都市风貌"的传统，没有体现出标准规范的方面。帕克更喜欢不计价值的城市描述。

在 1938 年，基于同样的方法途径，在颇具影响的论文《都市化，一种生活方式》中，帕克的学生路易斯·沃思试图以科学为基础建立城市社会学。他并没有在城市规划的意义上使用都市化这个术语，而是将它运用于城市生活，多少有些"都市风貌"同义词的意味。但是沃思完全忽略了规范性，他的术语属于客观性描述，意味着在定义大城市生活时无须指明其优劣。他对城市的简短定义就是："以社会学的角度来看，一个城市可以被定义为一个相对庞大而密集，为社会中不同的个体提供的永久居住地。"[23]

这使得他为能够以实证量化的城市社会学奠定了基础，因为"人口总量""密度""异质性"的分类，为城市生活现象的量化提供了可能。齐美尔的定性描述和反思方法形成于定量的基础之上。与之相比，那些在分享了这些丰富的内容之后而出现的一些研究，以及打着"通过密度体现都市风貌"旗帜，为定量的城市规划服务的研究，则发生了很大改变，其后果也是严重的。新闻记者刘易斯·芒福德的方法是全方位的。芒福德不只是一个精通文学的解释论者，他还是一个活跃的规划者，对城市密度极为不满，更偏爱以花园城市为方向的郊区。尽管如此，他在1938年的巨著《城市文化》中将城市定义为人类文化发展的顶峰，并全面地将其描述为文化、社会、政治、经济和建筑的现象："正如人们在历史中所发现的，城市是社会权利和文化最为集中的地点。生活中彼此分离的各个方面都汇聚于这一地点，从而获得社会效益和社会意义。城市是完整社会关系的形式和象征：它是寺庙、市场、宫廷和学术院校的所在地。在城市里，文明社会的商品成倍增长；人类的经验也被转化成为可行的标志、符号、行为方式、秩序和制度。在城市里，文明社会的各种问题被关注：在这里，礼仪有时也会转变为一场活跃的戏剧，表现出一个完全分化和具有自我意识的社会。"[24] 不难理解这首对城市多元文化成就的赞歌，它反映了都市风貌这一古老术语中的规范思想。

大约在1900年，反对派对大城市提出了恶毒的批判。他们认为大城市是不健康的，是摧毁人口并威胁国家生存的祸根，将被花园型城市和定居地所取代。这种批判被国际上对城市的一片赞扬之声所包围。这是一种在中产阶级的自由主义者和波西米亚艺术界经常能遇到的思想，有着与浪荡公子习惯一样的传统。

不出所料，巴黎的作者开始在他们的书中庆祝赞美丰富多彩的城市生活。例如，古斯塔夫·卡恩在1901年的《街道的审美》中，几乎建立了一套关于街道审美的百科全书。为了创建一套完整的街道设计美学，通过观察，他努力对现有街道的历史、功能和形式规模等方面进行了详细描述[25]。另一位作者埃米尔·马尼则致力于研究城市之美。他于1908年出版的著作的名称，居然包括了他所有的研究题目：城市美学、街道景观、游行、市场、集市、展会、墓地、水的美学、火的美学、未来的城市建筑。尤为重要的是，书中以图片的形式生动地展示了喧嚣城市生活中的形形色色和方方面面[26]。马尼希望在他对城市生活进行多姿多彩的描述中，能够更多地展现城市生活不同的侧面。

1908年，建筑师奥古斯特·恩德尔在他的《大城市之美》中，以柏林为例对大城市进行了赞美，并且没有忽视大城市所面临的一些困难："这一切简直令人惊异，尽管有很多丑陋的建筑和噪音，尽管一切都可能遭到人们的批评，但是对于那些期望看到它的人们，大城市就是一个美丽如诗的奇迹和一部童话，而且比任何诗人能够奉献给我们的更加多姿多彩，更为匠心独具。"[27] 通过感知隐含在天气影响之中的氛围，他甚至希望创建一套全新的城市建筑美学，与解决了观赏油画过程的印象派新审美学相似。

与卡米洛·希泰及他的小城镇理想观点相反的是

图 1 奥托·瓦格纳，
《大城市》，1911

大城市的拥护者——奥地利人奥托·瓦格纳（图1），对于他来说，宣扬大城市的优势和广大群体的共同意愿是责无旁贷的使命，他在1911年的研究中这样解释："毫无疑问，大多数人都愿意生活在大城市，而不是小城镇或者乡村……产生这种偏好的主要原因来自于以下方面——工作、社会地位、舒适和奢华程度、低死亡率、脑力与体力资源的可利用性、休闲和娱乐的机会、时好时坏的心情，最后还有艺术。"[28] 城市文化的成就构成了大城市文化的核心品质，其中包括都市的生活方式，并且通过匿名的方式建立了个人隐私的保护机制："大城市的居民中，愿意淹没在人群之中不为人知的人数比那些愿意与隔壁邻居相互熟悉的人数要多得多，后者往往会无话找话地说着'早上好'或者'昨晚你睡得好吗？'"[29]

在反映了这种匿名生活方式的同时，瓦格纳认为带有出租公寓的多层住宅区是十分适合的城市建筑。在瓦格纳的著作中，将早期"都市风貌"术语中蕴含的教养思想与齐美尔的大城市生活特征结合在一起，为这一术语增加了城市设计理想的含义。他的都市风貌理念是广泛的，涵盖了文化、社会、政治、经济和设计等方面。

在美国兴起的美丽城市运动也使人们深信文明在城市中的辅助作用。并且，除了以文明的名义将设计植入都市风貌之中，还表明了都市风貌首先是一个反

映社会市政结构的带有政治和社会特色的概念。与梭罗的自然和国家荣誉的概念是对立的。包括记者、神学家、社会学家、政治家和建筑师在内的各类作者都为这场讨论做出了贡献。美丽城市运动中的城市崇拜也受到了《城市的呼唤》一书的称颂，该书的作者查尔斯·马尔福德·罗宾逊也是该运动的主要领导者。1912年，一位令人惊讶和钦佩的英国评论家描述了这位作者坚定不移的都市态度："虽然每个人都在谈论把乡村带入城镇和将城市乡村化的必要性，但是一个与之相反，并相当有趣的事情发生了。一位伟大的城市改革者在撰写的书中通篇赞美城市和城市生活。那里有喧闹的交通；可以在拱廊下面躲避恶劣的天气；还有舒适宽阔的人行道，也可以随时买到刚刚摘下的鲜花，而不用焦急地等待它们漫长的自然生长；这里随处可见快乐的人群。尽管偶尔会感到似是而非，但是所有这一切在罗宾逊先生的笔下都充满了快乐和魅力。"[30]

评论家们也许会对花园城市运动盛行背景下的这种坚定的亲城市态度感到惊讶，但是，英国并不是花园城市倡导者的堡垒。1916年，在《城镇规划回顾》杂志中，编者帕特里克·阿伯克龙比提出了自己的论据，认为城市是文明进步的工具："一位当代诗人曾经把城镇生活描述为文明的工具，而城市规划则是完善文明的工具。也许，如果我们认同文明的价值，就

应当承认相应的都市风貌是必要的。"[31] 因此，为了现代大城市的规划，阿伯克龙比积极支持并参与到都市风貌这一古老文化术语的讨论之中。

电影这种新型媒体也出现在不断赞美大城市的行列之中，例如沃尔特·鲁特曼的《柏林——城市交响曲》（1927）。在报纸的特色栏目中，对当代都市的描述也反映了大城市的迷人魅力。诸如由齐格弗里德·克拉考尔随后编撰的题为《柏林和其他城市的道路》的文章。在 1930 年，当谈到"在巴黎，街道的声音总令我狂喜"[32] 的时候，他发表了关于受雇者的社会学研究成果，他认为正是这一新型的职业群体为大城市的构建做出了贡献。[33] 还有一些其他的社会学家在试图理解城市时也无法抗拒它的魅力，例如 1931 年的马科斯·朗夫："让大城市的居民，无论男女老少，尤其是那些外乡人瞠目结舌、感到惊讶的是大城市的喧嚣无比和热闹的广场，以及日夜全速运行、规模庞大、分布合理细致的交通系统。"[34]

引起都市风貌辩论的新主题是郊区的问题和对郊区生活的批评。在这样的背景下，就不只是都市风貌与乡村生活形成对立，城市生活与郊区生活也形成了对立的局面。这也为都市风貌的概念增加了复杂性，因为郊区已不再是乡村的替代物，郊区生活被看作是第三种生活模式，这就改变了城乡之间关系的概念。并非城市生活与卑微的乡村之间的对比，而是城市与乡村之间鲜明的对比产生了价值，与混杂的、萧条的郊区生活方式相对立。

早在 1908 年，汉斯·施密德昆茨在颇具名望的专业杂志《城市规划》上发表的一篇文章中，对郊区生活这一新颖的中间状态进行过论述："有些人可能会说：'在城市中很好，在乡村也不错，但是在它们之间就不好了！'我们正越来越多地面临这种中间状态。"[35] 由于人们一直认为那里缺乏城市和乡村的

特质，因此导致了对这种"中间状态"的拒绝："经常发生的情况是，一方面，人们没有城市生活的切身优势，不得已只能忍受各种不利条件；另一方面，这里也缺乏乡村生活的优势。除此之外的劣势都是与城市之间的距离造成的。"[36] 虽然花园城市有很多的支持者，比如在英国，有高举社会改革旗帜的埃比尼泽·霍华德，在德国，有带有种族主义色彩的西奥多·弗里奇，然而花园城市非但没有体现出城市和乡村的优点，反而将它们的缺点暴露无遗。

施密德昆茨对郊区的批评主要集中在都市风貌的缺乏，此外，活动类型单一和公共活动事项的缺乏也反映了设计标准的欠缺："如果那里的居民适应了偏远城区和住宅区的高级知识分子生活，除了相对接近自然的美景之外，能够使他们满足的就是样式永久统一的街道和同样永久的住宅……行走在这样的周边城区中，会让人的思维和智力进入一种明显的真空状态；那些争论话题又重新回到他们的脑海引起他们的关注，并且注意力不会被分散，也不会占用他们的时间。不管怎样，繁忙的都市生活方式可以为他们做到一切。"[37]

施密德昆茨没有使用术语"都市风貌"，显而易见，他对城市的正面理解来源于文化的熏陶和城市生活在才智上的激励作用，与传统上对术语"都市风貌"的理解相一致。这种"文化需求"促使现代人类一次又一次地涌向城市，从而使郊区作为一种短暂的危机现象而出现："那些呼声与日俱增，他们批评城市文化的集中，他们看到我们的城市人满为患所带来的致命损害，他们认为回归到乡村才能拯救一切。但是，谁愿意从现代人类必不可少的文化需求中'回流'，并被迫接受一种倒退呢！"[38]

亚瑟·特里斯坦·爱德华兹于 1913 年在评论性专业杂志《城市规划评论》上发表了《花园城市运动

图 2 亚瑟·特里斯坦·爱德华兹，《建筑中的好方式与坏方式》，1924

的批判》一文，明确表达了对花园城市的反对态度。他参考了亚里士多德幸福城市的理想，强调"事实上，普通人喜欢与伙伴们相聚在一起，并希望成为能够处在一切事物的中心位置"[39]。对于社会各阶层的人们来说，的确如此：工人们也"喜欢距离剧院、音乐厅、电影院、公共游泳池、公园和一切城镇所能提供的场所能够近一些。迄今为止，这一切的最伟大之处都体现在如潮的人群和城市本身光鲜亮丽及繁忙的一面。"[40]这一价值判断描述了多样的城市生活，表达了浪荡游子的精神，与郊区单调乏味的生活截然相反。爱德华兹已经察觉到隐含在这个词语之中的卑劣含义，认为这并不是对英国郊区的中下层阶级生活氛围的公正描述："'郊区'一词暗示着次要的东西，狭隘和伪善的思维态度。"[41]比普通郊区更为糟糕的是霍华德提出的理想化的花园式郊区："但是，在所有的郊区中，最为低劣和令人沮丧的是典型的花园式郊区。那里既没有城市中兴致盎然的人群，也没有乡村中宁静的魅力。给我们带来的既不是隐居生活的益处，也不是社会生活的优势。"[42]爱德华兹对花园城市的批评，主要集中在都市风貌被更多地理解为一种特有的人类文化成就。

他相应地把"美德"而不只是美丽赋予城市，并告诫那些否定城市精神而进行的城市规划："人们在没有理解并感知与城市相关的特定价值精神和美感之前就开始建造城市，这是十分危险的事情。"[43]并且，他还提到"一些巨大的成就，告诉人们应该将'城市'一词铭记在心"[44]。

这种对都市风貌从文化上的理解，同他赋予城市化的文明角色是完全一致的。那些反对城市化发展的行动将意味着文化的堕落："花园城市的主张者们为其客户许诺了一个乡村的环境，不过事到如今他们也从未拥有过这种环境。当乡村气息并不存在的时候，

维护虚构乡村气息的企图就应当为这种倒退的发展类型负责。这种既称不上现代，也不算先进的模式，让人类返回到有能力不断创造建筑之前的时代，重新回到原始的小屋之中。"[45]

乡村气息在与都市风貌的价值体系斗争过程中得到了显著发展，以至于它们联手走到了非文明化郊区的对立面。爱德华兹对都市风貌讨论的另一个重大贡献是极力坚持建筑在都市风貌中的重要作用，并以插图和众多特例加以阐述。他将自古以来就是都市风貌关键要素的都市行为与都市建筑的品质密切地联系在一起。他对都市环境中建筑行为的文字描述，有时似乎那些建筑彼此之间相互述说着各自的特点。城市建筑的都市化品质也是都市风貌的重要部分，可以用以辨别具有积极意义的城市。由此，爱德华兹在都市风貌的讨论中，为具有独立作用和不可或缺作用的城市景观奠定了基础。除了语言上的辩论，他还用图例和草图作为例证。（图2）

1923年12月14日，就在他的《建筑中的好方式与坏方式》一书出版之前，他以同样的题目在伦敦学会发表了演讲，表达了这些思想。他基于建筑的姿态和风度熟练地为建筑的都市风貌做出了定义："是什么让建筑具有城市特征？……为了具有都市特征，建筑就必须具有都市风貌。我建议探讨这种都市风貌的精确属性。目前的都市风貌不外乎就是好的姿态，如果缺乏好的，就是坏的姿态。"[46]进而，他定义了城市建筑良好姿态的基本要素：一种私有建筑与公共建筑之间恰当的关系，私有建筑不应该喧宾夺主，以高调的华贵姿态抢占公共建筑的主导地位。它们之间的关系应该是和谐的，不应被任何不合适的突兀之物所干扰。按照司汤达或齐美尔的看法，对于保持都市风貌的面貌，由建筑的良好姿态产生的"形式和谐"[47]是一种最为合适的背景。在爱德华兹看来，城市建筑的

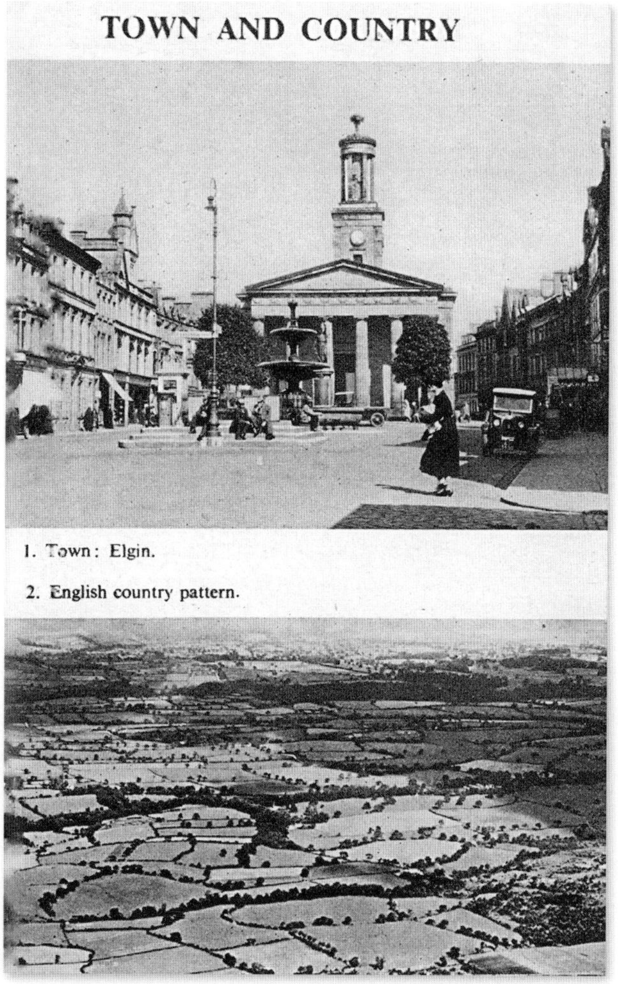

TOWN AND COUNTRY

1. Town: Elgin.

2. English country pattern.

图3 托马斯·夏普，
《城镇规划》，1940

核心品质是"连续的建筑"，其地位仅次于建筑要素和装饰的合理运用。它是一组彼此相连的独立建筑，就像在英国已经实现的排屋式住宅。但是，这并不是城市设计的必要条件，即使完全独立的建筑结构依然能够使城市设计具有鲜明的特色："……设计具有都市姿态的分离式住宅是可能的。在这种情况下，都市风貌的特征只能通过某种特定线条的水平状态来保持……。"[48]然而，城市环境中最严重的错误就是采用乡村形式："最为严重的有悖于城市规则的错误之一，就是乡村式的小屋闯入都市的环境中。"[49]与花园城市运动的混合趋势不同的是，城市设计和建筑的要点是"恢复这种城市精神"[50]。

以"都市风貌"为名对郊区化提出批判的绝不止爱德华兹一人。1930年，颇具影响力的城市规划者和《城镇规划评论》杂志的出版商帕特里克·阿伯克龙比在他的《城市设计与景观设计的对比》中宣称："但是，就让都市化在城市中占据上风、压倒一切，让乡村保持着乡土气息吧，让它们的区别清晰明确。"[51]在英国，对花园城市最持久有效的批评者是托马斯·夏普，在他最早的两部书《城市与乡村，城乡发展的若干方面》（1932）和《英国全景》（1936）中，他强调通过提升城市文化的影响和唤醒城市文化来应对回归乡村的对立观点。[52]这也是他1940年的畅销书《城镇规划》的使命宣言，在该书的开篇中，他用两幅引人注目的照片指出了有价值的对比，一张反映的是城市的市场，另一张是乡村的草地，以图片的形式拒绝和否定了霍华德城乡结合的理想。[53]（图3）根据夏普的观点，除了文化特质，都市风貌还包含设计的分支，这一点反映在他重建规划中的封闭街道和广场空间。第二次世界大战之后，对郊区的批评以新的形式继续进行，目标是以花园城市为模型建立的新型城镇。1953年，《建筑评论》的出版商詹姆斯·莫德·理查兹爵士通过城市模型的评估测量后，将它们公开地降级为"不及格"："我们没有必要去强调，一个城镇按照定义就是一个已经建成的区域，其作用是提供一种特定的生活方式。它是一个为那些希望亲密地生活在一起的人们建造的亲切友好之地。通过紧凑的规划布局，以及置身其中切身感受到的封闭感和街道的组成等标准来衡量，总体上看，这些新型城镇都不具备这些特点。"[54] 建筑师和城市设计师汤姆·梅勒在1955年曾经说过这些新型城镇缺乏都市风貌："虽然这些建议被采用，并且出现了一些精心的设计和迷人的规划布局，但是总体效果依然没有摆脱郊区特点。一些建筑师和规划者感到需要更多的封闭性和都市风貌，还有更好的建筑对比和建筑的多样化，这可能只有通过更高的城市密度和更好地利用公寓才能获得。"[55] 新型城镇设计中都市风貌的明显欠缺，使人们看到都市风貌中还包含着设计的方面。于是，梅勒呼吁"以社会、经济和美学为基础，对都市风貌的实例加以证明"[56]。

毫无疑问，对郊区批判的高潮当属伊恩·奈恩1955年的"愤怒版"《建筑评论》，他在文中对盲目的、缺乏都市风貌和存在设计缺陷的乡村开发提出异议并进行了激辩。[57] 1956年，奈恩在《反击乡村都市化》中反复阐述了批判观点，并以大量的文字、照片和图纸组成的综合资料对蔓延的"郊区都市化"现象提出了警示，认为这一现象对城市和乡村都是一种毁灭性的威胁。（图4）焦点再一次落到了缺乏都市风貌的设计和感知特征的缺陷以及遭到破坏的恶劣环境。这也导致了在城市设计和建筑形式中对都市风貌的需求进一步扩大。

以"城镇景观"的名义对"乡村都市化"提出的尖锐批评也显示了对提升都市品质的积极而坚定的决心。在夏普的提议下，戈登·卡伦努力尝试以类似素描的草图形式将都市空间的多样性捕捉下来，并将它们进行整理，作为城市设计的基本指导。（图5、图6）他于1949年在《建筑评论》上发表的一系列文章，后来经过改编，以《城镇风光》为题编撰成书，于1961年出版发行。在卡伦看来，都市社会中的文化支撑作用也是至关重要的："从人类聚集而成的城市中可以获得众多益处。而一个单独居住在乡下的家庭很难有机会去趟剧院，外出就餐或者去图书馆看书；而居住在城市的同样家庭却可以享受到这些舒适和便利。虽然一个家庭能够付出的资金不多，但是成千上万的家庭共同集资却使得建造这些便利设施成为可能。城市不仅仅是全体居民的聚居之地，它还有充足

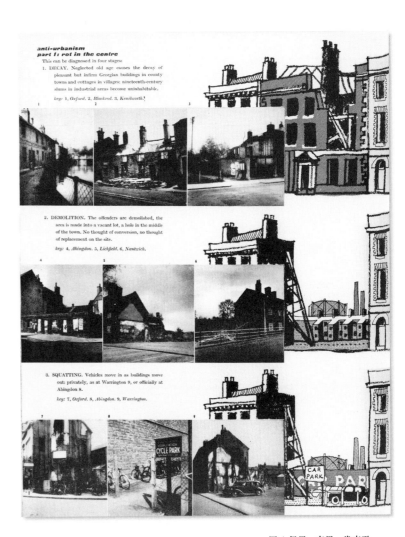

图4 伊恩·奈恩，发表于《建筑评论》的《对城乡畸形发展的愤怒》，1955

图5、图6 戈登·卡伦，《城镇景观》，1961

的便利设施，这就是人们为什么喜欢社区生活而不是与世隔绝的一个原因。"[58] 但是，除了城市的生活方式，他还特别关注特定的城市设计方法。为此，他首先探索的就是绘图，从而有意识地传递出都市风貌鲜明的美学特征。

在功能主义的批评下，关于都市功能的探讨出现了新的转折。它的形成来自美国城市中存在的中产阶级传统，和年青一代新闻工作者没有偏见的观察和言论。诸如大面积的社会综合住宅和市内公路这样的功能主义项目，在这些敏锐的观察者没有指出其有损城市的缺陷之前，是不能进行建造的。在他们当中，较有影响力的是耶鲁大学的景观建筑师克里斯托弗·唐纳德，

1953 年，他在巨著《人类的城市》中对当代的现代主义规划中存在的反城市技术主义提出了批判："查看当前这一领域的文献作品，就会发现一种完全对技术的依赖性，时常还伴随着对城市和城市文化严厉的和荒谬的道德谴责。"[59] 与这种反城市主义、技术主义规划相对立的是，他呼吁"城市设计的复兴"[60]。这会包括历史知识和艺术才能：城市设计需要"一种城市传统的底蕴和与建筑艺术相关的知识，还有景观建筑、绘画、雕塑和装饰"[61]。

唐纳德基于人类的社会特征，假设了一种独立于技术创新的城市生活："无论在预制技术、公路工程、

高速运输等技术领域取得了多大的进步，人们都会聚集在一起享受都市生活带来的利益，或者享受聚在一起的经历。城市生活具有现实性，它是有形和具体的，不可能被田野中的生活取代。它还具有骄傲的属性、骄傲的传统和骄傲的所有制。"[62] 对城市生活的这种描述，有人也称之为都市风貌，主要体现在公共建筑的政治和社会方面，也被当作驳斥"反城市"定居模式的论据。唐纳德还将城市设计包括在都市风貌中，并强调城市规划中建筑的重要性，将其视作都市风貌的重要组成部分："功利主义'的城市规划从来不能实现其目的，因为它不会赢得任何朋友，也不包括建筑的解决方案。谁会在意广场和方场的规划呢？它只是提供一个开放的空间而已。然而正是建筑将一切变得充满活力。……过去所有伟大的城市规划方案所取得的成功都在于它们的建筑，但是我们已经忘记了这一基本事实。伟大建筑的荟萃，为人间戏剧创造了美丽的舞台背景。"[63] 唐纳德侧重描述了什么才能被称作"都市风貌"，并通过回应功能主义和技术规划主义的辩论，获得了新的价值。他引入了美感作为另一项目的，试图纠正平庸乏味的功能主义的缺点，他们关注的只是实现规划中的实用目的：他为此大声呼吁"拓宽'适用目的'的口号，将美学目的也加入其中。"[64] 同时，唐纳德在功能主义对城市产生最大的破坏程度之前，提供了批判功能主义的全部重要论据。终于有人

不禁说出了很多人想说，可能已经知道的话。但是，当这些论据在 20 世纪 70 年代的后现代主义大讨论中获得更多的受众之前，更多的灾难随时都会发生。建筑历史学家和艺术评论家西比尔·莫霍利·纳吉于1954 年在《建筑记录》上发表的一篇文章中对现代派的城市消融理论的倡导者进行了激烈的批判。"从埃比尼泽·霍华德到弗兰克·劳埃德·莱特，从威廉·莫里斯到刘易斯·芒福德"无一幸免。虽然她来自于包豪斯建筑学派，但是却对功能主义的城市消融进行了谴责和抨击。她以辛辣机智的方式取笑郊区的生活方式，并本着齐美尔的精神捍卫大城市的生活："有数以百万的美国人……对桥牌和电视感到厌倦，并且不愿意为了女童子军的利益去烘烤饼干。他们躲在冷酷无情并编有门牌号码的公寓大门后面，这不是一种邪恶的倾向，而一种珍贵的权利，可以销声匿迹的权利、可以与那些根本不需要的少数人联系的权利，保持睡醒之后的时间表毫无变化和疑问的权利。"[65]

这种赞美都市风貌的基本态度，也是她创作于1968 年的主要作品《人类的矩阵》的中心主题，其中以讽刺的形式对现代派的功能主义进行了清算。由于体现出对文化的威胁性，霍华德的花园城市概念在这里被降级为投机者的口号："最好的城镇和乡村。那些深信仿造的村庄群落就是'最好的'城市生活的新一代人将是被愚弄的最为独特的人类。人类为自身提供

的无穷无尽的创造经验告诉我们：人类创造的形式世界、空间和结构与自然进化的大自然之间存在着二元性，它们遵循着不同的法则，并产生不同的美感。"[66]莫霍利·纳吉随即提出了一个面向地点、历史和社会的城市规划，其中包含了"建筑的都市风貌"。

1955 年，R. 理查德·沃尔在他的论文《都市化、都市风貌和历史学家》中强调了历史在城市中扮演的基本角色："每一座城市，无论大小，都像是一个重写本，到处是草草的擦除、纠正、重建和重新定向的痕迹。每一座城市都是对历史的总结归纳。"[67]出于对这种基于历史的都市风貌的赞同，他批评了都市美国人乡村理想的悖论。并且利用丰富的历史归纳经验提出了对城市复杂的理解，还对过度简化提出了警告："城市是一个非常复杂的世界，只从一个角度难以理解它的全部。"[68]在沃尔的努力下，反城市的功能主义开始消退，人们越来越欣赏城市现象的复杂特性。1957 年，麻省理工学院的建筑师和社会学家约翰·伊利·伯查德在文章《城市审美》中分析了感性知觉的重要作用，认为一个城市的美感印象远比建设方面更为重要："城市好与差的特点是由它们自身散发的气息、声音，甚至味道和风景构成的。风景中还包括人，以及他们的着装，他们的运输工具，他们的花卉，树木和喷泉。城市还具有看不见的历史，为城市增添了美感和韵味。城市并不仅仅是由建筑组成的，也许，

建筑甚至算不上城市的主要元素。"[69] 重要的是，对他来说，具有特殊形态的城市生活所包含的全部感受构成了都市风貌的氛围。这种都市的美感是与历史和背景相关的："非凡的都市美感并不是来自于一系列的建筑杰作，而是来自于对前赴后继的建设者以及早已存在的便利性和舒适性的感受。"[70] 在时间与空间交叠的背景环境下，单独杰作体现的新兴风格与城镇住宅蕴含的和谐都市价值产生的新兴意识产生了共鸣。

从 1957 年到 1958 年，记者威廉·H. 怀特在《财富》杂志上发表了一系列文章对当代美国的城市规划进行了批评。同时，这些文章也被编辑成书出版发行。他以都市风貌的名义对功能主义进行了口诛笔伐。作为城市的热爱者，他在该书前言中的纲领性宣言中表达了对花园城市的支持者和提倡技术型城市的现代主义者的强烈反对："本书由热爱城市的人书写而成。"[71] 城市具有"异质性、集中性、专业性、紧张性和驱动性"等一系列的价值。[72] 新一代的郊区居民将无法知晓这些。怀特积极吸取了齐美尔和沃思在大城市社会学中做过的各种分析和描述："总体上看，选择生活在城市的人们彼此之间各不相同，但是他们有着一个共同的特点：喜爱城市。他们喜爱它的私密性、专业性，还有遍布的特色各异的商场；他们还喜欢城市的激情，对于很多人来说，夜晚响起的汽笛声犹如音乐一般悦耳；他们喜爱城市的异质性，喜爱各种稀奇古怪的人们聚集在一起产生的对比和反差。甚至连罪恶之城'所多玛与蛾摩拉'的感受也能吸引他们。他们可能从未去过夜总会，但是他们却认为，只要心有所想，就一定会有快乐有趣的事情发生。"[73] 在功能主义逐渐消退的背景下，怀特将大城市生活的品质加入到都市风貌的价值标准之中。

伴随着怀特一系列的文章，年轻的新闻记者简·雅各布斯运用她对城市的观察开启了美国城市规划的新纪元。她的文章《适合人类的城市中心》包含了之后在 1961 年出版的畅销书《伟大美国城市的生与死》中的核心论据。在对类似纽约的格林威治村这样的城区进行分析之后，她极力扬弃把多用途、较短的路径、不同时代的建筑、社会与经济的融合、标志性建筑和积极活跃的市民作为优秀城市规划的要素。在当时，

这使她直接站到了功能主义规划实践的对立面，她总结了对他们功能单一、规模庞大的开发项目的质疑："他们将会拥有与秩序井然、庄严高贵的墓地相同的特征。"[74]"他们没有在规划中隐含个性、奇想或是惊奇，也没有展示出这里是一座具有传统底蕴和自身风味的城市。"[75] 为了反对这种墓地式的城市规划，她明确呼吁将"都市风貌"作为规划的目标。[76] 在雅各布斯看来，都市风貌的核心是人们用来行走和开展各种都市活动的街道。这与勒·柯布西耶的"走廊街道的死亡"观点完全相反，她断言："街道不仅没有死去，反而要更为惊艳、更为紧凑、更为多样，并且比之前更为繁忙。"[77] 毫无疑问的是，以格林威治村为代表的所有城区活动的主要模式就是大城市中的漫步。

雅各布斯推动了都市风貌讨论中的两个关键概念。第一个就是将多用途的公式化明确作为规划的目标，借此，她通过对花园城市的批评和大城市社会学的异质性讨论提出了对层次单调性的指责，第二个就是以街道和街区的形式将多样的城市生活与城市设计联系在一起，凭此，她能够从文学作品对大城市的赞美中吸取对街道的描述。但是，当传统的多用途因为利于分区的原因而被废除，并且都市空间逐渐消失在一排排高楼林立的街区之中时，这两个概念最初只能成为战斗的口号而已。但是雅各布斯使用了一些正面的当代都市设计实例作为参考材料，这些设计都是都市化传统的有意推动下进行的。例如，她赞扬各种功能的混合以及纽约洛克菲勒中心对城市空间清晰地强调效果，并赞同维克多·格伦为沃斯堡市中心的复兴所做的规划，这一规划以外围购物中心的形式成为郊区化的一个极好的替代物。在她的文章中还使用了戈登·卡伦和伊恩·奈恩绘制的草图对都市风貌进行了例证。

城市研究者凯文·林奇于 1960 年发表了题为《城市形象》的研究报告，在这个城市的身份、守护神和归属感日益受到无处不在的现代派居住模式威胁和汽车闯入城市造成公路和街道堵塞的时代，对城市设计和城市空间的视觉感知进行了论述。[78] 他以波士顿为例调查研究了城市居民如何在都市空间里对自己进行定位，从而辨别出"道路、边缘、城区、节点和地标"

等要素。通过辨别这些城市完全形态中可以被感官感知的要素，一场关于城市规划的讨论也随之展开。这一讨论以卡米洛·希泰的从传统中感知主题的立场传播了一种都市化的城市。

尽管在批判功能主义框架下进行的都市风貌讨论在美国是以务实的现象学为标志的，但是在德国的功能主义批判则更多是以意识形态术语的形式进行的。对都市风貌辩论的贡献中，最为重要的内容当然来自于社会学家汉斯·保罗·巴尔特。在主要作品《现代大城市》发表之前，他在一些建筑杂志上撰写了几篇文章，引起了设计领域对社会学思想的关注。通过体现社会、政治、文化和设计方面的相互影响，巴尔特对都市风貌的定义显得非同寻常。

在1956年的一篇文章中，他加入了反对导致城市消融的功能主义倾向的阵营，并表达了他的都市风貌理论的主要观点。从旧的都市风貌术语的意义上看，他赋予了都市风貌一种价值，并以此将都市风貌看作一种行为风格，"从而具有真正的美德特征。都市化的人类做出了全面的假设，认为无论行为多么特别，其他人都是单独的个体，他们的行为可能自有道理。行为以一种顺从的人性为标志，尊重其他人的个性，甚至在无法理解它的时候"[79]。

不过，在巴尔特看来，都市风貌的价值不仅是一种文化修养，更多的是对他人个性的尊重。由此，都市风貌几乎成了一种人类的尊严，因为当时的德国一直认为个性是负面的意识形态，并且蔑视个人尊严。

巴尔特很快便得出了他的都市风貌理论要点，首先，城市居民的特点是由"不完全整合"决定的，从而形成了一种私有领域和公有领域的辩证关系，之后这只能导致个人的个性和典型的社会性。"不完全整合"这个有些晦涩的术语意味着城市居民只是部分参与到不同的群体中，并不完全属于任何一个群体。这就使得城市社会明显区别于乡村和封建社会，那里的人们通过人际交往被完全整合到群体之中。这种不完全的整合成为都市化的主要特点，私人领域从公共领域中分离出来："城市是一个更大的人类聚居地，各种社会联系也在这里的聚居生活中随之产生并制度化，从而表明某一趋势和倾向是属于私有领域还是公共领

域。"[80]

尽管在巴尔特的这一重要社会定义中认识到了城市社会生活与城市形态之间的关系，但是也承认了后者的独立作用："经典的欧洲城市完整形态表明了那里的生活是有序化的，这是以私有领域和公共领域中对立与互惠关系的准则为基础的。"[81]"封闭的形式和环形的街区"直接表达了这种对立："城市的街区创造了两个空间，也可以说是两个世界，虽然它们之间有着紧密的联系，但是彼此也保持着明显的界限：首先，在公共广场和街道形成的世界里，教堂和其他公共建筑占据着突出和'显耀'的位置。其次，私有住宅、院落和花园形成的世界里，私密性是通过绕过公共街道并能进入私有区域的途径得到保障的。"[82]可是，尽管做出了这种强调性的描述，他却认为带有边界的街区已经不再重要，由于机动化交通的出现，根据街道进行生活定位也失去了可能，可以想象，这是一种令人惊讶的对交通技术条件的妥协。

巴尔特从根本上反对任何的反城市倾向，尽管在当时，诸如"有机型城市""分区和分散型"或者"汽车适宜型城市"等都是非常先进的概念。"当时他们认为城市应该尽可能小，这些都只是浪漫的和主要的反城市活动的""白日梦"而已。[83]因为不可否认的是，"我们的文化是一种城市文化，如果大城市的消融成为可能，这无异于一种自残行为。"[84]他为此呼吁一种具有道德性、社会性和创造性的都市品质："未来的城市设计目标并不是让城市消失，而是实现城市化……城市化意味着：城市应当再次成为城市。"[85]他希望关注那些"作为社会重心的中产阶级和社会密切相关的地方：在城市中，有关政治的和教会的建筑都是公共的，因为它们被湮没在文明的生活中，在喧闹与安静之间保持着中立"[86]。他于1960年在《建筑世界》上的一篇文章中，着重指出了社区居住模式的重要性，因为美国的《社区居住模式》，使结构化城市的规划意识形态更具特色。准确地说，是因为完全整合的社会幻想是反城市的，因此并不适合城市规划："但是，像这样的完全整合并不是城市生活的特征。沸腾多样的城市生活在不完全整合的状态下不断发展。……一般说来，这种公共领域与私有领域融合的发生方式，

存在于永久的紧张状态和互补性之中，也给城市生活带来了特别的活力、宽容和自由。简言之，这就是都市风貌。"[87] 最后，他提出了"城市生活中聚居生活的基本定律是以不完全整合状态下的公共领域和私有领域的相互作用和对立紧张为特色的。"[88] 这种社区与都市风貌的对比反映了滕尼斯的社会与社区的区别理论，但是带来了一些相反的评价。

对于巴尔特来说，在都市风貌的框架内，表现力作为交流的媒介在公众关注方面发挥了积极作用："能够作为桥梁纽带的最重要的行为仿效就是具有不同形式的表现力。它是某种行为方式的表达，是特殊形式的欢乐，它存在于人们的着装中、特色各异的建筑形式中，当然还有政治制度中。"[89] 上面提到的表达模式的多样性让人们想到了罗兰·巴特在同一时期创立的日常形式的符号学。巴尔特认为表现力的根本作用也是各种媒介独立性的基础，城市建筑就是其中之一。为了与都市风貌的概念保持一致，他也将其称为结构设计措施，重要的是，这在交通功能主义中是被严格控制的："我们不得不承认，我们的街道和广场在某种意义上已经丧失了公共特征，它们已经在交通的主宰之下投降。……优雅的公共行为需要一种宁静的氛围，大城市的街道和广场已经不再拥有这样的氛围。"[90] 他继续道："建筑是存在于公共领域和私有领域之间紧张对立和相互作用关系的前提条件，是需要重建的，因为直到现在它仍然是西方国家都市生活的基础。"[91] 这一切都是为政治和道德服务的："因此，这个目标也是大城市的重新都市化，重新找回时至今日仍然表达着自由的城市感觉。"[92] 巴尔特在他的主要作品《现代大城市》（1961）中对他的都市风貌理论进行了详细的解释。齐美尔和沃思早已论述过的多样性是大城市社会的主要特征。由此产生的异质性只有在私有领域和公共领域分离后才能接受，这种二分法本身就是都市风貌不可分割的部分。这反过来也导致了一种特别的都市行为模式："在国际性大都市中，人们多姿多彩的装扮也具有国际性，并且由于私有领域的褊狭性，个性在这里也可以得到培养。这些都是超级简单和标准化的社交行为无法完全弥补的。行为风格的演变形成了我们所说的都市风貌，也

体现了真、善、美的特征。"[93] 这里也引入了齐美尔对厌倦态度的描述，并直接提出将术语都市风貌中的传统价值看作一种美德。

为了与这种在道德上对都市风貌进行的确定保持一致，巴尔特提出了一些要求："'城市化'是重建的目标，意味着城市设计的任务是让城市生活'部分湮没形式'的重新发展成为可能，这种形式正在当今的环境下努力求得幸存。"[94] 在都市风貌的塑造中，建筑起到的作用是辅助性的，并不是唯一的要素。同时，与简·雅各布斯一样，巴尔特明确反对分区和划界的功能主义，赞成将综合功能作为城市的品质，并应该在规划中得到积极的支持："如果街道和广场是能够描绘社会本身的公共空间，那么它们就应当具有众多的功能。出现在公共场合的人们也不应被迫采取矫饰的特殊行为。这就是为什么休闲、购物、娱乐和教堂礼拜活动不该严格地彼此分隔的原因。"[95] 巴尔特对都市风貌讨论的特殊贡献是强调并维护私有领域和公共领域的本质区别。这种区别的相关意义注定是对德国的完全集权化对私有领域的侵犯所做的回应，并且这种政治背景也解释了基于不同的都市风貌的道德要旨。

此外，通过多样的和非还原论者的方法，巴尔特将都市风貌理论的特殊品质表达出来。巴尔特认为都市风貌是由社会、政治、文化和设计要素共同构成的，每一个元素都有其存在的合理性。与经济学家埃德加·沙林定义的具有纯粹政治意味的都市风貌概念形成了鲜明的对比。也许正是这种简单的定义，使他于1960年在德国城镇协会所作的演讲具有划时代的意义，时至今日仍然具有影响。因为对于很多作者来说，都市风貌的辩论大潮正是伴随着沙林而起起落落的。他划定的连接点也十分明确："在德国，都市风貌于1933年消失。"[96] 之后，在1970年的一篇论文中，他以更为激进的方式重申了这一断言："都市风貌的最后残余或最早的重生是灭绝性的，是在恐怖的背景下，消失在第三帝国的毒气室内。"[97]

在沙林看来，都市风貌是一种功能，能够让城市公民通过民主的方式自由地做出自我决定。他坚持认为："如果城市管理中没有公民权利的积极参与，都

市风貌就不能被正确理解。都市风貌也是一种教育，是一种形式良好的躯体、灵魂和思想；但是无论何时，当思想不能自由驰骋，而是形成了一个相应的政治围墙时，它就如同城市生物和政治生物一样，是一种在只属于他们的政治空间内进行的富有成效的人类合作。"[98]

因此，真正的都市风貌只能在民主国家和城市共和国发现，而不能在君主国家和基于宫廷的社会内发现，那里只承认优雅的礼节。沙林在伯利克里时代的古希腊都市国家的概念中找到了这种永远不会再次获得的都市风貌理想。在随后的罗马共和国以及中世纪时期的城邦共和国都无法实现这种理想。而在近代欧洲的宫廷时期，都市风貌的定义根本就不存在。

除了政治上的自我决定，沙林还将大城市社会学一直强调的内容包括到异质性中："都市风貌需要一种卓有成效的文化、传统，以及部落和种族的融合。"[99]他用文雅修辞表达的传统的都市风貌视为全面教育的产物，并可与人性相提并论。这将使它上升为政治道德理想，并成为人类活动的目标。沙林在1961年写道："对都市风貌的渴望似乎是浪漫的，并会一直继续下去，但是，如果生活在一起能够再次具有意义，能够以人类的方式进行塑造，那么这种设想的浪漫主义就是必不可少的。"[100]无论是来自于遥远过去的古典理想还是浪漫的渴望，沙林对都市风貌的解释都带有前所未有的政治色彩。他自己也不愿意使用这个术语提及现在："如果有人期望着手解决我们正面临的这个真正艰难的任务，我想说最好还是完全避免'都市风貌'这个词。"[101]相反，他建议使用"城市塑造"[102]一词，在这一过程中，城市最初在政治上作为一种"市民社区"[103]的意义将会形成。[104]对于沙林来说，这种城市塑造将会与政治社会的塑造相关，而不会关注任何城市设计的问题。有关当前城市设计争论的唯一参考就是他对花园城市和定居地运动提出的城市消融趋势提出的批评："只有增强城市的核心，而不是使城市支离破碎去创造一种新的形式，城市生活才能扩展到外部城区。"[105]

尽管他把政治放在了最优先的地位，并且极力回避"都市风貌"这一术语，然而这也是历史上著名的悖论之一，因为不是别人，正是沙林创造了"通过密度体现都市风貌"的说法，并将其作为一种规划策略。今天，他仍然被看作这一术语的创始者。但是沙林的做法却与此矛盾，他以极高的总建筑面积定量地创造都市风貌，从不在意都市风貌作为当前规划任务的传播和宣传。1970年，他在一次尖锐的阐述中说道："都市风貌已死……如果有人说某个建筑或者城市的形态将会唤醒都市风貌，而不是以崭新的人类才智和人性的觉醒去焕发它的活力，那么这一定是谎言。"[106]之后，一切便再无进展。都市风貌消失在市政规划者的案头，湮没于建筑公司轰鸣的水泥搅拌机中。于是人们呼吁社会学要特别关注沙林对城市景观作用的否定，并将其作为一个明确的既成事实而传递下去。但是，在这一点上，沙林也并非完全没有矛盾，相比他对城市设计的低估，他却看到美国的情况要好得多，因为与联邦德国不同的是，那里的城市规划"不是由法规制定者完全控制的，更多的是在建筑师和规划者的指导下进行的。"[107]这将表明设计者确实可以做出贡献。沙林的成就无疑是对都市风貌的政治方面和这一术语的道德武装进行强调，并将其作为自由民主的精髓。即使这导致的结果与很多作者的预期截然不同，但也许正是这种道德上的诉求使他的这些阐述具有不可抗拒的魅力，也使沙林无意之中拒绝的都市风貌再次成为一个永久的主题。正如他的很多同僚在1964年所说的。其中，积极参与城市规划的社会学家卢修斯·伯克哈特将都市风貌重要的社会文化方面挑选出来，并将"与陌生人的交流互动"[108]描述为"实际的都市原则"。但是对于这种社会现象，他认为所有空间元素的作用都是相当的："例如公共广场"[109]，他希望将来看到它"能够成为汽车和火车换乘以及购物的接口系统和会合地点，以满足人们的需要。并希望人们可以在所有水平的或垂直的建筑结构之间，对精细的分支道路进行自由选择……我们所寻求的真正都市也许就存在于这些接口系统之中。"[110]伯克哈特的设计思想明显受到了新兴的巨型结构主义迹象的影响。即使后来证明这种设计方法不利于都市风貌，但是伯克哈特对于设计的贡献仍然是显著的：虽然仅凭建筑并不能创造出都市风貌，但是建筑的质量和品

图7 沃尔夫·乔布斯特·希德勒和伊丽莎白·尼格迈耶尔，《谁杀死了城市》《天使和街道的绝唱》《广场和树木》，1964

质却一定会有助于社会都市风貌的形成。

早于沃尔夫·乔布斯特·希德勒和伊丽莎白·尼格迈耶尔 1964 年的摄影散文《谁杀死了城市》和亚历山大·米切利希 1965 年以《我们不舒服的城市》一书敲响警钟之前，功能主义的社会、政治和设计缺陷已经愈发明显。[111]（图7）在 1967 年的一篇文章中，米切利希的同事，社会学家海德·伯恩特以都市风貌为题对这一话题进行了探讨。提到简·雅各布斯，伯恩特赞成城市街道作为都市风貌的真实场所，批评由于汽车、交通规划和定居点建设导致的分配给街道的空间的消融，以及规划死角带来的街道网络消融。与此同时，她将城市的设计元素指定为都市风貌的根本角色。她还批评了降低单位面积居住人口密度的做法，因为大多数支持"通过密度体现都市风貌"的人们已经习惯了这种做法。最重要的并不是预先确定的规划和具体的功能，而是多用途场所的创建："多功能、大众化的场所不是由预先规划的用途确定的，而是与陌生人之间无意识的接触交往创造的。具有这种'开放'空间结构的场所就是街道和酒馆。"[112] 真正杀死城市的是分区："在城市设计中，侧重面单一的区域彼此之间的孤立是都市风貌丧失的主要原因。"[113] 因此，伯恩特将雅各布斯关于都市风貌讨论的全部论据转译为德语。她确立的城市设计在都市风貌中的根本作用，

使她对城市建筑的研究计划提出了要求："例如，必须获得能够从建筑形式中轻易阅读出我们赋予都市风貌的社会和精神内容的能力，反过来再将这些内容传递给建筑。"[114] 在她后来的辞典条目中再次强调了城市设计的作用："城市设计中都市风貌的丧失主要是由于在设计中缺乏对都市行为的鼓励，无法整合都市生活方式、社会功能多样性和异质性的空间。"[115] 由功能主义规划引起的城市景观危机应由日益提高的城市设计方面的意识和突出作用负责解决。在巴伐利亚广播公司 1969 年的一系列广播中，都市风貌的优点成为一种文化主题。作者基恩·艾米把自己描述为来自首都以外地区的作者："后来，我亲身经历了这座大城市、国际大都市的解放。"[116] 尽管有着如此强烈的表白，他还是描述了大城市生活的矛盾一面，也就是他认为的"自由与非自由之间的战争"[117]。但是他坚持认为："大城市是不可替代的。"他满怀热情地描述了理想中的未来都市风貌："一种今天罕见的大型城市将会出现：那些现代的人类将不会遭受紧张的折磨，不会屈从于压力，也不会在密度的刺激下变得麻木，更不会为社会的不公而感到困惑，并且可以在不侵犯他人利益的情况下自由选择。"[118] 齐美尔的大城市公民不可能找到比这更好的复兴之地了。

来自同一阵营的弗雷德里克·希尔对战后德国都

市风貌的缺乏极为不满。[119] 这似乎是反城市的延迟效应："城市化的人类具有一种才智上的共鸣，非城市化的人类认为这是一种自我表露。就像来自林茨的阿道夫·希特勒，一生都在为维也纳的仇恨和嫉妒感到痛苦。"[120] 他继承了沙林的传统，认为"都市风貌的优点"[121]要体现出如下价值：它使"完全处于公众视野下的生活"[122]成为可能；"语言多元化，并且允许不同的声音和见解"[123]；并且能够展现经过几代人获得的"倾听异己的能力"[124]。"国际化大都市是一个迎接八方来客的空间，它欢迎陌生的外乡人，有时候能够在惊人短的时间内将他们转化为本地人。"[125]

在希尔看来"国际大都市因此也就成了一个保护的空间、自由的城市和开放的空间"[126]。这是一个把社会多样性和政治自由作为都市风貌口号的地方。根据现存和古老城市，为了对都市风貌的理想进行保持或重构，对功能主义的批判也得到了左翼进步人士的大力支持。他们捍卫并解放了蕴含在都市风貌理想中的个体的价值，反对实用主义保守派信奉的功能现代化。国际范围内对功能主义的批判也受到了这些精英人物的影响，1966 年，著名的城市建筑理论家阿尔多·罗西在他的《城市的建筑》中，将建筑从国际现代建筑协会（CIAM）强加的功能束缚中解放出来。他以现有的城市为例展示了城市的建造形式可以在更长的时

间内提供不同的功能，并且建筑的使用寿命比同时产生的实际需求要久。因此，城市建筑能以两种方式继续存在下去：遗迹的形式与实质、住宅类型的建筑。

亨利·勒菲弗尔则从社会方面和它的经济、文化实践切入问题。在《城市的权利》（1968）和《城市革命》（1970）两本书中，他批判了资本主义的剥削机制，这种机制使社会的全部阶层以郊区住宅区的形式被排除在城市生活之外。相反，他假定了一种包容性的"城市权利"[127]。他把城市社会设想为一种社会理想，表达了"街头，即兴表演的剧场"的想法，将街道和广场作为城市典范场所。[128] 他捍卫了传统城市空间的文化用途，反对功能主义、技术主义和经济主义："城市的街道、广场、建筑物和纪念碑是用于聚会的场所。"[129]勒菲弗尔的社会动机是强调 19 世纪城市漫步者的理想和 20 世纪早期对大城市赞美的持续存在。

对于被城市社会学家一直当作都市风貌必要条件的异质性，社会学家克劳德斯·菲舍尔进行了详尽的阐述。在 1975 年的一篇论文中，他解释了都市风貌首先是由亚文化创造的。[130]虽然亚文化需要一个具有一定规模的城市，但是它不是大城市唯一的特征。而是这些亚文化活动的活力创造了大城市特有的都市风貌。他以"亚文化理论"丰富了都市风貌的传统文化定义，在当时带有典型的青年抗议运动色彩。

在都市风貌与传统价值观的相关性研究方面，社会学家理查德·森尼特是最有影响力的理论家。1976年，在其畅销书《公众人物的堕落》中，他批评了蔓延到社会各阶层的私生活习惯，视其为"亲昵的暴政"。[131] 在进行了广泛的文化历史和理论分析之后，他发表了关于公共生活和私生活在政治文化方面进行对比的研究成果。与巴尔特关于都市风貌的研究十分相似。在美国的郊区化和市内住宅危机不断蔓延的背景下，森尼特的文化批评分析是非常符合时宜的。他呼吁一种"差异的文化"——这也是他《眼睛的良知》一书的德语版（1991）的副标题，并成为大城市都市风貌的明确定位。通过一种惊人的、貌似合理的方式，森尼特在众多基于历史的广泛研究中结合了都市风貌中文化、社会、政治、经济和设计方面的内容。1979年，在文章《反城市和城市形态》中，艺术历史学家保罗·霍弗论述了都市风貌的设计方面，试图通过无数的草图展现城市特有的形态。（图8）其正文内容与主题十分接近："核心价值都市风貌'从来不是以单一因果关系和线性关系孤立存在的。它不能被理解为类似薄膜干涉相关的术语，比如环境、震动、渗透等，这些都是可探测的，不能真正定义都市风貌的要点。它只有几种定义方式，例如参照物、空间和工艺的强度及变化、多样性之间的相互渗透、更持久的连续区间内的跨周期运动、不断认识对话中的自相矛盾等。"[132] 在如同诗韵的城市设计中，历史学家试图从设计的角度去探讨都市风貌的现象，因此，一股带有文化气息的都市风貌之风吹开了城市设计的大门。

毕竟，这些在 1979 年由彼得·布雷特灵发表的文章《作为城市发展目标的都市风貌》中进行的讨论，使反对功能主义城市规划的运动再度兴起。目前所谓的"都市风貌复兴"[133] 不仅与 20 世纪 60 年代的"通过密度体现都市风貌"有所区别，而且在文化和社会进程方面的理解也有所不同。它重点强调对经受住考验的建筑形式的新评价和尊重，诸如街道、广场、周围街区和城市住宅等。都市风貌的讨论在 20 世纪 80 年代进入了一个新的转折时期，虽然对功能主义的批判仍然是讨论的焦点，但是在这一背景下，面对所有的

批判，现实的功能主义却依旧幸存下来。所有重要的东西都被提到，并且，重要的城市重建、欧洲城市、新都市主义等主题也形成了新的辩论模式。都市风貌的讨论在两个方面进行了扩大化：对受商业化支配的都市风貌的批评，以及对城市与乡村不断边缘化的批评。这些新的趋势可以称之为新都市风貌，这一术语是由社会学家哈特穆特·霍贝尔曼和沃尔特·西贝尔于 1987 年创造的，与他们出版的新书同名。但是霍贝尔曼和西贝尔更加关注战胜他们认为的在历史上已经过时的都市风貌："事实上，唤醒那些大都市的古老品质已经失去了基础。中世纪的资产阶级城市使我们的城市生活理念、城市文化、城市设计和市政政策的目标丰富多彩。之后，都市风貌演变为一种特殊的生活形式，让私有空间与公共空间并存；也演变为一种政治形式，比如资产阶级民主；一种经济形势，比如资本主义经济。我们的思想也以工业革命为标志。自从 20 世纪中叶以来，城市的发展与人口和工作场所的增长，以及最终形成的居住区域的增长成为同义词。事实上，作为特殊生活形式的都市风貌和作为城市发展统一形式的增长早已失去了它们的基础。这就使得区分各种城市设计思想、城市中其他的'正确生活'模式和另一种城市政策成为必要。"[134] 他们这些方法途径的特殊贡献在于将"都市风貌"作为一种历史条件下的术语进行思考，并制定出与不同社会历史时期相关联的具有不同意义的历史层次。但是，认为都市风貌不可能成为永恒术语的见解并不能证明它已经过时。这种历史决定论观点的真正背景是霍贝尔曼和西贝尔对试图用设计的方法将都市风貌融于城市的拒绝和否定，正如他们后来在 1992 年的一项研究中解释的："然而，都市风貌这一术语包含的不只是城市空间和各种文化所提供的富有激情的背景环境。都市风貌总是体现出正确生活的意向，通过城市为每一位居民尊严体面的生活提供经济、社会和政治机会，并可以对其进行衡量。"[135] 虽然，这种批判明显针对那些将都市风貌重新包装为一种商业化设计项目业务模式的企图，但是还有一种因素，就是社会学对任何具有设计味道的事物都缺乏信任。他们主要将城市定义为一种社会结构，而诸如设计这样的其他方面至多

只能作为次要角色。基于一种正确观察到的社会转移（"客观性基础"的转移），霍贝尔曼和西贝尔坚持认为城市设计的过时是一种必然。尽管他们的方法途径具有广泛的基础，但是他们的社会简化论在讨论中忽视了城市设计已经具备的独立作用，这已经被证明为是一种专业上的"盲区"，也是他们对其他规划者的哀叹之处。[136] 这种社会决定论者的立场不仅导致了对传统的城市建筑形式的排斥，还有对传统城市行为方式的排斥，最终导致一种简单的断言："都市风貌的概念已经过时。"[137] 同时，他们很快便以新的姿态复兴这一过时的概念。他们认为城乡差异的消失是不可改变的前提条件。这一观点一方面来自于对鲁尔地区非城市特点的过分强调，此外也反映了国际范围内对新数字媒体影响作用的夸张。因此，对于他们来说，一个基于现有市区概念模式的对都市风貌进行正确的测定是完全不可能的。然而，在提及简·雅各布斯时，他们仍然强调了史实对于新都市风貌的必要作用："一个都市化的城市，总是具有历史维度，因为历史悠久的建筑在日常生活中让居民联想到过去的历史，准确地说，是因为无论何种用途，它们一直在被使用。"[138] 随后，他们利用了一些来自齐美尔城市社会学中的异质性："如果城市能够孕育出都市风貌，它就具有都市化的品质。这常被保守的城市批判主义用厌恶的眼光看成'缺乏清净、混乱不堪、错综复杂、充满异样和危险'。"[139] 最终，他们在单独的章节中列出了他们的新都市风貌特征："平等的社会机会、执行民主制度、体现历史、与自然和谐共存、新的日常生活和工作的统一性、保留矛盾性、规划的开放性、多中心、多元文化的城市和公共与私有空间的区别。"[140]

后来，正是沃尔特·西贝尔首先进一步反思并详尽阐述了这一术语。例如，他能够将大城市与小镇生活的对比、规划者和市民之间的矛盾意图、多种多样的城市景象同都市风貌术语中的辩证转化结合在一起。这本身就可以称之为城市："必须在对立矛盾的范畴内去思考都市风貌，在矛盾的运动中去认识它：在有序和混乱之间，在公有和私有领域之间，在大城市居民的厌倦，冷漠和城市公民自信的参与之间，在

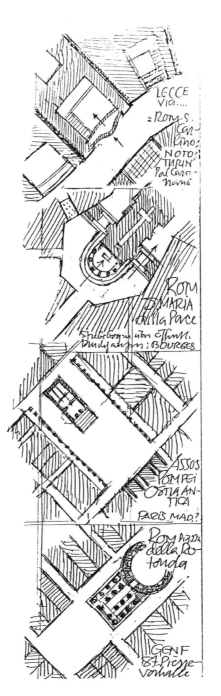

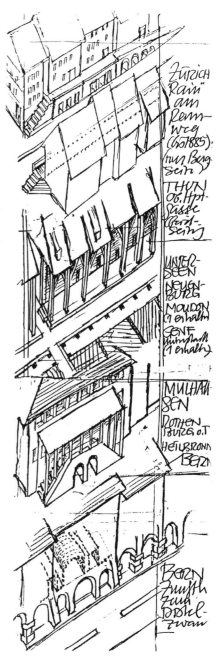

疏远和认同之间，在尔虞我诈的环境和安全可靠的家园之间。"[141] 并且，与那些由于所谓的当代城市观点而要彻底废除这一术语的批评家们截然不同的是，西贝尔为都市风貌注入了价值潜力，使其焕然一新，在与经济化、机械化、官僚化或平衡化的斗争中再次得以纠正："然而，作为一个至关重要的以历史角度进行衡量的城市现实性术语，它包含了从强制工作中得到解放、成功的民主政治、完善发展的个性、生产的差异和社会的融合。它对于当今城市的分析也十分适用。"[142] 霍贝尔曼，尤其是西贝尔的功绩主要在于将"都市风貌"更新为一种价值的术语，并关注它的历史偶然性。在这样做的同时，他们自相矛盾地使那些从历史角度看似已经终结的承诺得到复苏，比如关于自由的政治承诺、关于休闲的经济承诺、关于个性的社会承诺和关于教育的文化承诺。他们依然对设计保持着专业性和习惯性的质疑，不过这并不能抹杀他们的其他成果，包括提出了对过去几十年内与都市风貌相关的术语进行全面的综合思考。

神学家和城市规划者迪特尔·霍夫曼·阿克斯赛尔姆也是一位设计评论家，在1993年的重要作品《第三种城市》中，他抱怨道："先前对于都市风貌的讨论和尝试只是美学上的装饰门面。建筑师们绘制了意大利式的广场，希望它们焕发新的活力；社会心理学家为关键的城区制订了活动计划，希望对那些被剥夺了政治权利的个人能力具有持久的效果；政治家们误判了文化推广在重获城市社会中心过程中的作用，幼稚地认为是具有满足感的雅皮士构成了城市社会。所有这一切在现实中都不存在。重点并不是形象和经验，最为紧要的是具有共同社会底蕴的基础，这只能在必需和互相依赖、彼此相似的情况下发生。"[143] 霍夫曼·阿克斯赛尔姆并不关心如何取代"都市风貌"，而是希望重新建立这一术语。在他看来，土地的所有权和使用权才是根本："城市的特征并不是建筑，而是空间的利用，建筑是可以替换的，但是空间却依然留存在原地，城市的活力取决于它们。……公共和私有空间的区别是城市基本契约的本质。在广泛的历史发展范围内，小巷、街道和广场都是公共空间的形式，与私有部分的地产是对立的，无论契约的历史变化是以所有制形式还是法规形式。外观的时尚并不重要，无须进行捍卫。这里的重点不是历史悠久的广场和街道的景象，关键的是与空间相关的权利和它们不可侵犯的特征。"[144] 通过强调公共和私有领域之间的区别，他引用了巴尔特的都市风貌核心标准。霍夫曼·阿克斯赛尔姆关于减少城市空间利用的观点与功能主义的合理化有着致命的相似之处，他还支持他们的都市风貌替代观点。他对确定都市风貌的贡献是强调都市风貌法律基础的作用，尤其是地块在城市设计中的作用。但是这并不足以成为都市风貌的唯一标准。

其他作者还强调了都市风貌中城市景观的无风险作用，艺术理论家巴宗·布洛克简洁地谈道："街道是公共空间，因为它不是私有的。街道是由它界定的房屋建筑的外观而定义的，并以解决内外部之间、公共与私有之间隔离边界的方式进行建造。"[145]

除了解决城市设计中公共街道和私有街区之间的隔离问题，他还将这种隔离的建筑设计应用到外观立面细节的层次。在这一点上，布洛克要求以具体的设计形式清晰地表达出这个长期备受责难的建筑任务，并应当参考公共领域和私有领域之间存在差别的城市标准。

建筑师汉斯·科尔霍夫为这类城市建筑提供了最为持久精心的研究，除了在建筑作品中解决城市问题，他还以非凡的书面评论对都市风貌的辩论做出了贡献。他反对把建筑的设计方面看作城市的唯一标准，正如他于1997年在一篇题为《城市社会》的文章中所说的："城市不只是建筑的总和，它还是社会关系的一面镜子。反过来，城市以其建筑对公共生活产生影响，这就使建筑师肩负起重大的责任。都市风貌只能在现有的城市中通过不断的努力工作才能浮现出来。"[146] 对于城市建筑，主要有两点要求：首先，必须体现出城市社会的特点；其次，它不能被重新发现。

他规定了将建筑的都市风貌与社会、文化和历史发展形成的都市风貌之间的关联作为城市的核心标准："发生在自然环境下的城市偶遇是可以想象得到的，但是如果没有建筑框架作为前提条件，城市观念的形成就是不可想象的。精致优雅的生活模式需要同样模式的建筑，这种建筑反过来对公共生活产生影响，并体现出自身的需求。相比于个体形象的创造，自觉接受这种模式和影响带来的挑战似乎更接近都市化的本质，也许这就是都市化的关键所在。"[147]与当时流行的城市边缘化和建筑的个性化相反，科尔霍夫提出了基于文化、社会的建筑理念和面向设计的都市风貌。因此，他一方面强调有教养的公民社会的核心作用；另一方面，他也指出了建筑在提炼和巩固都市传统中的核心作用。

2002 年，采用文化方法研究都市风貌的建筑师和城市设计历史学家维托利奥·马尼亚戈·兰普尼亚尼认为，一般而言，城市就是"对人类的净化处理"[148]。他反对当前对"城市之间"模式的赞美和全新的数字媒体带来的无处不在的精神狂欢。他创立了一种基于社会意义，渴望文化意义的理想场所："这个环境就是城市，那些从沥青路面、噪音和喧闹气息中逃往绿色乡村的人们正在回归。他们厌倦了郊区的田园生活，抱怨强加给自己的孤独感。他们对作为边缘化的社会遗弃者感到厌倦和疲惫，那里只有自己一家的宅院、办公室和媒体园区，还有一些家具折扣店和零星的加油站。他们只能舟车劳顿地去上班，也失去了多种多样的购物机会、高级的娱乐场所、丰富多彩的文化活动和社交环境。总之，他们渴望都市风貌。"[149]通过提取日常生活经验中的精华，兰普尼亚尼对都市风貌的定义中包含了经济、政治、社会、文化和设计方面的内容。作为城市品质标准的都市风貌，其具体内容源于文化高度发展的成就：城市，在过去的几个世纪里，已经发展演变为多种形式。

2002 年，社会学家迪特尔·哈森普鲁格认为21世纪早期的都市风貌是以20世纪早期的大城市概念为基础的："城市最终将会发展为大城市。当前，对于我们理解都市风貌产生影响的主要是文化、生活方式和大城市的美感（比如伦敦和巴黎）。大都市的发展逐渐与乡村生活形成了对比和反差。正是社会的社交空间与社区及其在家庭内部、邻里之间和手足之间的表达方式形成了鲜明的对比。"[150]其他类似的出版物还有沃尔特·普里格的《20世纪的都市风貌和知性主义》，其中仔细探究了都市风貌的文化影响。借助三种模式的研究，它解释了大城市的都市化如何成为都市知性的基础。[151]从国际的角度看，正是美国的新都市主义运动使都市风貌的讨论再度兴起，这一运动对都市元素和策略进行了实用的系统化。它产生于城市反对汽车运动逻辑的蔓延，其根本需求则来自提升现有城市的品质，正如在 1996 的新都市主义宪章中所制定的：把通过街区和建筑形成的街道和广场的结构化定义包括其中，并涉及当地的建筑历史、市区内的人行通道、多用途、所有城区的社会融合和开放性、城市与景观之间的区别以及社区的融合。[152]通过新都市主义，那些来自于都市风貌的讨论、美丽城市运动、简·雅各布斯的功能主义批判、社区规划和路易斯·沃思的大城市社会学的完全矛盾的传统都涌入城市传播的洪流之中。他们的共性是反对和拒绝与汽车相关的郊区规划模式，共同赞赏从建筑上定义的，保存完好并承担历史关联作用的现有城市。

在都市风貌讨论的现状中值得注意的是，基于所谓的客观性和不可避免的历史演变的都市风貌的绝唱尚未被证明是真实的。20 世纪的极权主义制度没有将都市风貌完全摧毁，小资产阶级的郊区化也未能让都市风貌彻底屈服。并且，数字革命也无法让伟大的城市消失，实际上，它使国际化都市更为强壮和健全。

同样，所谓人工创造的建筑意义上的都市风貌背景，也没有导致迪斯尼乐园随处可见。而几十年来一直宣称的土地和乡村边界的消失也只是一厢情愿的想法。无论怎样变化，技术革命、互惠结盟，甚至是更新的经验主义社会研究都展现了大城市与乡村之间生活方式的显著差异。[153]

显而易见，在柏林的夏洛滕堡和勃兰登堡的村庄的建筑之间一定存在某些差异。因此，为之采用有所区别的术语是明智的。即使经常被人们乐于喻为现实的"网络城市"的鲁尔地区，也充满了各种差异，它们存在于传统的城市中心、郊区、小城镇、村庄和耕作地区之间，这使它们不能成为一种统一的描述模式。显然，都市风貌毫无疑问地存在于传统的城市中心。鉴于它的历史发展过程，"都市风貌"这一术语完全能够继续存在下去。[154] 根据面对的不同历史问题，它展现了不同的方面。这些方面彼此之间并不矛盾，但是通过一个更具差异的术语进行了层次的划分，其主要特点是缺少了分析性，增强了规范性。今天，它依然是一个继续发挥着魅力的术语，伴随着它的是对更美好生活的渴望。随着时间的流逝，除了这一术语已经获得的各种含义之外，都市风貌在当前所面临的挑战主要包括以下几个方面：

文化：

同过去一样，都市风貌的文化确定在今天仍然是一个核心标准。同过去一样，今天的问题依然是文化的提炼和有教养的体面生活，这可能包含着某些都市智慧。但是这种文化上的定义不再是令他人感到优越的原因。它也不会将自身与农民的乡土气息进行对比。它将会与真人秀这样的垃圾文化形成更多的对比，并且，齐美尔的厌倦态度在今天更受欢迎。不管怎样，都市风貌意味着对每一个人的教育承诺。

社会：

尽管通过大城市社会学，在术语的异质性方面取得了很大的发展，但是为社会各阶级和不同社会出身提供的开放性仍然是都市风貌的核心标准。这包括不完全整合的可能性和单独个体在不同社交圈之间的摇摆性，还包括通过对私有领域和公共领域隔离而产生的个性化的可能性。

政治：

城市公民的自我决定，也是古希腊城邦都市风貌的第一表达基础，一直是都市风貌的有效方面。民主制度的结构不仅存在于市政当局，还与伴随的政治制度一起继续为城市风貌的都市承诺提供基础。

经济：

产品和服务的多样性及其在市场上的可用性正稳步成为都市风貌的标准。虽然自给自足的经济对都市风貌没有任何威胁，但是金融环境中日益严重的差异和矛盾却是危险的。财产分配的不均衡也危及参与城市管理所需的均等机会。

时间：

都市风貌不会存在于同过去割裂的时段。作为一种行为模式，它包括了受过教育的城市公民所了解的城市史实方面的知识。都市风貌的体验会发生在现有的，当然也是历史的城市空间内。正是当前城市景观中准确蕴含着历史发展层次的多样性，才有助于将城市理解为一种长期的历史现象，因此也有助于都市风貌的扩展。

空间：

实用的都市风貌依赖于建筑上定义的可以通过步行到达的空间。例如街道和广场，都是都市风貌所预期的文化、政治和社会方面不可或缺的物质基础。都市化城市的这种必要的建筑密度反过来意味着景观中的建筑密度要尽可能小。这也意味着在城乡之间自由移动的机会是有修养的城市生活的核心标准，并且与城乡之间的差异一同成为都市风貌的持久标志。

功能：

总体功能的分离严重违背了城市作为交换场所的功效。因此，多用途就成为都市风貌的基本前提。这不仅是一个城区内，也是一个建筑内各种功能混合的问题。从而能够提供建筑底层的都市化用途，以及同时使用的最大可能性和灵活性。

设计：

　　如果没有精确到细节层次的城市建筑设计，都市生活就不可能存在。紧随定居点建设、商业化分区以及由缺乏设计的集装箱式建筑造成的非人性化城市空间之后，城市建筑的没落已经使人们意识到建筑在都市风貌中的核心作用。类似在外观上划定公共空间与私有空间边界这样的抽象确定方式，也许是正确的，但是却远远不够。都市化城市建筑的出现，首先要借助于不断发展的现有类型和形式中对优雅品位的感官认知。

2. 密度

与"都市风貌"相比，"密度"是一个相对直接的术语。在城市和城市设计方面，它被用作一种量化工具来描述城市的某些品质，或者用于创建规划。[155] 密度的概念假定了那些归因于它的现象类似于对物理学中的密度进行的数学描述。因此，只要城市分析和规划要在科学的基础上进行描述，这一术语就是必不可少的。除了精确的优势和学术的威望，数学方法也有着错失正在研究或规划的实际问题中要点的危险。因为在涉及城市问题事物中，数学洞察力的局限性还没有被认识到。作为一个纯量化的术语，密度代表了一种简化的概念，并不能体现城市的各个方面，例如文化的精华、自由和城市空间的体验等等。在有关城市发展讨论的术语中，几乎没有哪一个像"密度"这样经历了更为彻底的重新评估。它是用来描述现有城市工业化带来的不利条件，以及制定改进现代城市建设方法的标准而引入的操作手段。这主要体现在两个方面：按照莱因哈特·鲍迈斯特于 1911 年所说的，就是"人口密度"和"建筑密度"。[156] 这一结论是十分明确的：现有城市的高密度是不利的，只有通过降低密度才能得到改善。这种对密度的明确评估在两个出版物中都有所表述：1912 年，雷蒙德·昂温在他的《人满为患》一书中提出了对过剩的人口密度的反对。1920 年，布鲁诺·陶特在《城市消融》中对过度的建筑密度提出了批评。高密度是不好的，更低的密度才会更好。在爱米尔·涂尔干的社会学中，"密度"这一术语暗藏着积极的内涵。1893 年，在《社会分工》一书中，他概括地将密度描述为社会持续进步的手段，指出它是文化发展的动力。[157] 1938 年，在题为《都市化生活方式》的文章中，路易斯·沃思认为高密度正是城市的核心特征。[158] 这也建立了城市社会学中的一个传统，至少让那些对密度在城市中的作用进行随意诋毁的人们三思而行。然而，在市政规划和城市设计中，人们依然在试图以密度的局限性为理由，对带有恶劣印记的工业化大城市的过高密度进行控制。例如，1993 年，国际现代建筑协会（CIAM）大会在《雅典宪章》中呼吁限制人口密度。自从实施人口密度控制，只是证明了公共机构的管理机制过于庞大臃肿，在实际的城市规划中，这一努力就逐渐转

为对建筑的密度进行限制。在德国，约翰尼斯·格德里茨作为先驱者主张在德国的密度恐惧症背景之下，通过松散的建筑来降低居住密度，并在口号"失去空间的人民"中清晰地表达了这一想法。[159] 在战后，他仍然坚持这一立场，在《松散结构的城市》（1957）一书中，他提出了降低建筑密度的呼吁，对战后重建时期的城市发展途径产生了决定性的影响。[160] 他在文中引用的数字和统计资料使他的观点具有明显的科学性和客观性，最终导致了在 1962 年通过法律方式在建筑法规中对建筑面积和间距的比率提出了限制规定。

通过如此做法，使降低建筑密度这一问题再次被质疑时，得到了合法化。例如，1963 年在亚琛举行的"密度体现社会"大会，提到更多的却是城市社会学的密度决定论传统，并支持降低建筑密度的思想。[161] 即使对于随后在 20 世纪 60 年代建造的大型住宅区，虽然增加了高度，但是较低的建筑间距比率依然保持：从空间上无法解释保留的绿地表面上布满了具有更高面积间距比的个体建筑。这不能被确切地称为"通过密度体现都市风貌"的概念。作为一个口号，这句话在 20 世纪 80 年代被沃纳·杜思首次使用。[162] 然而，这却在讨论中引发了一种奇怪的双重论调：在控诉大型住宅区缺乏都市风貌和密度问题的同时，他们对现代主义都市发展的努力也提出了批评，而后者追求更多的都市风貌和更高的密度。从历史的角度来看，人们必定会得出这样的结论：大型住宅既不稠密也不具有城市化特点，也不是他们想要的。因此，并不能抹杀后现代主义在 20 世纪 80 年代为都市风貌和密度所做的努力。

对"密度"这一术语进行重新评估的想法，是由那些来自于结构更为分散的城市的非主流功能主义规划者首先提出的。比如在 1963 年，社会学家鲁斯·格拉斯对城市发展中通过纯粹定量的数学方法为密度进行定义提出了警告，要求以都市风貌的定质确定方法取而代之。[163] 1956 年，传统主义建筑师弗雷德里克·海恩斯在住宅建设问题中对密度值的建立提出批评："选择就在两者之间，前者是基于错误的统计数字的不可信赖的、空间上僵化机械的方法；后者作为替代，

对建筑群体的空间判断准确，给旧城镇的规划带来更多的魅力，令它们更为紧凑、本质上更具都市的色彩。"[164] 海恩斯在这里强调的城市建筑设计的独立作用不能被转化为数学的密度值。

1958 年，记者简·雅各布斯成为高密度的首位公然支持者，她在文章《适合人类的城市中心》中写道："愈发密集的趋势是城市中心的根本品质，并会因为正当合理的原因而一直存在下去。"[165] 在出版于 1961 年的革命性作品《伟大美国城市的生与死》中，她对高密度进行了定义。以此，她打算首先将结构上定义的街道和开放广场上的巨大人流数量作为四项核心城市原则之一。[166] 因此，雅各布斯为城市密度的重新评估奠定了基石，从而使"密度"这一术语从一开始就成为都市的同义词。例如，重新评估过程的前进步伐是格哈德·博丁豪斯于 1969 年对于建筑密度过小的批判，还有对"集中型城市"的渴求。[167] 另外还有海因茨·费希特在同一年对"功能的密度"和"通过集中而不是消失来实现都市风貌"的要求。[168]

雷姆·库哈斯的"拥堵的文化"概念是对高密度最为肯定的赞美，同时还宣扬他崇拜的《狂躁的纽约》一书。[169] 早在 1977 年，他就在一篇文章中简明扼要地颂扬了都市密度，以及与其伴随的生活方式："曼哈顿代表着对密度理想本质上的赞美，无论是人口还是基础设施。它的建筑在所有可能的层面上都促成了一种拥堵的状态，并且利用这种拥堵鼓励和支持社会交流的特殊形式，共同形成一种独特的拥堵文化。"[170] 在这里，密度以夸张的拥堵形式得到赞美，被视为大都市的本质，并最终成为终极大棒，猛烈回击通过城市消融进行传播的功能主义。库哈斯的论据因带有明显的悖论色彩而更具魅力：只有拥堵到不能正常运转时，大都市才是存在的。然而，库哈斯感兴趣的并不是务实可行的密度确定方法，而是大城市的艺术构思。根据他的主张被狂热接受的情况来看，他如诗般的大量赞美实际上使大都市被简化为可以进行量化，这一事实应该被当作悲剧而不是喜剧。自从 20 世纪 80 年代以来，高密度一直被认为是城市的标志。尤其是在关于"欧洲城市"的讨论中，在内容和程度没有被指定的情况下，"密度"这一术语起到了决定性的作用。此

外它还取代了像"紧凑的城市"这样的重点术语，这个术语也可以回溯到简·雅各布斯时代。[171]

今天，可量化确定的密度概念被应用于城市的各个领域以及城市的开发之中。[172] 它通常是指人口的密度，继而通过单位面积内的人员数量，被细化为居民的密度和雇员的密度等。居民密度的一个子范畴是占有密度，指的是一定面积内每间公寓的平均人数。另一类指的是建筑的密度，由单位表面积内的建筑数量或者或单位底面积上的楼层数确定的（利用系数或建筑间距比）。城市规划中使用的其他"密度"术语还有交通密度、互动密度（社会密度、体验密度）、经济密度（收入 / 单位面积内的增加值）和利用密度（多用途）。其他类别的密度还包括文化密度（单位面积内的城市文化活动）和历史密度（单位面积内的历史多样性）。

这些不同的密度参数在一定程度上也许有助于描述各种都市现象，但是还不能完全涵盖所有现象，也不足以作为都市环境下的规划参数。只有在限制密度的时候，关于密度的规则才会作为规划工具而起到作用。在非民主的条件下，最小的密度需求也是不切实际的。由于密度的自然属性受到经济和社会因素的影响，它在城市设计中也并不是必需的。目前看来，似乎有必要放宽这些在 20 世纪初期制定的限制城市密度的规则，至少允许通过建筑的密度使今天那些历史悠久的城区更具特色。不仅是为了控制抽象的建筑面积和间距比，而是为城市规划建立更好的指导方针，从而明确地定义公共空间。

密度概念的不断分化及其在最新领域的应用，并不能掩盖这样一个事实：密度在城市发展中受到明确的限制。仅仅通过密度这一定量标准定义都市是不被接受的。例如，高层建筑也许意味着建筑和人口的高密度，但是如果不具备专门设计的公共空间、都市化外观和多功能性，它们就没有都市特征。也许会有很多活动，但是那些割晒干草、清理马厩和丰收中的收割并不能作为都市活动的证明。作为纯粹的定量实体，"通过密度体现都市风貌"的概念与"通过分贝体现贝多芬"的说法同样合理有效。除了密度的定量标准之外，一定还有定性的理解和相应的模式用于城

市真正面貌的描述。

这一研究中的术语"密集城市"不只是基于定量的理解之上，将城市简化为几个数学方式的密度参数并不能完全表达真正的含义。如果人们喜欢将核心定义当作一种数学上的理解，那么密度就成为一种更具隐喻性的理解，可以在性质方面对城市做出明确表达。例如建筑间距比只是一个建筑密度的参数，同基于房屋的空间定义相同：由相对低矮的房屋定义的街道看上去比那些在绿色缓冲地带的高层塔楼定义的要密集得多。

人口密度还包括市民在城市中相互交流沟通的方式。而都市氛围、都市美感和都市文化也是数学描述无法确切表达的方面，但是不能否认它们对城市密度全面理解的重要作用。

从这个意义上看，我们的目的不是在城市发展的背景下进一步分化和扩展密度的概念，这样并不会使城市更为客观和科学地发展。人们会简单地运用错误的方法，这不是科学途径的标志。我们的目的是通过更为适合的方式去把握城市密度中的定性方面，并将其结合到未来的规划之中。除了史学上的追求，这也是我们这项研究的目标。

3. 历史

人们通常把近代的 20 世纪城市设计描述为忽略历史的运动，在设计中并不关心前人留下的经验。实际上，很多前卫派和功能观点的支持者拒绝传统的城市形态，提倡和宣扬创新的模式。然而，正是在这个前卫派和功能主义城市设计的全盛时期，阿尔伯特·埃里克·布林克曼（1920）、皮埃尔·拉维丹（1926—1952）、约瑟夫·甘特纳（1928）、保罗·祖克尔（1929）、刘易斯·芒福德（1938，1961）、厄恩斯特·埃格利（1959—1967）和欧文·安东·古特金德（1964—1972）分别出版了多卷城市设计历史的著作。十分有趣的是，这些作者很多都是前卫派观点的热情支持者，并极力反对在设计中反映任何的传统模式和经验。最为明显的例子就是亚瑟·科恩，他一方面极力推进为伦敦提出的 MARS（火星）规划，主张清除历史悠久的城区；而另一方面，他却惊人地以《历史造就城市》为题撰写了城市设计的历史。[173] 特色各异的现代城市设计是如何与历史相关联的？都市风貌的问题与陈规惯例的问题和历史概念之间的相关性达到何种程度？为了回答这些问题，有必要审视一下这些 20 世纪城市设计和城市建设主角的自我形象。[174] 再次强调的是，甚至那些最为鄙视在设计中运用历史传统形式的人们，往往也是历史研究的热情捍卫者。一定是专业历史知识以外的因素创造了历史模式的开放性。本文认为，为了运用历史形式和经验，就必须全面理解作者的历史观。"历史观"显示作者如何看待历史的进程，以及他目前的立场和观点与过去的看法可能存在何种关联。对于历史观而言，构成历史的时间模式是至关重要的。决定作者后来历史态度的四种基本模式：连续性、演变性、重复性和非连续性不断发生变化，是十分寻常的事情。[175] 如果他们代表了长期有效的历史连续性观点，他们将会毫无疑义地接受历史的形式。如果他们相信深刻的历史变化和非连续性，那么求助于传统的

图 9 勒·柯布西耶，
《当代城市》，1922

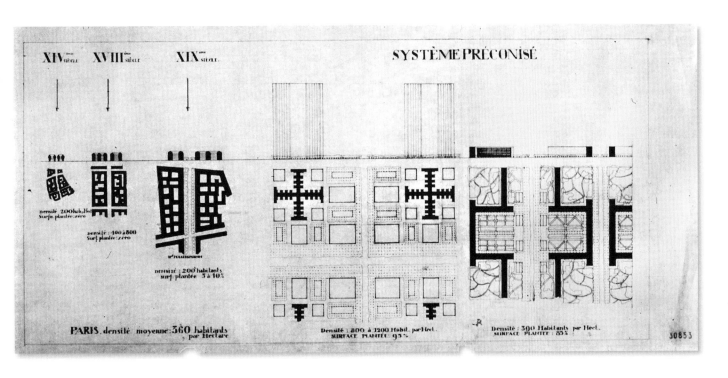

Centre civique....

....Parking....

La maison nouvelle ou la ruine rafistolée?....

形式就绝无可能。除了确定我们对日常生活的各种理解，这些时间模式所有的排列和重叠也构成了重要的建筑流派的基础：古典主义在很大程度上以信仰永久的合法性为标志；而历史主义则基于重复的思想；传统主义假设了一种复兴演变的概念；而现代主义是从非连续性思想中获得发展动力。[176]

20 世纪的城市设计也见证了这些概念的有效性。如果只能概括地表达，甚至对于现代主义者，历史知识和历史参考也起到了关键的作用，因为他们坚持非连续的历史观。并且，似乎功能主义规划的白板哲学也与当前的科学数据没有多少关系，而是在对过去的特定理解中寻求合理性。直到今天，最为有效的历史观都体现出巨变思想，或是独特的革命性非连续变化，或是持久的根本变化。这种将现在与过去严格分离的思想意识也是前卫派的理论基础，并且涉及了城市的形态必须随着历史的变化而改变这一假设的大部分内容：新时代—新城市，也许已经成为一种约定俗成的口号。1914 年，这种意识形态以未来主义的激进形式在艺术界爆发，当时，菲利波·托马索·马里内蒂和安东尼奥·圣伊利亚在他们的宣言《未来的建筑》中也将这一思想运用于城市设计。他们大声宣称"未来的建筑和未来的城市"将与过去毫无联系："重要的是要让未来主义的建筑拔地而起，……建筑只能从现代生活的特殊细节中找到存在的理由……。这种建筑不会遵循历史的连续性法则，它一定是崭新的，如同我们的思想状态。"[177] 虽然圣伊利亚试图通过 1914 年的《新城市》中的全部原创图纸来说明这种激进的建筑，但是诸如亨利·萨瓦奇或奥托·瓦格纳这样的建筑前辈的痕迹在图纸中依然清晰可见。可见，即使是最激进的前卫派也无法摆脱前人带来的灵感和启发。

因而所有重要的前卫派运动都保留着历史非连续性时间模式，比如 20 世纪 20 年代荷兰的风格派运动、瑞士的 ABC 运动、苏联的构成主义和德意志制造联盟。勒·柯布西耶成为城市设计中现代主义立场最有影响力的代言人。在 20 世纪 20 年代，他的城市设计思想一直与传统的城市形态进行着积极的斗争，并以"必须杀死走廊与街道"为战斗口号达到最高峰。他在《当代城市》（1922）中为自己的立场观点提供了重要的解释性图例：柯布西耶首先描绘了一系列过去城市中不断演变的街区系统的规划，然后展示了激进的、不具备历史连续性的、可独立存在的全新高层建筑系统。[178]（图 9）在他的《巴黎社区规划》（1925）中，为激进的非连续性理论应用于实际的城市规划奠定了基础。马塞尔·洛兹在类似柯布西耶思想的美因茨重建规划中（1946），对现在与过去做出了印象深刻、最为形象的对比。他以连环画的形式将老城市与未来的城市并置在一起，用黑色调描绘老城市，白色调描绘未来的城市，黑暗阴郁的老城市与亮丽欢快的未来城市形成了鲜明对比（图10），这种非连续的历史观更为明显。然而，这种对具有历史传统的城市形态激烈的反对绝不意味着前卫主义者是无知的，或者不接受他们在设计中的教训。众所周知，勒·柯布西耶把《罗马的教训》推荐给他的读者。[179] 还应记得的是，在20世纪20年代至70年代之间，也是现代主义城市概念盛行的时期，关于城市设计的伟大史话却得以出版，展现了前所未有、人所未知的历史知识财富。这些知识是由公开的前卫主义者刘易斯·芒福德、约瑟夫·甘特纳、厄恩斯特·埃格利和欧文·古特金德主持编撰的，这似乎十分矛盾。为了解释这一悖论，要对所选的城市规划专家手册中所表达的历史观点和历史概览进行审视。

在1943年的《城市的形态》一书的副标题中，艾利尔·萨里宁将历史观的关联性表现得更为清楚：它的成长——它的衰退——它的未来。[180] 这两个部分的严格划分在现代主义者的城市设计手册中是非常典型的。第一部分——过去——从表面上描述了古老城市的发展、文明曙光出现以来的成长以及工业化以来的衰退。第二部分——关于未来——提出了新型的规划模式，表明了与过去的决裂。

亚瑟·科恩的《历史造就城市》（1953）也同样遵循了这种历史发展和当代理论的二分法结构。科恩对以具体形式表达的历史不感兴趣，他更感兴趣的是它所谓的法则和结构："要解决当代城市规划中的问题，首先要了解什么是城市。因此要仔细关注那些支配它的生命、它的诞生、它的成长和衰败以及决定它的结构的力量。随后，在制定我们当代都市的规划时，这些普遍的成长和结构法则将得到应用。"[181]

对于马克思主义者科恩来说，城市的历史原则和结构仅存在于社会之中，而不存在于建筑之中："真正需要的是对真正的社会力量进行了解，这种力量遍及不同的时代，并创造了城市，决定了它们的结构。城市始终是，也必须是一定时期内社会权力结构的主要表达方式。"[182] 既然社会现在已经发生了巨变，那么城市的形态也必须根本改变。因此，在书的后四分之一篇幅，历史性叙述消失，以"理论与实践"为标题提出了新城市的规划。与文字上的变化一样，图片也体现出这种剧烈变化的思想：在展示了一系列不断发展的伦敦的插图之后，科恩介绍了他1942年为伦敦制订的MARS集团规划方案，以清洗的方式对历史名城进行了重新塑造。再一次，对于前卫派的科恩来说，城市的历史不是慎重的城市形态的历史，而是社会的历史，非连续的历史观一直伴随其中。

在皮埃尔·拉维丹的不朽之作《城市规划的历史》（1926—1952）之后，厄恩斯特·埃格利在1959年至1967年之间，也大胆收集编撰了另一部多达三卷内容的《城市规划历史》。与历史学家拉维丹明显不同的是，埃格利是一位执业的建筑师，重要的是，在成为苏黎世联邦理工大学城市设计专业的教授之前，已经在奥地利和土耳其建造了很多新客观主义的建筑。但是他并没有从城市的发展历史中吸取实践成果，而是将过去视为与现在完全分离的事物："有一件事情是肯定的，古老城市的时代即将结束。"[183] 现代城市与具有历史传统的城市是不同的，需要以特殊的方式看待："但是在1800至1850年期间，就可以看出新时代的最初迹象，并可以追溯到当前的发展。它就存在于此时此地，并需要一种分离的、不同方式的展示。"[184]

为什么当"历史就存在于此时此地"时，埃格利却困扰于去论述历史悠久的城市？答案很简单，这就是一种清账归零的做法，让过去的成为过去："就在此时此刻，很多人正在转向城市曾经是什么的问题……。这种对城市历史的回顾，在某种程度上可以看作是为了现在就能转变到未来。"[185] 埃格利的三卷内容不过是一种带有额外片段的冗长回顾，一种透过忧郁面纱的愤怒回顾，为的是最终能够转向另一个未来。

从大量近乎悲剧性的暗示来看，在欧文·安东·古特金德的作品中，这种现代主义历史观的悖论最为明显。从1964年至1972年，他出版了《城市发展国际史》，其中包括超过4000页的文字叙述和大量插图，仍然是对各种城市形态的最全面描绘。在1962年的《城市暮光》中，他宣布了具有历史传统的城市已经死亡，这实质上是城市本身的终结。该书也是以历史性的概述为开端进行了如下介绍："这一历史调查……意在将城市自然的实体布局描述和解读为一种象征性的表达，以体现彻底改变人类环境的、不断更新的宗教、社会、政治和经济思想。缺乏过去城市发展的知识，就很难评价现在的城市生活和指引未来行动的路线。"[186] 由于城市的形态完全依赖于不断变化的历史条件，未来的城市将会完全不同："很显然，我们已经到达了人类发展中的一个极其特殊的转折点，我们过去所熟知的城市不会继续生存下去，新鲜事物必将孕育而出……。"[187] 从历史中学到的不再是具体的形式，而是更为抽象的条件规律。古特金德要求彻底摧毁具有历史传统的城市和街道，这是"酝酿已久、坚定不移的想法"[188]。相反，新型的城市应该是非连续的，并出现在绿色环境之中。为此他通过两幅对比性的插图作为强调：周围遍布着农庄的绿色田野，在应当拆掉老城区的地方出现。（图11、图12）很难想象还会有比这更为激进的与历史和文化的割裂，正是这种割裂的历史观主导了他所谓的巨作《城市发展国际史》，其中全部的城市历史按照

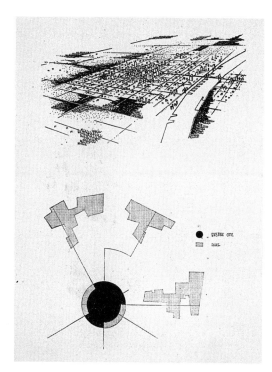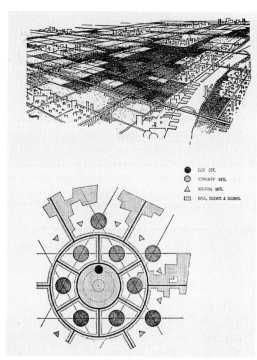

图 11、图 12 欧文·安东·古特金德，《城市暮光》中的现有城市和未来城市，1962

地理标准进行组织，并强调地区的传统。但是目前看来——"大约从 1850 年到现在的 100 年内的"[189]——地区性历史将在最后一卷中单独进行论述，但是这一卷始终未能出版发表。古特金德对这一概念性的割裂进行了如下解释："尽管各自的命运不同，但是城市在人类历史中的作用通常是不变的。……但是，我确实坚持认为……城市的原始概念至今已经存在了 5000 多年，其间只出现过小小的改变，现在这一概念正在走向终结。"[190] 也就是说，所展示出的割裂是基于历史的割裂。在这种割裂和城市终结之后，"我们的任务是鼓舞人心和惊心动魄的，将会开辟人类居住史的崭新篇章。"[191] 通过可怕的连贯性逻辑，古特金德从简化为抽象发展法则的历史观中得出了结论，并将其视为"'我们的城市能否幸存？'这一问题的正确答案——它们无法幸存"[192]。这无异于对目前为止所有建成的城市宣判了死刑。在很多历史著作的开篇中，都想当然地将各种城市描述为死囚室中坐以待毙的犯人。由于古特金德的历史观，他的《城市发展国际史》也许被认为是一座包含着丰富文化体验的知识宝库，更是为城市竖立的一座墓碑。

紧接着这种简单的新旧对比二元图，是类型相同、却更为复杂的现代主义对比图。这是历史中永恒思想和巨变思想的对照，是基于演变的概念，并强调突出巨变。这种思想在西格弗里德·吉提翁 1941 年发表

的《新传统的成长》中也十分显著，这也是他著名的演讲《空间、时间和建筑》的副标题。吉提翁从一开始就解释了他的历史观："历史不是静止的，而是动态的。……历史并不是一个由不变的事实堆积的仓库，而是一种进程，一种生活模式，是不断变化的态度和理解。就此而论，它也是我们自身本性的一部分。回望过去的时代不仅仅是对它进行回顾，而是寻找一种适合来者的共同模式，回顾可以改变它的目标。"[193] 历史也不只是发生在过去，它也会受到目前不断变化的各种相关研究方法和途径的影响。不仅是历史，历史著作也充满着活力，仿佛现在已经掌握了过去的力量。除了不断变化的历史，动态的现在也能从吉提翁的作品中辨认出来："我们的时代是一个过渡的时期。"[194] 在这种历史概念中，对于城市和建筑的长期使用当然不会存在很多空间，但是存在更多的创新和发现机会。吉提翁的历史著作无助于丰富历史设计的成果，而是让一种模糊的意识得以扩展："历史的功能之一就是让我们的生活更有意义，生活的空间更为广泛。这并不意味着我们应该照搬过去时期的形式和观点，就像人们 19 世纪所做的那样。我们应该在更为广阔的历史背景下去生活。"[195] 刘易斯·芒福德在《城市文化》（1938）中，在永久变革的城市发展史框架下已经提出了有效的论据。芒福德继承了他的导师——生物学家帕特里克·格迪斯的观点，将城市的

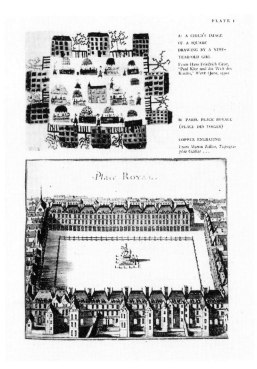

发展描述为"成长与衰退的循环"。[196] 他还与格迪斯分享着知识的流动，这使他能够将任何事物都联系在一起。例如，时间不断演变过程中的不同历史时期："城市是时间的产物。……在城市中，时间是可以看到的：……时间挑战着时间，时间与时间发生着冲突：……过去的时间一层又一层地将自己保存在城市之中……。由于时间结构的多样性，在某种程度上，城市逃脱了单一状态的厄运，也没有陷入未来的单调乏味模式，这种模式只是过去单一模式的重复。"[197]

这段引述表明芒福德的时间观念绝对不是一种简单的观念，从而使他能够制定出简单的城市发展公式。

相反，他的时间观念极其复杂，以至于难以理解。他的时间观念就像一个什么都吃、永远异样的怪兽，吞噬了所有的传统，使他转变为历史城市消融的支持者，从而赞同郊区社区的出现。[198] 芒福德之后的作品《历史中的城市》（1961）也同样以永久演变的历史观为标志。另一方面，其副标题《它的起源、转变及前景》则展现了以积极意义运用的有机的历史观。[199]非连续性和彻底变革的支持者们被禁止从历史记录中借鉴经验，取而代之的是新形式的引入。历史只是抽象发展规则的来源，不存在任何设计思想。这种历史观的简化版所声称的存在于现在与过去之间的非连续性，常常被描绘成现代主义与传统的对决。在永久变革的更为复杂的版本中，任何历史上设计经验的有效

性都被吞没。

连续性的概念和永恒法则的思想，为了解来自过去的形式提供了最直接的途径。在1889年出版的极具影响力的《根据自身艺术原则进行城市规划》一书中，卡米略·西特试图以人类认知的自然规律为基础，从历史的实例中提取永久有效的城市设计规则。他并不是精确复制历史模式，而是关注它们所包含的原则和原理的运用，为此，他以抽象形式的小型黑白示意图作为插图进行了说明。他的意图是"去调查研究那些古老广场和城市设施美丽的原因，因为如果正确认识这些原因，将会构成一个规则的归纳和总结，一旦去遵循，就会创造出同样辉煌美丽的成果"[200]。由于这些规则是建立在认知的自然规律之上，所以存在于历史变革之外。因此，在这些规则的基础上，城市设计应该以创造性的方式进行。

再一次，保罗·祖克尔的研究成果《城市和广场》《从广场到绿色乡村》（1959）中包含了一种明确的城市任务和形式的永恒思想。例如，他宣称城市广场的心理和精神上的功能在时代的进程中永远不会改变："广场的这种心理功能在现在和未来以及过去都是同样真实存在的。事实上，过去的城市规划者与今天的规划者面对的是同样的问题……。"[201]这种从心理上确定原型的思想与阿比·瓦尔堡的悲情公式具有可比性，在书中的第一对插图中可以很好地看出：一幅儿童画展示了广场的原始形式，紧接着出现的例子是亨利四世时期巴黎的皇宫广场。（图13）随着时间的推移，如果广场的功能依然保持不变，从逻辑上看，当代的设计师就可以参考历史上的形式。即使有一些小的改变，也不会构成一种间断："过去的需求也许更少，复杂性也更低。但是与今天一样，它们是确定最终形式的基础。因此，我们对过去典型实例的分析不必仅仅停留在历史的讨论之中，更应该去激发当今城市规划的思想。"[202]

然而，这种看似天真幼稚的历史观绝非浅薄之见，祖克尔明确地探讨了这一"历史悖论"[203]。然而，这只是一个对于现代主义者的悖论，他们相信城市形态可以简化为外部因素，而事实上，特定的具体形式可以用于更多的不同目的："但是，越发明显的是，如此矛盾的偏爱类型有时也会徘徊不前，以至于它们被物质条件、社会结构、功能需求完全不同，有时甚至是矛盾的时代和国家所采纳。……每种形式发展的原始动机和理由已经被遗忘，也许已经不复存在，但是原型作为主要的元素仍然在人类社会的历史、乡村和城镇的历史中保留下来。"[204] 就在功能主义运动准备在国际范围内扩大时，祖克尔的方法从根本上否定了城市设计的功能主义观念。从这个角度来看，连续性观点和后来出现在阿尔多·罗西的《城市的建筑》（1966）

图13 保罗·祖克尔，《城市和广场》《从广场到绿色乡村》，1959

中的后现代主义与其说是复兴，还不如说是幸存。

1962 年，麻省理工大学和哈佛大学联合主办了一次会议。这个会议早期是与后现代主义发起的努力尝试进行比较，后期则重点关注 20 世纪早期基于连续性的城市设计运动的关系。会议名为"历史学家与城市"，来自不同学科的科学家齐聚一堂，对设计与历史之间的鸿沟进行了仔细的考察和会诊。[205] 约翰·伯查德的观点甚至认为"城市的作用丝毫没有改变"。[206] 这一观点与现代主义召开的会议做出的结论截然相反，尤其是与当时流行的由弗兰克·劳埃德·赖特提倡的彻底放弃传统城市的观点想成了鲜明对比。于是，"长期"的思想被引入到城市规划的讨论中，不久之后，这一思想在以法国年鉴学派为代表的著作中得到发展。[207]

立足于永久法则和长期有效性的历史连续性拥护者，能够或者被迫在设计中参考历史的原型。他们之中的一些人以形而上学的方式把形式的原理和原则解读为自然规律，而另一些人则以形式的连续性为基础，以更有教育意义的方式运用历史或人类学的原理和常识。

连续演变的概念构成了一种有影响力的时间模式，正如 19 世纪的历史编撰学和生物学所详尽阐述的那样。对其最直言不讳的支持者是苏格兰城市理论家帕特里克·格迪斯。作为一名有素养的生物学家，他将人类的历史比作生物学的生命进化，就像在《乔木世纪》（1892 年在玻璃窗中设计的世纪之树）中生动描绘的持续不断的生长和衰退过程。在这种解释中，各种历史文化像树枝一样伸展开来，在"时间"和"精神"之间摇摆不定。[208] 因此，作为一种自然产物，现在直接与过去联系在一起。可以这样说："城市不仅是空间意义上的场所"，格迪斯写道，"它还是时间意义上的戏剧。"它的分阶段演变就像"珊瑚礁的层次，每一代都会建造独具特色的石质构架，对不断成长和死亡的整体做出贡献。"[209]

从逻辑上看，格迪斯创立的著名的"城镇规划展"就显得顺理成章，这个巡回展览于 1911 年始于切尔西，1914 年成为德国海军攻击的牺牲品，所有展品沉入太平洋。展览以严格的时间顺序为特色，以"城市的起源和崛起"为开端，以花园城市的最新成果为结尾。（图 14）[210] 因此，当代城市规划是时代的产物，但是另一方面，它又牢固地坐落在一个地方。格迪斯最具影响力的思想也许就是基于当地的历史调查而执行的未来规划。[211] 在历史合理性方面的尝试也标志着早期现代城市规划实践中进化的长期视角。1909 年，由丹尼尔·哈得逊·伯恩海姆和爱德华·赫伯特·本尼特编写的影响极深的《芝加哥规划方案》，没有以统计调查为开端，而是以城市设计通史为开篇，从城市设计的发源地美索不达米亚到当代规划的高峰，当然还有他们自己的芝加哥规划作为举例证明，几乎精确描绘了这部通史的自然发展。[212] 由亨德里克·克里斯蒂安·安德森和厄内斯特·赫布拉德在 1913 年的《世界通信中心》中，更为明确地将人类发展进程永不停息的思想发展推进为一种理想的城市概念。据此，作者以不朽的规划历史作为该书的开篇，从历史的初期直到现在。以此，全新的世界通信中心被无缝地连接在一起。[213]

甚至一些 20 世纪中期的城市设计也遵循了非断裂的连续性发展的原理图。例如，英国建筑师弗雷德里克·海恩斯在《历史中的城镇建设》（1956）一书中，将历史解释为一种连续的统一体，其中蕴含着对于当代规划的真知灼见："通常，我们可以从过去学习到治疗新病的方法，这是亘古不变的真理，这也解释了本书的潜在目的。笔者认为，大量持续发展良好的城镇至今已经超过两千年的时间，这些先例揭示了目前使我们困扰的、对于都市化的错误理解。"[214] 他进一步提出了传统是连续发展的思想，以纠正前卫派的规划思想："我们所熟知的传统是（并且一直是）一种自然的连续的发展流程，像无形的流水一样不断地改变自己去适应变化的时间和环境，把过去与现在相融，使现在与未来相通。那些认为只有同过去任何可辨认的关联进行割裂，才能体现出创造性工作具有'当代特色'的思想是完全谬误的。通过这种方式，20 世纪的建筑过程中已经产生了优秀的、丰富的现代设计实例。譬如没有受到畸形思想和外来糟粕污染的以品质著称的'乔治亚式'。这种连续性和逻辑发展让我们看到了未来的希望。"[215] 这种研究城市设计历史的方法不只是一种学术知识，通过不断发展的时间模式，它还被用于应对当代的规划思想。海恩斯的历史观不是天真幼稚的，而是体现了丰富的历史因素，他书中的副标题中也反映了这一点：《五千年来，影响城镇"规划"的条件、影响、思想和方法的概要回顾》。

连续性演变的支持者大多以生物学的角度理解演变进化，试图从历史实例的宝库中获得设计灵感：这虽然不是完全照搬过去的城市形式，但也算不上全新的设计方法。他们认为连续性演变是一种自然规律，从这个角度来看，他们是形而上学的立场。但是他们的立场也具有教育意义，因为他们认为某种形式的发展是以历史的发展为基础的。

然而，另一种时间模式就是历史形式的不断重复，无论是历史界的严格形式，还是更为随意的历史借用。因为这两种情况都经受了 19 世纪历史相对论的考验，并且，这种方法也需要全面详尽的历史知识。

实际上，全面的城市设计历史最早是由建筑师、历史学家和艺术史学家在 20 世纪初期共同书写的。[216]

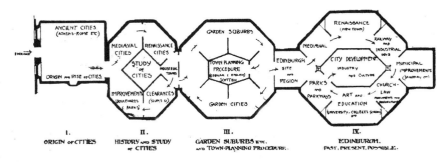

艺术史学家阿伯特·埃里克·布林克曼起到了先锋的作用，他于1908年发表了广泛的历史研究成果《广场和纪念碑》，随后就是他的第一部全面关于城市设计历史的专著（1920）。[217] 这绝不是一个历史解释学的研究，该研究是"为了激励当代艺术思考而进行的"。[218] 建筑师和艺术史学家科尼利厄斯·戈尔利特在他的《城市建筑手册》（1920）中还包含了历史领域、理论与实践的内容。[219]

在法国，历史学家马塞尔·波特在1913年为巴黎制定的规划中，以及1924年和1929年发表的，基于历史的城市设计初级理论而进行的巴黎历史研究中，以同样的方式将城市生活的各个领域结合在一起。[220] 在城市规划历史方面，长期以来最为全面和标准的作品是皮埃尔·拉维丹于1926年完成的《城市规划史》。[221] 所有这些作品中都涉及历史上城市设计的先例，反过来，它们也成为当代设计的灵感源泉。

雷蒙德·昂温利用广泛的历史知识作为城市规划这一全新学科的基础，并对其进行宣传。1909年，他在手册《城市规划实践》中呼吁"一部城市发展和规划的完整历史，并对不同的规划类型进行分类。比如一个规划是在自然成长过程中演变而来，还是通过人类的艺术在不同时期设计的"[222]。这种"不同类型的分类"，其目的是作为未来规划的基础和灵感之源。正是通过这一务实的方法，他和同事巴里·帕克一起在汉普斯特德花园郊区的设计中引入了中世纪风格的村庄，并将其作为理想类型在《城市规划实践》中用插图进行了例证。（图15、16）

1922年，由维尔纳·黑格曼和埃尔伯特·皮茨合著的《美国的维特鲁威，建筑师的城市艺术手册》是一个终极的历史纲要，其作用相当于速成的食谱。并运用1200多幅插图对超过3000年的城市设计历史进行阐述说明。[223] 该书根据城市设计的元素和类型对多样化的历史形式进行了组织，这些形式在历史的进程中反复出现并不断被修改，当然也可以通过同样的方式在未来得到运用。为了充分刻画这种永久的回归，作者以时间排序的方式按照相似的主题对图版进行汇集，从而在广泛分离的不同时代之间创造了一种微妙的联系。（图17）这一做法与同时期的阿比·瓦尔堡在他的记忆女神图像地图集中用图像证明板块之间过渡的古老悲情公式十分相似。[224] 瓦尔堡的兴趣在于描绘真实的历史传统和古老类型在心理动机下的神奇回归。然而与其相反的是，海格曼和皮茨更为关注的是按照他们自己制定的体系编撰一部实用的、关于历史上城市形式的百科全书，旨在作为未来城市设计的模型并激发设计灵感。[225] 历史形式的采纳并没有按照假定的历史演变规律发生，而是根据每一代人的思想和需要作为一种准临界标准而接受的。

图14 帕特里克·格迪斯，《城镇规划展》，爱丁堡，1911

VIEW OF THE HAMPSTEAD GARDEN SUBURB FROM THE HEATH EXTENSION SHOWING A PORTION OF THE GREAT WALL AND SOME OF THE LARGER HOUSES

　　历史性重复的代表指的是过去最为多变和不同的形式。然而在 20 世纪，几乎没有人如同 19 世纪所希望的那样，相信周期性回归和整个时代的复兴。一种务实的折中主义更为常见，就是根据所面临的实际需要和情况去参考过去的先例。

　　这里所研究的每种历史观都代表了对整个 20 世纪的看法，人们不能假定一种历史观被另一种历史观所取代，或者被另一种发展，甚至是一种历史观的必要发展所取代。历史观的选择似乎更依赖于基本的社会、政治和文化态度，这代表了每位作者在城市设计相关的历史概念方面的某种独立性。后者可以是相当多样的，因为每一种历史观都能够描述建筑和城市设计中的历史发展的特殊性。历史的变化和非连续性是肯定存在的，比如反城市的花园城市模式和它实现的过程中所证明的。同样，历史的连续性也必然存在：自古以来，私人领地中住宅街区的发展原理就在众多的欧洲城市中成功运用，尽管这些城市的政治、社会、经济技术以及艺术条件都完全不同。另一方面，其他的现象也可以被很好地描述为连续的演变过程，例如从早期殖民地的希腊城市网格体系改良到希波丹姆规划模式。还有很多借鉴历史形式的例子，比如马塞洛·皮亚森蒂尼在都灵对古罗马的柱廊街道实施的

190 ARCHITECTURAL STREET DESIGN

could become architecturally superior to that of New York, just as in antiquity the younger cities of the Roman empire developed finer forums than the old congested forums of Rome.

Perhaps the most popular means of giving a fine element of harmony to a street is the planting of trees. If the street is wide enough and the nurseryman's preference for specimen trees does not interfere with fairly close planting, it is possible to secure effects much akin to those of street arcades built of stone which, according to Sir Christopher Wren, are only substitutes for trees. The attempt to go into the large subject of allée planting will not be made here, important as it is in civic design. Two examples only may be referred to, showing the fine formal park effect which can be achieved even in densely built up streets, the most remarkable being the Koenigstrasse in Duesseldorf where means have been found to secure the effect of a great formal garden axis in the main business street of a city with a population of four hundred thousand people.

As a new type of arcaded street the two-level roadway has made its appearance in the modern city and promises to become very important. One of the first and most successful was built in Berlin, 1878-82, as a four-track elevated steam railroad, including suburban traffic, through the very center and entire length of the city. This bold development deserves special mention as one of the most important contributions to modern city planning. This scheme, which has been copied in Tokio and has been much under discussion for the new city plan for Chicago, combines efficiency with great saving of land enabling the inner city to avoid being strangled by the large areas required for terminal stations. The designer of the scheme had hoped to flank the elevated railroads with wide tree-planted roadways at the street level.

This idea has received new importance through the development of the automobile. Modern street designers must give serious attention to the design of two-level streets affording an unimpeded field to high locomotion. Many suggestions for such designs can be gathered from existing elevated railroads. (See Figs. 841-44.) The modern development of beautiful two-level highways should afford the thrill one has in driving through Fifth Avenue without the delays caused by cross-town traffic.

ARCADES AND COLONNADES 191

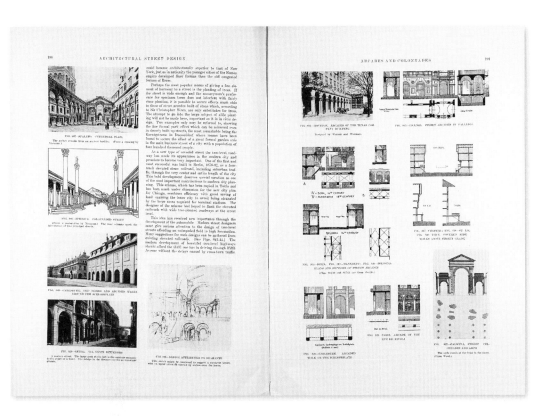

改进。还有利昂·克里尔在庞德布里镇采用的中世纪城市的空间构造。

无论是谁参与了20世纪的城市设计，历史知识都起到了决定性的作用，就连前卫派也偶尔会谨慎地借鉴历史传统。建筑师和规划者参考历史这一事实，并不是设计的特定态度的必然标志。更有决定意义的是他们如何实施他们的设计，根据特定从业者的历史观，这会有很大的差异。只有非连续性和巨变观点的代表者才不能和不愿去参照现存的城市形式。反之，其他历史观的代表者，包括现代主义的倡导者都能够，也愿意，并且不得不采用已经给定的城市形式，信赖和依靠他们从真实城市的亲身体验中学习到的都市风貌思想。

图15 （左页下）雷蒙德·昂温，《城市规划实践》中想象的不规则城市，《城市和郊区设计艺术的介绍》，1909

图16 （左页上）雷蒙德·昂温和巴里·帕克，《城市规划实践》中的汉普斯特德花园郊区，《城市和郊区设计艺术的介绍》，1909

图17 维尔纳·黑格曼和埃尔伯特·皮茨，《美国的维特鲁威，建筑师的城市艺术手册》，1922

城市住宅街区的变革 1890—1940

在花园城市和花园郊区的单户住宅建造中，以及更大居住区内成排的高层住宅开发中，城市消融的思想越来越明显。它们是功能最为单一的住宅，坐落在大片的绿地之中，与街道相隔甚远。前卫派城市设计者曾以住宅卫生环境的名义将它们描述为必要的单向进化。[1]（图1）一年之后，厄恩斯特·梅在《新法兰克福》中再次提到这一主题，并增加了新的街区消融观点。[2]

那些后部带有侧翼建筑的拥挤街区，还有一排坐北朝南、内部带有绿化的大型庭院、外部立面沿街排列的外围住宅都要以现代的名义进行变革。

对这种图解法作了修改之后，克拉伦斯·S. 施泰因以美国为背景，以纽约为例，使用同样的方法对20世纪40年代的这一进程进行了描述。[3]他的密集型街区结构开发的最终结果是街区外围的变革。他避开了德国前卫派同僚看似科学的激进主义思想，并坚持美国城市发展的实用主义思想。

不无奇怪的是，一位现代主义城市设计的主要倡导者，也严重低估了城市街区变革的相关性。1946年，在《空间、时间和建筑》中，西格弗里德·吉提翁坚持认为："正是 J. J. P. 乌得琴在他的图森迪肯居住区（1919）[4]内首先使用了内部庭院的手段，使街区更

具人性化。"他有意忽略了一点，就是当前卫派年青一代的成员把自己与变革式街区模式联系在一起，并有幸被吉提翁冠以先驱称号时，这种带有大型庭院的街区变革模式，早在19世纪90年代就已经在欧洲各地被讨论并开始建造。

1977年，在菲利普·巴内翰、让·卡斯泰和让-查尔斯·德保勒的研究成果《岛上酒吧》中，"从块状到排状"的公式变得更为易于理解，并无意中被合法化，从现代住宅建设方面去解释世界是如何运行的。虽然作者的意图是批判性地对现代连栋式住宅进行回顾，并且在后现代主义对城市空间重新定义的时代，谨慎地评价街区改革。但是他们通过令人混淆的书名提供了一个便于记忆的咒语，从那时起便在现代住宅建设的解释中占据了主导地位。[5]

甚至在更为近期的一些概述中，诸如彼得·G. 罗的《现代性与住宅》（1993），都保持了这种现代主义的描述方法。尽管从那时起，很多反映城市设计现代主义具有改革主义和传统主义立场的研究成果都已经发表。通过片面性地选择前卫派的实例，彼得·G. 罗在格罗皮厄斯之前得出了这样一个结论——现代住宅的建设也意味着城市将会消融。甚至坚持认为："不过，从本质上看，带有庭院的模式仍然不是现代的住宅类型。"[6]

在芭芭拉·米勒·莱恩的选集《现代国内建筑》（2007）中，也完全遗漏了街区变革这一主题。现代

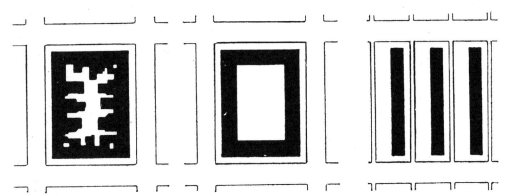

住宅建筑被简化为单一家庭的住宅，以及成排的高层住宅。同时，在现代建筑和现代城市设计的历史中，外围的开发也被彻底消除。[7] 1974年，在关于"大型庭院街区"的研究中，比约恩·林已经为理解现代主义的建筑形式奠定了重要的基础。[8] 2007年，迪尔曼·哈兰德在《城市住宅》的概述中，基于对更新城市住宅形式的兴趣，对街区的变革给予了适当的肯定。[9]

本章将对这些城市街区的变革进行广泛的探讨，这些街区旨在使城市变得更为现代，而不是让它落后于时代。这些街区通过可以直接寻址的街道定义了公共空间，并没有以自主的模式将街道消灭。这些街区的建筑都以颇具韵味的立面朝向公共空间，而不是用杂乱无章的建筑表面去忽视公共空间。最后，这些街区通过综合的功能增添了城市的活力，而不是以单一的功能使城市变得乏味。所有这些已经成为标准，不仅是因为今天人们对城市居住形式的兴趣。还有一个原因，就是在20世纪初期的现代城市设计背景下，这些都被广泛深入地讨论过。本章将驳斥那些把现代住宅街区"由块状到排状"的变化看作一维演变的解释。街区的变革实际上并不是一种速效的权宜之计，它是现代城市设计中长期探讨和运用的模式。并且这种模式远比前卫派的排状结构被更广泛地采用，因为排状结构的街区总是以建筑的侧面冰冷地朝向街边。简单地看一眼伦敦的公共住宅建设计划，这一切便清晰可见。即使在以花园城市和郊区而闻名的伦敦，

与那些由伦敦郡议会于1893年至1937年之间建设的郊区单户住宅相比，市内的变革式街区占到了90%的比例。[10] 变革式街区类型各异、样式丰富，是一种全球性的现象。

回顾历史，我们可以看到变革式街区最终证明了它在城市中的实用性。与那些给城市空间带来诸多问题的连栋住宅和高层住宅相比，变革式街区显得更加非凡出众。它具有定义城市空间的能力，以迷人的外观拥抱公共空间，通过住宅底层多种用途的空间提供各种商机，并促进社会融合。所有这一切，都要求我们对现代的街区周边住宅开发进行更为深入的检查。

图1 沃尔特·格罗皮乌斯，《新柏林》中块状街区到排状街区的演变，1929

1. 柏林与德国

就如詹姆斯·霍布莱特在1862年制定的规划那样，柏林的城市扩张区域内遍布着六层高的出租公寓。它不仅拥有欧洲最密集的住宅区，在维尔纳·黑格曼于1930年指责其为"世界上最大的兵营式住宅城市"之前的40年里，它还是最有活力的住宅建设改革中心之一。[11] 在19世纪末期，尽管当时城市出租公寓的建设状况十分糟糕，带有很多侧翼建筑和极小的庭院，而且由于过度拥挤造成的社会问题比城市设计的状况还要恶劣，但是这些绝不意味着城市会因此拒绝为工人建造住宅。事实上，后来与卡米略·西特共同创建了《城市规划》杂志的建筑师兼出版商西奥多·格约克一直强调工人阶级在城市生活中的重要作用。在他的文章《柏林的工人公寓》《一种建筑技术的社会研究》中，猛烈回击了那些认为工人愿意居住在郊区的观点："不，工人希望留在熙熙攘攘的城市中，在拥挤的街道上，他们会产生自在的感觉。他们可以利用大型社区的优势进行购物，这里可以让他们尽情快乐，这就是为什么很多人正在摆脱乡村的生活。没有什么比在远离城市的地方为工人建造住宅的想法更为荒谬的了。"[12]

这种对城市生活的赞美不仅包含了各种城区内的社会和文化活动，还涉及这些住宅本身的多功能性："这些临街的建筑中，几乎都设有商店和酒馆。"[13] 除了要适合城市的综合性，工人的公寓住宅也不应该与中产阶级的公寓住宅有所区别。不应该通过建筑的隔离而产生社会隔离："人们如何才能为工人规划一个犹如普通出租公寓一样的住宅公寓呢？"[14] 这种社会融合的概念当然意味着被霍布莱特称赞的具有综合用途的柏林街区会有更多临街的精美公寓，而在后部庭院一侧会有更为简朴的公寓。这与巴黎带有等级色彩的出租公寓如出一辙，在那里，更为雅致的公寓通常都设置在较低的楼层。[15]

尽管对霍布莱特的城市出租公寓的密度提出了批评，但是，格约克绝不是拒绝带有多层周边公寓的开发类型。他追求的是一条城市变革之路，而不是激进的乌托邦理想。从他文章中的平面图中也可以明显看出，除了井然有序的街区布局和得到改善的公寓布局，还展现了后部庭院的翼楼。

1892年，保罗·德恩在一本工人杂志中表达了类似的立场。大多数工人不愿意"失去城市的便利、路灯、自来水、学校、医生、各种娱乐和酒馆。"[16] 城市基础设施带来的舒适和各种文化娱乐的机会构成了工人美好生活的基础。这些应该得到城市住宅类型的支持，而不是求助于郊区的建设。这些在城市环境中为工人改善生活条件的明确思想，也是城市公共住宅街区设计改革尝试的核心目标。从阿尔弗雷德·梅塞尔的三个著名项目中，可以看到为整个街区周边开发而设计的独立式住宅得到了改进，这是堪称典范的进步式演变。

1890年，他已经为维斯巴赫地区小公寓改善协会规划了一个带有开阔的绿化庭院的理想城市街区，在当时，这一规划却未能实现。[17] 从1893年到1894年，梅塞尔在西金根大街为柏林储蓄和建设协会建造了他的第一个项目。虽然它由两个地块构成，不过他却通过一个绿草覆盖的大型庭院和魅力无穷的外观将它们统一在一起。[18] 临街的外观立面见证了年轻建筑师的革新意愿：住宅并没有重复采用古典的建筑装饰，而是通过带有乡村内涵的屋顶、山墙、凉廊等建筑元素构成了别致的外观，使建筑产生了家的感觉。而位于一层的两个商店令这一项目更加完美。梅塞尔的下一个项目是1897年至1898年在普洛斯卡尔大街为储蓄和建设协会建造的出租公寓。（图2、3）这一次，他几乎支配并规划了半个城市的街区，在相邻的几个地块上提供了125套公寓，并在中心设置了一个引人入胜的大型花园式庭院。除了公寓之外，建筑还包括一个餐馆、一个图书馆、一个幼儿园、面包房以及其他商业设施，不仅提高了生活质量，还增添了团结的气氛。正如一位当代的评论家所说，这些新的建筑"从各种设施到宽阔的庭院都充满了亮丽清新的气息"，同时，"外部艺术设计的美感也令人满意"。[19] 住宅单元的明显分隔，以及山墙、凸窗和阳台的装饰，使外观的细节更为丰富。除了改善卫生条件，他还在建筑层面上使工人阶级的文化素质得到提升。

在1899年至1905年期间，梅塞尔最终以模型的方式实现了变革式街区的规划，这一项目是为小公寓改善协会设计的，位于科汉大街和维斯巴赫大街。他以周边开发的模式塑造了整个街区，内部是花园式的庭院。他的变革式街区特征鲜明，住宅与大街相邻，带有开放的庭院，一层设有商店。还包为街区居民社区重新构建了带有幼儿园的空间。[20]

街区的变革绝不仅是为工人建造住宅这样的简单问题，它是在都市生活探讨框架内跨越多个层面的讨论。1890 年，约瑟夫·斯图本的手册《城镇建设》构成了这一讨论的基础，在第一章关于城市公寓的论述中，他对"开放式结构"和"封闭式结构"进行了区分。[21]虽然斯图本更喜欢开放式结构的住宅区，但是他却认为封闭式结构的出租公寓更适合市区。这类具有经济开发价值的建筑更适合商业用途，即使照明采光条件十分低劣。[22]出于经济和社会的原因，他还认为封闭式出租公寓十分适合市区工人阶级的生活。[23]并且，他也看到公寓为街道的面貌带来了美观的优点："出租公寓为街道提供了巨大、庄严的外观。"[24]

除了柏林、维也纳和的里雅斯特的高密度街区建筑之外，他还列举了很多科隆和鹿特丹的大型绿色庭园的实例。[25]他尤为赞赏英国的各种"街区建筑"，这些建筑都建在街区的四面，中间留出很大的空间作为花园式庭院。[26]这些历史上的实例启发了街区的变革，从而确立了纯粹的周边开发模式。

1904 年，汉斯·克里斯蒂·努斯鲍姆在杂志《城市建设》中，以《开放式还是封闭式，城市街区该走向何方？》为题，在文章中将适合的住宅结构定义为关键问题。[27]同时，凭借多方面的实践优势，他大力支持封闭式城市街区。例如，庭院中的花园空间，不仅可以屏蔽交通带来的噪声，还可以为公寓提供新鲜的空气。此外，在经济性方面，街区公寓住宅也胜过单户家庭的住宅。

在杂志的第二期中，出版商西奥多·格约克对柏林的住宅街区进行了广泛的研究，为中产阶级带有后院的住宅街区寻找替代模式。除了大型庭院，他还提出一种类似巴黎荣誉广场的街道区域，在住宅街区内部设置交错的道路，并通向外部的街道："一个更好或不同的街区利用方式就是引入内部的街道，还有各种住宅庭院，无论是公共的还是私有的。此外，还可

以利用建筑的凹进部位以及建筑正面的马蹄形和曲线形设计。"[28]他通过插图对柏林私有街道的实例进行了论证，其中包括位于柏林克罗伊茨贝格的里默庭院花园，这是建筑大师威廉·费迪南德·奥古斯特·里默在 1881 年至 1899 年期间建造的。当时是作为一种商业住宅建筑的原型，沿着花园的草地，设计了内部街道和庭院。最新的实例包括几个不同寻常的设计。它们是由建筑师 P. 库伯、R. 戈尔德施密特、西奥多·坎普夫迈尔和西奥多·格约克在柏林的夏洛滕堡为储蓄和建筑协会设计的住宅街区。这个多功能街区的规划中包括 900 套公寓、一个社区中心、餐厅、面包房和 20 个商店。通过各种大型的和小型的、开放式和封闭式的庭院以及内部的住宅街道，展现了千变万化的城市设计形式。

1908 年，在一篇题为《带有街区周边建筑的公共花园与公园》的文章中，格约克从不同的角度对相同的主题进行了论述。他关注的并不是如何将绿化区域融入街区的开发中，而是把兴趣放在了如何通过城市建筑定义这些区域，从而达到周边开发的同样效果。为了支持这一观点，他赞成并引用了卡米略·西特的话："出于卫生的目的，绿地是不会存在于充满灰尘和噪声的街道之中。而是出现在被街区周边建筑保护的街区内部。"[29]除了改善卫生环境，内部庭院中的娱乐场地也是母亲看护孩子的理想场所。为了建造这种类型的建筑，格约克寻求一种"内部结构线"，可以使庭院内部的建筑参照外部街道区域建筑的结构线合理地进行建设。

但是，是什么构成了好的城市住宅这一问题，并不只限于什么是正确的街区排列布局这一问题的务实方面，它还是一个根本的文化问题，也是城乡之间差异的核心问题。1908 年，在杂志《城市建设》中，汉斯·施密特昆茨探讨了城市与乡村的生活。他强调了这两个文化范围的差异，他赞扬了真正的城市生活和纯正的乡村生活的优点，然后对花园城市主张的把它们混合在一起的观点提出了质疑："有人说'在城市中很好，在乡村也很好，但是在它们的中间就不好了。'这种中间状态确实会经常出现。……在大多数情况下，一方面那里没有市内生活的各种优越条件，只能忍受

图2、图3 阿尔弗雷德·梅塞尔，柏林弗里德里希斯海因的普洛斯卡尔大街上的出租公寓，1897—1898

不利条件；另一方面，乡村的各种优势在那里也无影无踪，而最大的不便就是远离城市造成的。"[30] 与埃比尼泽·霍华德做出的花园城市将城乡的优势结合为一体的承诺相反，施密特昆茨指出了花园式郊区的真正缺点。他完全赞同城市生活的激情与活力，对城市居民体验乡村生活的赞颂则更为谨慎："如果不是农民，越是远离喧闹的都市活动，就越是能够在精神上感受到市郊的单调和空虚。"[31] 由于缺乏多样的城市文化，市郊的设计十分枯燥乏味，将会导致冷漠和抑郁。他继续说道："但是，这并不是全部！在那样的区域里，几乎完全没有可以将个体与整个社会紧密联系在一起的建筑。……也没有我们人类这种社交生物能够获得精神认同的社交地点。"[32] 对于施密特昆茨来说，正是城市为居民创造的机会，使他们善于社交并成为具有文化修养的人类。相反，在郊区由于缺乏城市空间、巨大建筑和各种活动带来的灵感和激励，人类将倒退为一种简单的低级生物。

郊区这种社交缺乏的普遍现象，会导致日常生活中一系列的实际问题："家庭主妇们会失去就近购物的大好机会；父亲们也无法找到图书馆；行人们也没有广场这样的地点去休息和放松，等等。"[33] 功能单一的郊区生活根本无法满足居民们多样的需求。施密特昆茨彻底投入到了一项艰巨任务之中，以应对花园

城市运动带来的城市恐惧症。他把只有在密集的大城市中才能实现的"文化需求"，同乡村生活的理想憧憬进行了对比。与此同时，当花园城市的乌托邦思想仍然处在鼎盛时期的时候，他对郊区的缺陷提出了批评。当时在柏林的周边，譬如弗洛诺或达勒姆这样已经实现的花园城市，充分暴露了这类城市的设计缺陷。在这种思想的背景下，出现了很多作为中产阶级住宅的变革式住宅。这些住宅以扩大的庭院和住宅立面的设计为特征，最为著名的实例出自阿尔伯特·格斯纳之手。他把自己的建筑工作奉献给公寓住宅的建设，从而在学术上使它们更为正统。从他设计的蒙森大街和布雷布鲁特大街上的公寓建筑（1903—1907），还有柏林夏洛滕堡的俾斯麦大街和格罗尔曼大街上的公寓住宅可以看出，除了在几个相邻的小区之间设立了相连的庭院之外，对公寓的外观立面也进行了革新设计。[34]（图4）与传统公寓住宅中反复出现的古典主题样式相反，格斯纳设计的窗户样式各异，并且每一层的装饰图案都有各不相同的主题，此外还引入了很多诸如凸窗和山墙这样的当地元素。他能够吸收利用很多新颖别致的创意，这些创意是赫尔曼·穆特修斯从英国的艺术与工艺运动中引入德国的，也就是将建造大型宅邸的方法移植到公寓住宅的建造之中。1909 年，他以《德国出租公寓》为题，将

自己在大规模城市建筑领域中的家居设计天赋公之于众。[35]

从象征主义的角度看，花园式庭院本身就是各种不同建筑特色的表达。当格斯纳的住宅更多地直接反映个性化和社会差异的同时，由罗伯特·莱布尼兹于1913年在库弗斯坦达姆大街建造的所谓的"寄宿宫殿"，则力求提供一系列具有艺术性并满足统一需求的公寓。这些公寓以美国的类型为基础，沿着一条长长的走廊排列，结构相似的翼楼环绕在三个绿草茵茵的庭院周围。临街一侧的外观立面体现了平等和低调的特色，这样的结构更适合城市的生活。[36]

穿越柏林大型城市街区的私有街道是这种象征主义的另一种体现。由保罗·格尔德纳和安德烈亚斯·沃格特设计的歌婊公园（1902—1903），或者位于柏林威丁区的私有道路——和解路（1904），都是商业住宅的著名实例。[37]这些各式的私有街道，在设计中通常都与公共街道隔离，它们通向一个大型的公共出口，有时也通往一系列设计不同的花园庭院。保罗·梅贝斯在柏林施特格利茨区的弗里奇路为公务员住宅协会设计的建筑（1907—1908），也作为公共路网的一部分。但是他通过将那里的住宅降低一层，并生动别致地将它们放置在周围的公共街道之间，使他的私有街道更具本地特色。以此，他在大都市之中创

建了一个小规模的城镇，并且没有对城市造成任何不利影响。街区中的综合公共广场则是另一种类型的解决方案。最具喜庆祥和气氛的实例就是柏林弗里德瑙的塞西利恩花园：它是由保罗·沃尔夫在1912年设计的，并于第一次世界大战结束后，在1924至1928年期间，由海因里希·拉森进行建造。[38]（图5）市政议员利希特十分赞同在住宅建设中强调突出公共空间的作用，称赞沃尔夫的设计是城市中产阶级的生命与活力之源："也许我们还希望，在这一规划中所投入的爱心和热情能被该城区未来的居民所赞赏，并唤醒他们内心的奉献热情、自豪感和归属感以及公益精神。毕竟，按照亚里士多德的观点，城市艺术的目的就是要带给人们快乐和幸福。"[39]

建筑师们发现了住宅综合设施建设的另一种变革类型，类似巴洛克风格的教皇宫殿中那样位于建筑与街道之间的前部庭院。1903年，尤金·赫纳德在林荫大道的设计中引入了这种城市设计模式。并提议将其作为一种改善卫生环境的措施和方法，对巴黎之前众多堡垒要塞的环形区域进行开发利用。[40]随后，保罗·梅贝斯在柏林夏洛滕堡地区的霍斯特维格，利用蜿蜒曲折的路边区域在公务员住房协会的住宅开发中运用了这种设计模式（1907—1909）。（图6）从当时的反应来看，带有绿化的前部庭院大受欢迎，因为它改

图4 阿尔伯特·格斯纳，位于俾斯麦大街和柏林夏洛滕堡的格罗尔曼大街的出租公寓，1906—1907

图 5 保罗·沃尔夫，柏林弗里德瑙的塞
西利恩花园，1912

善了卫生环境，使临街的住宅外观更具魅力，并且让
住宅前部的阳台处在安静的环境之中。同时，人们也
意识到了这种做法的风险——如果住宅的立面离街道
过远，街道会失去通过建筑定义的清晰结构。这一观
点是由威利·哈恩于 1912 年在杜塞尔多夫举行的首
次城市生活大会上，针对"街边庭院"提出的："尽
管它们与单个的综合设施一样美丽，……但是人们
并不愿意经常看到它们，因为那样会使街道变得支
离破碎。"[41] 因此，这种街边庭院并不适合作为城市
住宅建设的通用模式。正如在梅贝斯的设计中，住宅
立面与街面的距离比正常的距离多让出了 2/3，庭院
直接与街道相邻，这种情况在当时是可以接受的。但
是到了后来，随着连栋式和点式住宅的开发，这就成
了城市设计中的问题。

　　从 1908 年到 1910 年，大柏林竞赛成了各种都市
生活模式的实验室。[42] 其中两种思想极为盛行：比如
获得一等奖的建筑师赫尔曼·詹森在他的设计中提出
的统一街区。还有三等奖获得者，建筑师布鲁诺·穆
赫林和国民经济学家鲁道夫·埃伯施塔特设计的带有

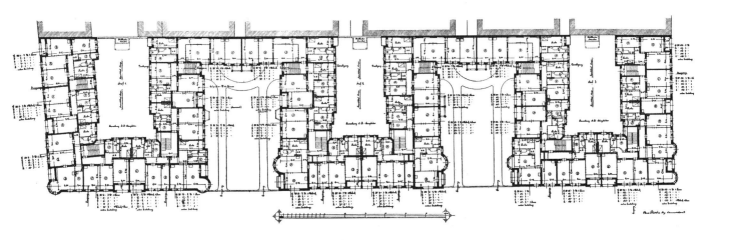

内部小镇结构的大都市超级街区。在竞赛中，詹森通过图片展示了令人印象极为深刻的市内住宅区，尤其是那些单独提交的西柏林藤珀尔霍夫区的建筑设计图片。（图7）在他的城区中，街区住宅的立面设计比较保守，从而有助于形成样式统一的街道空间。同时通过大型的庭院改善每间公寓的采光和通风条件。不过这些庭院并不属于私家所有，而是与公共街道相连的半公共区域，并带有巨大的拱门开口。詹森将街区附近的公园作为真正的休闲放松场所，从而避免了庭院的过度绿化，只是点缀了零星的树木为庭院增添了一些绿意。整个城区体现出一个多功能实体的概念，包括带有大型建筑的公共广场。这种公共广场的封闭特色也借鉴了西特的"城中小镇"设计思想。

詹森的设计图之所以显示出强大的美感，主要在于城市街区的统一性，从而有助于打造城区的和谐印象。房屋不再是构成街区的美学单元，就如同城区不再由设计各异的街区随意组合而成。相反，房屋和街区的设计呈现出整体的一致性和连贯性：一种新的城市景观诞生了。詹森还在图注中对这一思想进行了描述。他的首要目标就是要创造"城市形象"，简单、统一的住宅外观为街道创建了一道"长长的墙壁"，某些地方还会出现"轻微的曲线造型"，以便"营造出有趣的城市建筑景观"。[43] 除了卫生、社会和经济因素，城市公寓综合设施还被视为一种同样重要的艺术创意。重要的是这些建筑的外观共同塑造了城市形象。

然而，统一城市这一思想的创始人却不是詹森。1903年，作为重要的现代都市建筑理论家，卡尔·舍夫勒发表了一种观点，认为统一的住宅建筑可以产生于现代的社会条件，反过来，又形成了一种全新的当代风格。这是因为对公寓需求的不断变化导致了人们对相同平面布局的需求，这一需求反过来促使相同的外观成为必要，由此逐渐地形成了具有统一美学特色的统一城市。[44]1913年，在《大城市的建筑》一书中他以引人注目的方式再次提到这一论点，并要求"街面的统一"。[45] 他认为这些都是社会和政治关系产生的结果："因此，我们应该牢记未来的建筑……将是一种都市艺术，它的命运由城市的发展决定，而且它只能是中上层阶级和民主文化的产物。"[46] 国际资本主

图6 保罗·梅贝斯，柏林夏洛滕堡区霍斯特维格的出租公寓，1907—1909

EMPELHOFER FELD. Geschlossener Architekturplatz mit Ausblick auf den
rholungsplatz (bis zu 180 m. breiter Parkgürtel). Auf diesen münden die einzelnen, zwecks
urchlüftung durch Torbauten geöffneten langen Baublocks mit ihren Kopfseiten.
m Vordergrunde liegt die große Hauptstr., in der sich die 2 Diagonalstr. vereinigen.

图 7 赫尔曼·詹森，柏林藤珀尔霍夫区
的藤珀尔霍夫菲尔德城区，1910

义的经济关系导致了资本的集中，并且随着大规模社
区建筑的形成，统一住宅街区成为最便利的解决方案：
"随着整个城区建筑上的和谐一致，街面也形成了统
一的外观。之后，这种庄严的统一性以令人印象深
刻的庞大风格达到了顶峰，确实称得上现代这一称
号。"[47]在舍夫勒看来，统一的城市是美学的理想，
它来自于当前城市住宅建设中社会、政治和经济状
况的危机。

　　1911 年，沃尔特·柯特·贝伦特在专题论文《城
市设计中作为空间元素的统一街区立面》中对这种城
市街区理论蕴藏的实用性进行了详细的调查研究。[48]
他从这些具有全新审美感受的公寓建筑外表上看到，
正是缺乏个性的装饰使它们散发出统一的庄严气息。
贝伦特对整体街区进行统一设计的要求还有结构上的

原因。城市公寓住宅已经成为建筑师的一项学术课题，
目前，对始于 19 世纪初期的寻求全新现代风格的研
究起到了极大的推动作用。在舍恩贝格区南地自然公
园的建筑设计竞争中，可以看到这种统一的公寓住宅
建筑理念已经发展到了何种程度。在提交的 33 份设
计方案中，绝大多数的参赛者以及全部获奖者（一等
奖：布鲁诺·穆赫林；二等奖：保罗·沃尔夫；三等
奖：亨利·格罗）都展示了统一模式的变革式街区设
计。[49]

　　第二种有影响力的创造来自于布鲁诺·穆赫林和
鲁道夫·埃伯施塔特。[50]（图 8）他们提出了一种带
有内部街道和多层次建筑的超级街区：街区的外围是
与城市环境相邻的五层住宅，街区的内部设有环形的
街道，道边是三层的住宅，在街区的中央是广场，其

周边是两层高的住宅。这些类型齐全的住宅包括公寓和单户住宅，体现出城市、小镇以及乡村的文化特征。此外，在街区的花园中，甚至体现出了自给自足的乡村特色。穆赫林和埃伯施塔特的这种超级街区就是一切能够想象出的居住文化的大荟萃。

如果人们考虑到埃伯施塔特在 1909 年出版的《住房和住房问题手册》中对住宅进行的重要批判，这种整合于城市中心的花园城市街区就十分令人惊讶。在那部作品中，他认为住宅不应该被改变，并宣称单户住宅是解决住宅问题的最佳方案。他甚至拒绝带有绿化庭院的变革式街区。[51] 他唯一喜欢的城市解决方案似乎就是来自于历史模型的街区"内部住宅街道"。[52] 早在 1893 年，在埃伯施塔特的启发之下，西奥多·格约克就提出了这种街区的设计构思，并对其进行宣

传。这种街区不仅带有内部通道，并在内部建有低层的建筑。[53] 而 1910 年提出的这种街区，则承担了向外界宣布城市特性的纲领性作用，不再否认多层公寓建筑的空间创造优势。

正如埃伯施塔特自己所说的，人们可以在历史上一些城市的扩建中发现这种带有内部住宅和街道的街区。一种可能的模式就是 19 世纪中期巴黎的花城（Citédes Fleurs）。[54] 1910 年，维尔纳·黑格曼在柏林组织了总体规划展览，在众多参展方案中出现了一些其他的混合型超级街区实例，其中都包括了低层的建筑。沃尔特·莱维斯提交了柏林舍恩贝格区的街区模型。[55]

市政建筑师基尔为柏林的新科恩区设计了相似的方案，并在黑格曼的《美国维特鲁威城市规划建筑师

图 8 布鲁诺·穆赫林和鲁道夫·埃伯施塔特，大柏林竞赛中的超级街区，1910

图 9 布鲁诺·穆赫林，《城市建设》中的"劳比恩豪斯"公寓，1917

手册》中得到了国际范围内的宣传。[56] 弗里茨·舒马赫也不出所料地在汉堡的城区项目中采用了这种街区模型，并对阿姆斯特丹和鹿特丹的公共住宅产生了重大的影响。

尽管在第一次世界大战之后，带有自给自足花园的乡村住宅形式在当时比较常见，但是在城市居住的理想并没有失去意义。1920 年，建筑师海因里希·德·弗里斯在杂志《城市建设》中发表的观点中强烈反对"乡村定居地倡导者的可怜言论"。[57]

作为乌托邦和保守的花园城市阵营的反对者，他将大城市看作文化发展的动力："相反，大城市将继续扩大，与今天相比，甚至将会成为国内外发展策略中更为重要的焦点。反对城市意味着否定文化塑造因素的强大集中，毫无疑问，他们所能代表的注定就是这些。"[58]

1919 年，在《未来的城市住宅》一书中，德·弗里斯为解决大都市的住房问题找到了合适的答案。[59] 他在书中展示了带有内部街道和中央庭院的超级街区。虽然那些建筑严格地以南北方向一排排地分布于街区内部，但是并没有破坏街道的空间。在南北方向上，排列着高达六层的建筑，它们之间形成了东西方向的街道，街道两侧是楼层更低的边界建筑，这些建筑不仅定义了街道空间，还将内部庭院与公共空间隔离。这些建筑的地面层都设有商店，超级街区的公共设施也分门别类地设置在中央庭院的四周。

德·弗里斯的核心思想是复式公寓的设计，并作为准住宅被整合到公寓街区中。由此，他将定居地类型的房屋及排列方式与典型的城市街区结合在一起，创造了一种密集的、多功能的中心市区建设模式。

1917 年，布鲁诺·穆赫林在一个变革式街区内的"劳比恩豪斯"公寓中，以同样的方式设置了复式公寓。（图 9）穆赫林认为密集型街区的建设是不可避免的："在大都市中为每个人建造小型的住宅是完全不可能的。……大型建筑能够最好地满足这一需求。"[60] 他设想的"大型建筑"是一种带有街区周边住宅和花园庭院的街区，包括小型公寓和复式公寓。为了给每一个公寓提供外部空间，所有公寓都配置了一个棚架。街区的内部有一个操场和花园。对于街道，他营造了一种带有商业和市场气息的传统城市氛围。除了社会、卫生和经济方面的考虑，美学方面在穆赫林看来也很重要。他尤其关注创建统一、简洁的临街建筑外观，并建议："在优秀的住宅前部水平结构元素设计中，应当融入令人眼花缭乱的凸窗、山墙、凉廊、小塔楼和虚饰。突出的大型建筑应该在街景中占据主导地位！"[61]

第一次世界大战之后，变革式街区依然保留了住宅建设的实用性。1917 年，在一项建筑大赛中，出现了寻求改善西柏林现有街区的提议。[62] 虽然建筑师支持样式各异的街区，但是他们还是采取了最为常见的策略，拆除中心的建筑，以创建更大的绿化庭院。从

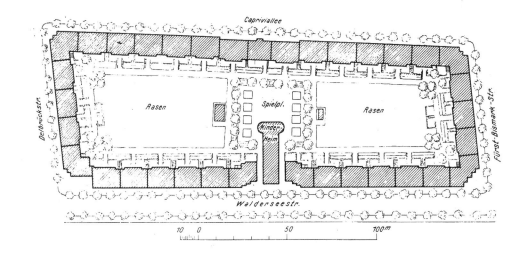

大型花园到内部住宅街道、内部广场，从公寓住宅到连栋式住宅，这种街区结构的内部变化是相当巨大的。

尽管马丁·瓦格纳于1925年被任命为柏林城市发展的主管负责人，从而导致了著名的魏玛共和国风格住宅的兴起，街区周边住宅的连续性逐步消失，以至于哈塞尔豪斯特帝国住房研究机构在1928年引入了独立于街道网络的严格南北朝向的排式建筑。但是在当时，新客观派的建筑师还是创建了一些杰出的街区外围住宅。建筑师欧文·安东·古特金德尤其关注于在传统街区外围建筑的设计中结合新客观派的结构造型。[63]他设计的最为著名的实例就是1925年至1927年期间为城乡住房委员会在柏林利希滕贝格建造的桑尼霍夫城区。（图10）在沿街而立的五层翼楼中，一共设有266套公寓，形成了一个带有大型花式园庭院的街区外围建筑。古特金德在庭院中设置了一个带有操场的幼儿园，并在住宅临街的一面开设了很多商店。他以严格的水平带状模式设计了灰泥和砖结构的外观立面造型，外加具有立体派艺术家风格的错落有致的街区拐角，成为新时代风格的先行者。古特金德在柏林的潘科夫设计了其他的街区（1925—1927），并在柏林的赖尼肯多夫为北方住宅有限公司集团设计了住宅街区（1927—1929）。这些实例都显示出街区的外围建筑与现代主义建筑绝不互相排斥。

鲜为人知却同样重要的街区是鲁道夫·弗兰克尔在柏林威丁区设计的大西洋花园城（1925—1929），

为20世纪20年代城市中心环境下的街区理念进一步发展铺平了道路。[64]（图11）名虽如此，但是这并不是霍华德所说的花园城市，而是一个和谐融入建筑密集的城市背景中的五层住宅街区。它优雅地沿着蜿蜒的街道分布，只在街区的内部进行了绿化。位于地面层的商店和影院使这个小型城区的城市生活方式更加完美。梅贝斯和埃默里希在柏林舍恩贝格的因斯布鲁克广场，以同样的方式在现有的街道和街区中建造了住宅街区（1922—1928）。1929年，在名为《住宅立面》的图册中，维尔纳·黑格曼再次提到了房屋的外观对于塑造公共空间的重要意义，这也是战前讨论的重点主题。[65]该图册的出版证明了即使在现代定居地模式兴起的时代，通过私人住宅建筑对公共空间进行塑造仍然具有实用性。

尽管柏林是德国住宅变革的中心，但是变革式街区在德国其他地区也取得了重大进展。在慕尼黑，尤其是在施瓦宾区，中产阶级出租住宅以当地的家庭建筑主题进行建造。1904年，建筑师奥托·拉辛为弗雷登海姆设计的街区中提出了将公共公园和私有住宅结合的构思。[66]带有连贯山墙形屋顶的五层城市住宅将公园与主要的街道隔离，只在面对小巷的一侧对外开放。1922年，卡尔·盖斯勒和慕尼黑城市发展的领导人、慕尼黑市政建筑师厄恩斯特·内格尔在杂志《城市建设》上发表了一篇关于改善出租公寓街区的文章，内容十分广泛。他们深信"城市住宅"的海洋不会被

图10 欧文·安东·古特金德，柏林利希滕贝格的桑尼霍夫街区，1925—1927

图 11 维尔纳·黑格曼的《住宅立面》（1929）中由鲁道夫·弗兰克尔设计的位于柏林威丁区的大西洋花园城，1925—1929

图 12 （右页）马克西米利安·沃姆，《城市建设》中位于马格德堡的街区，1915

"定居地住宅"所取代。[67] 在他们看来，唯一现实的解决方案就是通过嵌入具有良好采光性、通风性和轻松氛围的空间，改善现有住宅街区的状况。他们提供了一个带有大型绿化庭院的变革式街区模型，这种布局早在 19 世纪末期就已众所周知，也是他们对大型庭院在经济上的可行性进行细致研究的成果。建于 1924 年至 1929 年期间的博斯特超级街区，吸取了各种类型街区的元素，诸如内部的庭院、街道和广场。并以建造开发者——建筑师伯纳德·博斯特的名字为街区命名。[68] 这里的城市住宅开发出现了变革，将传统主义建筑与阿尔文·塞菲特设计的宁静祥和的花园结合在一起。

1914 年，在马德格堡一个内城街区的项目竞标中，多种一战之前的街区设计倾向都得到了体现。（图 12）事实上，若不是竞标规定中宣布了对新状态进行强调和突出，这只不过是一个只有工匠才会关注的普通建筑而已。竞标规定中明确地表示现有城市高密度应该得到保留："根据'旧城区的建设方法'，整个街区建成后要具有最高的使用价值。"[69] 对公寓的类型也做出了详细的要求，从三居室到六居室不等，地面层还要设置一些商店。从而通过功能性、社会融合性和建筑的密度为城市的定位奠定了基础。所有的获奖者（一等奖获得者乔·杜维尼奥、F.斯泰普、沃尔特·费希尔以及马克西米利安·沃姆，三等奖获得者奥斯卡·霍夫纳尔）都通过内部街道和广场将街区进一步细化。一些参赛者更为注重街区内部的特色，而另一些则强调整个建筑群体的统一性。但是所有的参赛者都设想了绿色庭园的变化。在一份没有展示的竞赛投

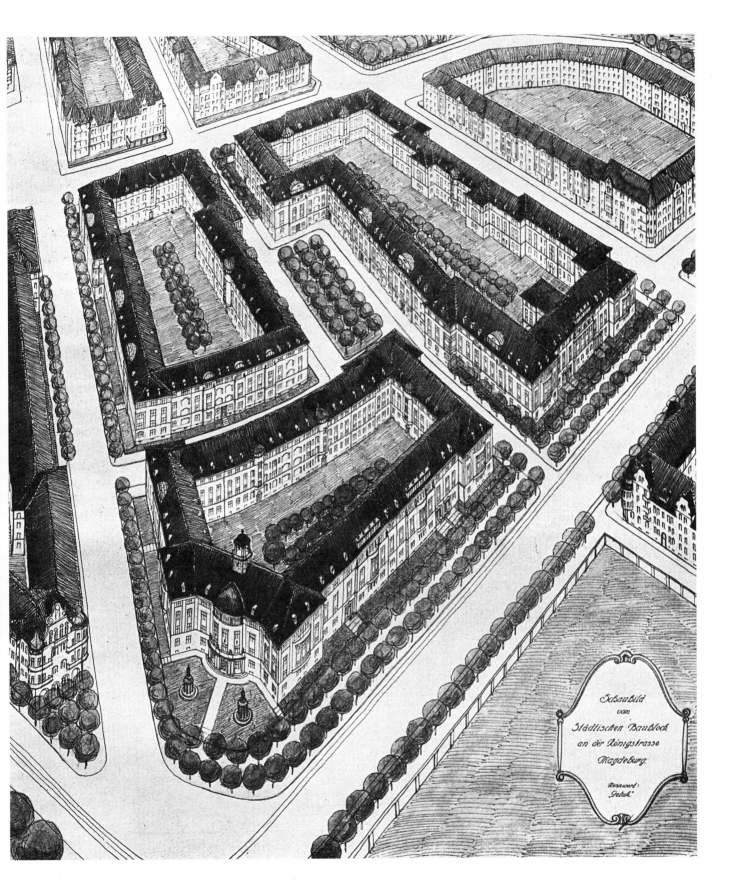

Schaubild
von
Städtischen Baublock
an der Königstrasse
Magdeburg.

Kennwort:
"Getuk"

图 13 弗里茨·舒马赫，汉堡—巴姆贝克的杜尔斯堡城区，1919—1923

稿中，C. 普莱沃特教授以埃伯施塔特和穆赫林在大柏林竞赛中的设计为模型，提出了带有五层外围公寓住宅的街区方案，并在内部设有三层的连栋式住宅。除了实用的优势，普莱沃特还看到这种街区的美感得到了加强，并将"这种清澈的空间效果"宣布为"艺术的必要性"。[70] 为了创造出良好的市内住宅，卫生和经济方面的考虑也被统一到艺术目标之中。

从 1909 年到 1933 年，城市建筑大师弗里茨·舒马赫在汉堡实施了范围最广阔的住宅建设计划，这一住宅建设被认为是一个持续的城市建设过程。[71] 舒马赫追求的城市理想不是孤立的定居地或者卫星城，而是在城市的扩张中，无缝地将新型公寓建设成为一个城区。不但没有因为连栋式住宅和绿地使街区变得破碎，反而通过公共街道的空间和半公共的公园区域内的外围住宅使街区变得与众不同。

在整个的职业生涯中，舒马赫都认为城市不仅是经济、社会、卫生和交通问题的汇集，还是一种文化成就。[72] 他所向往的"宜居城市"毫无疑问就是大都市，他希望创建"统一和谐的大都市城区"。[73] 同时，他还运用砖结构使他的城市建筑显露出当地的传统韵味。在这一城区理念的指导下，舒马赫得以在汉堡建造了 65 000 多套公寓。[74]

在他的第一个规划方案中，可以清晰地看到大柏林竞赛的影响。例如，1911 年在汉堡赫恩的街区设计中，舒马赫在更多的外围住宅开发中尝试了较低的内部街区密度。在 1913 年进行的另一项研究中，他对贯穿若干街区的公共公园进行了可行性调查研究。[75] 从 1916 至 1919 年进行规划，并在 1919 年至 1923 年期间汉堡巴姆贝克的项目建造中，以改良的方式实现了这一构思。在杜尔斯堡的土地上，一片绿地覆盖了城区的中心部分，绿地的侧面是四层高的外围住宅和绿化庭院。这个通过空间定义的紧凑的街区建筑为人们提供了最大化的休闲放松区域。[76]（图 13）根据同样的原则，舒马赫在汉堡的维德尔区建立了带有变革式街区和中央广场的住宅城区（1926—1927）。由多名建筑师共同设计的位于汉堡温特胡德地区的雅雷新城（1927—1929）是最现代化的城区，也是舒马赫"居住城市"理念的典型城区。虽然这里的建筑大多是成排建造的，但是偶尔也会沿着街道的走向呈现出曲线造型，从而创造出定义明确的街道空间。整个

城区中最具都市特色的就是雅雷新城的中央广场，它是由卡尔·施奈德按照英国广场的原型设计的住宅区绿化广场。与广场形成对照的是，邻近住宅的大门都朝向四周的街道开放，而并非广场。雅雷新城的中央广场实际上是一个绿化的庭院，从四周环绕的住宅阳台可以看出其对私密性的强调，最终，这里成为整个城区中的清净之地。

在变革式街区中，庭院的公共绿化除了可以改善卫生环境，还具有一种社会功能，因而受到诸如幼儿园和洗衣店这样的社区机构的青睐。但是，因为它的花园和操场也是街区居民的理想聚会场所，因此在公共住宅的条件下，它也是未来更加美好社会的核心之地。1930 年，在汉堡一个绿化庭院中举办了儿童庆典活动，在分发的邀请函中将变革式街区宣传为一种社会计划："在大型住宅街区中环绕出一个公共的花园式庭院，这一新的建筑方法不只是反映了建筑师的个人品位，它还表达了我们这个时代对创建共同社会的迫切社会意愿。"[77] 变革式街区的定位体现了城市中活跃的社会团体的理想，这种理想随之传遍了魏玛共和国的各大城市。（图 14、图 15）

在第三帝国时期，这种对城市生活的积极态度发生了改变。纳粹主义"鲜血与祖国"的思想憎恨一切形式的城市文化，支持捍卫私人住宅的地位。1931 年，柏林举行了国际城市设计和住宅展览会，布鲁诺·施万在展会编目中对这一变化趋势提出了批评。不过，这一展会编目在 1935 年才得以发表。他说，多层住宅建筑不再得到支持，"因为这种建筑方法受到了阻碍，在当时的德国，属于个人的家宅得到了纳粹政府的大力支持和鼓励。"[78] 值得注意的是，这个编目通过三种语言展示了一些国际住宅建设的实例。尽管纳粹主义者更偏爱私人住宅，但是变革式街区并没有被彻底抛弃。目前，变革式街区已成为加快内城改造步伐的模式，例如汉堡的冈戈维尔特尔旧区改造（1934—1937）或科隆的莱茵维尔特尔区（1935），它们的现有街区经过重新设计后都焕然一新成为变革式街区。[79] 此外，这一方法也被用于城市扩张之中，譬如由乌戈·菲尔绍、理查德·帕登、卡尔·克雷默和厄恩斯特·丹内伯格长期规划的柏林舍恩贝格区的格拉茨达姆城区（1938—1940）。

图 14、图 15 威廉·许勒、马库斯·斯特恩列波和赫尔曼·特鲁姆，位于路德维希港的艾伯特定居地，1927—1929，1953—1954

2. 维也纳与中欧

从城市住宅建设的角度看，世纪之交的维也纳可以说是一个积极活跃的文化之都。维也纳有着划时代的城市设计竞赛传统，可以追溯到 1858 年的城市扩张和 1892 年的总体管理规划。维也纳也是第一个为变革式的工人住宅街区发布项目招标的城市。1896 年弗兰茨·约瑟夫皇帝纪念基金会为建设价格适宜和卫生的公共住宅提出了需求建议。建筑师西奥多·巴赫与利奥波德·西蒙尼的设计最终胜出，他们设想了一组由五个带有外围住宅的变革式街区组成的城区，天衣无缝地嵌入到密布的公共街道网络之中。[80]（图16）这些街区中的劳米耶霍夫和史蒂夫唐绍夫街区于 1901 年竣工。以纪念基金会命名的 392 套公寓环绕在大型的庭院四周，这些庭院带有花园和娱乐场地，具有当地巴洛克式郊区建筑的风格。他们通过设计，使住宅的立面外观也体现出巴洛克风格。与商业公寓住宅不同的是，建筑师们引入了山墙、凸窗这样美观独特的元素以及生机盎然的屋顶景观，从而通过建筑手段在城市中创造了一种归属感，可与梅塞尔在柏林的尝试相媲美。这些建筑并没有打破现有城市的格局，而是通过常规的外围住宅与地面层的商店使城市功能得到扩展。

一种新的建筑类型学，在中产阶级公寓住宅的框架下受到了考验。由于私有住宅很少能够覆盖整个街区，并仅局限在一两个相邻的地块内，因此就无法在街区内部形成大型绿化地带。建筑师们发现了一种"临街庭院"，这是一种向街道方向开放的庭院，不仅改善了卫生条件，还通过扩展街道一侧立面的商业用途改善了经济状况。这些运用华贵外观装饰的豪华公寓实例主要是利奥波德·福克斯设计的林克大道 4 号（1909），卡尔·比特曼设计的科斯特勒尔巷 6～8 号（1910），海因里希·凯斯泰尔设计的洛祖绍夫公寓（1910），还有马科斯·法比亚尼设计的莱哈尔巷9～11 号（191—1913）。从 1906 年到 1911 年，在鲁道夫-范·阿尔特广场的设计中，几位建筑师将这种建筑类型学扩大到了公共广场领域。[81] 在威利为有轨电车员工修建的城市公寓综合住宅（1913）是一栋拥有 330 套公寓的大型建筑，临街庭院成为它的组织规划原则。与梅贝斯为柏林的霍斯特维格做出的设

计类似，两个临街庭院创造出的序列，很好地解释证明了赫纳德林荫大道项目中要塞凸角堡的造型。[82]

1900 年，在题为《大城市——绿色》的文章中，卡米略·西特赞美了花园式庭院的优点。当树木仅仅承担着一种精神功能，时尚的广场淹没在交通的噪音之中时，植物茂盛的庭院却能够在外围住宅的内部真正实现卫生和娱乐的功能。因为它们可以屏蔽来自交通的噪声和灰尘："清洁的绿色没有被街头的噪声和尘土沾染，它们位于一个更大的、被四周环绕的建筑保护的街区内部。"[83] 根据历史上城市扩张的模式，在这些庭院中可以增加游乐场和运动场，甚至可以建立集市。西特认为，将先前的私有庭院变为公共空间，是后来的红色维也纳建设计划中迈出的决定性一步。在摩拉维亚俄斯特拉发、切申和奥洛摩茨的城市扩张规划中，西特就已经提出了这种多功能庭院的构思。由此，街区的变革从具有艺术性的城市规划转变为卫生清洁的现代化住宅建设变革。

尽管西特主要从提升公共空间的立场看待街区的变革，但是他的同事——维也纳人奥托·瓦格纳采取的却是另外一条途径：在他看来，公寓住宅街区就是构成现代大都市的建筑群。1911 年，在他的研究《大城市》中，明确表达了自己反对单户住宅、支持城市公寓建筑的立场："基于对花园城市的渴望，人们对单户住宅的渴望永远都不会得到普遍的满足，因为在日常生活的经济压力之下，每个家庭成员的职业、地位都起伏不定，人们无尽的需求也不断发生变化。在这些情况下产生的各种欲望，只有通过公寓住宅，而不是单户住宅，才能得到满足。"[84]

瓦格纳的理想市区是由统一样式的六层公寓大楼组成，它们排列在绿化广场的四周，城市的中轴线经过绿化，并建有公共建筑。与舍夫勒的观点一样，他认为民主的大众社会所产生的现代需求，其结果就是统一的城市美学："在我们的民主生活方式中，整个社会出于仁爱而对便宜、卫生的公寓的呼唤，以及经济条件对生活方式的制约，最终导致了公寓住宅的统一样式。"[85] 瓦格纳的建筑方法也以这种对城市谨慎的赞赏为标志，他在维也纳的纽斯蒂福特巷和多布勒巷建成的公寓住宅与这种统一风格的理想十分接近。

另外，作为学院的教师，他还为一年级新生布置了学业任务，让他们设计地面层带有商业网点的城市公寓住宅。

西特强调大型庭院的作用，而瓦格纳则更加注重统一样式的外观，这两种理念在 20 世纪 20 年代伟大的公共住宅建设事业中都取得了丰硕的成果，诸如从 1923 年至 1934 年进行的维也纳社会民主党社区住宅建设。这些建筑大部分都以庭院为特色，并将建筑的密度、社交活动的密度与绿化空间和社区机构的优势结合在一起。[86] 第一次世界大战之后，虽然出现了很多定居地的支持者，但是城市中一些有担当的人士却提出了城市工人住宅的概念。作为社会民主党的房屋开发顾问，古斯塔夫·肖伊认为："城市的大小并不是问题，我们相信维也纳将会作为大城市继续存在，并且能够以健康的方式得到发展。"[87]

对低密度的花园式郊区进行了一些初步的试验之后，出于经济和政治上的原因，城市管理者放弃了定居地建设的策略。因为这必须征购大量土地，这种大范围使用昂贵的土地在经济上是不具备可行性的。更为关键的是，市政当局只能购买城市范围内的土地。因此，没有足够的空间去建造足够的单户住宅。1924 年，甚至像奥托·诺伊拉特这样的定居地支持者也承认"在当前的历史形势下，定居地的建设将无法满足住宅需求，没有足够的土地……。因此，维也纳当前面临的问题不是是否应该建设高层住宅，而是在哪里、以何种形式去建造。"[88] 通过高层住宅，他指出了多层的变革式街区与低层的定居地在建设方法上的对比反差。如果密集的城市住宅建设是出于经济的必要性，那么可以将其合理解释为新的社会主义社会。1923 年，接替雅各布·罗伊曼成为市长的卡尔·塞茨在一个将于 1924 年落成的社区建筑的献礼仪式上解释说，住宅的庭院尤其适合社会教育："新的建设阶段正在开始，这不是带有小院的单户住宅，而是设有共享式公寓的大型综合建筑。人们将在这里共同生活，但是彼此之间又保持独立的生活，而不失个性。奇妙的公共公园等设施为各种娱乐活动提供了良好的环境。我们希望把年轻人培养成乐于参与社会活动的善于交际的人，而不是个人主义者和独狼。"[89]

定居地与变革式街区的数字对比说明了一切：到 1934 年，维也纳市政当局在定居地建立了 10 500 套公寓，而在变革式街区中建立了 63 000 套公寓。从 1894 年开始，带有"庭院"的城市街区，作为规则被纳入现有的城市规划中。他们尊重并保留现有街道，通过一系列的公共设施和商业设施使住宅街区的品质得到显著提升。这是一个刻意制定的政策，旨在"以适当的方式，在总体管理规划中将规划的中型或更小型的综合住宅融入现有的住宅综合体中。"[90] 但是同时，他们为城市带来了新的品质，他们在庭院中创建了新的公共空间，这些空间属于一个全新的社会主义社会，通过整合而不是摧毁，也就是改善的方式，正在颠覆资本主义的维也纳。建筑质量是重要的，为此，城市建筑部门"负责总体的艺术审美管理"[91]。出现在维也纳城市风格之中的是"有利于人民的住宅"："凉廊、凸窗和色彩亮丽的灰泥造就了亲切友好的外观。庭院内装饰着雕塑、喷泉和各种鲜花，宛若花园一般。还有供孩子们玩耍的操场和戏水池。"[92]

市政管理部门认可了四种类型的市内住宅建筑：第一种是"在单独固定的地块上的独立建筑"，并采用"流行的多层建设方法进行建造"。[93] 问题是当时城市地块中有很多的传统排屋，因此街区内只有少数的地块可以使用。第二种类型就是经典的变革式街区，也就是"在一个由现有街道定义的规模正常和形状规则的街区内建造全部的建筑，通常是一个简单的街区周边住宅建筑，并带有宽敞的内部庭院"。[94] 第三种类型就是扩展延伸至数个街区的超级街区，"这是为了保持所需的街区纵深，而把两个以上的街区合并在一起。"[95] 第四种类型是用于未规划区域的"住宅区"，它由"带有花园式庭院的住宅"构成，创造了一种全新的城区。[96] 这种带有差异的方法途径承认了现有城市的复杂构造，从而以不同的方式去应对不同的情况。

市政管理部门将第一种类型认定为空地上的"独立建筑"，这一类型的建筑已经忽略了历史方面的考虑，以新颖壮观的设计脱颖而出，继承了独立地块上连栋式住宅的传统。在城市建设计划的框架下，建造了很多这样的独立住宅，并完美地融入现有的城市结构中。在这些情况下，建造更大型绿化庭院的余地当

图16 西奥多·巴赫和利奥波德·西蒙尼，维也纳纪念基金会住宅，1896—1901

然会受到制约，不过一旦出现合适的机会，就会进行相应的建设。

第二种类型中，正如瓦格纳的学校在建筑学中所宣扬的，完整街区的"周边建筑"为统一设计提供了可能性。事实上，很多红色维也纳建筑师与瓦格纳一起进行研究，有的甚至在他的工作室中工作，他们在那里汲取了他的城市哲学。我们可以从梅茨莱茵斯塔勒霍夫街区的分步建设中观察到这种类型的出现，在随后所有的公共住宅建设中，这一类型成为维也纳庭院的典范。第一步是建设马加雷登古尔特尔街区跨越几个地块的街区周边住宅，它是由罗伯特·卡勒萨设计的（1916年方案初稿、1919年新方案，1921年完成）。

从世纪之交开始便与社会民主党有着密切联系的休伯特·格斯纳是奥托·瓦格纳的学生，当城市征购了街区内的剩余地块之后，他才在1922年至1923年期间完成了综合住宅的建设，形成了完整的庭院。（图17）。一座高达6层、拥有252套公寓的街区周边住宅围成了一个栽满绿色植物的公共庭院，通过几座巨大的拱门可以进入其中。这种新的概念极大地改变了对城市空间的基本认识：通过将原先私有的庭院改变为公共空间，使公共与私有之间的界线变得模糊。因为"私有"的"公共"所有权，使具有法定差别的街区也不复存在。不过，庭院建设并没有打破清晰分明的空间区别。通过巨大的住宅外观立面，维也纳的庭院沿

着街区定义了街道空间，与先辈们私有的公寓街区所定义的街道空间完全一致。

第一个被构思成庭院的公寓街区是弗森菲尔德霍夫（1922—1925）。它是由瓦格纳的学生海因里希·施密德和赫尔曼·艾兴格尔设计的。（图18）公寓住宅精确地沿着街区的边界进行建设，形成了一系列装饰性的内部公共广场，通过大型的拱门可以从街道上直接进入。庄严的综合住宅建筑和庭院的开放性令当时的参观者感到十分惊讶："如果你从弗森菲尔德霍夫街区前面的公园望向纽瓦尔巷，会看到一座宏伟的建筑巍然耸立在一片破旧的老式房屋之中，与周围贫穷的环境显得格格不入。你看到后会好奇地大声问：那是富豪的巨大宅邸吗？还是一座城堡或者博物馆？它到底是什么？……当你穿过拱门，会遇到另一个惊喜。你站在这个巨大的花园式庭院的前面，无法确定这是一个骑士比武的城堡还是一座要塞堡垒，或者是一个中世纪小镇中由同样高度的房屋围成的封闭市场。"[97] 从这些反应中，可以得出两个结论：首先，这种庭院为城市带来了庞然巨大的气势和公共生活。其次，它没有采用新的建筑形式，而是常见的建筑类型，从而使它们不仅新颖奇特，还更易于被人们识别和接受。通过整合公共空间和多功能性，街区演变为整个城市的发展趋势得到了加强：除了479套公寓之外，弗森菲尔德霍夫街区还拥有若干商店和作坊，以及两所幼儿园、两间洗衣房和一个阅览室。

在这一时代的早期阶段，最重要的变革式街区是雷曼霍夫街区（1924），与梅茨莱茵斯塔勒霍夫街区一样，也是由格斯纳设计的。（图19、图20）格斯纳将街区划分为三个部分，两个侧面的封闭庭院和中部的开放式临街庭院。整个街区严格遵循对称式布局，通过中心的中央建筑将这些综合建筑统一在一起，街区前部展开的庭院仿佛巴黎的荣誉广场。参考了这些街区类型之后，雷曼霍夫街区变成了名副其实的工人圣殿。除了485套公寓、幼儿园和洗衣房之外，临街一侧的22家商店也使日常生活更为便利。

第三种类型更为壮观：超级街区，不仅包含了众多的城市街区，还纳入了公共路网。在超级街区中，住宅与城市的关系尤为重要，因为根据设计，住宅将比周围的环境更为重要，并让周边的街道大为逊色。

事实上，由彼得·贝伦斯、约瑟夫·弗兰克、约瑟夫·霍夫曼、奥斯卡·斯特尔纳德和奥斯卡·弗拉赫设计的首批超级街区之一的温那斯基霍夫街区（1924—1925），显露了这种类型的内在问题，也就是公有和私有之间、建筑与街道空间之间的界线变得模糊。（图21）作为具有双重街区周边住宅的街区，超级街区会在同一条街道上出现交叠，侧翼建筑会四次穿越同一条街道，从而将街道整合在街区内部。斯特尔纳德设计的引人注目的外观立面反过来也暴露了一些问题：尽管街道的地位在街区中已经下降，但是由于住宅的外观特别紧凑细长，使街道看似被猛烈地推入并穿过街区，变得更为显眼。如果这一问题不能通过巧妙的立面设计得到解决，那么就会在街区内部

图17 休伯特·格斯纳，维也纳的梅茨莱茵斯塔勒霍夫街区，1922—1923

图18 海因里希·施密德和赫尔曼·艾兴格尔，维也纳的弗森菲尔德霍夫街区，1922—1925

图 19 休伯特·格斯纳，
维也纳的雷曼霍夫街区，1924

愈发明显。在这种情况下，街道穿越街区内最为私密的区域，以令人不满的方式将绿色庭园分割。反之，建筑只能将毫无吸引力的庭院一侧朝向街道，并采用篱墙作为应急的隔离防护方案。实际上，这些建筑以侧翼的端部朝向街道，这并不是城市化的风格，更像定居地住宅模式中僵化枯燥的连栋式住宅。在施密德和艾兴格尔设计的拉本霍夫街区中（1925—1928），通过复杂微妙的方法解决了这些问题。这是一个拥有1000 套公寓和多种功能的超级街区，跨越了市中心的数个街区。（图 22）它被设计成连续一致的单体综合建筑，自然地融入现有的城市构造中，创建了众多具有个性的街道、广场和庭院空间。虽然建筑多次跨越街道，但是这些部分却创造出了西特所期望的都市环境。这种布局结构预示了城市与建筑之间的一种新型关系。两者之间的关系现在已经密不可分，以至于建筑通过城市街道网络创建了超越街区的城市空间，而建筑也在改变着这些街道网络形成的城市结构框架。一个设计多样的单体建筑延伸跨越了数个街区，并且围绕出一个单一的开放式空间。然而，拉本霍夫

街区并不是抽象的超级结构，它是城市景观不可分割的部分。因为它与街道、小巷、通道，还有广场、庭院和花园这些相似的城市结构一起发挥着重要的作用。1937 年，维尔纳·黑格曼强调了城市设计传统中这种新颖的连续体结构。关于维也纳的庭院，他当时写道：它们具有"典型的城市特色……。不过，要注意的是每一组建筑中令人欣喜的细节变化和巧妙的设计方法，这些街区的规划与现有街道和开放式空间都是密切相关的"[98]。

作为"住宅区"的第四种类型街区创造了全新的城区，拥有最大的公寓单元。在概念上，整个城区作为一体进行建筑设计，从而增加了统一设计的可能性，同时也减少了城市建筑结构的独立性。卡尔·恩设计的卡尔·马克思院街区（1927—1930）是最有纪念意义和最具红色维也纳代表性的创作之一。对于这样一个延伸超过 1 千米，包括若干子分区的城区，恩的设计是简单有效的：他只是将雷曼霍夫街区的形式进行了放大。但是，这种规模上的增长也改变了城市空间的品质：雷曼霍夫街区中的前部庭院，变成了卡

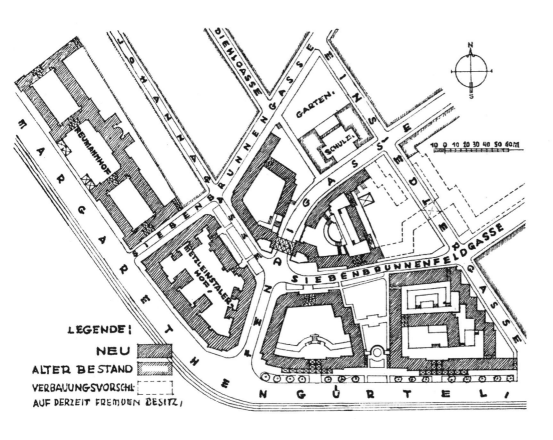

尔·马克思庭院街区中的中心广场。而雷曼霍夫街区中的花园式庭院在这里成了绿化广场。雷曼霍夫街区中犹如宫殿般的单体建筑也摇身一变成为整个城市建筑。卡尔·恩通过设计对大门和塔楼进行了突出强调，产生了城墙的形象和效果。这种具有迷人魅力的设计使卡尔·马克思庭院街区成为维也纳市政建设计划中的最佳国际范例。1931年，英国皇家建筑师学会1931年学报称赞这一项目为"小型城市"。这不仅仅是因为它的形式，还在于它的多功能用途，因为它包括了"两所幼儿园、两间洗衣房、每一间公寓都具良好的洗浴和住宿条件，此外这里还有一所学校、一个牙科诊所、一座图书馆、一个青年招待所、一个产科诊所、一个健康保险机构、一所邮局、一家药店以及20多家其他各类商业场所。在这个拥有近1400套公寓，可容纳超过5000居民的住宅区中，小城镇的设施应有尽有"[99]。

由鲁道夫·佩尔科设计的恩格尔斯普拉茨庭院街区（1929—1933）拥有2200套公寓，本来将要成为当时最大的市政建筑。但是，由于发生在奥地利的政治事件，它却成为社会主义城市建设计划的绝唱。当奥地利法西斯分子篡夺政权时，"只有"1500套公寓完工，其余的尚未建成。（图23、图24）[100]尽管如此，完成的部分还是把城市的规模提高到了一个新的层次。整个街区的建筑以中部为原点呈对称式分布，各种庭院、广场、住宅和塔楼的布局也层次分明、错落有致，十分完美。建筑的高度由7层增加到10层，而瓦格纳在纽斯蒂福特巷街区设计的极简抽象风格的住宅立面形式，在这里被升级到城区的规模。

这也产生了矛盾的结果：一方面，对称、清晰的空间定义有利于街区建筑的统一性。另一方面，外观上的统一性也降低了这些综合建筑的可识别性。尽管如此，这种综合建筑可以被看作西特与瓦格纳的城市设计理念的终极结合。因为其封闭的和良好的城市空间定义来自于西特的思想，而城市公寓住宅立面的大规模升级则受到了瓦格纳思想的启发。但是这一途径似乎已经接近了极限：如果规模进一步提升，都市的品质将会消失殆尽。

在前哈布斯堡帝国的一些大城市中，住宅街区的

图20 约瑟夫·比特纳的《维也纳新建筑》中马加雷登古尔特尔街区的城市住宅，1926

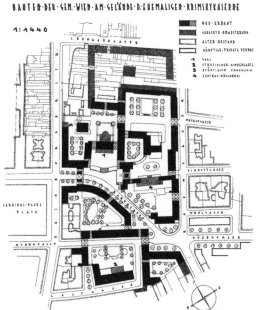

图 21 彼得·贝伦斯、约瑟夫·弗兰克、约瑟夫·霍夫曼、奥斯卡·斯特尔纳德和奥斯卡·弗拉赫，维也纳的温那斯基霍夫街区，1924—1925

图 22 海因里希·施密德和赫尔曼·艾兴格尔，维也纳的拉本霍夫街区，1925—1928

变革以较小规模的步伐继续前行。在布拉格，由弗兰迪塞克·维利奇和扬·扎克设计的位于城堡区城墙花园的两个住宅街区（1912—1914）均采用了变革式街区的模式，拥有周边公寓住宅和带有操场的花园式庭院。[101] 独立之后，住宅建设的变革继续进行。鲁道夫·赫拉贝在位于霍勒索威斯区普罗霍努公寓住宅街区中（1919—1922），尝试了临街庭院的设计。[102] 由于这些庭院十分靠近带有一层商店和作坊的街道，赫拉贝得以在综合建筑群中实现都市特色。位于维诺赫拉迪区斯雷泽斯卡的七层住宅街区，体现了街区向大都市规模发展的趋势。这个街区是由博胡米尔·斯拉马、雅罗斯拉夫·佩尔茨和瓦茨拉夫·韦里赫设计的（1920—1921），所有的建筑都环绕在一个公共广场的周围。[103]1921 年，大布拉格计划以几个城市扩张方案顺利进行，这些方案均以变革式街区的模式实施，例如安东尼·恩格尔的德维斯区规划方案（1921—1924）。在 20 世纪 20 年代，在四到六层住宅街区的基础之上，布达佩斯开始了公共住宅建设计划。1927 年，《城市建设》杂志对耶诺·莱希纳设计的带有大型庭院和拱廊的七层住宅街区进行了描述。[104] 维也纳庭院的庞大规模，在莱斯佐·希基什设计的位于贝西街的综合住宅（1928）中也有所体现，那里的街道和带有半圆形室外座椅的空间被整合为一体。[105] 通过面向庭院的

拱廊可以进入公寓内部。在临街的一侧，住宅的外观减少了古典风格，却令人联想到斯堪的纳维亚的风格样式。

在瑞士，对住宅街区的变革所做的努力和尝试完全可与那些邻国相媲美。苏黎世的公共住宅开发建设与德国极为相似。第一个市政综合住宅街区是 F. W. 菲斯勒设计的利马特河一期住宅区（1908—1909）。这个住宅区包括三个带有花园式庭院的街区，并再现了当地精美别致的住宅外观立面。与梅塞尔设计的那些柏林街区，或者十年前维也纳的纪念基金会住宅街区如出一辙。[106] 在伦琴广场附近的那些街区是由 E. 海斯、洛伊恩贝格尔和丘米尼设计的（1915—1927）。它们都设有宽敞的花园式庭院和公共广场，体现出詹森在大柏林竞赛中所提出的建议。[107] 比绍夫和威德利设计的祖尔林登住宅街区（1919）带有私家庭院和公共公园，令人联想起舒马赫在汉堡设计的项目。[108] 最后，还有昆迪格和欧迪科尔设计的布林格霍夫住宅区（1931），将德国的连栋式住宅建筑塑造出都市的韵味：所有的住宅都沿着街区四面临街的边界整齐排列，成为苏黎世最大的街区周边住宅开发项目。[109] 街区各个拐角均为开放式，可以由此进入设计为公共公园的庭院区域。虽然这里的城市建筑在最为关键的地方出现了中断，比如街区的拐角，

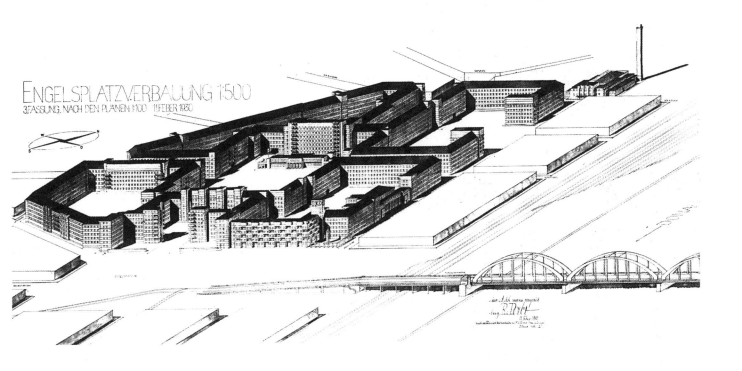

但是沿着街区边界长长排列的住宅墙面，却足以形成封闭城市空间的感受。此外，清洁性和美观性方面的需求也在一定程度上得到了满足。

在日内瓦，莫莱斯·布莱拉德设计的住宅街区与维也纳的庭院更为相似，具有更大规模的入口通道。（图25）[110] 布莱拉德为蒙特乔斯的莱斯广场（1926—1931）设计的原始方案中，包括了四个带有公共公园的变革式街区，这些公园都设在庭院空间的内部。最终，只建成了一个半的街区，八层高的排式住宅排列在街区的边界，这一切都符合大都市的需求：它们对称的排列布局为街道和庭院创造了定义明确的城市空间；它们的庭院以城市的规模进行建造；它们朝向街道和庭院的立面都设计得极具品位和魅力；最后，除了适合中产阶级居住的公寓，这里还有众多的商铺。布莱拉德设计的拉—梅森—隆德街区（1927—1930）规模更为庞大，这个半圆形的街区几乎就是一座城市。由于采用了弧形凸窗，住宅的立面具有塔楼的装饰韵味，使整个街区更像是一座城堡。与维也纳的卡尔·马克思庭院街区一样，这里也引入了城市要塞这一传统建筑主题，从而使公寓住宅这种平常的建筑更有纪念意义，也更为精美别致。1949 年，厄恩斯特·基耶茨曼和格特鲁德·戴维在《如何居住》一书中以瑞士为例，对住宅建设的变革进行了总体的概括论述。作者还对一些更为近期的变革式街区进行了描述，例如威尔斯·科茨设计的位于布莱顿的大使馆庭院，凯·菲斯科尔设计的维斯特索霍斯街区，或者 J. 霍姆勒·克莱蒙森设计的哈瑟姆—沃尔德街区，二者都位于哥本哈根。他们对运用枯燥无味的南北排列方式提出了批评，尽管格罗皮厄斯和梅曾经将其设定为城市发展历史中的必要目标："但是，这种新的方式很快便暴露了它的缺陷，这主要是人们对它的运用过于死板，并缺乏足够的想象力。"[111]

这些观点还反对过度的创新设计，认为楼层的平面布局应该遵循一定的惯例："这些住宅建成后将接待各种不同的住户，因此，作为惯例，平面布局的规划几乎没有任何变化。"[112] 这也意味着在第二次世界大战结束之后，变革式街区仍然是一种堪称典范的街区模式。

图 23 鲁道夫·佩尔科，维也纳的恩格尔斯普拉茨庭院街区，1929—1933

图 24 鲁道夫·佩尔科，维也纳的恩格
尔斯普拉茨庭院街区，1929—1933

图 25 莫莱斯·布莱拉德，日内瓦蒙特乔斯的莱斯广场街区，
1926—1931

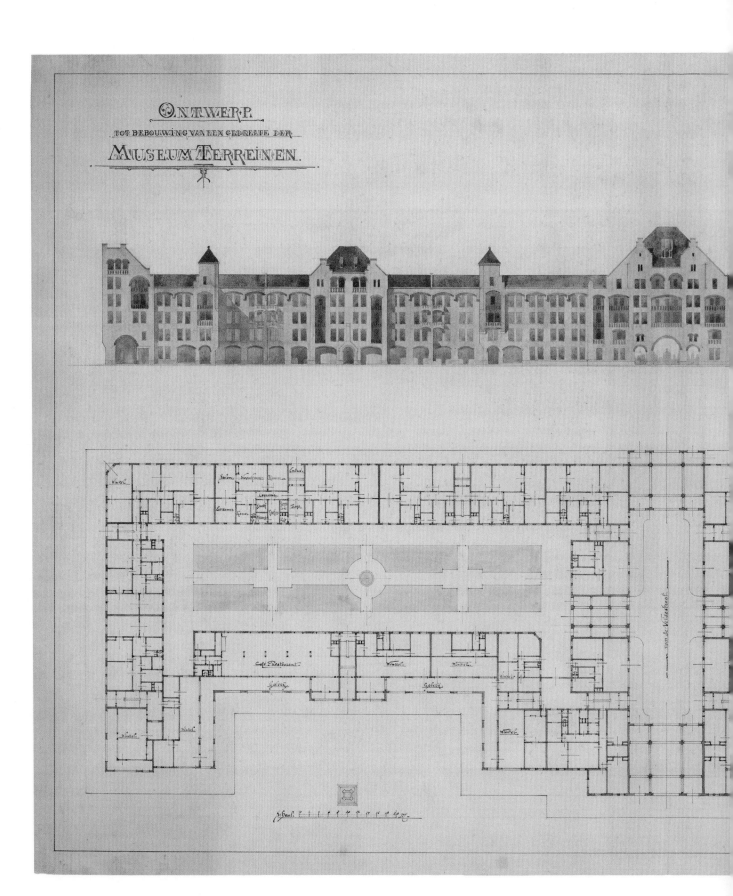

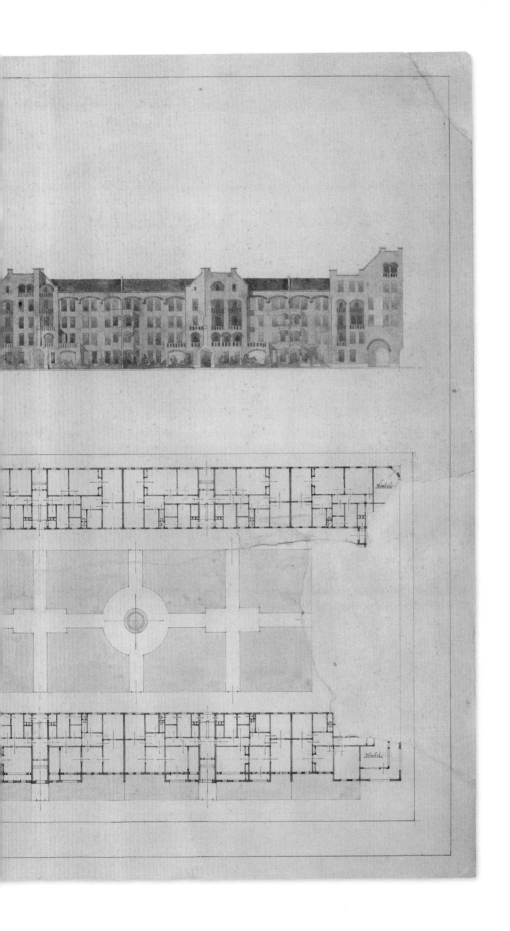

图 26 亨德里克·彼得鲁斯·贝尔拉格，阿姆斯特丹的博物馆领地住宅街区，1895—1896

3. 阿姆斯特丹与荷兰

直到 20 世纪 30 年代，荷兰的住宅建设理论和政策才明确地走上城市发展的轨道。从 1901 年开始，按照著名的《住宅建设法》新建的公寓，尤其是公共住宅都被设想为现有城市构造的扩展，也是城市构成部分的组成单元。在设计中强调的是革新而不是革命性的方法，通常采用砖头这样的传统建材，以及山墙等传统建筑造型。尽管如此，在城市设计类型和建筑风格方面还是出现了很多创新，这也体现了城市丰富的传统和习俗。

后来成为现代建筑师领军人物的亨德里克·彼得鲁斯·贝尔拉格，在 1894 年发表的纲领性论文《建筑学和印象主义》中重点强调了城市公寓建筑在新风格发展中的作用。按照贝尔拉格的"印象主义"建筑学，建筑是通过大规模的外观立面和鲜明的轮廓，并省去了昂贵的装饰来影响观察者的。因此，这种新的风格将会首先在城市的出租公寓中出现："带有僵硬的印象主义轮廓的大型公寓街区虽然只是少数，并且仅在入口处的细节有所不同，但是却完全能够以充满生机的美感和简朴宏伟的气势而兴起，并完全适合城市的特点。"[113] 这段话也揭示了美观别致的细节与简洁明快的整体之间的辩证关系，随后这也成了阿姆斯特丹建筑流派的标志。从 1895 年至 1896 年，在阿姆斯特丹长达 270 米的博物馆领地豪华公寓街区的设计草案中，贝尔拉格展示了他的这一理念。（图 26）这个街区的韵味主要体现在各种建筑元素的构成上，而不是各种重复的装饰。除了两个绿化庭院和一个公共通道外，这里还包括一个设有餐馆和商店的公共广场，从某种意义上说更像是西特所倡导的半封闭式广场。[114]

在阿姆斯特丹的住宅建设计划中，除了社会和卫生方面的因素，建筑外观的美学方面也备受关注。早在 1898 年，为了更好地实施这一计划，该市建立了审美委员会，对市属土地上的住宅外观设计进行评估并发放许可。该委员会分别于 1915 年和 1924 年进行了两次改组，并获得了更大的权力。除了提出修改建议，他们还会要求业主寻找更好的建筑师。[115] 该委员会的最主要任务就是确保新建城区在设计上的美观与和谐。虽然由于该委员会的成员构成因素，对阿姆斯特丹流派美观别致的装饰设计会有一定的倾向性，但是他们并不提倡以风格为主的观点，而是主张遵循城区的环境和包容性。因此，阿姆斯特丹的城市美感也成为其他地区的表达方式，譬如柏林（舍夫勒）、维也纳（瓦格纳）或者芝加哥（伯纳姆），最终作为现代城市统一外观的典范而广受赞誉。1918 年，在阿姆斯特丹住宅建设大会上，贝尔拉格所做的预言性演讲强调了这种统一城市的理想。在演讲中，他虽然也赞同在形式上保持一定的个性化，但是要求将城市的连续性和一致性放在首要地位。[116] 相应看来，阿姆斯特丹的住宅建设实践是雄心勃勃的，也是成功的。除了卫生和经济上的优势，阿姆斯特丹的住宅建筑还构成了美丽的城市街区，在城市的南部和西部塑造了 20 世纪最具都市化风采和连贯性的城市扩张区域。带有小规模内部住宅的超级街区受到了特殊的欢迎。米歇尔·德·克拉克在斯帕恩代姆波特地区为艾根哈德房屋管理局建造了三个著名的街区（1913—1914，1914—1918，1917—1921），他有意在形式上为这些出租公寓赋予特定的身份认同，[117] 此外，约翰·梅尔基奥·范·德·梅伊也通过内部建筑的运用将扎恩霍夫街区改造为超级街区（1913—1920）。这个街区的外围边界是由五层的住宅构成，它们是吉尔德·凯珀斯和 A. U. 英格沃森为帕特里蒙涅姆房屋管理局设计的。内部的广场周围分布着三层带有山墙造型的住宅，它们是 H. J. M. 瓦伦坎普为海特西部建筑管理局设计的。[118]（图 27 ~ 图 29）在这些相对简单的城市出租公寓包围之中，是美观新颖的小镇广场，不但没

有与城市产生冲突，还为城市营造了小镇特有的亲和气氛。尽管没有彻底摆脱当地的贝根霍夫街区模式，扎恩霍夫街区仍然最大限度地实现了这种超级街区的理念，这也是穆赫林和埃伯施塔特在大柏林竞赛中所期望的。

就在附近，卡雷尔·佩特鲁斯·科内利斯·德·巴塞尔为市政建筑当局建造了普拉恩霍夫街区（1916—1923）。[119] 这个街区也带有内部的绿化广场，但是却略有不同：在三个街区内通过统一的外围住宅建筑，以巧妙的排列形式环绕出一个中心广场。这种构造形式也可以看成一种拼图游戏：一个超级街区被划分后，形成了以广场为核心的道路网。所有的建筑被刻意地塑造成相同的样式，保持了城市的规模。以至于只通过广场的封闭形式就呈现出一种内部自治领地的印象。

超级街区类型的另一个变化就是综合建筑，由贝尔拉格、扬·格拉塔马和 G. 维斯提格为市政建筑当局设计的特兰斯瓦尔布尔特街区（1916—1931），也是如此：在城市住宅形成的堡垒一样的环形区域内，仿佛一个带有街道、小巷和广场的小型村庄或城镇，其中还整合了很多类似昂温在花园城市中提出的小型庭院。[120] 在这里，乡村和小镇规模的建筑形式也被引入城市之中，但是并没有让其占据主导地位。相反，在城市的外围住宅开发中突出并强化了大都市的特色。

基于贝尔拉格制定的规划（1914—1917），[121] 这种特殊的混合形式在阿姆斯特丹南部城区的扩张中转变为一种城市标准。贝尔拉格以令人印象深刻的鸟瞰图展现了遍布整个扩张区域内的带有街区周边住宅的街区，自此，这也成了变革式街区的标准形式。通常，恢宏浩大的街区都通过巧妙的构造和组合创建了内部城区。（图30）当时最为宏伟庞大的城区包括了若干街区，位于彼得·罗德维克街，是由彼得·罗德维克·克拉默和米歇尔·德·克拉克为德-戴格拉德住宅协会设计的（1918—1923）。[122] 这些街区包括了292套公寓和众多的临街店铺。在城区内，建筑师通过大面积区域内水平划分的主要街道和精美别致的、具有当地特色的设计来区分大都市规模的建筑和小城镇风格的建筑。在特雷泽·施瓦泽广场和亨莱特·隆纳广场周边的住宅，尽管是彼此相连的公寓，但是通过较低的屋顶设计，使它们看上去特别像独立式住宅。在超级街区的庭院内，不再进行这种城市与小镇的区分。相反，通过精密复杂的街区构造布局，这些庭院得以融入正常的城市街道体系中。这样，超级街区中这种庭院广场的特殊形式就融入了正常的城市构造之中，这种构造具有更复杂的组织结构，在市区中心创造了幽静隐秘的空间。在阿姆斯特丹西部城区的扩张中，传统的街道和广场元素依然是街区的骨干架构。贝尔拉格将城市住宅布置在墨卡托广场的四周，这种像涡轮桨叶一样的排列也体现了西特的精神，同时运用拱廊商场和店铺突出城市的特征（1924—1927）。

（图31、图32）[123] 亨德里克·西奥多勒斯·维杰德维尔德沿着霍夫德维格街区修建了对称形式的街区周边住宅（1925—1927），通过小规模元素的重复运用，

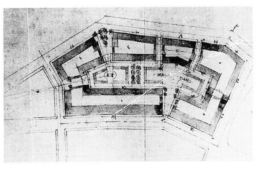

图27～图29 约翰·梅尔基奥·范·德·梅伊、吉尔德·凯珀斯、A. U. 英格沃森和 H. J. M. 瓦伦坎普，阿姆斯特丹扎恩霍夫街区，1913—1920

图 30 阿姆斯特丹南部的住宅街区，
1927—1929

创造了一种繁荣和无有穷尽的感觉。[124] 在阿姆斯特丹
的空地上建起的不是新型的定居地，而是作为新型城
区的公共住宅区，具有协调的空间比例和多功能用途。

超级街区的另一个变化在鹿特丹经受了考验。在
斯潘根的贾斯特斯·范·艾芬大街，由米希尔·布林
克曼设计的著名街区（1919—1922）在大规模建筑中

进行了垂直划分，在较低的楼层上是普通公寓，上面
的楼层则是小型的复式公寓。[125] 在这个建筑集群中，
排屋设在了街区周边住宅建筑的顶部，而不是街区内
部。通过宽阔的廊道可以进入它们的内部，也可以穿
过公寓进入街区内部。因此这些廊道也可以被看成一
种高架式住宅街道。由此，一个荷兰式的村落出现在

图 31 亨德里克·彼得鲁斯·贝尔拉格，
阿姆斯特丹墨卡托广场街区，1924—
1927

了城市的屋顶之上，同时也完全融入了城市结构之中。因为对于外部和街道来说，这个街区就是一个统一样式的四层外围综合住宅。当勒·柯布西耶提出了高架街道的思想之后，这种微妙的平衡状态逐渐被打乱。街道被定位在自主的独立居住单元内部，这些街道漂浮于都市意境之中。但是，布林克曼堆叠复式公寓的尝试也不是十分务实的：因为这种复式公寓通常是位于建筑的底层，可以方便地进入私家花园，并且可以省去建设高架街道的费用。

尽管人们称赞布林克曼标新立异的尝试，但是这并不是一种无须支撑的独立结构，而是包括变革式街区建筑群在内的城市扩张区域具有同质性的组成部分。雅各布斯·约翰尼斯·彼得·乌德琴设计的邻近街区（街区一期和二期，1918年；街区八期和九期，1919）则缺乏尝试性，遵循着带有边界的街区类型。[126]他设计的那些位于图森迪肯的街区（1920—1924）样式更为统一，住宅环绕在绿化庭院的周围，并在街区的拐角处设有商业店铺。即使他设计的凯夫霍克街区（1925—1930）被称赞具有新客观派风格，但是也没有打破城市的连贯性。通过图片可以看到，它们的边界角落十分优雅美观，散发出庄严僻静的气息。当时的很多杂志将它们描述为绿意环抱中的包豪斯派定居

地。事实上，作为现有大型街区的内部结构，它们只不过是扎恩霍夫街区设计理念的现代风格版本。乌德琴的凯夫霍克街区并没有违背这种模式，反而成了城市的浓缩。街道景观的和谐关系仍然是乌德琴的城市住宅建设指导原则，正如他1917年在文章《不朽的城市形象》中所宣称的那样：建筑师的工作就是要创造出一种街道空间，"建筑的表面和实体都应该在这个空间里井然有序、韵律十足地展现出来"[127]。

图32 亨德里克·彼得鲁斯·贝尔拉格，阿姆斯特丹墨卡托广场街区，1924—1927

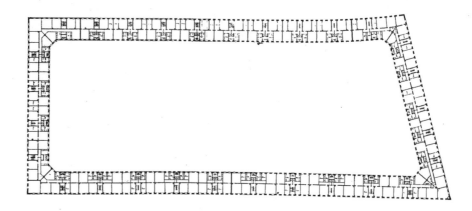

图 33 ~图 35 凯·菲斯科尔, 哥本哈根的霍恩贝克赫斯街区, 1922—1923

4. 哥本哈根与斯堪的纳维亚

20 世纪初期，具有北欧传统古典主义建筑风格的变革式街区在斯堪的纳维亚地区广为流传。最为显著的实例就是凯·菲斯科尔在 1922 年至 1923 年期间建造的哥本哈根霍恩贝克赫斯街区。（图 33～图 35）[128] 在这个建筑中，变革式街区的基本元素交织在一起，像图表一样清晰明确：该建筑完全符合城市街区的形式，以外围建筑的街道边界消失线为准进行精确调整。在当时，建筑侧面长达 200 米的立面被认为是激进的，通过在公寓的垂直和水平方向上并置重复的元素，比如窗户，体现了一种民主社会的思想。但是这一建筑绝不缺乏社交性，也并非毫无特色。窗框内置在墙体内部的窗户是外墙上的人性化元素，尽管外墙是传统的砖结构，但是在看似没有尽头的建筑边缘拐角处，是具有乡土气息的、与住宅高度相同的端部结构，从而将整个综合住宅转变为一个在感知上具有连贯性的建筑，巍然耸立在城市街道网络中的敏感区域。

但是，在这个样式统一的城市街区立面的背后，是一个带有绿化的庭院，它几乎比任何变革式街区的庭院都要大。这不仅为开放的街区公园创造了空间，还让私家花园成为城市中的娱乐场所，而不只是一个绿意盎然的清净之地。这个建筑中包括 290 套公寓，是由非盈利的霍恩贝克赫斯住房协会委托建造的。此外，由于街区紧邻街道，在街区拐角处设置的商业店铺空间为这里的生活带来了诸多便利。（图 36）尽管它激进的造型十分独特，但是在哥本哈根住宅变革的背景之下，仍然是比较常见的结构类型。罗格尔特·莫勒尔和埃里克·斯奇奥德特在他们设计的阿拉丁街区（1900—1901）中，早已创造了变革式街区的早期范例。[129] 1921 年由保罗·鲍曼建造的位于斯特伦西盖德的街区，也效仿了菲斯科尔的霍恩贝克赫斯街区类型和建筑风格。[130] 随后的建筑，例如亨宁·汉森在维尔·托马森大道建造的严格对称形式的街区（1923），[131] 还有 K. 高丁在格拉维尔温盖特区建造的拥有 308 套公共住宅单元的大型街区（1930），都是按照封闭式街区周边住宅的简单原则而建造的。1935 年，在一份关于住宅建设的国际性纲要中，F.C. 伯德森赞扬了丹麦这种普遍的做法："通过公共资助和管控，以边界建筑的形式建立大型街区，街区内随

图 36 凯·菲斯科尔，哥本哈根的霍恩贝克赫斯街区，1922—1923

图 37 （右）：西格德·劳伦兹，斯文·
沃兰德等人，斯德哥尔摩的罗达伯根区，
1923

图 38 （左）：甘纳·摩尔兴等人，斯
德哥尔摩的阿特拉斯区，1926

外可见美丽的园艺景观，这一做法是成功的。"[132]"边界建筑"这个术语直译成德语就是"边缘建筑"，主要用来描述带有街区周边住宅的街区。这些变革式街区在风格上也刻意地和现有的城市及其传统保持着联系："建设方法并没有太多的变化，建筑的正面和墙壁依然采用优质的丹麦砖头建造，屋顶仍旧覆盖着红色、灰色或黄色的石板。"[133] 通过采用在空间和时间上与城市需求相适应的方法，哥本哈根建设了几个现代化的城区，这些城区都具有能够被居民理解的都市底蕴。

进入到 20 世纪 30 年代，变革式街区在瑞典也备受青睐。而在 20 世纪 70 年代，比约恩·林在研究中创造了"大型庭院式街区"这一术语也绝非偶然。[134] 斯德哥尔摩的几个城区也展现了各种变革式街区的模式。通常以北方古典主义的形式最为常见，这是一种强调城市设计形式寿命的建筑风格。按照瑞典城市设计师的领军人物——佩尔·奥洛夫·霍尔曼的规划，拉克斯塔登区的几座街区以新颖别致的方式出现在拉尔斯·伊斯瑞尔·瓦尔曼设计的恩格尔布莱克茨教堂的周围。[135] 这些建在多岩石地面上的街区，均以大型庭院为特色，并部分朝向街道开放。建于 20 世纪 20 年代的罗达伯根区是最为典型的变革式街区。这本来是霍尔曼为一个花园式郊区所做的规划（1907），1923 年由西格德·劳伦兹修改后被更为密集的建筑所取代。[136]（图 37）五层高的建筑把通向主街道的大型庭院环绕在其中，而街区内部大道的周围分布着三层的建筑。统一样式的外观采用了与北方古典主义一致的建筑风格，其中的一些建筑是由斯文·沃兰德为非盈利的住房协会 HSB 设计的。

在阿特拉斯区，这种城市化的方法得到了进一步加强。从 1926 年开始，甘纳·摩尔兴和其他的建筑

公司将该区作为一个商业项目进行开发。[137]（图 38）具有商业功能的六层建筑临街排列，由于地面的倾斜，在庭院一侧的建筑高度增加到了九层。带有楼梯的巨大拱门将不同高度的层面相连，也把低处的空间和建在高处的商业街连接在一起。尽管当地的地形条件比较恶劣，但是通过采用变革式街区的模式，该项目最终取得了成功，成为一个连贯一致的完整城区。罗格纳·奥斯特博格和比约恩·海德维尔设计的诺尔—马拉斯特兰德区（1930—1934），则充分利用了景观与建筑的另一种特殊情形。[138] 由于地面沿着奥斯特博格市政厅以西的河岸延伸，六个庭院式街区以"U"形布局建造，并朝向水面的一侧开放。不仅为公寓提供了良好的采光和通风性，还有得天独厚的水景视野。封闭的街区前部依然保留着通往街道的途径，加上街区端部相对密集且重复的类似塔楼的九层建筑，创造了一个迷人的都市滨水景观。

在哥德堡，艾伯特·利林博格为克里斯汀达尔贝加尔花园区（1908）和昆格斯拉杜加德区（1911—1916）提出了庭院式街区的建议。最终，在 1917 年至 1928 年期间，阿维德·福尔和其他的建筑师将这一建议变为现实。在福尔设计的斯坦德雷特公共住宅街区（1922—1923）内，三层的彩色木质结构住宅建立在石头基座上，体现了总督府风格的建筑传统，创造了具有当地风格的城市公寓。[139] 例如，埃里克·哈尔为韦斯特罗斯市设计的伊瓦尔出租公寓街区（1916），就以类似村庄的庭院为特色，并设有操场。[140]

这些种类各异的建筑也是关于城市现代生活形式讨论的基本话题。1921 年，建筑师爱德华·霍尔奎斯提出了一个超级街区的模型，其中包括数排八层的复式公寓建筑。尽管这种布局相对呆板，但是由于这些

图39 埃利尔·萨里宁，赫尔辛基的穆基涅米哈格城区，1910—1915

建筑沿着大街排列，并在地面层开设了商店和餐馆，因此，通过生机勃勃的街道，该街区实现了城市街区的功能。四年前就已提出类似思想的海因里希·德·弗里斯，在《城市建设》杂志中展示了霍尔奎斯的设计。[141] 同时，其他国际性杂志也对斯德哥尔摩的城市设计活动进行了报道。[142] 同一时期的挪威，在城市设计师哈拉尔德·海尔斯的支持下，奥斯陆正在成为古典主义城市扩张的典范。从1917年到1925年，作为公共住宅建筑项目，这里建造了典型的托绍夫城区。[143] 海尔斯建造的两个变革式街区（1923）形成了一个几何对称的广场，与巴黎的旺多姆广场相似。这里还有可以通过拱门进出的大型花园式庭院。[144] 由于三层住宅相对较低的高度，以及简洁的传统主义风格，这些住宅散发出村庄的魅力。在诺德和桑德—阿森区，海尔斯和哈拉尔德·阿尔斯建造了其他的变革式街区（1921—1931）。[145]

最后，我们看看芬兰，由埃利尔·萨里宁为赫尔辛基制定的发展规划发挥了主导作用。从1910年到1915年，他为穆基涅米哈格区域制订了总体规划方案。（图39）[146] 除了运用林荫大道、广场、视轴线和巨型建筑等经典城市元素之外，变革式街区主题在空间塑造和排列布局方面的变化也营造出了都市的氛围。萨里宁着重强调了具有单一色调的城市统一性，这显然受到了德国的影响。这些思想都被融入了赫尔辛基的规划之中，萨里宁和波特尔·荣格于1918年发布了这一规划，建议赫尔辛基所有的中心区域都采用变革式街区的模式。[147] 这些20世纪20年代建造的项目，根据不同的当地条件采用了不同的变革式街区类型。内城街区的住宅达到了八层的高度，并在地面层设置了商业店铺，因此获得了更高的城市密度。[148]

埃图-图洛区则代表了典型的中产阶级城市扩张区域。在荣格的规划（1917）基础之上，这里建立了拥有六层公寓的变革式街区，这些住宅的外观以简单的砖结构为主，并采用了极少的古典主义装饰。这一做法将海因里希·特赛诺的传统主义提升到了大都市的级别。[149] 尤西·瓦利拉的工人城区是一个市郊街区的实例，这也是根据荣格1917年的规划而建立的。阿马斯·林德格伦和贝特尔·里杰奎斯特建造的555街区则以三层的住宅为主，散发出浓厚的乡村氛围，这不仅适合边远城区的特点，并且没有陷入郊区开发的误区之中。[150]

5. 巴黎与法国

1905 年，经过半个世纪的试验与尝试之后，为工人开发城市住宅的发展计划在巴黎迈出了决定性的一步，后来证明这也是正确的一步：罗斯柴尔德基金会提出改善工人现有居住条件的建议，并宣布主办一次竞赛活动，征集位于巴黎布拉格大街的街区规划方案。在说明文件中，基金会明确要求保持巴黎的城市建筑风格，并改善街区的卫生条件："本次竞赛中所寻求的建筑类型是公寓住宅，而非其他类型的建筑。要按照巴黎的城市建筑法规进行建造，要具有最好的卫生环境、卫生设备、舒适度、视觉效果，以及较低的建造成本。"在规定中还禁止任何能够令人联想到工人住宅的美学设计，就像拿破仑城区一样（1849—1852）：街区应该避免与"工人的城市、兵营或者救济院的设计思路"有相似之处。[151] 在城市中整合社会化公寓也是十分重要的，它们不再被看作是"阶级的住房，等级的住房"[152]。

这次竞赛分为两个阶段，产生了一批完整的内城街区设计类型，其中大小不同的内部庭院、内部街区建筑、内部街道、内部广场和临街庭院的组合形式可谓千变万化。（图 40）[153] 最为激进的方案来自于托尼·加尼尔，他将建筑设想为一个与街道网络没有任何关系，独立自主的结构。为了取得最佳的空气流通效果，采用了网格状的翼楼结构，同时还将内部庭院更好地遮蔽起来。为了将建筑与外部的街道环境相融，加内尔沿着街区的边界设置了一层高的商铺建筑，由此也定义了公共空间。这种与城市体系的最终对接是加内尔前卫设计的关键标志，当然，这也存在着与城市分离的风险。阿道夫·奥古斯丁·雷伊获得了竞赛的一等奖，在他的设计中，地面层是一个连续的街区周边建筑，为了保证良好的通风，街区上部的楼层在三个侧面朝向周围的街道开放。建筑的立视图重新诠释了巴黎公寓住宅的传统，它们通常在地面层设有商店、餐馆、会议厅和图书馆等公共空间，在上部楼层设有公寓，而在屋顶上则建有露台。奥古斯丁·雷伊还赢得了第二阶段的比赛，并于 1919 年完成了这一街区的建设。（图 41）与他最初的方案相比，最终完成的建筑具有更大的密度和更高的封闭性。整个八层高的建筑仅有两个狭窄的开口为三个彼此相连的庭院提

供通风，位于中间的庭院被设置为半公共广场。奥古斯丁·雷伊最初构想的一个街区开口变成了两个更小的临街庭院保留下来。整个街区临街的一面布满了商店和各种商业网点，除了 321 套公寓，这里还拥有餐馆、幼儿园、会议室、浴池和一个艺术家工作室。

在设计中，建筑师对外观立面给予了特殊的关注，正是这些立面在富有的都市和经济节约的公寓之间勾画出一道完美的分界线。尽管砖结构打破了豪斯曼的建筑传统，虽然在街景中引入了工业化的色彩，但是在较低楼层和凸窗等重要元素上带有装饰性雕刻的天然石材，却令人联想到上层阶级的豪华公寓。虽然有意回避古典的风格，但是精致的装饰和建筑主题却反映出了更高的标准。并且，尽管整个街区被设计成一个独特的实体，但是建筑和装饰的细节以及不同的建材和色彩却使街区显得更具多样化特色。最终，这个都市建筑以端庄得体的姿态完美地融合到城市构造之中。

更多的公共住宅变革式街区随之而来。奥古斯特·拉布西艾尔为多梅尼大道的街区选择了带有大型庭院的街区周边住宅建筑的简化形式。（图 42）这是 1908 年为工人修建的一个拥有 183 套公寓的住宅群，经过严格正规设计的庭院拥有巨大的拱门作为入口，并设有通往公寓的通道。1912 年，巴黎市决定公共住宅的建设将不再仅仅依靠慈善团体而进行，同时发起了属于自己的 HBM 计划（建设成本低廉，经济实用的公寓），并宣布为埃米尔·左拉大道和亨利·贝克大街的两个项目举办设计竞赛。[154] 莫里斯·佩莱特—多泰尔赢得了第一个项目，他的设计不仅证明了与罗斯柴尔德竞赛的相关性，还对奥古斯丁·雷伊在新项目中的设计进行了简单的适应性修改。乔治斯·奥本科和尤金·戈诺赢得了第二项竞赛，在他们的设计中，中央庭院的三个侧面都朝向周围的街道开放，以至于整个建筑看起来仿佛四座独立的住宅。

1903 年，尤金·赫纳德在设计新型的林荫大道类型街区时，将街区对于街道的开放性提升到了一个新的层次。他在第二部《巴黎的变化》中提出了一种"林荫道街区设计的方法步骤"，可以用于现存要塞周围环形道路附近的街区。[155] 这种林荫大道两侧的

建筑都朝向街面开放，并分布着间隔均匀的临街庭院，使街道衬托在花园与住宅交相辉映的背景之下。他这么做的原因一方面是出于卫生的考虑，可以提高通风性；另一方面是出于美观的考虑，也就是要打破豪斯曼风格林荫大道单调乏味的统一街面，这一点也是极其重要的。亨利·普洛文萨尔将凸角堡的模式改进之后，运用在分离地块上的建筑。他没有让这些建筑彼此相邻，而是希望采用临街庭院将它们彼此隔离。[156] 尽管这一部分的街面似乎消失了，但是通过延伸到街边的主立面，以及地面层的商店，住宅与街道的关系却变得更加密切。

目前，私人建造的商业公寓也融入了变革式街区的特点。由于房地产市场主要以处理运营单独的地块为主，所以很难统筹规划一个完整的街区。但是，J. 沙莱和 F. 佩林（1908）为查尔斯 - 波德莱尔大街的综合住宅设计的大型花园式庭院却将三个地块合并在一起，地面层生意兴隆的店铺，完全用于城市的商业开发目的。大约在 1912 年，R. 博瓦德在多赛尔码头和萨弗伦大道设计了一个带有花园式庭院的完整街区，按照私有住宅的标准，这是相当庞大的规模。[157]

亨利·索维奇发明了一种新版本的特殊城市街区类型：梯田式街区。在某种程度上，这一做法是变革式街区策略的反转，街区内部腾出的空间也不是为了创造更好的卫生条件。相反，他将整个街区填满，并以梯田的形式使住宅与街道相邻，从而使公寓和街道可以享有更多的自然光线和新鲜空气。1909 年，他以公共住宅建设为背景，写下了题为《房屋报告——工人住宅》的文章，首次表达了他的这一思想。HBM 计划中位于海军上将大街的建筑（1913—1927），表明了这一思想已经彻底实现。（图 43、图 44）这个街区的中央是一个大型的泳池，周围层层交错的公寓高达八层。尽管索维奇在很多设计中都能建造一些采用这种梯田原理的建筑，但是却没有人继承他这种思想。因此，这种街区一直没有成为城市住宅街区的新类型。[158]

在巴黎这座适合休闲漫步的城市，即使在公共住宅的建设中，迷人的外观和充满活力的公共空间仍然至关重要，不会被忽略甚至遗忘。在临街建筑理论中，

关于城市住宅建设适宜性的思想起到了重要作用。1901 年，在《街道的审美》一书中，作者古斯塔夫·卡恩以百科全书的形式从历史、功能和形式等方面向人们介绍了街道的美学。他的目的是创建一种适合全部街道的设计策略，包括新型的公共纪念建筑和私有住宅："显然，在我们的民主社会里……两个主要的建筑主体已经消失：那就是教堂和宫殿。但是新的文明首先需要的是为全民建造美观便利的住宅，其次是两种永久性建筑：人民的宫殿和大众的剧院。"[159] 新型民主化城市的街区建设就是为全体大众创建舒适美观的公寓，以及属于人民的宫殿和剧院。

卡恩预见了城市公寓的统一外观，因为在未来，整个街区都将由建筑公司建造。他还预言变革式街区的建设将会带有大型的花园式庭院，这主要是出于卫生方面的原因："未来的街道很有可能由彼此之间相互匹配的大型建筑立面构成。这是因为，那些将要承担新街道建设成本的公司可以采用平淡无奇的建设方式，为整个街区塑造一个富有魅力的对称形式外观，而不是将具有相似外观的单个建筑并置在一起。……毫无疑问，尽管地皮的价格昂贵，但是由于通风性的需要，设置中央花园也就很有必要。"[160] 最终，除了卫生方面的考虑，所有的建设任务也必须服从于美学标准："在卫生就是上帝的时代，医生就是他的先知，建筑师必须遵循他们所开的处方。"[161] 在这种简化概念的背景之下，他提出了一种"艺术街道"的概念。

另一位参与城市美学问题研究的作者是埃米尔·马尼，从他 1908 年发表的作品题目中就可以看到他在对待这一问题时所采取的不同方法：城市美学、街道景观、游行、市场、集市、展会、墓地、水的美学、火的美学、未来的城市建筑。按照马尼的观点，首先是各种活动决定了城市的美学，并通过建筑为其提供框架和背景："这些毫无生气的建筑，需要人们来居住，需要到处奔走的行人，只有这样才能获得灵魂。"[162]

丰富多彩的街头生活与商店和各种商业活动是密不可分的，因此，那些功能单一的住宅区看起来就像一座座墓地："商店是大街燃烧的灵魂，任何一条禁止商店存在的街道，都像那些埃及的林荫道一样，两

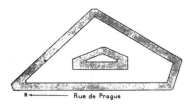

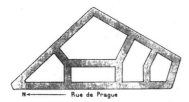

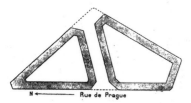

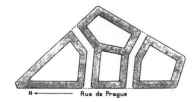

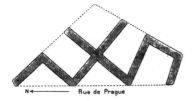

侧排满了陵墓。"[163] 从他对城市生活的生动描述中，可以看出他对丰富多彩的城市建筑所做的预测也是令人信服的。马尼厌恶样式过度统一的出租公寓，认为"它们只是要容纳最多住户的营房"[164]。为了证明对新颖别致布局偏爱的合理性，他提到了卡米略·西特，并在新建设方法中更加提倡对历史名城的尊重。[165]

1919 年，由于巴黎的扩张，建筑师们和城市开发商终于有了实现梦想的大好时机：该市决定放弃原有的环形要塞，以新建的环形林荫道取而代之，并在附近区域进行城市建设。HBM 建设了大部分的项目，这也显示了诸如庭院、临街庭院、内部广场、内部街道等变革式街区的元素和理念可以回溯到第一次世界大战之前。[166] 由于新的建设地点不再单独分散于城市结构中，而是连续环绕着整个城市。因此，建筑师必须设计一个完整的城区，而不是一个单独的街区。于是，他们在美术学院的所学有了用武之地。第一个大规模的项目是位于克里格南科特大门和蒙玛特尔大门之间的蒙玛特尔城，这里一共拥有 2734 套公寓。它

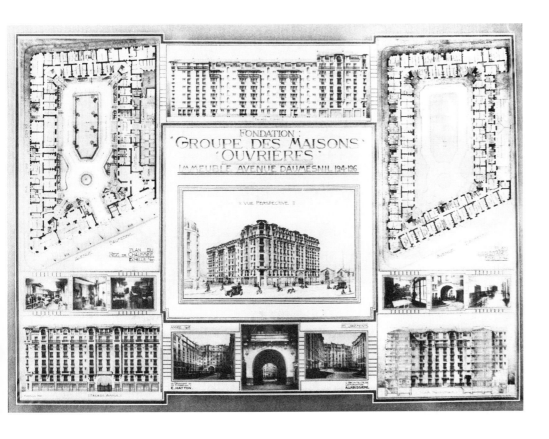

是由公共廉价住宅办公室的建筑师们设计的（1920—1926），刻意创造出一个由三角形、矩形、五角形和八角形街区组成的几何形状布局。（图45、图46）虽然由于通风的原因，所有的庭院都朝向街道开放，但是街区边界上由建筑定义的街道空间，尤其是街区的拐角，在城市设计的策略中十分重要。这些建筑大部分都在地面层设有商店。20世纪30年代末期，巴黎的城市扩张实践了一种在现有城市基础上进行变革的建设模式。而不是勒·柯布西耶在1934年为环形林荫道专门建议的带有单个独立建筑的连续绿化带模式。

除了卫生环境和城市类型，住宅设计主要关注的是外观立面的建筑风格。因为至少从世纪之交以来，豪斯曼的统一样式就已被认为过于单调乏味（有关城市美学方面的尝试与发展，巴黎与其他国际大都市是明显不同的），因此创造多样化的美感在城市设计中被置于首要地位："因为这里将要耸立的……不再是单一的建筑，而是公共街道密布的真正城区。因此，

对多样化建筑外观的需求更为强烈，使朴素的建筑形象变得更加令人愉悦。而且不会拒绝各种风格的百花齐放，并以不同的方式对待每一个建筑群体。将大规模建筑群细化为可以区分的建筑，有助于这种多样化尝试取得成功。"[167] 这就意味着，在这样一个被国际上公认为城市设计典范的城市，在如此大规模的城市扩张区域中，美学起到了决定性的作用，即使在公共住宅方面也是如此。

1923年之后，越来越多的中产阶级公寓在新的城市扩张区域中建成。为了建立ILM（租金适宜的公寓），城市与几家银行合作创立了巴黎房地产管理基金（RIVP）。位于巴黎圣蒙德门的带有大型花园式庭院的变革式街区（1923—1927），就是中产阶级住宅建设的典型实例，它是由四家公司的建筑师布歇、圭代蒂、普洛西和普西尔设计的。1930年，作为私营建筑公司的物业管理有限公司（SAGI）成立，并与城市展开了合作。该公司的任务是建造无须租金控制的公寓，以增强市场竞争力。到1935年，他们已经

图42 奥古斯特·拉布西艾尔，巴黎多梅尼大道的变革式街区，1908

图 43、图 44 亨利·索维奇，
巴黎海军上将大街的梯田式街区，
1913—1927

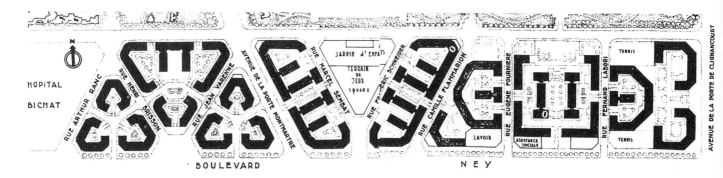

图 45 公共廉价住宅办公室，巴黎的蒙
玛特尔城，1920—1926

图 46 公共廉价住宅办公室，巴黎布
隆林荫大道的巴思申 77 号街区，大约
1935

建造了接近 20 000 套公寓，其中大部分是由该公司的
首席工程师路易斯·赫克里设计的。这些住宅的范围
从东面金色大门附近带有艺术装饰的砖结构街区，一
直延伸到西面奥特伊门附近的古典主义街区。因此，
位于环形林荫大道的巴黎扩张区域成为了城市中心最
后的连续性延伸，为不同层次的人们提供了样式各异、
功能齐全的公寓。这些新型的街区以多样的建筑材料
和开放式庭院，使那些建于 17 至 19 世纪的老式街区
显得相形见绌。但是从它们的高度、与旧街区的和谐
性以及多功能性来看，却完全适合这座具有所有现代
大都市特点的城市：巴黎。

　　大规模城市变革式街区的模式甚至影响到了郊
区。[168]1931 年，约瑟夫·巴索姆皮埃尔、保罗·德·
拉特和保罗·希尔文为塞纳住房管理部门在塞纳河畔
的布洛涅建造了一个超级街区。他们把拥有 930 套公
寓的综合住宅划分成几座翼楼，并设有内部街道和广
场。1934 年，赫梅尔和迪布勒伊为相同的客户在迈松-
阿尔福修建了另一座超级街区（图 47），803 套公寓
分布在几座环绕着中心广场的翼楼之中。虽然建筑外
观极度简化，但是这一设计的目的是为了丰富城市空
间。建筑历史学家路易斯·霍特克尔认为，与德国的
功能主义相比，住宅的外观是一种独特的法国文化现

象。他为加斯顿和朱丽叶·特雷安特-麦西在巴黎周
边建造的三个街区撰写了题为《愉悦的居所》的小广
告手册，下面是前言中的要旨："法国人喜欢美丽的
装饰。"[169]

图 47 赫梅尔和迪布勒伊，位于巴黎附
近的迈松-阿尔福的住宅街区，1934

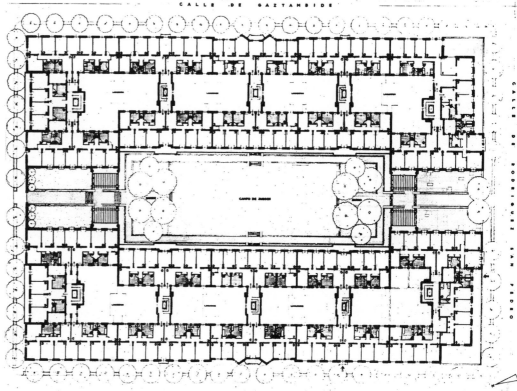

6. 米兰与南欧

在南欧，街区的变革是一个完全不同的问题。由于气候的原因，这里的城市公寓无需太多的阳光，也不必建造大型的庭院。再加上已有数百年历史的广场和街道生活传统，变革的推动力主要来自于住宅的公共一侧，也就是外观立面。

作为意大利工业发展的中心，20 世纪 20 年代的米兰也成了现代城市建筑的中心。由吉奥瓦尼·穆西奥建造的卡·布鲁塔公寓建筑（1919—1922），可以称得上是米兰人在 20 世纪全新的城市建筑宣言。（图 48、49）[170] 这个项目中的街区是通过公共的街道而不是私家庭院进行划分的，并且突出了城市公共空间的设计，甚至连小型的私有街道也通过凯旋门这样的建筑进行强调突出。不过，这些建筑的声望还是要归功于它们精致复杂、令人惊叹的外观立面设计。虽然他运用了小神龛、壁龛、粗琢石等古典元素，但是他采用了非古典主义的设计方式，从而使建筑的外观与众不同，因此人们很快就给它起了一个"丑房子"的绰号。

在我们的环境中，外观的另一面也十分重要。穆西奥的设计任务是将整个街区融入米兰现有的分布在独立地块上的建筑环境之中。因此，他决定按照传统城镇房屋的大小，把立面划分成不同的单元。通过这种巧妙的方式，将大型的综合建筑融入城市景观中。出于同样的原因，他没有将街区划分成不相关的部分：经过划分的住宅单元彼此之间的差异极小，因此，街区仍然可以被看作一个连贯的整体。通过这种建筑上的调整手段，建筑融入了街区，街区也融入了城市。穆西奥实施的正是他在 1921 年发表的一篇颇有影响的文章中所称的新型城市建筑："在大型的综合建筑中，可以形成一种和谐的、具有同质性的建筑单元。"[171]

由于这个宣言般的建筑，米兰作为现代城市建筑的舞台而兴起。[172] 外观立面如何去面对传统类型建筑构成的公共空间，成为新世纪米兰建筑师所关注的领域。诸如吉塞佩·德·费内蒂、乔·庞迪或者皮耶罗·波特鲁皮这样的建筑师，都对城市扩张到大都市的规模做出了贡献。例如，皮耶罗·波特鲁皮在威尼斯大道的公寓、办公建筑综合体（1926—1930）中采用了穆西奥的凯旋门主题。在共和广场，穆西奥完成了最具大都市风采的公寓——博奈蒂之家（1935—1936）：在现有城市林立的高楼中，虽然它的高度只有十二层，但是由于面对着空旷的广场，依然显得十分高大。它的外观立面设计可以称得上教科书般的艺术设计，从底部水平、扁平的基座区域向上逐渐过渡到垂直、立体的阁楼区域。（图 50）

1938 年，在维尔纳·黑格曼的书卷《城市规划·住宅》中，马德里建造的一个著名街区获得了广泛的国际赞誉。（图 51、图 52）[173] 从 1930 年到 1932 年，在城市扩张的背景下，西坎迪诺·苏亚索·乌加尔德在公主大街一个完整的街区内建造了"花之家"。尽管这是一个创新的建筑，但是并没有破坏城市的完整性。这个公共住宅项目模仿了弗兰克·劳埃德·赖特在芝加哥建造的列克星顿排屋住宅，由两座交织在一起的环形建筑构成。与赖特更有郊区特色的综合建筑相比，这个街区高达六层的砖结构立面优雅别致，加上随处可见的商业设施，保持了城市的风格。栽有乔木的花园式庭院设计得宽敞规整，并朝向街道开放，形成了一个彼此相通的平台。

路易斯·古铁雷斯·索托建造的八层住宅令人过目难忘，米格尔·安吉尔 2-6（1936—1941），可以被视作上层阶级的公寓。这里还拥有排列规整的花园式庭院，并带有朝向街道的开口。建筑的外观立面上设有拱廊、凸窗、凉廊等体现城市舒适生活方式的元素。[174]

图 51、图 52 西坎迪诺·苏亚索·乌加尔德，马德里公主大街的住宅街区，1930—1932 年。摘自维尔纳·黑格曼的《城市规划·住宅》，1938

图 48、图 49 吉奥瓦尼·穆西奥，米兰的卡—布鲁塔公寓，1919—1922

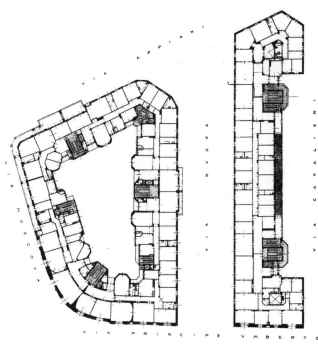

图 50 吉奥瓦尼·穆西奥，米兰的博奈蒂之家，
1935—1936

7. 伦敦与英国

在 20 世纪的城市发展历史记载中，伦敦通常是分散型规划的代表。从斯蒂夫尼奇到米尔顿凯恩斯，遍布着莱奇沃思和韦林这样的花园城市，还有汉普斯特德这样的花园式郊区以及各种新型城镇。这种反对大都市的意识形态，也为英国首都的发展定下了基调。这些分散的策略和充满绿意的生活方式很早就成为典型的英国特色。在 1910 年的柏林城市设计展上，维尔纳·黑格曼在撰写的展会编目中对伦敦大为赞赏："以欧洲大陆的标准看，这里的住宅散落在绿色之中，仿佛童话世界。"[175] 这一声誉在随后的整个世纪里都经久不衰。当伦敦的花园城市和新型城镇主导了历史记载的时候，内城的开发却很少被提及。即使 1999 年由 RIBA（皇家建筑师协会）编撰的《20 世纪的英国住宅》中，也仅仅展示了伦敦郡议会规划的众多内城街区中的一个实例。[176] 显然，书中的"住宅"毫无例外地都与前卫的郊区模式相关联，而对于城市的实例则一笔带过。

但是，城市设计的历史进程并非如此片面。在 20 世纪早期，当郊区化和花园城市的尝试方兴未艾时，城市化的浪潮也席卷了伦敦，令人印象深刻的公共住宅和私家出租公寓比比皆是。结果，城市大部分的面貌发生了改变，沉寂落寞的二层建筑逐渐被五至十层的都市化建筑所取代。伦敦郡议会（LCC）的公共住宅起到了催化剂的作用。在几家慈善团体参与了为工人建造更好的住房行动之后，LCC 于 1893 年创立了工人阶级住房分部，其目标是为工人建造、租赁并维护公寓。[177] 主要任务是改造残破不堪、人口过剩的内城贫民区。在大多数情况下，这些改造工作都是以漂亮的五层住宅取代简陋的二层建筑。新建筑朝向街面的外观引人注目，并设有众多的商业场所，因此，这是名副其实的具有城市规模的扩张。

LCC 的第一个重大改造工程是位于贝斯纳尔·格林的界限街住宅区（1893—1900），是由欧文·弗莱明和建筑事务部的其他建筑师设计的。其改造过程堪称典范。（图 53、54）他们将这个犯罪率极高的破旧城区改变成一个住宅街区，街道原来凌乱的网状布局被简洁的汇聚布局替代，并在汇聚中心建设了圆形的绿化广场。也许，这一布局对埃比尼泽·霍华德多年

以后发表的环形花园城市图解也有所启发。这个新型城区也不仅仅包括公寓，作为多功能城区，它提供了日常生活所需的一切。除了 1069 套公寓之外，这里还有 18 座商店、作坊和俱乐部等设施，以及一个医务室和一个公共花园。旧城区的两所学校、一座教堂、一间洗衣房和一个小型工厂也被保留下来。这一切都意味着在这个城区内，居住、工作、交通、休闲放松和文化活动等功能都可以在步行的范围内得以实现。这要比克拉伦斯·佩利于 1929 年在美国创造的社区单元概念还要早很多。

在当时，LCC 的表述也全面解释了这一规划，它是"基于从中部空间呈辐射状分布的街道体系规划的，中部的广场作为装饰性的花园。并建议这里的建筑应该是三、四层或者五层高的街区住宅，预计可以容纳 4688 人居住。临街的建筑从肖尔迪奇大道一直延伸到中央花园，并在地面层开设了商店，还有58 间作坊以及 200 个沿街叫卖的水果、蔬菜摊位。"[178] 所有的公寓都按照工人的需求进行设计，为了满足具有不同社会地位的房客，公寓的卧室也从一间到六间不等。由于旧城区的最大问题是人满为患，过于拥挤，人们可能会认为新城区的人口密度会大为降低。但是，事实却并非如此。这是因为新城区的建筑密度比旧城区要大两倍以上，所以能够容纳几乎同样数量的居民（改造前 5719 名居民，改造后 5524 名居民），而且建筑和卫生条件也大为改善。[179] 该项目通过高层建筑提高了建筑密度，从而保持了内城实际的人口密度，同时还更好地定义了公共空间。与原来的城区相比，这里的街道更为宽阔，庭院更加宽敞，阳光更加明媚，空气更为新鲜，绿化区域也大为增加。界限街住宅区选择了具有排式建筑形式的特殊的变革式街区设计模式，没有采用封闭的街区周边建筑形式，所有的建筑都沿着街道成排分布在街区之内，并由此定义了公共空间。此外，大部分成排的建筑在拐角处都呈现出弯曲的造型，从而以建筑的方式定义出街道交叉口这一敏感区域。这些成排的建筑没有采取南北朝向，也不带开放式庭院，而是以优美的外观立面朝向街面，通过定义清晰的空间创造了整个城区。

尽管预算紧张，但是建筑师们仍然尽其所能使建

筑的表现力令人惊叹不已。负责该项目的建筑师欧文·弗莱明对"这种建筑外观"进行了思考，并要求"对建筑的外观投入更多的关注……；如果这样去做，居民们将会对此赞赏并感激。"[180] 这也说明对于工人公寓来说，除了卫生和经济性的考虑，创造美观的公寓所必需的美学元素也是工人阶级生活品质的重要组成部分。通过运用清晰可辨的优质建筑材料，以及山墙和凸窗等住宅建筑主题元素，这一源自于美术工艺运动的思想得到了支持和强化。这样，工人就可以在城市中找到家的感觉。另外，很多专业同僚也持有同样的思想和目标。

1900 年，当听取了弗莱明在英国皇家建筑师学会（RIBA）进行的讲座之后，建筑师托马斯·布莱希尔承认了这些建筑的服务质量："他们所能承担的只能是种类极少的材料和砖砌的装饰，但是从建筑的角度来看，必须承认他们已经取得了令人满意的结果。"[181] 甚至威尔士亲王和妻子在 1900 年 3 月 3 日举行的落成仪式上也对这些建筑的作用加以赞美："殿下一行参观了本森大楼里的样板住房，并表达了他们对建筑设计的满意和喜悦之情。"[182]

LCC 按照同样的高水平标准实施了其他的项目。由雷金纳德·明顿设计的米尔班克住宅区位于威斯敏斯特（1899—1902），是一个围绕着矩形绿化广场的对称布局街区。895 套公寓分布在不同的建筑中，与界限街的住宅区一样，这些建筑也没有采用封闭的街区周边住宅布局形式，而是成排分布于大街的两侧。尽管庭院朝向街道开放，但是通过这种布局方式能够利用诸如街区拐角这样的敏感地带，使街道空间的封闭印象得到增强。这种设计类型源自于具有数百年历史的排屋建筑传统，即使这些房屋本身是成排分布的，但是通过庄严的房屋外观立面却可以形成街道空间。

在米尔班克住宅区中，建筑师们以充满灵感的艺术和工艺设计，决心使出租公寓焕发出家的感觉。正如邦纳·霍普金斯在当时的一次评论中所说的："具有令人满意的比例、体积、线条和色彩的建筑……，正是当今建筑师孜孜不倦追求的目标。"[183] 由詹姆斯·罗杰斯·斯塔克和同事们一起设计的位于索斯沃克的韦伯连栋式住宅区（1899—1907），也显示了鲜明的

艺术与工艺主题。[184] 通过一系列的山墙结构，使成排的出租公寓看似被划分为带有山墙的独立住宅，从而营造出更浓厚的家庭氛围。在这个项目中，整个街区的综合建筑也是以排列的形式建造的。但是，通过与滑铁卢路直接相邻的前排建筑，以及繁华喧闹的临街商业设施，这些新型建筑散发出更加鲜明的都市气息。

第一次世界大战之前，LCC 最有大都市特色的综合建筑位于卡姆登的布恩住宅区（1901—1905），是由欧内斯特·哈登·帕克斯和同事共同设计的。（图55、图56）[185] 该项目的建筑构成了封闭的街区边界，并且在庭院中设有巨大的入口。庭院里的六座建筑按照严格的南北朝向排列，庭院内的私有和公共区域也被巧妙地区分开来。从街区边界巨大的通道可以首先进入内部广场，由此可以通往不同的建筑。每一个建筑的背面都是私家庭院区域。这些建筑参考了文艺复兴时期的建筑，建筑面向周边街道一侧的外观透露了爱德华七世时期的风格。例如，布恩住宅区的建筑师通过交替运用粗糙的砖结构部分和巨大的灰泥结构壁柱，把长长的建筑立面划分为众多家居大小的单元。通过这种手段，新建筑不仅悄然融入城市景观的韵律之中，还保持了个体所具有的特色。另外，鲜明的色彩，以及三种类型的砖头与白色灰泥形成的对比，使街道景观更为活泼多样。主要街道两旁的地面层商业设施，让内部设施极度密集的城市特征更加突出。尽管如此，"每家住户至少有一个房间可以观赏到花园"[186]。在霍尔本的联合大厦（1907—1908）也展示了相似的内城特色，外部街道上繁忙紧张的生活气氛与内部庭院空旷安静的气氛形成了强烈的反差。[187]

第一次世界大战之后，LCC 继续实施其建设政策，以街区取代内城的贫民区，目前的改造规模越来越大。由 G. 托普哈姆·福里斯特设计的位于旺兹沃思的东山住宅区（1924—1929），跨越了数个原来的城市街区，并采用了新的布局形式。[188]（图57）但是，建筑师的意图并不是要打破现有城市的风格，而是在设计中尊重现有城市的品质，并以新增的元素对其进行完善。例如，他在城区中采用了大量的都市元素，包括街道、广场、交叉路、庭院和通道等等。并在砖结构立面上采用精致的天然石料制成了简化的乔治亚风格饰物，

图 53、图 54 欧文·弗莱明等人，伦
敦贝思纳尔·格林区的界限街住宅区，
1893—1900

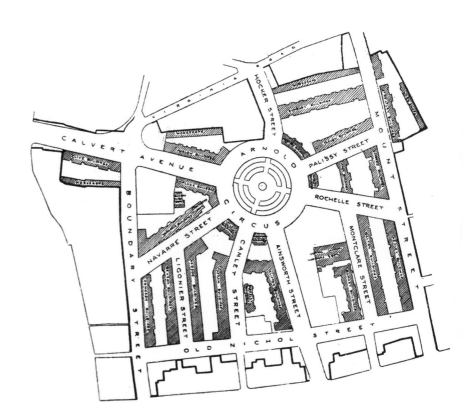

图 55、图 56 欧内斯特·哈登·帕克斯等人，伦敦卡姆登的布恩住宅区，1901—1905

体现出当地的建筑传统。整个城区还具有多功能的特点：除了 524 套公寓之外，还有七家商铺和几间作坊，犹如一个传统的城区。同时，通过统一性设计，这个新超级街区的建筑规模提升到了大都市的级别，令出租公寓这种普通的建筑增添了尊贵的色彩。

圣潘克拉斯的奥萨尔斯顿住宅区（1926—1937）也是由 G. 托普哈姆·福里斯特设计的，其庞大的特点，受到了类似雷曼霍夫街区那样的维也纳模式的影响和启发。这个全新的超级街区拥有带拱门的花园式庭院，街区距离街道有一段距离，形成了巴黎荣誉广场般的良好效果。街区在高度上也显得错落有致，整个街区的建筑通过顶楼带有穹顶的走廊为标志达到统一的效果。不用多说，这个拥有 514 套公寓的建筑与现有的街道网络和谐地融为一体。该项目还包括一个母子中心、一些办公室、商店和作坊。由于保留了原有城区的一所学校和教堂，这个超级街区几乎成了一座小城市。同样是 G. 托普哈姆·福里斯特设计的伦敦朗伯斯区唐人街住宅区，则具有更多的独立自主特色，与维也纳的庭院建筑阿姆·弗森菲尔德街区相比也毫不逊色。[189] 在现有城区中新建了几条街道，新建的住宅群环绕在规则式花园庭院四周，并朝向街面开放。由

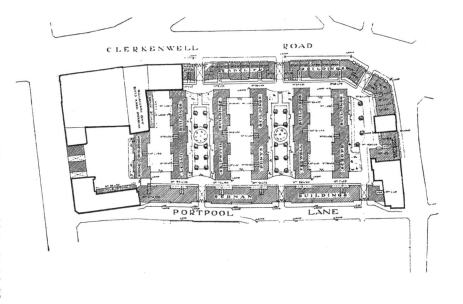

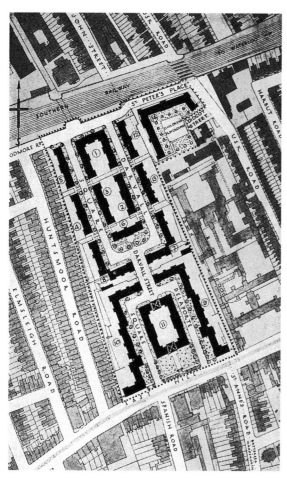

图 57 G. 托普哈姆·福里斯特，伦敦旺兹沃思的东山住宅区，1924—1929

于所有的建筑和街道都能够互相连通，因此新增的建筑不但没有破坏街道空间的完整性，反而丰富了街道空间的结构。

自从 20 世纪 20 年代，LCC 的住宅质量就得到了广泛的认可。1926 年，德国的《城市建设》杂志对伦敦的这些改造项目进行了报道。[190]1931 年，格雷·沃纳姆在《英国皇家建筑师学会志》中赞扬 LCC 的成就可以与欧洲其他著名的住宅建设计划相媲美："我认为，在当今的世界上，没有任何地方像伦敦这样有着如此之高的住宅标准。对于维也纳住宅的迷人魅力、德国住宅的创造性和宏伟目标以及荷兰住宅的新奇古怪，我们了解得太多太多，以至于忽略了默默无闻、功能健全的英国住宅。"[191] 他还强调了伦敦住宅建设计划的特殊性质，与德国前卫的住宅区和维也纳庭院式街区相比，伦敦的首要任务是对市内的老旧街区进行全面改造。

1930 年，住房法案获得通过后，在现有城区内以"改善区域"的名义建设新住宅变得更为容易，并且无须对整个城区进行彻底拆除和重建。现在，人们可以进行有针对性的拆除并进行部分改造。[192] LCC 继续执行原来的政策，在中心城区采用具有简化的乔治亚建筑风格的变革式街区类型，比如敦朗伯斯区的沃克斯霍尔花园住宅区（1935）和索思沃克区的罗金汉姆住宅区（1936），二者均由 E. P. 惠勒设计。1935 年初，由惠勒规划的位于旺兹沃思区的旺兹沃思路住宅开发项目拥有 1032 套公寓，还包括各种具有城市用途的设计，例如沿着整条旺兹沃思路排列的商业设施。[193] 另外，LCC 将其住宅建设政策扩展到了高租金的项目上，例如爱德华·阿姆斯特朗设计的位于斯托克纽因顿的教会属地居民区（1936—1937）。[194]

第二次世界大战爆发前不久，LCC 在官方刊物《伦敦住宅》（1937）中提出了一项几乎长达半个世纪之久的住宅建设行动报告。认为即使在 20 世纪 30 年代末期，市内的变革式街区项目也比郊区的单户住宅项目重要得多。其中 60 页的篇幅用于介绍单户住宅的开发，80 页的篇幅介绍通过街区建设开发的住宅区，并对二者进行了对比。总结出的"单户住宅"与"街区住宅"的对比数据是 20 : 173。而 1893 年以来，LCC 建成的市内出租公寓项目占到了全部项目的 90%。该报告强调了变革式街区完全能够容纳原先贫民区的过剩人口，而且卫生条件大为改善："通过建设高达五层的街区住宅，使其能够……提供与已经被拆除的旧建筑相同的居住面积，同时还留出了大量的空间用于改善采光和通风性，以及必不可少的庭院。"[195] 此外，报告还强调了新型街区环境的重要性："规划主要通过建设场地主轴的方向、边界的不规则性、相邻住宅的特征和高度等因素进行控制。"[196] 伦敦公共住宅建设计划的主旨是把城市概念有条不紊地进行延伸，并以此来改善城市。

除了 LCC，还有一些慈善团体也一直致力于建设工人能够支付得起的公寓。最大的此类项目之一就是路易斯·德·苏瓦松和格雷·沃纳姆于 1925 年设计的拉克霍尔住宅区。由于采用了庭院式结构，使得人口的密度达到了原来的三倍。住宅区提供的居住空间可以容纳 4500 人，而原来的居住空间只能容纳 1600 人，同时还在城区里提供了大量开阔的绿地。[197] 值得注意的是，这是一个由复式住宅和公寓混合构成的综合建筑。（图 58、图 59）在设计中，每个复式住宅都有一个开设在地面层或者凉台通道上的入口。一些公寓甚至还设有屋顶花园。但是这并非是在炫耀前卫的创意，这些具有更广泛住宅类型的创新有利于传统背景下进一步的社会融合。例如，一位评论家赞扬拉克霍尔住宅区的"布局"是最具魅力的特色，街区包括公寓和复式住宅，环绕着巨大的方形庭院，颇有伦敦老式旅店的韵味，与牛津和剑桥大学的庭院也有相似之处。"[198] 那些外观立面的风格参考了伦敦 18 世纪的建筑，被誉为"现代版的乔治亚风格设

计"。[199] 由路易斯·德·苏瓦松设计的其他慈善住宅建设的实例是维林花园城。这是第二座花园城市，其中包括康沃尔公爵领地中位于肯宁顿的纽基住宅区（1932）和为圣·马里波恩房屋协会建造的维尔科夫居住区（1933—1935）。它们都是采用高标准的材料和高标准的实施过程而建造的。[200] 它们提供了普通公寓和复式公寓的混合搭配，可以通过各自的外门进入其中，而规则式花园庭院使设计更加完美。

在威斯敏斯特的格罗夫纳住宅区（1930—1933），埃德温·勒琴斯以巧妙的设计展示了引人入胜、简洁明快的市内住宅街区。在这里，他建造了高密度的六层综合住宅，提供了 604 套公寓，单位面积的公寓数量几乎是同类项目的两倍。通过运用反复呈现的立面设计，建筑师有针对性地表现出大规模住宅建筑的重复性特点：一位受雇于高层贵族圈的建筑师对工人住宅做出了讽刺性的评论，认为那些方形的砖结构和灰泥结构交替的外观立面不过就是国际象棋的棋盘图案。同时，这种简单的图案与古典式的入口门廊相配，显得十分优雅美观，尤其是与住宅翼楼之间的凉亭更是相得益彰。这些也被引用到了门房的设计上，为住宅增添了一丝乡村庄园的贵族气质。但是，这些门房既不属于贵族也不属于乡村，它们的内部是满足这里居民日常生活所需的商店。住宅建筑的 U 形布局使庭院的一侧朝向街道开放，从而在入口庭院和花园庭院之间创造了一种有趣的变化效果，并且可以使"更多的阳光进入其间"[201]。

市内街区的建设始终伴随着专业杂志对于城市住宅的广泛争论。人们在收集城市建筑历史的同时，也不断地建造变革式街区。当地的住宅历史被定位于街区周边住宅模式，并在建筑杂志中发表。其中的一个例子来自 1832 年由威廉·巴德韦尔设计的未实现的街区周边住宅，它位于威斯敏斯特的维多利亚大街与圣·詹姆斯公园之间。他提出几个周边建有住宅的矩形街区，街区内部设有大型的绿化庭院。1912 年，这一设计在《建筑评论》杂志发表，为该地当时进行的项目提供了合理的历史依据。[202]

在选择合适理想的大规模住宅的问题上，争论也日益激烈。争论的焦点主要在于选择都市还是乡村、城市还是花园城市、变革式街区还是单户住宅。1913 年，建筑师亚瑟·特里斯坦·爱德华兹在《城镇规划评论》中以《花园城市运动的批判》为题，对郊区理想提出了最尖锐的批评。他认为正是在高密度的城市背景之下，人类才通过社交本性取得了高水平的文化成就。从这一观点出发，他反对一切将人口分散和分解城市结构的城市设计观点："在人烟稀少的地区，生活在分散的住宅中是极不自然的，住宅如此隔离，仿佛发烧的病人在医院中一样，这是完全不必要

图 58、图 59 路易斯·德·苏瓦松和格
雷·沃纳姆，伦敦的拉克霍尔住宅区，
1925

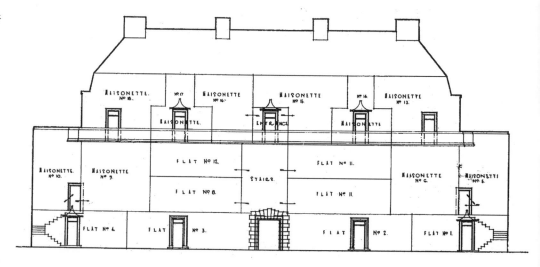

的。”[203] 因此，他拒绝花园城市的基本思想：“在所有的郊区模式中，花园城市也许是最为糟糕、最令人压抑的。这里既没有城市中喧闹的乐趣，也没有乡村宁静的魅力。在这里，隐居和社会生活的优点都无法体现。”[204] 与埃比尼泽·霍华德的承诺相反，花园城市将城市和乡村的缺点集于一身。它并没有将二者有机地融为一体，这只会导致“花园城市的单调乏味日益浓重”[205]。问题在于城乡之间的差别主要表现在文化目标的不同。如果人们在生活中更愿意选择绿色的乡村，而不是人类的建筑成就，那么这将是一种文化的倒退：“绿色的植物，当它们成为人类作品的一部分时才会显得更加美丽。但是在花园城市’中，花园却被放在了首位，城市成为附属，这完全是本末倒置。”[206] 在爱德华兹看来，坐落于自然环境中的花园城市梦想似乎是一种文明进程的倒退。爱德华兹从根本上将文明进程理解为一种推动城市文化取得辉煌成就的积极动力。文化成就将会继续取得并得到进一步发展：“让我们扩大并新建更多的城市吧，而不应只是憎恨它们的缺陷，却对它们的无数优点视而不见。”[207] 城市中真正的弊端应该被彻底清除，但是具有宝贵价值的城市精髓应该得到保留，而不是将婴儿与洗澡水一起倒掉。应当通过对建筑和文化吸引力的考虑对现代生活进行指导，而不仅仅是注重卫生方面：“因为即使我们假设新的住处拥有充足的光线和空气，但是，因此而建的住宅也许仍然会缺乏某些精神层面的属性，而这对于建筑的尊严和体面是必不可少的。”[208] 爱德华兹提出的亲城市类型住宅带有明确的都市建筑特点，这是花园城市的理念和功能主义的技术卫生手段都无法提供的。

爱德华兹的观点绝不是孤立存在的。1921 年，RIBA 的前任主席托马斯·E. 科尔克特在讲话中强烈反对郊区化，并极力维护特定的城市生活方式。他说道：“伦敦人与那些出生在乡村的人们在品位和喜好方面的比较是不能忽视的。……毫无疑问，绝大多数的伦敦人宁愿选择生活在伦敦，而不是郊区或者乡村。‘那些厌倦伦敦的人其实是厌倦了生活。’

有成千上万的人们认可约翰逊博士的思想，一个伦敦佬哭喊着‘在乡村生活？哦，不，我要克拉彭路，还有公共汽车。’”[209] 城市居民应该按照其身份去选择，而不是被迫接受地主或农民的生活方式。因此，这就需要一种相应的城市住宅类型。这些也正是 F. X. 费拉尔德于 1929 年在文章《魔鬼的选择》中所呼吁的。他在文章中对过度拥挤的出租公寓和郊区的单户式住宅进行了轮番攻击。为了避免城市扩张对景观带来的破坏，必须开发出良好的城市住宅类型，比如“那些经过周密规划、成群分布、既凉爽又宽敞的伟大的公寓住宅”[210]。

对郊区模式最坚决的批评来自于城市规划师托马斯·夏普。1936 年，他在《英国全景》一书中，对花园城市的思想泼了一盆冷水：“现已证明，城镇化乡村确实与霍华德的期望背道而驰。……尽管它们具有一些城市或者乡村的‘优点’，但是更多的却是它们的‘缺点’。事实上，它只是一个普通的郊区，一种审美的空虚，一片社交的荒野。”[211] 如果不以高质量的居住模式替代这种平常的郊区景观，它将会蚕食美丽的英伦风光：“它们是模糊、浪费、杂乱和不连贯的，并且正在觊觎着每一个郡的土地。在它们的推进面前，城镇和乡村的传统美正在消失，取而代之的是平庸乏味的中性特征。”[212] 这种“普通郊区”的结果就是一个毫无生活质量可言的偏远地区。

对于夏普而言，城市规划的重点不只是保留城乡之间的差异，而是去解决它们。城市并不代表着问题，而是一种才智和文化的成就：“因为城市远不只是一种物质和经济的事实，它还是一种氛围，一种思维态度。”[213] 为了建立这样美好的城市，就必须采用一种承认城市价值，而不是全然指责其缺点的方法：“既然城镇是不可避免的，我们就应当建造美好的城市。如果我们继续痛恨城市，又怎么可能去建设美好的城市？”[214]

为了维护一个美好的现代化城市，以支持适宜的城市形象（夏普在这里创造了“城镇景观”这一术语），就需要引人注目的临街建筑。而变革式街区满足了这些现代城市的需求：“但是，重要的是，创造新型街道的主要工具将是……伟大的新型公寓街区。"[215]他用新近完工的伦敦皇家山公寓街区的插图对变革式街区进行了说明。

伊丽莎白·登比采用社会调查的方法分析了工人住宅的情况。1937年，她在一篇文章中对城郊社区和市内出租住房提出了批评。报告中可以看出那些居住在郊外小屋中的居民抱怨"偏僻、孤独、无聊和昂贵的费用；而那些住在出租公寓里的人们则对糟糕的私密性、噪声、不便和'营房'的氛围感到不满"[216]。为了结束这一状况，她要求建造一种比单户式住宅更为密集、比出租公寓更有家庭氛围的新型住宅。她发现城市的连栋式住宅是一个理想的组合，也就是经典的英国传统排屋。

尽管对出租住宅提出了批评，但是，登比却看到了密度极小的郊区建设的真正危害性。在简·雅各布斯之前，她早就对郊区功能单一的特点提出了强烈批评，认为这使得工人被限制在一个缺乏社交的环境中："这种典型的城郊新型工人阶级住宅区，被隔离于正常的城市生活之外。……虽然这些住宅区通常具有城镇的规模，但是它们只是纯粹的宿舍而已，没有任何交际活动的设施。"[217]

早在20世纪下半叶的郊区化爆发之前，她就对人口的减少发出了警告，并开始关注可持续性问题："鉴于这个国家人口减少的可能性，继续建设可能在二十年之内闲置的郊区，或者在城市周边广阔的乡村建造大量的新住宅，而使城市中心空空如也，这将是一种真正的公共资金的浪费。"[218]随着石油时代的到来，密集型城市被摧毁。在此之前，人们早就熟知了郊区化的弊端和紧凑型城市的价值。

1946年，在《现代排屋》和《高密度发展的研究》两项研究中，亚瑟·特里斯坦·爱德华兹从建筑的审美观中得出了相似的结论：他还认为排屋是适合高密度城市生活的住宅类型。这一工作的主要任务是"调查每英亩土地上适合带有花园的小型住宅的最大密度，尤其是针对大城市的中间地带和外围区域。"[219]爱德华兹的个人目标包括避免"'开放开发'和'建筑的蔓延'"[220]。为此，他设计了二至三层的排屋类型住宅，随后将它们成群分布于城区的公共广场区域。与此同时，为了创造统一和谐的街道景观，他还借鉴了17世纪英国排屋的传统。这种规划方法"不仅使临街的现代建筑更为多样，而且有利于保护当地过去建造的优秀城市建筑"[221]。

1947年，活跃于巴黎和纽约的建筑师伊波利特·卡曼卡在伦敦发表了《公寓—现代公寓建设的发展》，这是一部探讨变革式街区的经典之作，为战后的城市发展架设了一座桥梁。他从城市住宅建设的角度出发，认为城市的一切都是高度的文化成就，为丰富多样的

活动提供了空间。这些多样的文化活动只能发生在建筑密集的城市当中，而不是半乡村化的郊区。因此，卡曼卡认为城市的出租公寓是文明发展的必备条件。这就意味着"要尽力让公寓令人满意，而不是成为'迫不得已的选择'"[222]。变革式街区的一个优势就是除了公寓之外，还提供其他用途的空间："地面层通常设有商店和其他的商业设施。……附属建筑中的店铺为住户带来了极大的便利。"[223]

对于卡曼卡，当地出租住宅的外观是另一个重要的方面，这就是他为什么在建筑的形式上支持"地区主义"，而不是"国际主义"的原因。[224]事实上，现代出租住宅确实展现了这种差异，从而使每座大城市各具特色："以公寓街区为代表的城市住宅，虽然在很大程度上体现了过去三十年国际上在便利设施和技术方面所取得的成就，但是也最大程度保留了每个国家的民族特色。的确，巴黎的石灰石结构公寓大厦与伦敦蔓延的公寓街区相去甚远；而纽约高达二十层的公寓大楼也与米兰用大理石覆盖的建筑或者斯德哥尔摩威严的花岗岩建筑有着极大的差异。"[225]尽管具有典型的国际性都市色彩，在国际范围内流传的变革式街区仍然接受具有地方特色的建筑，产生了一种当地的认同感。

最后，卡曼卡强调了变革式街区的社会优势。它服务于不同的社会阶层、各种类型的家庭以及不同年龄的人们："我不相信，社会和人口发展演变过程中由建筑成就发展而来的住宅形式——公寓，只服务于一个社会阶级或者一类家庭群体。"[226]由于它的密度和公共区域，变革式街区尤其适合在城市中形成一种社区精神："公寓街区更适合社区的规划，而不只是一群单独的房屋……。事实上，公寓更易于形成那种健康的'社区情感'，还有公民对于共同成就的自豪感。这会让人们习惯于说'我们'，而不是'我'。城市中心、公园、游乐场也会激发同样的精神，正如中世纪的公民被他们的教堂和市政厅所激发出的精神。"[227]因此，变革式街区比独立住宅更适合作为现代城市生活的住宅类型。

商业化的豪华公寓建筑是对拥挤的市内街区建筑的一种额外激励。这种公寓对电梯的采用具有经济意义，反过来也使建筑达到十层的高度成为可能。这就意味着城市土地的开发更为有利可图，并且要在一定程度上将新建筑融入现有的城市景观。这些规模较大的住宅公寓通常拥有多种服务设施，使之成为多功能的综合建筑。在伦敦的皮卡迪利大街，由卡尔雷尔＆海斯廷斯与查尔斯·赫伯特·莱利在1925年至1926年建造的德文郡住宅大楼就是这样一个市内公寓建筑。不仅在地面层设有商店，"还有一个可以在内部驾驶车辆的庭院、若干下沉式花园和地下餐厅"[228]。

八层高的大楼被巧妙地融入建筑背景中，外部翼楼的高度与毗邻建筑相一致；而中部较高的部分距离街道更远，并包括"为了改善公寓的采光和通风效果而增加的角落房间"。[229] 建筑师们小心翼翼地在建筑规模和风格上都遵循着当地的传统："我们一致认为应该尽可能建造看似风格现代，却又与我们先辈的传统密切相关的建筑……。在19世纪初期，我们自然地进入到了一种也许被称为英国的意大利古典主义复兴时期。"[230] 正因为如此，现代的城市出租公寓才能够以现有城市传统的自然传承方式出现。

20世纪30年代的伦敦，大型现代公寓不断出现。例如，戈登·吉夫斯在汉默史密斯建造的拉蒂默庭院（1935）被称为"欧洲最大的单体公寓街区"。[231] 尽管它高达9层，长达200米，创造了一种新的规模，但是它的类型和风格还是沿袭了现有的传统惯例。这个长度非同寻常的建筑紧邻街道而建，地面层上排满了一家家的店铺，而砖结构的外观立面和底部两层石头罩面的基座则具有现代乔治亚式风格。

约翰·伯内特和泰特&洛恩设计的牛津街皇家山公寓建筑（1935），则体现了国际现代主义风格，尤其是埃里克·门德尔松的水平动态主义风格。（图60）这个体现统一重复性设计并带有水平条带饰物的巨大9层街区建筑，被誉为"大规模生产制造出来的庇护所"。然而，这种现代主义的外观代表了一种已经形成的对于城市的态度：街区完美地镶嵌在街道网络之中，住宅的外观由普通的砖头砌成，地面层上要布满商业店铺。但是，在这种表象的背后，还蕴含着很多的创新。通过提供单间和双间公寓，为伦敦引入了美国公寓式酒店，并在第二层设有众多的服务设施。这是一种全新的内部空间，"这里有休息室、餐厅、小吃部、报纸和香烟店、理发店、邮筒、办公室和熟食店，几乎相当于一个私有的小镇"。[232] 城市街区已经蜕变为一种城中之城，并与城市保持着密切的关联性。

住宅的内部和外部都呈现出城市的结构特点。这种住宅与公寓混合的特色不仅仅体现在公共住宅上，在很多商品住房中也能发现。在威斯敏斯特，由T. P. 本尼特父子设计的威斯敏斯特花园（1936）

图60 约翰·伯内特，泰特&洛恩，伦敦牛津街的皇家山公寓，1935

图 61、图 62 戈登·吉夫斯，伦敦威斯敏斯特的海豚广场，1937

就包括了一排复式住宅，犹如一个在地面层上建有排屋，并在上面十层设有公寓的建筑。[233] 这种特殊的公寓分布形式在外观立面上就清晰可辨：砖结构立面后面的是普通公寓，而天然石材罩面并作为基座的部分则是复式住宅。在帕特尼的奥蒙德庭院（1936），弗兰科·斯卡利特采用了新颖的方案解决了私家汽车的交通问题。为了确保汽车能够直接从所有的入口通过，并保持庭院内部绿意盎然的安静氛围，他设计了一条辅助服务街道将这个拥有 120 套公寓的街区环绕在内。这一做法在汽车时代使传统的街巷得到了复兴，为综合住宅提供了一个畅通无阻的花园式庭院。[234]

19 世纪的城市向着以出租公寓街区为特色的现代城市逐步演变不是一种革命，而是一种变革。从波特兰镇的发展便可以看出这一点。在 1936 年至 1938 年期间，在摄政公园的北部边界，几座六层到八层的新

型公寓街区拔地而起。尽管在建筑、技术以及卫生方面体现了诸多创新，但是当时的评论家们却将它们视为当地特定传统的传承和延续："沿着艾伯特亲王路新建的这些公寓街区，可以满足当今社会的一部分居住需求，其数量几乎相当于摄政公园周边其他道路上纳什建造的排屋住宅的总和。"[235] 在延续了纳什著名的排屋传统的同时，新建的出租公寓城区通过融合不同的功能和不同的社会阶层，形成了鲜明的都市色彩。并因此被誉为"混合开发"的典范。[236] 作为里程碑似的建筑，戈登·吉夫斯的威斯敏斯特海豚广场（1937）（图 61、图 62）标志着变革式街区的建设达到了顶峰。它巨大的街区周边住宅建筑延伸于两条公共街道和两条私家街道之间，形成了一个宽敞的内部花园和两座巨大的临街立面。通过将坐落在城市一角的巨大建筑与河畔的自然空间并置在一起，朝向泰晤士河一侧的

十层住宅立面表达了对生活的赞美。严格一致的窗户突出了街区的统一性，而交替出现的砖墙面和天然石材罩面分别代表着房屋空间和楼层地板的部分。而这些反过来又体现出与现有城市的协调性。对称的外观立面在中部设有三座巨大的拱门，人们可以像穿越凯旋门一样由此进入花园式庭院内部。该街区成功引入了高度适当的六层翼楼，朝向城区一侧的建筑环境。翼楼伸向内部花园式庭院的部分被设计为逐层向上缩进的形式，仿佛塔楼一样使整个建筑显得更加高大威严。除了1236套公寓之外，该街区几乎提供了一切能够想象得到的便利，包括一个带有泳池的运动中心、一座地下车库和一个购物中心。[237]

这些"英国城市公寓的实例"[238]代表了现代都市理想的实现。正如查尔斯·赫伯特·莱利于1934年在罗斯科的讲座中所展望的，这个题为《城镇的主体》

的讲座与当时的各种趋势完全相异。莱利的未来城市理想"不是暗含着狭隘、势利并具有村庄景色的花园城市。而是一个更加美好的概念，是一个根植于公园中的城市"。[239]未来的城市不是由小型的单户住宅构成，而是由五到十层的出租公寓街区组成。海豚广场的建立就是这种"出租公寓的体现。没有额外的费用，它也许采用了最为简单却凸显高贵的结构，没有过多的装饰，却有着与维也纳街区一样的精美形态"。[240]未来城市通过建筑使莱利所称的"充分的城市生活"成为可能，正是这些变革式街区让伦敦成为这样的城市。[241]

如果作为英国首都的伦敦对城市住宅建设的发展进行了无可争议的定调，那么英国其他城市也一定有着相应的引人瞩目的变革式街区开发。格拉斯哥作为优秀的"出租住宅城市"，可能是最好的一个实例，因

图 63 詹姆斯·巴里、约翰·坎贝尔·
麦凯勒等人，格拉斯哥的海恩兰德城区，
1897—1910

为事实上这里的变革式街区远不只是在世纪之交才被发现，带有街区周边住宅和绿化庭院的街区甚至可以追溯到启蒙时代。[242] 詹姆斯·巴里为格拉斯哥规划的第一座新城（1782）在乔治广场周围建有街区周边住宅建筑和街道网络。不久之后，在布莱茨伍德广场附近的第二座新城中，这一模式再次出现。[243] 带有绿化庭院和临街商业设施的扩展街区形式，适合为中产阶级和工人阶级建造公寓[244]，因此成为 19 世纪城市扩张的普遍形式。

在工人阶级的城区里，街区的四个侧面都是封闭的，其中建于 19 世纪 70 和 80 年代的哈奇森镇、戈范希尔和登尼斯顿城区的样式最为一致。以造价更高的排屋式街区中服务街道为模板建造的街巷，大多数都穿过中产阶级城区内的街区。这种典型的城区就是伍德兰兹和海恩兰德，后者是由詹姆斯·巴里于 1879 年到 1910 年期间设计的优雅的并具有爱德华七世时期风格的出租公寓城区，其中的很多建筑是由约翰·坎贝尔·麦凯勒建造的。建筑群中包括一个中央绿化广场、绿树成荫的街道和众多绿化庭院。[245]（图 63）诸如约翰·J. 伯内茨教堂庭院（1892）和格林海德庭院（1897—1899）这样的实验性住宅庭院是为格拉斯哥工人住宅公司修建的，这些带有传统苏格兰风格平

台通道的建筑主要作为非盈利住宅使用。[246] 格拉斯哥的变革式街区有着悠久的历史，其多层的、连贯流畅的沙石建筑塑造了整个不列颠最具都市色彩的住宅街区。

作为另一个引领工业化的中心，曼彻斯特也是一个为工人阶级进行住宅变革的大舞台。由斯伯丁 & 克劳斯事务所为曼彻斯特公司（1893）建造的位于奥尔德海姆路的方形变革式街区就是这样的一种模式。它的方形庭院为居民进行放松休闲提供了娱乐场所。而面对奥尔德海姆路的翼楼则设有众多的商业空间。[247] 与 LCC 令人印象深刻的项目一样，尽管该项目资金有限，良好的设计仍然是一个重要的标准。正如建筑师亨利·斯伯丁强调的："我们不能像往常一样把大量资金花费在任何装饰上，但是通过精明合理地运用我们所能处理的材料，总是能取得良好的效果。"[248] 利物浦也进行了大面积的市内住宅街区改造。[249] 市政建筑师 L. H. 凯伊虽然建造了一系列面向功能的住宅，不过却成功定义了城市的空间。圣·安德鲁花园的五层住宅大楼中共有 366 套公寓（1932—1935），由于"其明显的'马蹄形平面布局'"而成为最著名的综合住宅建筑。[250]（图 64）从 1933 年到 1939 年，更多的变革式街区随之出现，其中包括斯皮克路花园、沃里克

花园以及更大范围的杰拉德大街重新开发项目等。[251]
这些住宅建筑群均以南北的朝向排列，与德国前卫派
倡导的住宅开发模式相似。但是与其不同的是，这些
建筑都是沿着街道排列的，从而通过建筑定义了城市
空间。此外，很多街区还巧妙地将商店设置在街区的
拐角。凯伊是一位市内住宅区的热心倡导者，他始终
怀疑通过花园城市解决住宅问题的思想。1936 年，他
在一篇文章中写道："对于现阶段的住房问题，在郊
区住宅的进一步开发中无法找到令人满意的解决方
案"。[252] 相反，应当在市内规划与著名的花园城市品
质相当的住宅城区："莱奇沃思和韦林的花园城市开
发，都位于通行方便的乡村地带，因此令所有的参观
者极其羡慕。但是，相比于花园城市和郊区，难道不
可以通过合理的规划在城市中建立一个 A1 级别的公
寓社区吗？"[253] 他在利物浦建造的街区也许可以被理
解为对花园城市的反击和对这一问题的回答，答案就
是通过变革式街区，在城市中也可以建造"A1 社区"。

图 64 L. H. 凯伊，利物浦的圣·安德
鲁花园，1932—1935

8. 纽约与美国

19 世纪，由于肆无忌惮的资本主义开发，纽约的生活条件极其糟糕。例如在曼哈顿，一个街区内 90% 的住宅可能都是声名狼藉的铁路公寓，里面的房间几乎终日见不到阳光，也没有良好的通风性。与曼哈顿的出租住宅相比，饱受批评的柏林住宅简直就是宫殿。虽然住房条例的规定越来越严格，但是只有 1901 年的《出租住房法案》强制要求增加通往庭院的通风竖井尺寸，以及内部庭院之间要做到互通。

但是，与欧洲的出租住宅街区相比，这些庭院依旧过于狭窄，街区建筑也过于密集。

尽管有着过度拥挤的实际问题，以及存在着反对梭罗自然生活精神的观点，但是在这一背景之下，仍然有人将城市生活赞美为一种文化活动。1871 年，《阿普尔顿日报》公开反对以单户住宅的方式疏散人口："城市里紧凑密集的居住区为人们提供了丰富、具体和丰厚的生活，而分散转移的做法将会对此有所损害。歌剧院、电影院、俱乐部、阅览室、图书馆、美术馆、音乐会、舞会，令人活力焕发的漫步、令人鼓舞的群体交往以及沟通交流的魅力，所有这一切在很大程度上都依赖于街区和社区。"[254] 简而言之，城市文化需要紧凑密集的城市居住区。

在经济利益至上的体制中，通过最低成本进行的街区变革只能发生在两个金钱并不重要的领域：慈善住宅建设和豪华公寓。当时最大的花园式庭院是布鲁克林区的塔式大楼(1878—1879)以及河畔大厦(1890)。这两处建筑都是威廉·菲尔德父子为阿尔弗雷德·特雷德韦·怀特建造的慈善项目。[255] 六层的建筑仅占据了整个地块一半的面积，为出租住宅街区创造出与普通的排屋建筑相似的条件。曾在巴黎美术学院就读过的建筑师欧内斯特·弗拉格，在 1894 年的《斯克里布纳杂志》上提出了一种可以在分片的街区内改善采光和通风质量的模型。[256] 他的这种建筑形式扩大了庭院，并覆盖了四个地块。在 1896 年由改善住房委员会举办的公寓住宅样板房方案竞赛中，这一设计获得了一等奖。[257] 两年之后的 1898 年，弗拉格在第 68 大街为城市与郊区住宅公司建造了克拉克大厦，从而实现了将这一类型建筑作为慈善住宅项目的愿望。[258] 在豪华公寓的建设中，可以看到街区周边住宅的规模达

到了整个街区的范围，花园庭院的规模也越来越大。位于中央公园的达科它公寓，是亨利·J.哈登伯格在 1882 年设计的，并于 1884 年进行建设，按照巴黎的标准，它的庭院相对较小。[259] 由克林顿和拉塞尔设计并于 1901 年建设的位于第七大道的格雷厄姆庭院令人印象深刻，其花园式庭院颇具意大利文艺复兴时期宫殿的风貌。[260] 在百老汇，由 H. 霍巴特·威克斯设计的贝尔诺德公寓(1908—1910)占据了整个街区，并包含一个大型的花园式庭院。(图 65、图 66)高达十三层的公寓几乎是维也纳环形道路欧洲街区住宅的三倍大，堪称街区式豪华住宅的经典。[261]

沃伦 & 维特莫尔事务所的公园大道 270 号公寓(1918)占据了更大范围的街区。[262] (图 67)这座十二层高的住宅大楼是一个典型的密集型城市建筑，并带有拱廊环绕的花园。它还进入了维尔纳·黑格曼和埃尔伯特·皮茨编写的《美国维特鲁威城市规划建筑师手册》。[263] 为了适应汽车时代，麦吉姆和米德 & 怀特事务所对这一模式进行了改进。他们在公园大道 277 号建造的住宅街区(1925)，采用四座拱门作为入口，使车辆可以从周围的街道直接驶入拱廊环绕的花园式庭院。公寓的入口则设在了庭院内部，同时整个临街的一侧都作为商店使用。《英国皇家建筑师学会志》对这一住宅项目的美学品质极为赞赏："这一方案以超凡的简洁和统一的感受令人过目难忘。"[264]

法勒 & 沃特莫事务所设计的第九大道伦敦排屋式公寓(1930)也许是最密集的豪华公寓。它具有异乎寻常的高密度，在二十多层的建筑中容纳了 1670 套公寓。并以屋顶露台上的泳池、会所等豪华设施弥补了相对较小的庭院。该街区还设有商店、餐馆以及各种服务设施，仿佛街区中的一个城区。[265]

在 20 世纪 20 年代的变革式街区中，小型公寓建筑以更易于承担的价格范围进一步发展成为所谓的花园式公寓。在这方面的领军人物是建筑师安德鲁·J. 托马斯，1919 年他为纽约州重建委员会设计了一座街区模型，其中十四个 U 形布局的建筑环绕在中央花园的周围。[266] 这种特殊的布局是为了以最小的成本取得最佳的采光和通风效果，并对各种建筑结构进行广泛的调查研究之后而得出的。1920 年，他在杰克逊高

地为皇后公司建造的林登庭院，将这一模型变为现实，于是更多的项目也随之而来。[267] 除了卫生条件之外，《英国皇家建筑师学会志》还特别赞扬了其建筑设计："这些公寓除了精心的规划，在建筑处理上也十分令人满意。"[268]

另一种变革式街区的类型是带有凸出和凹进部分的锯齿形街区。由斯普林斯廷&戈德哈默事务所设计，并于1927年建造的范·科特兰公园合作住宅区中，为布朗克斯的制衣工人联合会建造的住宅街区就采用了这种街区形式。[269] 这个六层建筑包括临街的庭院和朝向中央花园的翼楼，这种鲜明的独立形态非常适合城市结构体系。沿街而建的建筑将街区的拐角环抱。很多类似的项目为工人和普通市民提供了负担得起的市内住宅。1929年，《城市规划评论》杂志在一篇题为《美国住房问题》的文章中这样描述："目前的趋势是正在脱离小型的独立住宅，向更大规模的多层住宅发展。"[270]

《纽约及周边地区的规划》为市内住宅建设的变革思想提供了更大的舞台。这一规划项目的发起者是拉塞尔·塞奇基金会，并得到了纽约州州长富兰克林·D.罗斯福的大力支持。项目由英国城市规划师托马斯·亚当斯领导，以多卷的形式在1929至1931年期间发表。[271] 将高层住宅整合到现有城市构造之中的思想受到了特殊的关注。例如亚瑟·霍尔登设计的一个街区带有异常高大的街区周边住宅，在街区的内部区域还有一个高层建筑，从而增加了建筑密度，但是这并没有妨碍公共街道上的光线照射。[272] 在这一规划的背景下，克拉伦斯·亚瑟·佩里发布了一个概念，也就是后来著名的"街区单元"。它是一个由住宅街区构成的多功能城区，并且在步行的范围内可以获得各种生活的必需品。[273] 然而，这绝不是一个革命性的规划模式，它只是遵循了现有城区中已经发挥效用的功能性，并以抽象模型的形式对城市进行塑造。

最有雄心的两位美国住宅建筑师克拉伦斯·S.施泰因和亨利·莱特相继建设的三个住宅项目，显示了人们开始对街区周边住宅建筑的不断关注。同时，他们也于1927年在拉德博恩进行着反城市的城市开发实验。在昆斯，他们为城市房屋公司设计了森尼赛

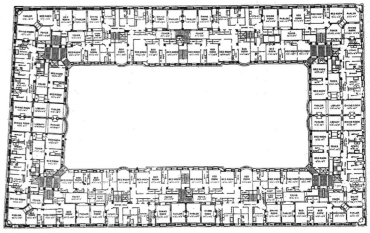

图65、图66 H.霍巴特·威克斯，纽约百老汇的贝尔诺德公寓，1908—1910

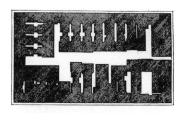

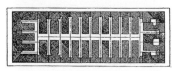

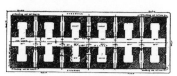

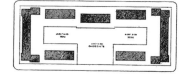

德花园城区（1924—1928），这是一个成本划算的项目，采用了带有街区周边住宅和内部花园的变革式街区形式。（图 68）这一项目在十四个街区中的二至四层建筑中提供了各种类型的住宅和公寓，可以容纳 1202 个家庭。尽管这里的建筑密度极低，还不到地块面积的 28%，边缘距离中心的距离也较远，但是这个城区却具有某些都市的特点。这是因为住宅是沿着街区边界建设的，将公共街道和半公共的内部庭院区域清晰地区分开来，具有统一性的设计也增强了都市的印象。正如建筑师自己强调的："由于采用了普通的砖结构，还有反复出现的简单细节以及连贯的屋顶线条，森尼赛德的建筑显得和谐一致。"[274] 虽然森尼赛德花园更多地代表了郊区生活方式，但是它也适应了社会生活的理想。这里最著名的居民就包括渴望城市生活的刘易斯·芒福德。紧邻森尼赛德花园的是他们的第二个项目——为菲普斯房屋协会建造的菲普斯花园公寓，这个在 1929 年至 1931 年期间建造的项目具有更高的建筑密度，二至四层的住宅以突出和凹进的锯齿形式分布在街区的边界。除了工人公寓之外，这里还有一个会议室和一所幼儿园。在第三个项目中，这对公私合作伙伴实现了位于布朗克斯的希尔赛德家园（1932—1935），在这个更为密集的城区建筑中，施泰因几乎采用了所有的设计元素。[275]1415 套公寓分布在跨越五个街区的五层建筑中，其中的一些建筑甚至跨越了公共街道。这些意味着该项目是一个边界自

主的超级街区。但是这条界线并没有被突破，因为它清晰地区分了街道和庭院区域。为了应对经济大萧条时期停滞的房地产市场，联邦政府创立了公共工程管理局（PWA），并于 1933 年启动了联邦住宅建设计划。[276] 虽然后来由于技术专家的专断和官僚主义做法，这一计划变得声名狼藉，但是它实施的第一个项目却体现了城市和文化城市的设计传统。1938 年，PWA 住宅分部的两名雇员迈克尔·W. 斯特劳斯和塔尔博特·韦格在一份官方的住宅计划文件中强调了住宅区中多功能性的意义："住宅区不应该只是房屋的集合，而应该是一个完整的社区。"[277] 此外，除了公寓，还应当包括"公园、游乐场、商店、社区建筑和学校"。[278] 因此，该住宅建设项目的座右铭就成了"完整的社区"。[279] 与单户住宅相比，变革式街区将更好地为这种社区创造公共空间："在一个住宅成群的项目中，开放的、没有建筑的空间集中在一个大面积区域里，要比那些普通住宅里环绕在独立式住宅周边的空间更适合社区的用途。"[280] 无论怎样，那些围绕在公共空间四周的各类大型建筑群都更适合作为公共住宅："在这些项目中，社交和娱乐活动都是自发形成的并有利于每一位居民，公民的兴趣被有效地调动起来，也易于保持下去。"[281] 作者的论点完全符合美丽城市运动的精神，即城市发展的不断完善将会极大地唤醒公共精神。

1934 年，为了新的公共住宅建设计划，纽约市房

屋总局（NYCHA）决定招聘建筑师，这些雄心勃勃的城市目标在招聘中的城市街区竞争方案中也有所反映。在大部分的提交作品当中，都采用了锯齿状的街区主题，街区周边住宅都带有凸出和凹进的部分。[282] 第七大道的哈莱姆河住宅区（1934—1937）是第一个实现的大型项目，展示了这种城市规划方法。（图69、图70）这个为 NYCHA 设计的项目，由阿奇博尔德·曼宁·布朗监督，他来自于领头的贺拉斯·金斯波恩公司，一起参与合作的还有查尔斯·F. 福勒、弗兰克·J. 福斯特尔、理查德·W. 巴克利、约翰·刘易斯·威尔逊和威尔·莱斯·阿蒙。街区的四座边界住宅带有斜向的凸出和凹进切口，574套公寓分布在这些四到五层的边界住宅之中。设计还把住宅变革的特色与城区中的古典建筑风格结合在一起，街区住宅的立面都朝向街道，创造了独特的建筑风貌；内部划出的庭院作为放松休闲的隔离空间；位置优越的地点都定位于现有街道的轴线上；对称的布局有助于对这些空间的认知、理解；一座露天剧场还可以作为公众聚集的场所。当时在《时尚芭莎》中的一篇评论赞扬了这种与现有城市的和谐共存：这些建筑"沿街设置，十分规整、笔直，并略微有些保守"。[284]

这些精心筹划的建筑设计也引来了特殊的关注。在一篇回顾纽约公共住宅建设计划的评论文章中，哈莱姆河住宅项目是唯一受到美国建筑师协会褒奖的项目，他们的观点认为："这是一个杰出的优秀的规划

工作，简洁质朴并具有家庭特色。"[285] 设计者并没有把公共住宅作为一个单独的建筑类别，而是把它作为一项常规的设计任务，这一态度也保证了设计质量。正如该项目的一位建筑师约翰·刘易斯·威尔逊后来所说的："建筑师的兴趣在于住宅，而不是穷人的住宅"。结果，城市住宅也就成了"在任何地点，为任何人建造的住宅"[286]。虽然哈莱姆河住宅区几乎是专门为非裔美国工人家庭设计的，但是像曼宁·布朗这样来自上层社会的白人建筑师却赋予了它们庄严体面的外观。

然而，由于经济上的原因和官僚作风，加上欧洲前卫派反城市观点的影响，这种城市态度在公共住宅建设计划中并没有持续很久。其结果就是城市空间被摧毁，具有代表性的就是布鲁克林著名的威廉斯堡住宅区。它是由现代主义建筑师威廉·莱斯卡兹为 NYCHA 设计的，与哈莱姆河项目几乎同时进行。无须任何明确理由，似乎他的住宅建筑与现有城市相对立这一点就足够了，于是他将自己的建筑在街道网络的方向上偏转了 15°，就是以这种简单的手段，彻底摧毁了住宅与街道之间清晰明确的关系。结果，这个建筑没有临街的立面，也没有空间定义的庭院，从而使建筑仿佛飘荡在抽象的绿色虚空之中，既不像公共建筑，也不像私家建筑。根据现有街道网络严格以南北方向为轴的情况来看，那个 15° 角的偏转显得更为荒唐，以至于使卫生条件更为恶化。1938 年，塔

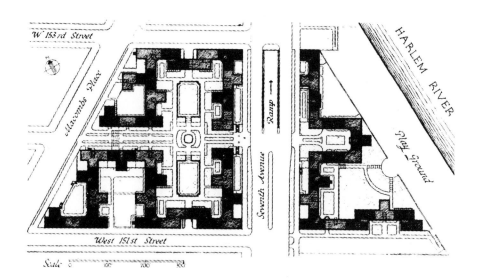

图 69 阿奇博尔德·曼宁·布朗等人，纽约第七大道的哈莱姆河住宅区，1934—1937

尔博特·哈姆林在当时的一篇评论中这样说道："角度变化的原因似乎并不清楚……。目前的布局将庭院变成了西北风肆虐的完美通道。"[287] 此外，这种盲目的角度转变也有着审美上的缺陷："当然，这种非对称的锯齿形结构在街面上的效果既不诱人，也不是非正规的形式：它看上去更加拘谨死板，并且咄咄逼人"。[288] 回想起来，基于前卫派建筑师随性的创意而做出的设计决定将会导致一种糟糕的势态，使最为平庸的时尚存在于住宅与街道之间、私有空间与公共空间之间微妙的平衡关系——也就是都市风貌的核心要素，被彻底摧毁。

美国密度第二大的城市芝加哥也兴起了变革式街区的思潮。1901 年，弗兰克·劳埃德·赖特通过列克星敦排屋式住宅的设计，创造了一种街区周边住宅的新模式，在中央花园式庭院的周围增加了一圈内部建筑。这是一种结合了排屋与公寓的特点，密度相对较低却具有都市化特点的建筑。尽管第一个高层建筑是专门用于办公的，但是统一化城市的理念很快便将这种新型的城市公寓纳入了城市景观。爱德华·赫伯特·班尼特和丹尼尔·哈德逊·伯纳姆的《芝加哥规划》（1906—1909）设想了一种统一的城市建筑，高达二十层的街区占据了整个城市的中心区域，这里没有明确的标识，除了办公室还有公寓。朱尔斯·戈林以抽象的形式和颜色以及暗含的统一性熟练巧妙地对其进行了描绘。[289] 在 1910 年的伦敦城市规划会议上，在题为《民主政府的未来城市》的演讲中，伯纳姆在

具有统一美感的城市设计和民主社会之间建立了紧密的联系。[290] 伯纳姆和班尼特的城市之美也因此与舍夫勒在柏林或者瓦格纳在维也纳展开的现代城市辩论中的美学和政治含义相一致。

尽管伯纳姆没有对住宅问题特别关注，但是芝加哥的下一代人却对此极为重视。尤金·H. 克莱伯和小欧内斯特·A. 格伦斯菲尔德设计的密歇根林荫大道花园（1929）效仿了纽约人的带有凸起和凹进部分的锯齿状街区类型。统一化设计的五层建筑延伸至整个街区，并带有大型的庭院花园。它还设有临街庭院和朝向林荫大道的商店。在《城市规划·住宅》（1938）中，维尔纳·黑格曼将它们作为壮观的变革式街区实例进行了展示："开放的空间集中在一个大型的内部庭院中……庭院被一排坚固的建筑完全包围，并与周围的街道隔离。"[291]

《城市规划·住宅：1922—1937 年城市艺术图片回顾》一书在作者离世后的 1938 得以出版，相当于 1922 年的《美国维特鲁威城市规划建筑师手册》的后续版本，该书对第二次世界大战爆发之前的城市住宅状况进行了回顾。除了为花园城市和郊区进行的规划之外，还提供了世界各国的变革式街区截面图，其中包括几个维也纳的庭院、菲斯克的哥本哈根街区、利物浦的公共住宅街区、巴黎的城市街区、维勒班的高层住宅、舒马赫的汉堡住宅街区、阿姆斯特丹和鹿特丹的城区、斯德哥尔摩的街区、一个马德里的街区以及若干纽约和芝加哥的实例。该书不仅记录了国际上

HARLEM RIVER HOUSES

DUNBAR APTS.

OLD-LAW

NEW-LAW

流行的住宅类型，还展示了自从世纪交替以来，这种城市建设方法的持续相关性。同时，它的出版还促进了变革式街区的国际化和不断更新。

　　这些实例全部展现了 20 世纪早期城市住宅建设中广为流传的传统惯例。这些城市运动的目的是要改变城市，而不是以花园城市或定居地模式来取代现有城市。城市建设的基本类型就是带有街区周边住宅建筑和绿化庭院的变革式街区。这种街区延续了人们熟知的街区周边住宅传统，同时对其不断完善。这种基本的类型也包括了丰富的类型变化，比如从内部花园广场到内部街道的变化，从封闭式到开放式庭院以及临街庭院的变化，从封闭式到开放式街区周边住宅的变化，以及从外部到内部街区开发的变化。街区的变革也因此成为一项具有高度创造性的事业，相比基于明确的科学指导下的有条不紊的工作，它就像照顾一个娇柔的患者一样需要更多的耐心和智慧。欧洲和美国的变革式街区在类型、建材和风格上也有着很大的地方差异，变革式街区是一种包含了国际性和地方性特点的形式。

图 70 阿奇博尔德·曼宁·布朗等人，纽约第七大道的哈莱姆河住宅区，1934—1937。这也是纽约街区开发的**最后阶段**

作为公共舞台的广场和街道 1890—1940

1. 德国、奥地利及周边地区的"广场圈地"
2. 斯堪的纳维亚的广场
3. 意大利的广场
4. 英国的城市艺术和沿街建筑
5. 美国的城市中心和美丽城市

1. 德国、奥地利及周边地区的"广场圈地"

　　汽车的出现、技术的进步和官僚化的管理不但引发了城市公共空间的危机，也常使现代城市设计与之前鲜为人知的城市空间消融理论联系在一起。人们通常会忘记，这种现代城市设计正是以赞美城市公共空间开始的。例如，在1889年的《城市规划的艺术性原则》一书中，卡米略·西特将"广场圈地"以及它们充满喜庆氛围的公共角色提升为超越历史的城市设计原则。虽然后来出现的前卫派在很大程度上偏离了这一颇具影响的模式（其标志是勒·柯布西耶背叛式的态度转变，他从一个忠实的城市倡导者变成了一个疯狂的城市摧毁者），但是进入第二次世界大战之后的重建时期，由建筑定义的城市空间指导原则在更为广泛的层面上依然保持着完整性。事实上，通过罗布·克里尔的《城市空间的理论与实践》，这一指导原则在1975年被后现代主义复活。在20世纪，各种集权体制试图将它用于政治和宣传的目的，使其经历了另一场危机。有时候，就如同赫尔曼·盖斯勒的魏玛省公共集会所那样，那些体制所采用的城市设计形式与西特制定的形式极其相似。然而，这些形式却被剔除了多样性和不可控制的城市用途，并被作为一种专门的政治工具。具有重大意义的是，作为主要宣传场所，纳粹党在纽伦堡的集会场地并未设在城市的中心，而是以功能主义城市开发的形式坐落于市区之外，

其单一的功能与市区的其他区域截然不同。因此，这些政治性的公共空间并不反映本书所描述的都市风貌的基本模式，也不是本章所讨论的内容。尽管如此，即便是在极权主义体制统治下的国家，城市设计的方法和措施也承担了主要任务，服务于不久之后即将出现的日常都市生活。但是，再次看看卡米略·西特观点，他在1889年的论文中将具有艺术造型的城市广场作为城市设计的重点主题。西特对19世纪基于工程和技术方面的考虑而制订的城市扩张计划极为不满，指责其为系统性组合，并缺乏空间设计。他在维也纳的环形大道没有看到更多的开放空间，而是孤立的建筑。西特捍卫具有人性化的封闭城市空间的理想，认为这一理想首先是应对和满足行人的需求。他看到城市广场的设计与社会背景有着密切的联系：尽管居住区都披着"日常的外衣"，公共广场和主要街道却"穿着节日的盛装"。[1] 这些公共广场创造出的令人愉悦的印象并不仅仅是由建筑产生的，还在于它们生动活泼的用途："在中世纪和文艺复兴时期，这些装饰考究的广场是每一座城市引以为豪的欢快之地。交通线路从那里穿过，公共的庆祝活动在那里举行，各种展览在那里组织举办，国家的公共活动在那里进行，各种法律在那里宣布，那里会发生更多的事情。"[2] 今天，即使这些活动很多都可以在室内进行，但是广场的形式并

图 1（左）卡米略·西特，马林贝格的教堂广场，摘自《城市建设》，1904

图 2（右）阿尔伯特·厄布，埃森市的老公会教堂和广场，1914—1916

没有被取代，因为它们的设计原则是基于生理学的。

西特自己的广场设计范例是为马林贝格市设计的教堂广场方案（1903）。（图1）他设计的广场高高抬起于地面，犹如一座舞台，并以这种层面设计作为城市设计的基本三维模式典范。巨大的教堂占据着广场的边缘地带，连续不断的城市排屋环绕在四周，一道拱门将一条汇聚的街道与广场空间相隔。为了保持市政活动可以在广场的中心位置进行，装饰性的喷泉被放置在了广场的一角。[3]这些元素也为埃森市的老公会教堂的前部庭院创造了一个奇妙的接待场所，这座由阿尔伯特·厄布设计的教堂（1914—1916），展示了西特关于20世纪城市广场规划理想的功效性。[4]（图2）

在《城市建设》一书中，西特几乎专门论述了广场的空间效应。正是瑞士建筑师卡米尔·马丁通过汉斯·伯努利、弗里德里希·普泽尔和汉斯·亨德尔曼的图纸，丰富了西特作品的法语译本（1902）中关于街道的章节。在这一过程中，存在于原来的设计合作伙伴卡尔·亨里奇和约瑟夫·斯图本之间，并在德国早已广为流传的关于"笔直街道和弯曲街道"的争论，得到了普及。[5]西特被人们划分在支持"弯曲街道"的一派，其实这根本不是他本人的态度。相反，他只是希望城市设计得到改进，尤其是那些

完全基于巴洛克风格的几何造型和对称形式的早期项目，比如高特弗里特·森佩尔设计的维也纳帝国广场。在空间的韵律感和环绕程度上，这一项目与环行大道规划的其他项目有着明显的区别，设想了通过若干凯旋门将街道衔接在一起。这位备受西特尊敬的大师的设计，是唯一能被西特称作典范的现代设计项目。

恰恰是这一项目为奥托·瓦格纳提供了一个难以挑战的模式，人们经常认为这位建筑师持有与西特对立的观点。这些影响在瓦格纳1880年堪称完美的"艺术教育"项目中是显而易见的。但是，在森佩尔的设计中，西特的思想和空间的封闭性却消失了，而建筑群体的规模和统一性对于瓦格纳更具有决定性意义。尽管如此，除了森佩尔之外，提倡小镇的西特和倡导大城市的瓦格纳都认为城市设计是一项艺术任务。西特"按照艺术原则"对待城市设计，而瓦格纳则要求城市设计中的"一切设想和构思都必须奉献给神圣的艺术"。[6]二者深信在城市设计中，除了要考虑结构、经济和社会因素，对建筑师进行艺术专业知识的指导也是极其重要的。[7]即使是瓦格纳在城市的研究（1911）中，对理想城市空间的美学描述也与西特大相径庭。瓦格纳还赞同通过建筑定义城市空间的原则。

瓦格纳的学生和西特的读者约热·普列茨涅克，

Ljubljana. Kongresni trg

图 3 约热·普列茨涅克，卢布尔雅那的
国会广场，1926—1928

在对奥地利的前卢布尔雅那省城多年参与建设的过程
中，对这些观点进行了非同寻常的解释。那里从 1918
年开始属于塞尔维亚、克罗地亚和斯洛文尼亚王国，
并且从 1929 年开始属于南斯拉夫王国。[8] 早在 1895
年大地震的时候，维也纳的两个建筑流派便在卢布尔
雅那留下了各自的标记：卡米略·西特最初被委以创
建城市重建总体规划的重任。同时，瓦格纳的学生和
合作伙伴马科斯·法比亚尼制定了另外一项规划，使
他获得了一份官方的正式合同。1929 年，根据这些规
划方案的成果，普列茨涅克写下了《卢布尔雅那和环
境的监管研究》一书，书中包含了两种流派的各种元
素。[9] 这一研究将特定区域与西特的个体小规模总体
研究方法和瓦格纳的城市网格系统结合在一起。

对于我们来说，重要的是在内城实现了很多具有
高效空间的城市项目。在普列茨涅克的策略中，通过
城市广场进行总体空间定义的特色并不突出，而是更
加强调纪念建筑的设置。以此，他逐渐地让整个内城
的公共空间充满了活力。由于很多广场周围建筑的外
观立面已经存在，所以他对一些广场的特色处理方法
是重新规划它们的平面布局和内部空间。1926 年，首
次机会出现在雅各布广场。该广场位于老城区南部，
是一座临街教堂的前部庭院，其风格显得不伦不类。
普列茨涅克将广场划分为栽植了树木的教堂前部庭院

和一个位于主广场内部的岛式空间，从而解决了这一
问题。这个岛式空间的中心是原有的圣母玛利亚立柱，
并在 1938 年用更大的立柱对其进行了替换。设计师
通过形式上连贯流畅的内部结构和广场的绿化种植，
建立了都市特色。

从 1926 年到 1928 年期间，普列茨涅克还将国会
广场重新设计为中央广场。（图 3）这个广场较窄的
边缘被乌尔苏拉教堂和斯洛文尼亚爱乐乐团大厅的外
观立面占据，而较长的边缘则十分空旷。广场的南面
是不规则的开放空间，也是两条街道的交叉路口，北
面与红星公园毗邻。为了解决这一问题，普列茨涅克
利用这一空间原有的优势，将其作为广场的背景，并
强调其独立性：用严格的直角网格结构体现出广场的
独立性和秩序性。同样，沿着广场中轴规整排列的街
灯使广场的纵向定位更为突出，同时也从中心位置对
广场进行了实体定义。

如果说国会广场的街灯以精妙生动的形式暗示了
广场的中轴线，那么在 1929 年，普列茨涅克在法国
大革命广场则利用了大规模纪念碑形成的空间分割效
果，将广场划分成两个部分。一座石头制成的方尖碑
成为两条街道扩展后所形成的空间的分界线。这个空
间类似一个广场，恰好位于将城市与周边环境相隔的
城门所在的位置。但是，这种不断通过小规模的干预

措施去创造公共空间的方法并非普列茨涅克的本意。例如他在1929年的分区规划中，预见到了由城市中心的新建筑严格定义的新广场，在国会广场的对面和红星广场的北面将构成三个形式各异、令人兴奋的城市空间。虽然有一条出入道路穿越其中，但他还是将这一空间群落重新纳入1943—1944年的分区规划中，然而这一规划并没有完全得到贯彻执行。

1939年，普列茨涅克为老城北部教堂后面的法官广场设计了另一个类似的大型封闭广场，并将其纳入1943—1944年的分区规划。（图4）在这一案例中，他想为城市的管理机构创建一个以列柱廊、拱廊、方尖碑和立柱为标志的公共广场，这个几乎完全被建筑包围的广场或许与西特的理想相符合。在1940年至1942年期间建造的市场大厅带有希腊式列柱廊，在某种程度上令人联想到空间隔离的规划。它们有效地将市场与滨河景观相隔离，并通过略微凹陷的层面创造了动感十足的城市内部空间。通过两个街道升级改造的案例，可以特别清楚地看出普列茨涅克是如何理解城市设计的基本功能元素的——利用交通便利的街道去创造公共空间。他的策略是再次通过纪念性建筑，在原有街道形成公共场所。第一个实例就是对织女星大街的重新设计，这条大街位于法国大革命广场和国会广场之间，是城市的中轴线。1930年，普列茨涅克

在原先罗马要塞城墙的大概位置安装了一个庄严的围墙长廊，令人忆起城市古老的历史。同时也为卢布尔雅那的中心地带提供了一个散步的好去处，人们在那里能够在安全的距离上观望喧闹的市区。即使是普列茨涅克设计的容纳了国家和大学图书馆的最大规模的建筑（1936），其规模庞大的外观立面也由于古老的罗马中世纪城墙遗址而被延期建造。作为这个地标性建筑的馆长和建筑评论家，弗朗西·斯泰勒认为，普列茨涅克"让卢布尔雅那回归了历史"[10]。

第二个实例是为罗马艾摩那古城墙设置的背景环境，这段沿着米尔热大街留存下来的城墙是在1912年至1913年期间被发掘的。从1935至1938年，普列茨涅克将这段城墙设计成一个能够引起人们回忆该市古罗马时期历史的场所，将考古的真实性与建筑的虚构性相结合，把认知与冥想融合在一起。普列茨涅克将古老的城墙遗址与自己的建筑元素安置在一起，如拱门、金字塔和桶形穹顶，使这些现代的复制品颇具古罗马的历史风韵。这是一个混合型的建筑，将历史与现在、事实和虚构交织为一体。在公园中对战利品和考古发现的利用，使这个令人愉悦的沉思之地更具迷人的魅力。除了CIAM（国际现代建筑协会）指定的交通和休闲功能之外，街道和公园还具有一种语义功能，即通过唤醒城市的历史创造城市的共同记忆。

图4 约热·普列茨涅克，
卢布尔雅那的法官广场，1939

图 5 约热·普列茨涅克，卢布尔雅那的柯布勒尔桥，1931—1932

然而，在建设任务中，普列茨涅克把对城市公共空间的特殊兴趣变为现实。他的设计具有即时性，通常要通过功能性的建设考虑因素进行指导，这就是桥梁。他在卢布尔雅那设计了三座桥梁，每一座都可以作为道路、广场以及河流景观的元素。位于特尔诺沃郊区的特尔诺沃桥（在 1929 至 1931 年间常被称为特尔诺沃斯基桥）横跨在格拉达西亚河之上，也是通往教区教堂的轴向通道。令人惊叹的是，普列茨涅克在桥面上以林荫道的方式栽种了桦树，突出了它作为道路的功能。与此同时，位于四个角落的金字塔在视觉上将桥面定义为正方形的平面布局，形成了一个广场。在那里，人们可以置身于河流景观中消磨时间。

在中部将中世纪老城区与卢布尔雅那河畔的新城区连接在一起的是柯布勒尔桥（在 1931 至 1932 年间常被称为塞维亚斯基桥）。（图 5）在这一案例中，普列涅茨克通过在桥梁每侧排列六根顶部冠以圆球的立柱，创造了桥面的广场空间。由于视角分级作用，当走近这座桥梁的时候，会产生某种连贯的封闭感受。当到达桥面的时候，会发现那里是一片豁然开阔的河面区域。这种开放性与老城区的空间形成了鲜明的对比，反过来，桥面两侧的立柱也令老城区的风景更加优雅。他通过最小的调整发挥了城市空间的表达作用，

也使城市结构中充满自然野性的河流空间更具都市和文明色彩。

普列茨涅克桥梁建筑艺术的登峰造极之作是三桥综合体（Tromostovje，1929—1932）。（图 6）他在这里所做的是通过增加两座步行桥，对建于 1848 年的方济会大桥进行扩建，创造一个桥梁的组合建筑，它们像扇子一样从老城区向新城区展开，将教堂的梯形前部庭院扩展到卢布尔雅那河之外。这也是将桥梁作为通往休闲场所道路的实例，通过统一的桥梁护栏形成的汇聚效果，这一特性得到了进一步的增强。除了这种道路和广场的交替功能，桥面的建设还提供了一个复杂的雕塑空间：通向下层河岸长廊的楼梯被分别纳入桥梁的结构，由此可以看出两个层面之间步行桥的连接功能。通过旧桥，河流更古老、更宽阔的部分被保留下来。人们可以在步行桥的有利位置去观赏河流，它犹如这座城市的历史丰碑，被外科手术般地隔离在一方。这也是普列茨涅克为了唤醒城市的历史和特殊的地方特色，而采用了城市建筑设计方法的另外一种情形。

普列茨涅克创造公共空间的方法呈现出三个特征，这在当时功能主义迅速蔓延的背景和大环境下是非同寻常的。首先，他总是从根本上将公共空间设想为语义空间，无须将它们放在突出的地位便可满足实

图 6 约热·普列茨涅克，卢布尔雅那的三桥综合体，1929—1932

际需求。其次，即使这种语义空间被称为新兴的卢布尔雅那和斯洛文尼亚的集体意识，主要关注的仍然是个体在城市中的通行和活动，而不是当代独裁者人为划分的集体群众。事实上，这些建筑群体并不能让人们在瞬间捕获所有的强烈感受。它们需要更多的好奇心和个人进行的逐步探索，就像卡米略·西特在过去所做的。最后，普列茨涅克通过各种干预手段创造了独特的场所，回归了当地原有的特色，抵制了任何形式的泛化或机械的复制。

有时，在标志性建筑呈现出的众多意义中，纪念性建筑具有的精确意义是次要的。意义所形成的氛围更为有效，但是并不显得随意任性，因为纪念性建筑的形式总是与建筑的空间功能相一致。例如，普列茨涅克在法国大革命广场采用了一个带有倾斜角度的方尖碑，这一形式有助于纪念碑的空间隔离功能。相反，他在舒斯特尔桥布置了一系列圆柱，这一形式突出了空间对于河水的开放性。通过将纪念碑首先设想成空间上的建筑活动，重现纪念性建筑的原型，普列茨涅克取得了具有矛盾性的成功，这一具有高度主观性的天才艺术创作至今仍然能够被大众所理解。在这个意义上，私人的关注之处同时也是一种公共场所。换句话说，就是普列茨涅克的卢布尔雅那，同时也是公共集体的卢布尔雅那。[11]

1908 年出版的由艺术历史学家阿尔伯特·埃里克·布林克曼所著的《广场和纪念碑》一书，对新型综合广场的概念产生了巨大的影响。布林克曼继承了西特在艺术历史背景中对广场进行的分析，但是在这一过程中却与西特保持了距离，并将其指责为"浪漫的城市建筑师之一"[12]。在风景如画的中世纪，西特的浪漫声誉可能会是一种弱点。另一方面，布林克曼更为支持呈几何对称布局的法国巴洛克风格广场："在城市设计中，宽阔、笔直的街道与规整的广场一样将会保持自身的价值。它们是城市的核心和骨干，是为城市塑造的最为庞大的空间。"[13] 他的历史书绝不仅仅是关于历史的书籍，而是要作为当时建筑的灵感源泉。但是，与西特不同的是，布林克曼没能建立一些固定的设计法则。这是因为"即使是在城市设计与我们最为密切的时代，尤其是巴洛克时期和 18 世纪的法国，城市设计也只能为艺术设计提供建议和作为辅助教学之用"[14]。

因此布林克曼只是提供了一些普遍的基本规则："城市建设意味着：运用房屋的材料设计空间！"[15]但是，凭借这一充满灵感的"新型空间艺术"，建筑师还会"创作出崭新的、具有自由美感的城市设计"[16]。

在教科书中，伍珀塔尔—巴门市带有新市场的市

图 7 卡尔·罗思，巴门的市政大厅和市
场，1921—1923

政厅实例，[17] 展现了布林克曼的书籍对广场，以及西
特的书籍对城市设计产生的巨大影响。1908 年，巴门
市举行了招标竞赛活动，当时在很多方面精确指定的
条件都在后来的建筑中实现。在参数中，精确描述了
新建筑的位置和配置，它将新市场不规则的平面方案
组成两个部分：后面的部分是一个市场，同建于 19
世纪的新市政大厅连接在一起；前部也有一个市场，
作为市政厅的前部庭院，庭院三个侧面封闭，一面朝
向主要的街道——维特大街开放。他们还规定，通过
干道确保与城市路网的连接，并在市政厅翼楼的地面
层设置商店来提供新的商业场所。由此，对作为城市
市场的市政大厅广场在空间上进行了严格的建筑定
义，并规定了其商业用途。包括建筑师赫尔曼·比林、
西奥多·费舍尔、卡尔·霍夫曼、莱因霍尔德·基尔
和保罗·瓦洛特在内的高级评审团，将一等奖授予了
来自科隆的卡尔·莫里茨和威廉·派平；另一项一等
奖授予了来自斯图加特的保罗·博纳茨和弗里德里
希·尤金·肖勒；二等奖的获得者是来自杜塞尔多夫
的威廉·克雷斯。[18] 莫里茨和派平设计了一组巨大的
非对称建筑，模仿了萨里宁或比林的设计。而克雷斯
则展示了一个新巴洛克风格的城堡建筑群。最终，博
纳茨和肖勒的设计以严格的广场空间定义脱颖而出。
从建筑和城市设计的角度看，这一设计具有很多优势，
但是它的成功却在于对城市商业用途的构想。正如巴
门市政议员海因里希·科勒尔所解释的：该设计"提
供了一个外观优雅的内部庭院，并幸运地屏蔽了来自
商业街的噪声。若不是担心那些店铺的生存能力，这
一构思本来可以完全实现，但为了获得优惠的利率，
降低过高的建设成本，这些本来要占据市政厅地面层
的商店只能被忍痛割爱。"[19]

但是由于该市紧张的财政状况，在竞赛结束之后，
这一项目并未获得批准。直到 1912 年，关于市政大
厅的讨论才被再次提上日程。这一次，该市的决定倾
向于刚刚成功完成市政厅项目的建筑师，最终选择了
达姆斯塔特的教授卡尔·罗思，他在卡塞尔和德累斯
顿的市政大厅项目打动了决策制定者。采用罗思方案
的建设工作始于 1913 年，在官方制定的指导方针下，
本着博纳茨的思想和理念，城市的面貌发生了改变。
（图 7、图 8）下面是科勒尔对该城市设计的整合与
程式化进行的描述："新的市政大厅以平静、宽广延
伸的线条将新市场环绕在内，后部的旧市场被保留下
来用于扩展之用。原有的街道呈扇面从广场展开，保
持了两个广场与人行道的连通性。"[20]

新市场与维特大街相邻的一面完全开放，罗思用
双排立柱的拱廊取代了博纳茨的柱廊。通过在店铺的
前面采用带有夹层的拱廊，罗思让人们重温了意大利

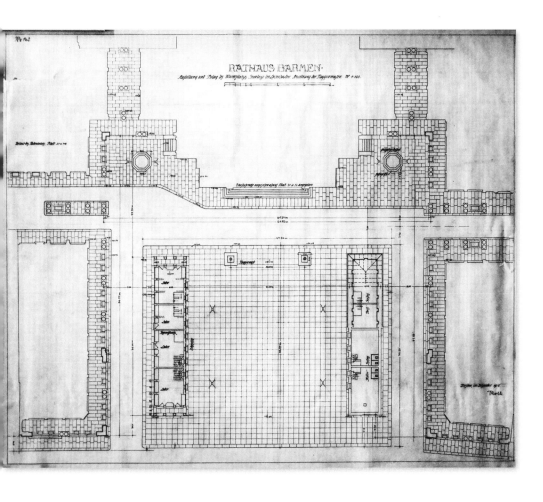

文艺复兴时期的中心型城市商业建筑，这种商业建筑为欧洲的广场商业区打下了深深的烙印。实际上，罗思已经从城市设计和建筑的角度将他的广场进行了概念化设计，实现了他自己所说的"将其作为城市中心主广场的功能"。[21] 通过建筑定义空间形式是城市设计的特点："作为一个延伸的城市结构定位点，严格创造一个尽可能作为中心的广场是极其重要的。"[22]

一方面，他通过这种做法在城市中创立了一种独立的、有效的空间形式；另一方面，他将这种形式与周边的环境紧密结合在一起。由于汇聚的街道"在市政厅的翼楼下面穿过，因此这一形式的边界十分清晰，从而避免了广场的围墙产生撕裂感"[23]。

由于强调了广场围墙的封闭性，罗思对卡米略·西特思想的追随变得十分清晰。事实上，在罗思的一个文件夹中，人们发现了关于城市设计概念的众多手稿和图纸，可以看出不仅在思想上，就连那些小型广场的平面图纸也直接参考了西特的理念。（图9）通

常，罗思将广场描述为一种"为了在街道中引导行进路线而插入的停歇场所"。广场并不是交通的中心，也不是遗留的城市街区[24]；他辨别出交通广场、市场和居住广场都拥有各自的形式。在一篇题为《空间设计》的演讲手稿中（1927），罗思正式论述了广场的问题，将广场定义为"空间，而不是表面，它是一个没有屋顶的外部空间……；广场是一种与街道（大厅和通道）形成的对照效果；是一个令人过目难忘的统一体……，要领会它的思想（不只是可识别的平面布局）；广场要采用封闭的形式，拥有围墙和开口，围墙要高，广场不是街道的一个角落……"。在众多的形式中，他对"深度广场"和"宽度广场"进行了辨别，并要求对其进行明确的区分。这也强调了这样一个事实，他的两个商店建筑位于正方形的巴门市场附近，也就是在市政大厅前面突出区域的中心部位，将一个普通的广场变成一个深度广场，实现了城市的美学目标。

图 8 卡尔·罗思，巴门的市政大厅和市场，1921—1923

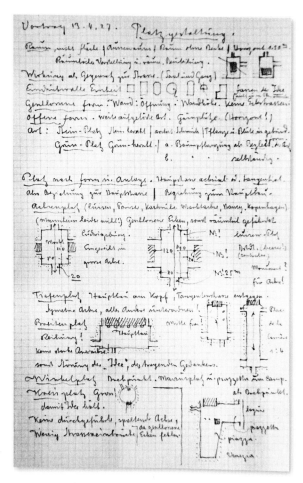

图9 （左）卡尔·罗思，《空间设计》
的演讲手稿，1927

图10 （右）黑尔讷的市政大厅广场，
1909年，摘自维尔纳·黑格曼和埃尔
伯特·皮茨合著的《美国的维特鲁威，
建筑师的城市艺术手册》，1922

FIG. 156—CITY HALL PLAZA, HERNE

In a competition held in 1909 for the design of a civic center to
comprise city hall, court house, postoffice, and office buildings and
covering an area of twenty-two acres, this plan by Kurzreuter, Harro,
and Moell was selected for execution. It entered the competition under
the motto "Camillo Sitte" and is typical of the interpretation Sitte's
writings were given at the time by many young architects. Note location
of equestrian monument in one corner of the plaza. (From plan and
model shown at the Berlin City Planning Exhibition).

他的那些直接参考了西特和布林克曼理念的手稿
以及巴门的市场方案，清晰地表明欧洲的广场设计对
20世纪早期的广场规划产生的影响。全新的巴门市
场已经成为城市综合广场的典范，这并不只是因为它
基本的几何造型和那些令人忆起意大利和法国城市广
场传统的拱廊商场。还有一个原因，就是除了极力追
求功能的分化之外，它还是一个概念化的城市主广场。
作为市政大厅的前部庭院，它代表了政治的力量和议
会制度，并且还可以作为市场和商业场所；这里有方
便的车辆交通，为行人提供了放松休闲的场所；它是
一个实用的场所，也是一个可以用于展出的场所。

巴门的市政厅和市场是长期性的城市设计范例，
远远超出时尚的流行期。它的设计始于德意志帝国时
期（1908年进行招标竞赛，1913年开始建设），竣
工于魏玛共和国时期（1921年开始使用，1923年全
面竣工）。在战争中被摧毁之后，它在德意志联邦共
和国时期（1948—1959）得到了重建，在那时，德意
志帝国时期的建筑残迹得到了前所未有的尊重。通过
建筑定义城市广场的传统由于具有多种用途，已经不
仅仅是一种理念，在实地现场的具体物化和再物化方
面也是一个很好的实例。

带有市场的巴门市政大厅也毫不例外。相反，它
是一个20世纪早期的典型建筑。不仅为了新建一座
公共纪念建筑而建造了新的市政大厅，还将其与广场
结合在一起。尤其是鲁尔区那些蓬勃发展的工业城市，
由于没有类似的具有悠久历史的市政大厅综合建筑，
以市政大厅和广场的形式进行规划的新型市政公共空
间显然是值得关注的。这种纪念性的市政建筑在德意
志帝国时期就已经出现，很多项目一直延续到魏玛共

和国时期。只是当纳粹党在1933年夺取政权后，它们经历了一个不光彩的结局：在这个领袖国家里，民主选举的市政机构居然没有办公场所。因此，这些市政厅和广场构成的综合建筑，成为著名的公共纪念性建筑，是民主政治服务这一传统的经典范例，只是，这种民主政治被纳粹统治所终结。

除了伍珀塔尔-巴门市，黑尔讷市带有广场的市政大厅也是值得考虑的。（图10）在1908年，当新城区被纳入之后，黑尔讷需要一个更大的市政大厅，于是同年举行了招标竞赛。经过旷日持久的竞争，威廉·克雷斯在1910年被委以设计重任，并于1912年完成了设计工作。在克雷斯的设计中，建筑的正面采用了砖结构，中部有凸起的山墙，令人联想到明斯特兰的城堡，人们通过塔楼可以辨认出这是一座市政大厅。从一开始，规划中就在前部设置了广场，并可以作为市场（正如原来的名字所称），还可以作为新的城市公共中心。今天，这里被称为弗里德里希—艾伯特广场。由于增加了更多的公共建筑，广场的围墙也更加封闭：广场的南部是1914年至1919年建造的地方法院大楼，北部是建于1927至1929年的警察局和行政管理大楼。通过砖结构的运用，三座建筑形成了一个组合，从新巴洛克风格过渡迁移到具有纪念意义的客观现实风格。尽管东部始终没有建筑出现，但是广场还是凭借这些建筑的外墙形成了封闭的效果。[25]

奥伯豪森市的弗里德里希广场也是一个公共中心，是该市在1902年获得的一块原先的工业用地上修建的。（图11）建于1904年至1907年的地方法院是这里的第一个纪念性建筑，具有新文艺复兴风格的山墙显得盛气凌人。在1924至1927年期间，城市建筑师路德维格·弗雷泰格通过两座容纳了警察局总部、德国国家银行和市政办公机构的纵向建筑，建立了纵向布局的广场。砖结构表达主义的形式语言十分适合地方法院文艺复兴风格的砖墙外观。通过壁上拱廊的运用，创建了都市主题，突出了公共建筑的特征。1955年，汉斯·施维佩特在广场的南端建造了欧洲大厦。可是，由于新建筑完全采用了对比鲜明的白色，以及两面几乎空白的墙面高高矗立在广场一侧，与原来的建筑组合特征格格不入。

在20世纪20年代，除了不断发展的工业城市之外，在比利时和东普鲁士地区对毁于战争的城市进行重建成为主要工作，在很多小镇，中心城市广场的塑造发挥了重要作用。在格尔达普重建的市场就是这样一个实例，那里位于今天波兰的东北部。市场是以遗迹保护的传统形式进行建设的，包含了若干拱廊，提升了都市化的水平。[26]（图12）时至今日，塑造城市广场建筑的很多城市设计实例一直被忽略。为了识别和确定这些选择范围广泛的实例，应该鼓励当地的研究活动。最终，20世纪20年代柏林的两个著名项目引起了很大关注，塑造大型的城市公共空间成为其主要的议题。其中一项是都市的大街项目，在1925年为菩提树下大街举行的项目竞争是最好的示例。另一项是都市广场项目，最为典型的是1928年进行的亚历山大广场设计竞赛项目。它们的要求是极其不同的：巴洛克式林荫道菩提树下大街，不需要立刻进行修建（这只是一家建筑杂志提出的竞争想法）。而亚历山大广场则为原来城门的外部提供了充足的空间，这是一个交通和城市空间改造迫切需要的解决方案。

图11 路德维格·弗雷泰格，奥伯豪森市的弗里德里希广场，1924—1927

图 12 格尔达普的市场，摘自维尔纳·林德纳尔和埃里克·博科勒勒尔所著的《城市的保护和设计》，1939

令人惊奇的是，为菩提树下大街项目竞赛提供的小额奖金竟然是为街道设计的艺术感而专门设置的。项目竞赛提出的问题很简单："在 20 世纪，应该如何设计柏林的主要街道'菩提树下大街'？"作为《建筑月刊》和《城市建设》的发行者，维尔纳·黑格曼在城市设计的所有问题中提出了首要的问题。街道设计解决方案中的关键词是"鲜明的暗示"。[27] 由赫尔曼·德恩博格、卡尔·埃尔卡特、埃米尔·法伦凯普、维尔纳·黑格曼、汉斯·波尔吉格和埃瓦尔德·瓦斯穆特组成的评审组，尤其赞赏了由科内利斯·范·伊斯特伦设计的获胜项目与历史环境和谐相融的特色："该设计试图在保留'菩提树下大街'东端和巴黎广场附近建筑的艺术与历史价值，并与 20 世纪的新价值之间创造一种平衡。"[28]

事实上，这个乍看起来十分前卫的设计巧妙地在低处的街道和街区周边建筑之间进行了调和，与悠久的历史背景和街区内高层建筑的巨大烟囱保持了一致。（图 13）在弗里德里希大街的路口处正好有一幢高层建筑，在巴洛克风格的城市中轴线上引入了现代城市的风韵。范·伊斯特伦的获奖更是令人惊讶，因为他没有提及街道的建筑设计：他设计的那些白色立方体造型只是表明了城市建筑规模的有效设计，但是却以如此魅力无穷的图解方法获得了评审组的青睐，凭借对城市的生动描绘获得了美感奖。

其他的入围作品也不仅仅是关注城市空间的设计，整个竞赛的结果反映出由于当代城市设计辩论而引起的极度混乱局面。例如，很多入围作品提出了高架道路、人行天桥，甚至是屋顶走廊的方案，解决了交通的问题。[29] 还有人提出了激进的方案，设计出与街道垂直相交的排式建筑。除了体现出当时功能主义前卫派所关注的设计，大多数的参赛者采用了传统的城市设计元素，表达了街道实际的可识别印象。通过安装拱廊和柱廊隐藏外围不规则的私有临街建筑，成为备受欢迎的设计手段。格尔奥格·萨尔兹曼的方案就是这种典型的设计之一，并获得了竞赛的三等奖。（图 14）他的城市设计方法十分激进，菩提树下大街几乎完全消失，并采用了纯粹由建筑定义的城市空间。这种定义主要是通过三层柱廊的统一运用而实现的，正如萨尔兹曼提到他的模型时所强调的："街道在纵轴方向上的重现只有通过多层拱廊构成的魏因布伦纳主题才能实现。"[30] 正如"欣克尔的精神和柏林的风格"这句箴言所指，带有笔直端部界限的简朴风格具有很大的影响效果，被当地作为引用的模式。但是，萨尔兹曼绝不打算创造一个单调乏味的建筑序列，并没有按照等距离的间隔设置柱廊，而是用"一系列的广场打破了"街道空间的连续性。[31] 这意味着一个风格更为多样、形式更加统一的城市空间。这首先是由它的建筑背景决定的，此外，设在地面上的店铺

图 13 科内利斯·范·伊斯特伦，柏林的菩提树下大街，一等奖，1925

也体现出都市风貌。对于以保护历史意义和景观轴线为目标的"菩提树下大街"规划方案，这种都市化是否合理？当然，这是另外的一个问题。在城市广场的历史中，1928 年为重新设计柏林的亚历山大广场而举行的竞赛具有特殊的地位。将现代城市广场刻意改变为汽车交通所需形式的时刻似乎已经到来，但是实际上，却更加巩固了广场的地位，同时还保持了带有封闭空间的广场设计标准。作为柏林的城市规划者，马丁·瓦格纳对这次竞赛的内容产生了影响。他认为，对于现代的"世界级城市广场"，"交通汇聚的功能……是最为重要的，其形式设计……是次要的。"[32] 尽管瓦格纳在这里提出了一个完美的功能主义指导方针，但

是他还是高度关注"世界级城市广场的形式问题"。事实上，他早在竞赛开始之前就确定了竞赛的初步草案，并通过平面图和模型进行了描绘。（图 15）这一设计的主导思想就是创造封闭的广场空间：它那接近环形的造型有助于形成统一的风格。此外，通过广场建筑的墙面形成了两条交会的街道，而朝向原来国王大街中轴线的开口则仿佛一座城门。

由汉斯、瓦西里·勒克哈特和阿尔方斯·安克尔设计的方案实际上遵循了瓦格纳的指导方针。（图 16）通过沿着街道曲线塑造的具有动感的水平带状结构，他们完美掌握了建筑设计所需的交通线路和行人的路径，在广场上创造了一种具有速度体验的城市标

图 14 格尔奥格·萨尔兹曼，柏林的菩提树下大街，三等奖，1925

图15 马丁·瓦格纳，柏林的亚历山大广场，参加竞赛的初步草图，1928

图16 汉斯、瓦西里·勒克哈特和阿尔方斯·安克尔，柏林的亚历山大广场，一等奖，1928

图 17 彼得·贝伦斯，柏林亚历山大广场上的建筑，1929—1932

志。[33] 最终，彼得·贝伦斯获得了项目合同，随后在国王大街的左右两侧竖立起两座建筑。它们散发着宁静气息的外观在水平和垂直元素之间起到了调和的作用，更加突出了广场的宁静氛围。（图17）可是，由于实际的空间塑造曲率限制，它的街道天桥从未实施，因此，以动态的交通为基础设计一个世界级城市广场的思想仍然是一个乌托邦。亚力山大广场没有完全实现，并且随后所有的交通广场都为了交通的便利而牺牲了广场。

在国际范围内，维尔纳·黑格曼是关于城市维度设计探讨方面的核心人物，这种维度设计通常以建筑来定义诸如街道和广场这样的公共空间。[34] 在很多方面，他都起到了至关重要的作用：首先，由于他多次在德国和美国居住，使他成为两国最新城市设计趋势的融合者、一个真正的国际人物。其次，由于他的开放意识，在关于当前的问题、最新解决方案和历史经验等方面，担当了对立的前卫派和传统主义者之间调和者的角色。最后，作为一个素养极高的经济学家，无论怎样，他都能很好地理解城市设计的任务，而且会考虑到与城市相关的社会、经济和技术等问题。1922年，他曾对功能主义的出现做出如下评论："城市规划这一新兴的职业，正在朝着工程和应用社会学的方向快速发展。"[35]

除了作为参展者和杂志编辑出席各种活动之外，黑格曼的那些关于城市设计的书籍也极具影响力。这些书籍通过各种例证提供了从过去到当前的城市设计模型和解决方案。1910年，在柏林举行了综合城市设计展，为展会编撰的展览目录长达两卷，并含有大量的插图，成为代表历史和当前城市设计的纲要。[36] 但是，正是1922年出版的《美国的维特鲁威》一书成为奉献给城市设计各个方面，尤其是关于公共空间问题的城市艺术手册。在很大程度上，城市设计艺术由公共空间设计定义为所称的城市艺术。黑格曼支持卡米略·西特的观点，并在英文版书籍的第一章中对此进行了总结。对于西特喜爱设计常规的文艺复兴和巴洛克式广场与街道的倾向，黑格曼进行了合理的强调，摆脱了中世纪时期从他的弟子那里继承而来的偏见。对于黑格曼来说，无论是何种类型，公共广场上封闭空间的构成都是城市设计的核心。（图18）

黑格曼通过广场的实例描述了城市空间和城市建筑之间的牢固关系："广场是通过建筑构造而成的，这种建筑框架构成了广场的重要组成部分，广场的造型设计要最好地展现出这种框架结构的优点。"[37] 他提供了数百个广场和街道的实例作为模型，几乎描绘

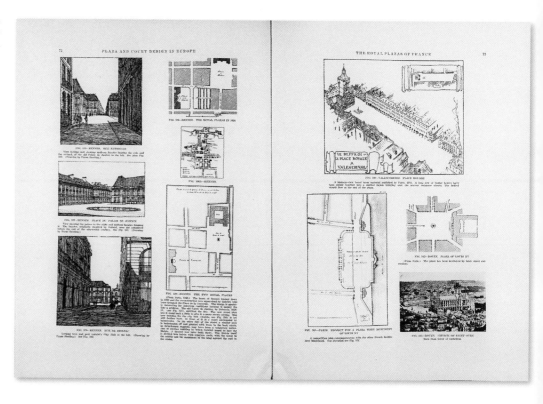

图 18 维尔纳·黑格曼，《欧洲的广场和庭院设计》，摘自维尔纳·黑格曼与艾尔伯特·皮茨合著的《美国的维特鲁威》，1922

图 19 G. V. 托伊费尔，乌尔姆大教堂广场，一等奖，1925

了整个城市设计的历史。除了广场，书中美国城市中心的公共建筑群成为一个特别热门的话题。对黑格曼来说，由协调的建筑进行街道空间的定义具有极其重要的作用。他引用拉斯金的原话强调了这种和谐临街建筑的文明功能，使建筑之间的相互影响具有一种宗教的特征："临街建筑确实具有一种神圣的魅力，几乎是与神殿相当的氛围：对于人们来说，以宗教服务的形式团结在一起算不得大事，但是在日常生活和工作的办公室中像真正的兄弟一样团结在一起，却是非常重要的。"[38] 在更大规模的街景中，尤其是在拱廊和柱廊等都市元素的衬托下，独立排屋之间的相互影响作用成为他 1929 年所著的图文并茂的《排屋的外观》一书的主题：在这里，黑格曼的目的不是通过排式建筑消除城市空间，而是运用适当的外观塑造城市空间。[39]

1925 年，围绕着乌尔姆大教堂广场的建设而引起的冲突也是一种自我证明，表明了城市广场是由建筑外观定义的这一概念。这里的问题是纠正大教堂在 1870 年之后呈现的隔离性，并通过环境的重塑创建一个空间封闭的广场，与高耸的大教堂塔楼和分离的大道形成鲜明的对比。多达 450 名的参赛者也显示了这一任务的迫切性。评委会将三个一等奖分别授予了阿道夫·施密特（奥格斯堡）、施瓦德尔和霍博（斯图

图 20 公共广场，摘自维尔纳·黑格曼的《城市规划·住宅》，1938 年

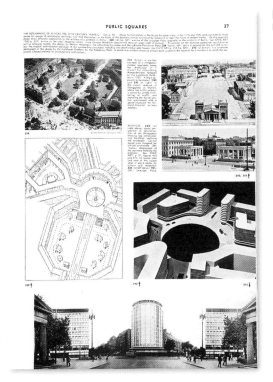

加特）以及 G. V. 托伊费尔教授（卡尔斯鲁厄）。他们的方案展现了相似的设计方法，采用了当地小镇的建筑形式实现了城市景观的统一和空间的塑造。这不仅解决了交通问题，同时还为历史悠久的大教堂恢复了适宜的氛围。（图 19）希望就在于，"未来德国城市设计的精神"[40] 将会从服务于保护地标建筑的城市设计活动中出现。关于广场的恰当细节，黑格曼反对新颖别致、造型不规则的广场，支持规则整齐的几何造型广场，这引起了争议，但是，广场的封闭形式却从未受到质疑。[41]

多年之后，黑格曼计划编写长达三卷的《城市规划·住宅》，将其作为《城市艺术》的扩充。1938 年，在他去世之后出版的插图卷本尤其专注于城市设计的问题，展示了众多广场和街道的最新实例。尽管现代城市对于卫生和交通有着特殊的需求，但是如果没有一个有利于城市空间的形式，是无法实现的。书中介绍了具有多种政治意义和多样风格的项目，包括克利夫兰、圣路易斯或者丹佛的城市中心，重新设计的柏林亚历山大广场和波茨坦广场，慕尼黑的国王广场，布雷西亚或热那亚的皮亚森蒂尼广场和哈尔科夫的圆形广场，并对每一个项目使用了一定的篇幅进行描述。[42]（图 20）无论每个项目的实际需求如何，公共空间的定义都是它们的共性。同样著名的英国城市规划师雷蒙德·昂温，在前言中赞扬了黑格曼的城市设计综合概念："他的观点是全面的，看到了问题的所有方面。……他认识到人是一种复杂的生物，为了满足全部的本性，可以产生不同种类和品质的需求。在为他所创造的生活环境中，所有这些元素都必须结合在一起。他们的满足意度不能被彼此分开，因为人类是一种具有统一性的生物，不会满足于长期在一个地方发现各种便利，会在另一个地方或者任何其他的地方创造舒适的生活、文化或者美感。"[43] 这显然是一种反对示意性"功能分区"的辩解，事实上，它当时是 CIAM 所提倡的。

对于黑格曼，实用性和审美性的同时处理与各种实际需求的综合处理是同等重要的："黑格曼意识到，规划者的目的必须是发现一种有序的形式，满足对效能的需求，并最终产生一种美感。……他并没有像一些现代人士认为的那样将应用和美感混为一谈，也没有忽视对二者的需求，更没有认为可以在分离状态下满足对它们的需求。"[44] 除了功能性之外，城市设计，尤其是凭借建筑定义的公共空间的设计，也是维尔纳·黑格曼关注的核心问题。

2. 斯堪的纳维亚的广场

由阿恩施泰因·阿内伯格和马格努斯·波尔松设计的奥斯陆市政大厅带有若干广场，是一个以文化都市风貌的名义进行公共广场设计的重要实例。它体现了当地对民主进程的纪念意愿，还有通过建筑定义和描绘城市空间的意图，以及对城市的普遍理解。同时，它也为这种城市态度的延续提供了证据。从1905年到1950年，它漫长的规划期和建造期经历了两次世界大战和不同的政治时期，还经历了激进的风格变化和城市变迁。虽然项目经历了各种变化，但是基本的城市文化和设计态度却始终未变，最终塑造了一个具有迷人空间的城区，这一切都是逐步形成的。1915年，于上一年就任市长的律师耶罗尼米斯·海尔达尔为了在1924年纪念奥斯陆建城300周年，启动了建造大型市政厅的新计划。

他提出了一举两得的想法：首先是为当地的选举代表建立议政场所，这一想法已经讨论了将近一百年。其次，对位于海港的、破旧的皮波维根城区进行重建。

海尔达尔已经从组织的私人募捐活动中获得了可观的资金，并委任城市建筑师奥斯卡·霍夫进行规划设计。该规划方案设想了一个独立的巨大建筑，并带有与斯德哥尔摩市政厅相似的主塔楼。人们可以通过一条作为城市轴心的林荫大道抵达市政大厅。[45]

那一年，该市还为市政厅及街区周边建筑的设计创意举办了一次招标竞赛，虽然只允许挪威的建筑师参加，但是评审组却由斯堪的纳维亚地区各国的建筑师组成。除了两位挪威建筑师之外，建造了哥本哈根市政厅的哈拉尔德·阿尔斯、埃米尔·雅各布斯和马丁·尼洛普，以及建造了斯德哥尔摩市政厅的建筑师让纳·厄斯特贝利都进入了专家评审组。[46]1916年，他们为了进一步的工作挑选了六个项目，其中包括由阿内伯格和波尔松设计的最终建造方案。同年，该市正式决定建造全新的市政大厅，并重建滨海的皮波维根城区。[47]从1917年至1918年，在六个获胜的设计

创意之间举行了最后的项目竞赛，阿恩施泰因·阿内伯格和马格努斯·波尔松最终获胜。但是，在1919年被委以市政厅的建造任务之前，他们的方案还有很多需要改进之处。[48] 他们在项目竞赛中的设计拥有一个引人注目的圆形广场，它位于市政厅的前面并朝向市区开放。事实上，这个广场是最后建成的，哈拉尔德·阿尔斯常把它与罗马的圣彼得广场相提并论。[49]随着广场和辐射状地面图案的建设，它与锡耶纳的坎波广场也越来越相似，由两根立柱界定的海港景观也令人联想到威尼斯的风雨广场。（图21）

直到1930年，从塔楼开始，市政厅经历了无数次的修改。最终，双塔楼结构的市政厅在1931年至1950年期间完工。在1940年至1945年德国占领时期，这一项目的建造工作曾经中断。在这个时间跨度内，项目的风格也发生了显著的变化，先从民族浪漫主义转变为北欧古典主义风格，之后又转变为地区性客观现实主义风格。1920年，艺术历史学家和建筑评论家

卡尔·W.施尼特勒曾经把第一阶段的变化描述为"浪漫主义到现代主义的转变"[50]。

对我们的目标更有意义的是，在城市空间内，不同大众群体的构成发生了变化。从这一项目的不断变化中，人们可以体会到建筑师为了在城市景观中创建具有纪念意义和现代风格的市政厅所做出的不懈探索。在最初的草案中，建筑凭借着高耸的市政厅塔楼保持了可以远观的效果。随后，建筑师们试图通过提高实际的结构使一部分立方体的空间凸出于建筑之外。现在，他更像一座巨大的文艺复兴时期的宫殿，以恰当的方式在朝向海港方向的宽阔广场和面向城市方向、氛围更亲切的广场上起到了主导和支配的地位。塔楼现在已经发生了巨大的变化，这主要是由于项目从一个低矮、粗壮的形态转变为修长、高耸的造型。一个重大的突破是放弃了古典风格的塔楼，并建造了两座高层的大楼取代了纪念庭院两侧较低的翼楼。（图22）这使得主体结构保留了举办公共庆典的大厅，而

图21 阿恩施泰因·阿内伯格和马格努斯·波尔松，奥斯陆的市政大厅和圆形广场，大约1920

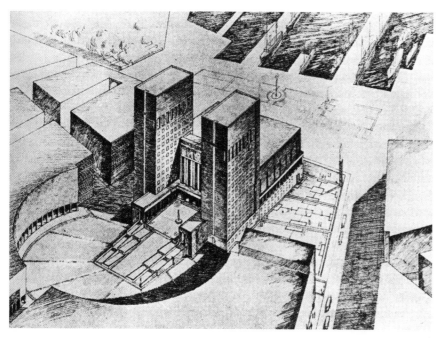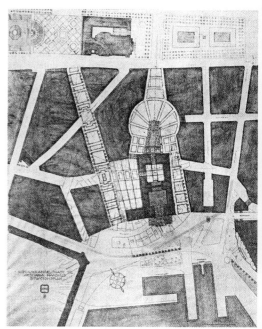

图 22 （左）阿恩施泰因·阿内伯格和
马格努斯·波尔松，奥斯陆的市政大厅
和广场，1930

图 23 （右）阿恩施泰因·阿内伯格和
马格努斯·波尔松，奥斯陆的市政大厅
和广场，大约 1920

行政管理部门则位于新建的高层办公大楼内：对于已
经建立的现代市政大厅来说，这是一种全新的，但是
却可以识别的建筑类型。

　　他以一个功能主义的设计保持了与当地历史的关
联。从一开始，这便成为项目的纲领性标志。通过采
用当地的砖石，建立了一种历史关联性。超大尺寸的
中世纪砖石造型和各种经过工匠精心雕琢并具有艺术
美感的修饰构成了建筑的组成部分。尽管这是一个立
体派的现代设计，但是这些匠心独具的装饰手法和规
模巨大的深色实体，与那些年以白色为主，具有鲜明
非实体化的著名国际风格相比，创造了完全不同的印
象。将市政大厅包含在城市广场和街道的构造中，作
为皮波维根城区重建计划的一部分，在设计过程中发
挥了核心的作用。（图 23）阿内伯格在 1922 年的一
次演讲中，亲自描述了市政大厅的汇聚作用和城市广
场的不同类型。[51] 圆形的弗里德约夫·南森广场最初
被称为圆形广场，是最为引人注目的广场，也是市政
厅向北朝向城市一侧的前部庭院。（图 24）它是一
个部分开放和部分封闭的空间结构，形成了进入市政
厅的通道。城市街道部分首先将人们的视野沿着轴线
引向建筑的主立面。然后，空间向着圆形的前部庭院
扩展，游客可以沿着一条坡道去往由立柱拱廊这一城
市主题定义的具有纪念意义的前部庭院。从 20 世纪
30 年代开始，同样由阿内伯格和波尔松设计的位于

圆形广场的市政厅外墙立面，以其令人惊叹的砖石材料形成了一种统一的风格，使广场与市政大厅交相辉映。同时，它们简单的设计还为巨大的公共建筑预留了一个私密的背景空间。建筑外观立面的水平分段强调了广场几何造型的统一性，而高达两层的基座区域设有大量的商业场所，连贯的阳台极具特色，采用了大量的玻璃并覆盖了浅色的石头。此外，一个带有多孔砖结构立面的三层办公楼被环抱于广场之中，顶部的两层略微凹进，并覆盖着浅色的大理石罩面。在街道交会的拐角处，类似塔楼的砖结构建筑在垂直方向上突出了广场的水平组织结构。市政厅的西侧是皇冠公主玛莎广场，在规划中被称为太阳广场。首先，建筑师们以更为封闭的概念将这个广场和市政厅与水面相隔。在 20 世纪 20 年代的设计过程中，他们将这个塔楼移到了这个小型广场的北端，使其沐浴在南面的阳光之下。[52]现在，由于它朝向水面，常常令人联想起威尼斯的风雨广场，犹如钟塔一样的市政厅大楼和一尊雕像使这种印象更为深刻。（图 25）这与最初选用石材作为广场地面的方案是一致的，但是在实现的过程中被一个具有现代广场特色的公园所取代。市政厅广场具有一个完全不同的空间功能：在市政厅朝向海港一侧的这个滨水广场十分宽阔，在广场的两侧没有形成空间框架效果，因此更像是一个由石料构成的滨水长廊的一部分，为行人提供滨水景观的同时，

也在市政厅和远处的海港之间创造了一种具有纪念意义的效果。

通过将市政厅融合在构造各异的广场和街道之中，奥斯陆的市政大厅直接实现了卡米略·西特所称的"广场群组"，在 1889 年的《城市建设》一书中，西特提出这一概念，并用插图进行了论证说明。同时，根据土地使用规划，不同的建筑师在城区内新建了大量的私有商业建筑。他们遵循了古典的排屋建筑模式，将两层的底座部分作为商业空间，顶部的楼层则作为办公区域。[53]这些建筑以简洁的造型和迷人的石头立面，与威严的市政和公共街道、广场空间交织在一起，共同构成了一个具有现代都市风貌的城区。

卑尔根的托加曼尼根广场是根据费恩·伯纳尔在 1922 年至 1927 年设计的方案进行建造的，简单的造型体现出宏伟的气势和统一的特性。（图 26）它的造型比较狭长，它最初的功能是为木质建筑为主的城市提供一条贯穿于广场和街道之间的防火走廊，因为该市很多 19 世纪的建筑曾经毁于 1916 年的一场大火。根据阿尔伯特·利林伯格起草的土地使用规划，这个新广场举行了招标竞赛，获胜者将别致的传统风格与带有山墙的文艺复兴风格房屋结合在一起。[54]但是在1922 年，从 1916 年至 1919 年期间曾经作为阿内伯格和波尔松助理的费恩·伯纳尔被委以设计新广场建筑的重任。[55]伯纳尔统一的广场建筑包括广场侧面的四

图 24 阿恩施泰因·阿内伯格和马格努斯·波尔松，奥斯陆的弗里德约夫·南森广场和市政厅，1930—1950

图 25 阿恩施泰因·阿内伯格和马格努斯·波尔松，奥斯陆的太阳广场和市政厅，大约 1920

个街区。在广场北端的两侧，是角楼的凸出部分形成的空间，以及宽阔的拱廊开口。广场较长侧面的构造十分严格规整，与构造同样严格规整的较窄侧面上通向城市和周围景观的开口相一致。通过简洁的横向组织结构，伯纳尔突出强调了广场的纵向定位。一个巨大而隐蔽的石柱廊高达两层，将广场环绕在其中，构成了建筑的基础。在石柱廊后面的夹层里设置了商店，并以传统的风格排列在地面之上。（图 27）在巨大的半露立柱顶部，是构造巧妙的柱上楣构，为石柱廊提供了更好的自身可塑性，与建筑凸出部分的装饰区域和外观立面的其他部分融合在一起。后者由四个相同的楼层构成，统一样式的窗户在广场背景的衬托之下给人朴实素雅的印象。环形的檐口产生了统一的视觉效果，最终在空间的上部形成了一种古典风格的皇冠状檐口装饰效果。这是一个采用传统城市设计方法创造的城市空间，它那几乎平整的外观立面体现了路易斯·斯瓦松的乔治亚风格。在英国，这种不会省略现代商业空间的设计风格常令人回想起古典的城市设计。

1923 年，为了纪念哥德堡建城 300 周年，当地在辐射状的孔斯波茨阿维宁大街的两端规划了两个广场，体现了城市中心的理念。其中一个是位于城市中心的古斯塔夫·阿道夫广场，并设有为行政管理机构新建的办公楼。另一个是哥塔普拉特森广场，其意图是在大道的端部为各种文化机构提供驻地空间，同时在展出场地和景观之间形成一个过渡区域。自从 20 世纪开始以来，人们提出了各种不同的解决方案，欲在孔斯波茨阿维宁丘陵景观的末端区域创造一个终点建筑。随后，阿尔伯特·利林伯格在 1910 年草拟了这个综合建筑的设计方案。在方案中，他提出了一个"国会大厦模式"的城市广场：广场将由三个相对独立的结构组成，中间的一个可以作为广场的核心部分以及街道的视点。[56] 1916 年，拉格纳·亨杰斯

和图雷·莱伯格以广场之心为主题的项目方案赢得了
此次竞赛。由阿维德·比耶克、西格弗里德·埃里克森、
R. O. 斯文森和厄恩斯特·托鲁夫设计的以战神为主
题的项目方案获得了二等奖。但是在1917年的改进
阶段中，后者却占据了上风，并成为继续建设的基础
方案。尽管规划现场街道交错、地形陡峭，但是评委
们似乎决心创建一个尽可能封闭的城市广场：在改进
方案中，亨杰斯和莱伯格除去了利林伯格方案中那些
将广场的角落边缘撕裂的斜向街道，取而代之的是一
个矗立于角落末端的大楼。但是，在比耶克、埃里克森、
斯文森和托鲁夫的第一个方案中就已经拥有一个这样
的建筑，不仅改善了街道的通行状况，还在改进过程
中将广场封闭。这些步骤和措施也赢得了伊萨克·古
斯塔夫·克拉松、汉斯·海德兰德、卡尔·穆勒厄
恩斯特·克鲁格尔、拉尔斯·伊萨瑞尔·瓦尔曼和
阿尔伯特·利林伯格等评委的赞许。[57]（图28）

　　最终，一个狭长的城市广场浮现在人们的眼前，
它从较高一端的公共文化建筑开始，一直延伸到较低
一端的私人排屋住宅。在1923年建城周年纪念展出
开始的时候，埃里克森和比耶克只完成了主要的前部
建筑——这是一个大量采用了黄色砖头的艺术博物
馆，并设有七座切入式拱门。广场非凡的后续设计持
续了五十多年，之后出现的建筑是卡尔·伯格斯滕设
计的城市剧院（1926—1934），尼尔斯·艾纳·埃里
克森设计的音乐大厅（1931—1935），埃里克森设计
的公园大道酒店（1948—1950）和伦德与瓦伦丁设计
的市立图书馆（1967）。[58]这些建筑在构成要素和布
局方面都遵循了古典的建筑理念：即使20世纪60年
代建成的市立图书馆，也以横向的饰带和黄色砖头外
观促进了广场封闭性的形成；广场的中心以卡尔·米
勒斯设计的海神喷泉（1927—1931）为标志。最终，
这个广场印证了维尔纳·黑格曼在1925年所说的："广
场应该是一个进行文化和教育的公共场所。"[59]

图26 费恩·伯纳尔，卑尔根的托加
曼尼根广场，1922—1927

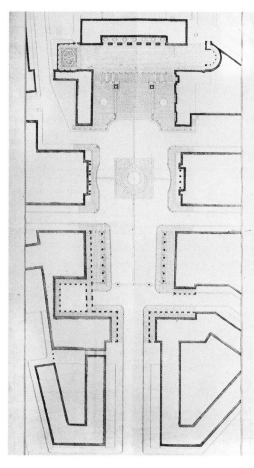

图 27 （左）费恩·伯纳尔，卑尔根的托加曼尼根广场，1922—1927

图 28 （右）阿维德·比耶克、西格弗里德·埃里克森、R. O. 斯文森和厄恩斯特·托鲁夫，哥德堡的哥塔普拉特森广场，1920

在其他的参赛作品中，甘纳·阿斯普伦德的设计以广场的城市概念尤为引人关注。[60]（图 29）他没有采用独立的建筑将广场环绕，而是在广场的四周混合布置了公共建筑和私人排屋住宅。他将这两种建筑类型描述为宫殿般的街区建筑，将它们融入风景优美的山坡之上，通过略微后撤到建筑边界之后的翼楼将它们连接在一起，并跨越了交会的街道。他的设计也形成了一个通过建筑封闭的城市广场，其圆周结构依然被独立的建筑单元隔离，因此在总体上将公共和私有建筑结合为一体。评委们并没有注意到这一设计，只是雷格纳·奥斯特伯格在阿斯普伦德出版的杂志《建筑》中，用一篇文章赞扬了这一项目设计的都市态度，认为这将会产生一个真正的广场。[61]

1918 年，阿斯普伦德设计了以孔斯波茨阿维宁大街为起点的全新的古斯塔夫·阿道夫广场，并以相似的策略获得了一等奖。这一设计的主旨是在朝向南面运河一侧的广场上建立一系列的公共建筑：西面的法院大楼将通过相邻的封闭广场空间扩建而成；而广场的北侧将修建市政大厅的综合建筑群。阿斯普伦德的设计以证券交易所这样原有的传统建筑的规模和元素为导向，但是将这些建筑保持在与法院大楼相同的高度，并通过跨越街道的建筑把它们连接在一起，这些建筑同样体现出宫殿般的规模和样式。这使他能够通过独立设计，运用具有统一屋檐高度和规模的街区周边建筑将广场封闭起来。（图 30）在 1924 年的另一个设计版本中，他参照威尼斯的圣马克方场，采用统一的建筑外观立面取代了这种建筑的组合：北侧的三座城市建筑消失在广场两侧高两层、类似希腊拱廊的柱廊之后。（图 31）在 1934 年至 1937 年之间，阿斯普伦德偏离原方案设计的独立对称式大楼，将法院大

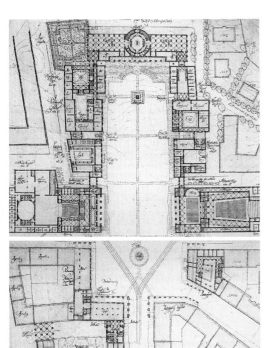

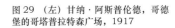

楼的扩展部分转变为市政大厅，并采用了巧妙的非对称形式将附属建筑设计成老建筑的一部分。从而为哥德堡提供了两个通过同一轴心相连的广场，以恰当合理的建筑布局和城市设计背景，将城市中心理想地划分为政治和文化两个组成部分。

3. 意大利的广场

在近代时期，意大利也是一片广场的热土：乔治·德·基里科具有象征意义的油画《意大利广场》所描绘的便是一系列神秘的、带有典型建筑的城市广场。这位艺术家从 1913 年开始以它们为题材创作了名为《形而上绘画》的绘画作品。对于意大利历史悠久而丰富的城市来说，早在 19 世纪初期便开始了一种适宜的发展道路，在新建筑中体现了对古老建筑的尊重：新建筑要在规模和风格样式上与环境相适应，这就是卡米洛·博伊托的"伴奏"方法，他曾在威尼斯尝试了这一设计过程。这座城市也曾经是约翰·拉斯金的灵感源泉，令其产生了通过重振中世纪工艺来复兴现代文化的想法。

由于受到卡米略·西特的影响要少于查尔斯·布尔斯，这些努力大约从 1900 年开始才成为城市设计的主流。后者编写的小册子《城市的美学》早已在意大利出版，而作为布鲁塞尔的市长，他同时还是一位有影响力的政治人物。1912 年，他收到罗马建筑艺术设计协会的邀请，作了关于城市规划方面的演讲，着重强调了适合古老建筑的建筑环境。[62] 博洛尼亚的阿尔方索·鲁比尼亚和罗马的古斯塔沃·吉奥凡诺尼，在当时已经提出了将历史背景与城市设计中的环境氛围理论相结合的想法。[63] 新建筑也都是从考虑城市环境氛围的角度进行设计的："作为艺术设计的外部元素，环境通常发挥着决定性的作用。尤其是对于那些不能孤立存在的建筑，它们往往坐落在原有建筑构成的连贯一致的街道景观之中，它们的规模、颜色和装饰都会受到环境的影响和限定。"[64] 首先，吉奥凡诺尼在所有的著作中将细化的方法解释为纵情于环境的现代化策略。为了达到长期的影响效果，他在 1913 年首次发表的著作中将这些思想以《新旧城市的建设》为题进行了总结，并在 1931 年再次出版。[65]（图 32）这就意味着，在满足交通等现代需求和改善卫生条件的同时，保护传统城市景观的城市设计概念是完全可行的。这也构成了与豪斯曼激进的拆除观点相对立的模式。

马塞洛·皮亚森蒂尼在 1906 年至 1950 年期间实现的众多项目对于现代主义的城市设计概念具有重大意义。尽管它们在这一漫长的时期中经历了全部的技术、政治以及风格方面的变革，但是这些项目依然保持了城市设计的特征：排屋、拱廊商场和纪念碑塑造了街道和广场的形式，每一个项目的定位都细心地考虑到建筑彼此之间的关系。

他的成功始于贝加莫新城的项目，皮亚森蒂尼在这里构建的城市街道和广场体现了对贝加莫老城区的尊重和敬意。[66] 但是，在 1906 年该市举办的第一次招标竞赛中，由建筑师加埃塔诺·莫雷蒂、工程师路易吉·阿尔巴尼、画家蓬齐亚诺·勒夫里尼和朱塞佩·蒙特西、以及艺术评论家乌戈·奥杰蒂组成的评委却并没有对此青睐有加，而是拒绝了他的建议和设想。而那些被提议的建筑都没有体现出当地的典型风格特色，最重要的是，坐落于山上的古城没有得到应有的尊重。[67] 于是，该市在 1907 年举行了第二次招标竞赛，这次竞赛规定了很高的限制条件，四名参赛者是第一次竞赛的获胜者。1908 年，由工程师保罗·西萨比安奇、建筑师塞萨尼·巴萨尼和塞巴斯蒂亚诺·罗卡蒂、画家塞萨尔·劳伦蒂和专家迭戈·安杰利组成的新评委宣布皮亚森蒂尼和工程师朱塞佩·夸罗尼设计的题为"全景"的项目获得最终胜利。[68]（图 33）

图 32 古斯塔沃·吉奥凡诺尼，罗马老城的细化设计方法，摘自古斯塔沃·吉奥凡诺尼的《新旧城市的建设》，1931

Fig. 174. — Bozzetto prospettico del fianco di S. Salvatore in Lauro liberato su Via dei Coronari.

Fig. 175. — Bozzetto prospettico del Vicolo Vecchiarelli ampliato e del palazzo Vecchiarelli col suo belvedere.

SISTEMAZIONI NEL QUARTIERE DEL RINASCIMENTO IN ROMA.

图 33 马塞洛·皮亚森蒂尼和朱塞佩·
夸罗尼，贝加莫新城项目，一等奖，
1908

皮亚森蒂尼之所以能够赢得竞赛，是因为他最好地满足了适应地形环境和历史背景的需求。而招标规定专门指出"这是一个实验性的新城区，将逐步与古老的城区相融合。"[69] 因此评委称赞皮亚森蒂尼的项目："他创造的这些建筑的正面外观，尽管彼此之间各有不同，但是却在所建之地形成了和谐的氛围，并保持了传统的活力。"[70] 皮亚森蒂尼设计的各种建筑都生动地延续了当地的传统，评论家弗朗西斯科·斯卡佩里也赞扬了皮亚森蒂尼将现代主义和传统相结合的做法：它"不仅满足了现代生活的需求，也唤起了过去的记忆和对传统的尊重"[71]。在贝加莫新城的结构设计中，对当地建筑传统的继承以及与老城区的和谐共存起到了核心作用，而另一个重要的方面则是新的城市中心可以开展多样的活动。它首先被设想为一个城市的公共场所，一个"适合城市、学校、法院、银行和各种企业开展活动的中心场所"[72]。

皮亚森蒂尼将要花费 20 年的时间完成所有的细节。（图 35）矩形的维托利奥·韦内托广场作为一个入口广场一直延伸到主要街道的两侧。事实上，严格对称的平面布局对于多变的地形是比较敏感和棘手的问题。街道右侧的建筑较低，使得上方的旧城区看似

一顶皇冠。街道左侧的一座塔楼则使这一景观如同画框一样趋于完美。（图 34）在广场的附近，从左至右依次排列着由拱廊连接在一起的建筑：皮亚森蒂尼和他的前任合作伙伴吉奥瓦尼·穆齐奥设计的柏加马斯卡银行大楼（1922—1926）；托雷·艾·卡杜蒂设计的人民银行大楼（1922—1924）；以及全部由皮亚森蒂尼设计的意大利信贷银行大楼（1917—1922）、一栋商用连栋别墅、一座咖啡厅和一座电影院（1917—1922）。其中后两个建筑在另一侧围成了但丁广场，位于之前集市的中心地带。这个近似于正方形的广场是一个安静的城区中心，由皮亚森蒂尼设计的正义宫（法院）（1916—1927）占据了主要的位置。它的左侧是意大利银行大楼（1912—1914），也是皮亚森蒂尼在贝加莫新城的项目中实现的第一个建筑。它的左则是一个由公寓和办公楼组成的城市街区，南面是一个商家云集的街区，设有众多的咖啡馆、公寓楼和办公楼，广场上设有独立的拱廊。（图 36）唯一一座不是由皮亚森蒂尼设计的建筑位于东侧，是由路易吉·安格里尼设计的商会大楼（1924）。它担当着与司法大厦相同的作用。尽管大多数的建筑都以优雅的文艺复兴风格造型完成，但是，司法大厦具有的简化立体派古典风格与安格里尼的商会大楼所体现的

图 34 马塞洛·皮亚森蒂尼，贝加莫的
维托利奥·韦内托广场，1908—1927

图 35 马塞洛·皮亚森蒂尼，贝加莫下
城项目，1908—1927

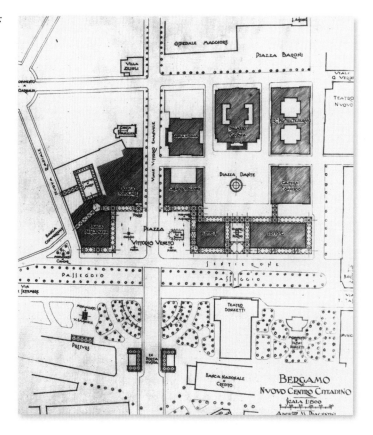

图 36 马塞洛·皮亚森蒂尼，贝加莫的
但丁广场，1908—1927

意大利北方风格主义一起，展示出一种全新的纪念性建筑。

最终，凭借着公共建筑与私有建筑的功能性融合，完成了城市的空间构造，并通过相似的城市设计元素和严格的建筑定义加以区分。在 1924 年的一次城市设计讲座中，皮亚森蒂尼确认自己的城市广场结构具有历史悠久的集市和市政厅的传统特色，它与维罗纳的香草广场一样，成为卡米略·西特的重要范例。这些古老的城市广场所体现出的特色取决于它们的功能。正如皮亚森蒂尼所说："在贝加莫的开发规划中，我设想了一些相似的东西：设计了两条彼此之间密切关联的街道……，我还构思了一个以巨大为特色，并具有前瞻性的交通广场。此外，另一个广场为办公大楼、意大利银行、意大利信贷银行、法院、邮局、商会、豪华餐厅和咖啡馆等提供了空间，两个广场通过门廊连接在一起。这是近代第一个，也是唯一一个将两个各具特色、功能不同的广场连接在一起的实例。"[73] 通过独特的融合方式，将两个功能不同的广场与传统的拱廊元素结合在一起。

提到西特将广场作为城市客厅的广场规划模式，他以严格由建筑定义空间的但丁广场为例，谈到了城市的内部空间："荣誉广场和大厅就如同城镇巨大的开放式客厅，可以举行各种庆典活动"[74] 此外，罗伯

托·帕皮尼在 1929 年为贝加莫新城发表的纪念文章中强调了但丁广场的封闭特征："为了创建一个丰富多彩的和谐建筑环境，广场与繁忙的交通彼此隔离，形成了幽静的封闭空间。"[75] 正是这种由大量的石头外观立面定义的城市空间所具有的特殊品质，向城市表达了一种特殊的敬意。新老城区之间的和谐氛围也得到了当代评论家的称赞，皮亚森蒂尼没有追求巨大的反差对比："但是，皮亚森蒂尼采取了与老城一致的风格。"[76] 虽然没有全部完成，但是新城区已经成为城市景观的一部分，按照穆齐奥的说法：这种融合"使城市的景观更加和谐，令城市更加美观"[77]。在帕皮尼的眼中，这种新老融合的方式是一种全面性的成功："旧城与平原之间的融合是完美的：这是一个风格如此独特、对比如此鲜明的城市。"[78] 这种和谐不只是体现在贝加莫新城与旧城之间距离的关系上，也是皮亚森蒂尼总体规划方法的内在特色，以至于装饰着来自于 18 世纪广场喷泉的但丁广场仿佛是新规划中的一部分。

但是，尽管体现出对环境和传统的尊重——"尊重环境和传统的特色"[79]——贝加莫新城的广场却并没有被视为传统主义和历史主义的产物。这更多的是以新的精神来唤醒过去的传统，因为"改变并不意味着对过去的否定，而是要用新的精神使传统再现活

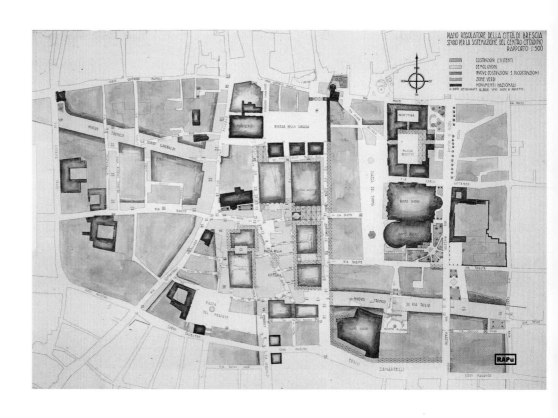

图 37 马塞洛·皮亚森蒂尼，布雷西亚的胜利广场，1929

力"[80]。这是一种随处可见的复兴，是一种现代的态度。卡米略·西特已经为这种现代的城市设计奠定了"现代城市规划的基础"[81]。毫无疑问，皮亚森蒂尼的贝加莫下城"是现代城市规划的典范"[82]。

在当时，布雷西亚的胜利广场是最具凝聚性的新广场范例。1927 年，经过漫长的准备之后，在法西斯分子——市长皮耶特罗·卡尔佐尼的领导下，该市为改造市中心密集的中世纪城区举办了一次招标竞赛，该区域位于凉廊广场、主教座堂广场和市集广场之间。[83] 此外，还需要"直观的城市特征"和"保护历史特色、艺术特色和城市环境"[84]。由卡尔佐尼、西罗·马蒂洛尼、朱利奥·托尼和奥古斯托·图拉蒂组成的评委授予皮耶特罗·阿斯基耶里的设计组一等奖，路易吉·皮奇纳托获得了二等奖，阿尔费雷多·加拉塔纳摘取了三等奖。然而，同样是在 1927 年，在这个竞赛进行的同时，皮亚森蒂尼已经开始了设计工作，竞赛刚一结束，市长便亲自决定委任他来建立土地利用规划。规划在 1928 年准备就绪，建设工作也于一年之后开始。1932 年 11 月 1 日，本尼托·墨索里尼正式宣布胜利广场以及皮亚森蒂尼的建筑正式建成并对外开放。

这一规划的主要任务之一就是使城市的中心区域

适应汽车交通的需求。皮亚森蒂尼提出了一个全新的广场综合建筑群，除了拥有新的街道入口之外，还有规模庞大的街区周边住宅。他以此巧妙地将交通的需求与政权对威望的渴望结合在了一起。（图 37、图 38）在几个项目的描述中，他强调了广场的多功能特性："胜利广场将具有居住和举办活动的双重功能属性。虽然与交通路线相邻，但是却与繁忙喧嚣的车流相隔离，为市民提供了一个可以聚会和休闲放松的场所。因此，它是一个真正的广场，是城市的客厅。与中世纪许多伟大而美丽的广场一样，这些特点是现在的广场所不具备的……，因为它们更多采用星形的结构，或者作为道路的交叉路口：在这里，我试图为城市中心建立一个汇聚点，各种走廊和通道交会于此，从而便于人们的通行。此外，人们在任何季节都可以在此驻足停留享受愉悦的放松时刻。"[85] 它是城市的客厅，是人们活动和休息的场所，是传统广场的模式，有着"涡旋状"的交通路径——所有这些构思和规划，都是皮亚森蒂尼直接借鉴卡米略·西特思想的产物。

这些思想也在《建筑月刊》中得到了传播：广场具有"交通定向和为居民提供放松场地的双重作用。……我们的新广场却很少拥有这样的功能，因为它们几乎都是以辐射状的布局将同等重要的街道连接在

一起，或者只是简单地作为一个汇聚点。在布雷西亚，皮亚森蒂尼希望将不同的城区连接在一起，并创建一个四周环绕着拱廊的广场，作为一个在任何时间都可方便进入的城市接待大厅，一个舒适的放松场所"[86]。

皮亚森蒂尼除了强调将他的新城市中心和谐融入原有的历史环境之外，保持原有广场结构的连贯性也是其策略之一："新广场使它周围那些古老广场的结构更加完美（凉廊广场、大教堂广场和集市广场），同时还要确保它们之间的连接方式不能过于突兀和新奇，那样会破坏传统的神圣意境。"[87] 此外，还要考虑结构规模在背景环境中的协调性："新的综合建筑要与周围的环境协调一致"。最终，新建筑与周边环境形成了美学的一致性："在考虑原有美学元素的前提下，新广场与原有建筑和谐地融为一体。"

皮亚森蒂尼通过这种方法途径求将新建筑完美地融入原有的城市景观之中："新建筑完美诞生，几乎无缝地与整体环境融为一体。"[88] 在实践中，他充分运用了众所周知的城市设计和建筑元素，例如广场、街道、拱廊、画廊、宫殿、塔楼和喷泉等，但是却将它们重新组合，在没有采用任何装饰性的复古主义方法情况下，将诸如高层办公大楼这样的新型建筑整合到环境之中。广场的最前方是邮电大楼，其上拥有三

个巨大的开口，与弗洛伦萨的佣兵凉廊极其相似。（图39）东侧是证券交易所和商用拱廊，广场侧面的革命塔与威尼斯圣马克方场的钟楼相似。与其相邻的是一座由若干部分构成的综合办公大楼：包括广场上的全国社会保险基金大楼、街边的胜利酒店和位于街角的亚得里亚海会议中心。广场南部的边缘是佩雷加罗宫和意大利商业银行。广场西侧的建筑是为威尼斯忠利保险公司建造的大楼，还有为全国保险协会修建的中等规模的高层办公大楼，就像威尼斯钟楼一样，仿佛一片折叶与广场较小的部分相连。尽管该项目显然是服务于当地精英分子的政治目的，但是却并未专注于法西斯分子的要求，这些新的建筑也不是政治机构（著名的革命塔是一个例外）。它们主要是用于商业目的的建筑，比如银行、保险、邮局、商业、旅馆、餐馆和咖啡馆等。广场的地面特别保留了开展各种公众活动的场地，意在创造一种都市生活方式。（图40）

皮亚森蒂尼着重指出了城市多功能性的一面："七间咖啡馆和三家餐厅，以及各式商店和旅行社为广场增添了生活要素和迷人的魅力……，广场所处的位置具有极高的经济价值，促进了城市的繁荣。"[89] 佩雷加罗宫和设有公寓的意大利商业银行为广场新增了居住的功能，从而激发了人们游览和漫步的兴趣。

图 38 马塞洛·皮亚森蒂尼，布雷西亚的胜利广场，1928

图 39 马塞洛·皮亚森蒂尼，布雷西亚的胜利广场，1928—1932

精心的建筑设计是广场的一个特殊品质。一方面，它是城市设计中各种连接设施的建筑表达，例如通道、拱廊、大门和街道交叉路口等。所有这些共同创造了定义精确的空间，同时通过市内的路网将它们整合在一起，为散步者提供了各种中转的路径，为购物者提供了更多的便利。此外，还设计了一些独立的建筑，以表达各类建筑的不同用途（行政管理、商业、高层办公楼和公寓等），并通过色彩协调的石头和简洁的古典细节将它们结合在一起。浮现在人们眼前的这种建筑组合形式满足了阿尔贝蒂关于统一多样性的需求，这一特色也不断地遭到新客观派代表人物的批评。例如，皮耶尔·玛莉亚·巴尔迪就曾抱怨过这种风格的融合以及装饰的运用，并希望以更为统一和简洁的设计取而代之。[90]

但是，大多数出版物中的评价却是充满热情的，并强调了皮亚森蒂尼所设计项目的现代性：安东尼奥·内齐宣布广场是"力与美具有现代意义的结合，是天才的创造：'这一做法并不违反建筑地点的传统精神，而是从现代元素中提取更多的活力与意义'。"[91]G.尼科戴米对此也有着类似的解读，同时还更多地强调了皮亚森蒂尼设计项目中现代性所蕴含的传统意识：他已经认识到"必须采用最先进的建筑形式，才能适应

该市在几百年的漫长历史中形成的特色"[92]。他的城市设计思想是"基于传统经验和数据的清晰、简洁的方法"[93]。尼科戴米将皮亚森蒂尼的方法描述为基于传统经验，并简单、清晰地进行扩展的方法。

路易吉·伦齐对德国读者首先强调的是现代性：皮亚森蒂尼面对的基本问题是："一种现代、清晰、精心设计的建筑，还是一些陈旧乏味、接近过时的建筑？他勇于将自己的新建筑确定为城市中心的现代建筑，与古老的地标性建筑交相辉映。"[94]但是他的现代性保持着与历史背景的联系：皮亚森蒂尼"给新建筑带来了现代的外表，却没有对原有建筑的效果造成损害"[95]。通过这种与环境和历史相关联的现代性，"他最终将城市中心转变为一个封闭的整体空间，并与整个城市的各个部分相连。漫步于这样的广场之上简直就是一种令人愉悦的享受"[96]。时至今日，我们仍然能够理解这一评价，但是对于20世纪的很多内城改造却并非如此。胜利广场具有多功能性、极高的建筑质量，以及与环境和历史的关联性，同时还保持了现代性并改善了功能，在很多方面都顺应了当时的社会共识，这些都被编入了2007年欧洲的《莱比锡宪章》中。

实质上，马塞洛·皮亚森蒂尼创建的另外两个广场具有更大的政治影响：热那亚的胜利广场和博岑的

胜利广场。这两个广场的构思是以凯旋门的形式作为城市的背景，实现对战争的纪念，并作为扩展区域，使城市空间显得更为宽广和空旷。热那亚的胜利广场是 1923 年和 1924 年进行的城市设计竞赛的产物，皮亚森蒂尼在 1925 年至 1931 年期间为其竖立了凯旋门，其总体方案在 1932 年做了修改，最终在 1934 年至 1939 年期间完成了建造。[97]绿意盎然的广场十分开阔，其侧面是造型相似的排屋，展现了将拱廊作为都市化象征的主题。（图 41）仿佛巨块一般的建筑令人联想起热那亚诺瓦大街那些文艺复兴时期宫殿的传统风韵，每一个街区都采用了统一的设计。加上面向大海的滨海广场（现称罗塞蒂广场），他以非凡的城市设计手段令这些建筑与周围的景观形成了鲜明的对比。[98]

博岑的胜利广场也是城市景观中由最初的纪念性建筑所产生的后期影响而形成的产物，那就是皮亚森蒂尼在 1926 年至 1928 年建造的凯旋门。[99]作为皮亚森蒂尼在 1934 年进行的规划调整结果，保罗·罗西·德·保利终于在 1939 年实现了严格精确的广场周围边界，其意大利风格旨在通过建筑表明意大利人对权力的要求。[100]

都灵的罗马街也许是由建筑精确定义的城市街道精品之一，在 1931 至 1933 年和 1935 至 1937 年的两个改造阶段中，巴洛克式建筑被新建筑所取代。[101]这里的任务是完全改变萨沃伊著名的巴洛克风格轴线，这条轴线一直由市郊通往最高权力的所在地。它贯穿于卡罗·菲利斯广场和圣卡罗广场以及卡斯特罗广场之间，现在要将它改变为现代化的都市街道，并保持原有广场的传统特色。第一阶段规划包括卡斯特罗广场和圣卡罗广场之间街道两侧的三个街区，这一任务通过常规的手段得以解决：保留原有街区的结构，并按照圣卡罗广场的模式，采用了拱廊扩展了街道空间。加上与圣卡罗广场风格相近的新巴洛克风格建筑，给人以持续的历史主义印象。

正是这一方法，在建筑前卫派和法西斯分子自作主张的时代遇到了与日俱增的阻力，以至于在 1933 年为即将到来的第二阶段规划举办了一次招标竞赛。实际上，在招标过程中产生了很多城市理念，致使由市长保罗·塔昂·迪·莱维尔、副市长欧几里德·西尔维斯特里、市政工程师奥兰多·奥兰蒂尼、城市地标建筑管理人员吉奥希诺·曼奇尼、米兰的建筑师皮耶罗·波尔塔卢比、罗马的结构工程师乔瓦尼·巴蒂斯塔·米拉尼和秘书洛伦佐·麦纳组成的评委无法做出决定：他们颁发了两个二等奖，其中一项授予了阿曼多·梅利斯集团——他们在方案中提出了大规模的

图 40 马塞洛·皮亚森蒂尼，布雷西亚的胜利广场，1928—1932

临街排式建筑；另一项则授予了达戈贝托·奥腾西和路易吉·米基拉奇——他们用街道网格的形式将该区域划分为小型的街区。（图42）在结论报告中，评委为最终方案做出了如下评价："这一风格与优雅的圣卡罗广场、新古典主义的查尔斯广场形成了鲜明的对比，但是并没有显得过于繁复或者单调，而是显得与原有建筑协调一致。继承了都灵传统建筑的高贵、庄严风格。"[102] 在各种城市设计选项中，人们关注的中心议题就是风格与环境的和谐以及与历史的关联。

现在，马塞洛·皮亚森蒂尼作为为城市提供咨询的建筑顾问，与城市结构工程师奥兰蒂尼共同筹划了最终方案。在方案中，他在奥腾西和米基拉奇建议的基础之上，对四个正式定位在市郊区的大规模巴洛克风格街区进行了细化，每一个街区被进一步划分为四个更小的街区，进而可以在每个街区建造宫殿般的房屋。通过这种独出心裁的都市化方法，他可以同时解决多个问题：由于创建了通往罗马街的替代路径，他

为交通创造了更多的空间，反过来，这也使得保留罗马街的空间规模成为可能。他创造了可供私人投资者独享的街区，从而满足了大型企业对于更大规模办公建筑的渴望。此外，为了促进城市活动的增长，他对路网进行了优化，对主要干道进行了升级改造，从而创建了与都市环境更加匹配的设施。

在塑造这一设计的同时，避免像第一条大街那样招致模仿的指责，是一项具有挑战性的任务。市政规划办公室主任皮耶罗·维奥托在展示规划方案时再次强调了这一任务："改造方案将考虑都灵原有街道的风格特点，而且会更为优美高雅，其商业价值也会更为重要。"[103] 为了应对这一挑战，皮亚森蒂尼调整了交叉路口处的建筑，与南北两个广场的原有建筑相适应。同时为城区内部带来更为现代的设计，但是这种设计是基于传统类型的最新表现方式。这一方法途径的最好范例就是那些教堂和圣卡罗广场上的圣克里斯蒂娜教堂，为了适应交通的需要，皮亚森蒂尼对它们

图 41 马塞洛·皮亚森蒂尼，热那亚的胜利广场，1934—1939

进行了取舍：尽管朝向广场一侧的建筑立面依然保持着巴洛克的风貌，但是朝向新建的皮亚泽塔广场的后部建筑立面则完全是现代的设计风格，去除了古典主义风格。

这种城市设计途径借鉴了原有的建筑设计和建筑类型，并使其具有现代风格，其重要的部分就是采用了都灵典型的连栋别墅，它们带有拱廊、商店和夹层，上层设有办公室和公寓。皮亚森蒂尼采用钢筋混凝土将拱廊改造成柱廊，从而实现了两个目标：首先在形式上实现了更高的严密性，与当时的客观要求目标和品位相一致。其次他还使当地的历史更具罗马底蕴，不仅用罗马柱廊街道的主题回溯到都灵的城市设计根源，也满足了部分法西斯统治者和实业家的需求，他们希望这里令人过目难忘。此外，这种设计类型提供了多用途的可能性：城区内所有建筑的地面层都被当地的商家占用，时至今日这里仍然是人们首选的购物区。商店上面的楼层不仅为大型的保险公司和金融机

构提供了办公空间，还设有酒店和豪华公寓。这意味着城区的都市风貌不仅依赖于城市设计和建筑的形式，还来自各种各样的用途。为了取得具有高效利用密度和宁静空间的都市活力，并没有为了交通的需要对罗马街进行空间扩展。正如维奥托所做的解释，如果将街道去除，"城市将失去主要的生活特征和活力，而这正是吸引行人的主要因素"[104]。皮亚森蒂尼的真正设计成就就在于实现了整个城区建筑的统一性，同时避免了基本模式的单调重复。（图 44、图 45）他的概念是从城区的总体设计中产生独立住宅的设计方法，不同的建筑师反过来又共同塑造了一个整体建筑。他以都灵的罗马街为例，在论文《都市的建筑》中做出了如下解释："因此，建筑设计单元的采用不再被认为是孤立的方法，它与相邻的建筑有着密切的关系，而街道和广场将是整个城市中更为复杂和有趣的部分。"[105] 这些独立建筑的设计必须通过建筑参考单元保持与相邻建筑的关系，这种城市设计的规模就

图 42 达戈贝托·奥腾西和路易吉·米基拉奇，都灵的罗马街，二等奖，1933

如同一条街道和一个广场。（图 43）皮亚森蒂尼希望从背景环境中获得参考信息，也就是通过折中主义克服个人主义，焕发建筑的活力，从而有利于从城市设计的一致性思想中诞生统一的风格和样式。他设计罗马街的方法就是这样的范例："这里的每一个建筑都是在街道设计之后开始修建的，因此，拱门的弧度、楼层的高度和结构、外观立面石材的颜色、整体的规模比例以及个体的细节都经过了充分的研究。他成功地与政府和其他建筑师进行了合作，对于街道的整体设计，他们拥有共同的观点。因此在这个大型的建筑布局规划中，每一个人都做出了相应的贡献。"[106] 城市设计的草案决定了建筑的基本设计，经过不同建筑师的细微调整，最终以统一的城市设计观点完成了设计。随后，城市设计与建筑紧密地交织在一起，二者中的任何一方都无法占据主导地位。

皮亚森蒂尼以自己的样本布局作为范例，并为其他建筑师建立了具体的指导方针框架，使他们可以用自己的构思填充这一框架。结果，这一概念受到了评论家们的热情赞扬："最终的结果体现了统一的风格，同时，根据不同设计师的品位和气质，这些风格严谨、统一的古典主义风格在空间结构和外观设计上又各有特色，诸如商店和照明系统等在细节上都体现出优雅、现代和亮丽的特征。"[107] 甚至是拒绝竞赛合作获胜者的阿曼多·梅利斯也称赞了这种将罗马不朽的严谨风格与丰富的视觉效果相结合的做法："这些建筑高雅优美，在高度上经过精心的划分，加上庄严体面的材料和造型，体现了马塞洛·皮亚森蒂尼固有的品位。虽然平整、威严的外观立面给人以不朽的罗马风格印象。但是，它仍不失为一个多姿多彩的设计规划方案。"[108] 事实上，在皮亚森蒂尼的圆形广场中并没有额外的公共空间。也就是把统一的空间表达和独立的实体设计结合在一起，或者是城市和建筑结合在一起，这种结合取得了令人信服的成功。

米兰是城市设计的中心，它的城市设计关注于建筑的构架和公共空间的设计。在新世纪米兰运动中，像阿尔贝托·阿尔帕戈—诺维罗、杰赛普·德·费内蒂、吉奥瓦尼·穆齐奥、乔·庞迪这样的建筑师呼吁通过城市设计精神激发建筑的活力。[109] 后来，穆齐奥为大城市大唱赞歌，赞成将城市作为他们设计活动的源泉和目标："对于大城市，这会有作用吗？我们的回答是肯定的，在每一个时代，每一个文明中，城市都是不可取代的，它是一个国家的精神象征、是政治、经济、艺术和科学中心。它汇集了各种资源和思想，是集体生活的核心驱动力。"[110] 城市是文化的最终产物：在新世纪米兰运动中，建筑师关于城市的观点在当时绝不是一种假定。

穆齐奥的卡·布鲁塔项目始于 1921 年，他意欲使这个住宅街区成为这一运动的宣言。[111] 这里的建筑

图 43 马塞洛·皮亚森蒂尼，都灵的罗马街，1935

立面采用了非常规的设计程式，以非传统的形式将传统元素组合在一起，一切都融入平整的结构中，这在当时引起了轰动。与高贵的自由风格形成对比的是，穆齐奥的模型方法能够通过排屋住宅重新创建统一的城市空间。正如他在当时的一篇文章中所要求的：今天，人们应当"创建和谐统一的同质性建筑群体"[112]。为了使整个城市的结构和谐均匀，他采用了19世纪早期简单的街道布局模式：他赞扬了"这条19世纪古老街道宁静平和的环境"[113]。认为对城市设计历史的理解将服务于现代的同质化城市风格。

在这种理解的基础上，穆齐奥多次主张以最少的现代干预手段来保持老城区的风貌。他对老城的敬意不只是在美学方面，还在于它们的生活方式："传统的生活方式……，丰厚的商业利益和传统习惯最适合于步行的交通，因此商店和餐馆是必不可少的。"[114]由于老城的街道特别适合行人通行，这就注定了它们会布满商家和酒馆。老城区景观的统一印象也可以作为新城区的模式："我们需要更为清晰的理由去构建城市的结构框架，还有精致的传统集市。所有的道路和古老建筑之间的和谐关系共同创造了迷人的美感。这个重要的城市扩展方案使城市更加优美别致，这是基于技术的方案无法做到的。"[115]正是建筑之间的相互影响作用，而不是那些分散的、技术性的解决方案，才使城市变得美丽。

1926年，为米兰的规划调整举行的竞赛给实现和解决这些建筑方面以及大范围的城市问题提供了机会。由建筑师阿尔贝托·阿尔帕戈—诺维罗、杰赛普·德·费内蒂、吉奥瓦尼·穆齐奥、托马索·布奇、奥塔维奥·卡比亚迪、吉多·费拉扎、阿布罗吉奥·加多拉、艾米利奥·兰西亚、米歇尔·马瑞利、亚历山德罗·米纳利、皮耶罗·帕伦博、乔·庞迪和费迪南多·雷吉奥利于1924年创立的城市规划师俱乐部，以米兰图志为主题的设计参加了竞赛。[116]

然而，包括皮亚森蒂尼在内的评委却将一等奖授予了由米兰建筑师皮耶罗·波特鲁皮和工程师马可·西曼萨设计的项目。他们在城市结构的设计中以激进的干预手段追求更为传统的拆除改造策略。但是，波特鲁皮在解释性报告中也表达了对古老城区的尊重："我们深信，现代生活的需求并不意味着要抛弃古老艺术的辉煌篇章，古老和传统的表达方式应该在未来的艺术发展趋势中占有一席之地。"[117]但是，他将传统设计进行改进，适应了现代美学的需求，以此方式探寻着历史与现代的关系。

城市规划师俱乐部的方案获得了二等奖，该方案是在现有城市状况的基础上重新进行的城市结构设计，显得更为谨慎。（图46）杰赛普·德·费内蒂猛烈地批判了波特鲁皮的激进方法："这一做法就是忘本，是对传统和文明说再见。"[118]这是城市规划师

图 44、图 45 马塞洛·皮亚森蒂尼，
都灵的罗马街，1935—1937

图 46 城市规划师俱乐部，米兰图志，
米兰规划调整二等奖，1926

俱乐部关于理想城市的态度：真正的城市是由当地的
特色、传统和文化塑造的，这些在现代的城市规划中
也是必须考虑的因素。在他们的米兰图志方案中，利
用了诸如文艺复兴时期的圣塞巴斯蒂亚诺教堂这样的
原有建筑，创造出很多新街道和新广场，将这一态度
表现得淋漓尽致。在一个小型的广场上，放置了宫殿
般的新建筑，创造出的城市设计场景与文艺复兴时期
理想化的城市景观十分相似。（图 47）

　　作为评委成员，马塞洛·皮亚森蒂尼在对参赛作
品的评判中强调了古老城市对于未来发展的作用：米
兰具有"重要的历史艺术声誉和形式，与未来的发
展密不可分，这些必须得到尊重和融合"[119]。对于
协调过去与未来的发展策略来说，保留完整的城市景
观，而不只是纪念性建筑，这是十分必要的：有必要"保
持包括绘画在内的不朽艺术，更重要的是要保持传统
的艺术和精神。"[120] 由于这正是获得一等奖的参赛作
品所欠缺的，皮亚森蒂尼公然支持二等奖的获胜者：
"米兰的城市规划师们运用丰富的知识，出于对城市

的热爱和尊重，完成了'米兰图志'的规划。"[121] 尤其令
他震惊的是，虽然城市的环境突出了建筑的现代性，
但却是行之有效的："从建筑学的角度看，人们设想
的建筑是完美的，具有强烈的现代感，同时还与传统
紧密相连。从米兰城市规划师们的规划方案中完全可
以看到这些。这种新古典主义方法使这些建筑的艺
术特色易于识别，在整体上很好地与古老的环境相
适应。"[122] 考虑了历史氛围的独立建筑具有特殊的品
位。

　　后来，城市规划师俱乐部，尤其是杰赛普·德·
费内蒂不断地批评破坏城市肌理结构的城市建设政
策。德·费内蒂制定开发了很多街道和广场综合建筑
的可替代项目方案，但是无一成功，特别是他在 1931
年退出这个法西斯职业组织以后。他在 1942 年设计
的加富尔广场就是一个很好的实例。（图 48）这一
任务的难点是将中世纪建造的新门前面的十字路口改
造成一个城市广场。下面是他对这一问题的描述："我
们所说的加富尔广场并不是一个常规的广场，而是一

图 47 城市规划师俱乐部，圣塞巴斯蒂
亚诺附近的广场，米兰图志，米兰调整
规划竞赛二等奖，1926

个不太均匀协调的非对称布局，出于对交通方面的考
虑，广场四周没有设置商业设施。"[123] 然而，创建一
个真正的城市广场正是他的打算："创建一个真正的
城市广场。"[124]

为了在正确的位置竖立广场的围墙，德·费内蒂
对街道进行了重新定向。此外，他对新门的处理具有
重要意义。他在其内部设置了中世纪风格的大门作为
扩展的入口通道，这样可以适应现代汽车交通的需求。
但是保留了城墙中的旧城门，而不像规划调整中那样
将其孤立。结果，出现了两个特点完全不同的广场：
一个是两侧带有较低柱廊的内城广场，另一个是由周
围更高的建筑定义的规模更大、位于市郊的广场。这
一草案依然未能实现，这一设计的严格性令人想起卡
米略·西特为威尼斯市政大厅广场所做的不幸规划。
尽管如此，它仍然是通过城市设计的建筑手段解决现

代都市交通问题的意愿和可能性的证明。在米兰，很多建于20世纪20年代至30年代期间的排屋式住宅被幸运地保留下来。这座建于19世纪的密集型城市增添了少许六至十层建筑，在建筑形式上也略微做了调整（新世纪的抽象古典主义），这一趋势一直被私人投资者所继承。内城的办公和商业建筑延续了拱廊建筑类型，例如位于大教堂北侧新建的科索利特里奥大楼（现称马特奥蒂大楼），还有遍布于城区的公寓大楼，它们成为整个城区街道的标志。[125] 这些排屋的突出特征就是它们的布局结构同城市原有的布局相一致，并通过具有高度敏感性和复杂性的外观立面使公共空间的外观和特色更加鲜明。它们并不只是简单的建筑，还是为街道和广场精心设置的围墙。

图48 杰赛普·德·费内蒂，米兰的加富尔广场，1942

4. 英国的城市艺术和沿街建筑

在 20 世纪的英国，最为著名的城市设计思想就是埃比尼泽·霍华德的花园城市。这在后来导致了众多的花园式郊区和新城镇的出现。这些定居地的模式与传统的城市思想截然不同。用霍华德的话说，这属于"城镇—乡村"类型。不过，还是出现了很多更为倾向于增强城市风貌的运动和项目，这是一种城市与乡村的对比，通过城市建筑实现公共空间的都市化。

英国的公共空间体系与欧洲大陆的完全不同。其中一个原因是他们确信自己的领土在地理位置上是安全的，因此近代建设的英国城市都没有防御工事或堡垒，这就意味着城市的建筑密度较低。另一个原因是较早实行了宪政，在王公、贵族和公民之间形成了一种平衡，权力和财产的延续性更为普遍。因此，很多像广场这样的城市建设项目都是由土地所有者私自开发建设的。伦敦的科文特花园就是一个很好的例子，这是贝德福德伯爵委托建造的具有商业用途的房产项目。它的拱廊商场具有意大利的都市风貌造型，分布在由伊尼戈·琼斯设计的广场周围，使这里成为伦敦开展经济活动和社会活动的主要广场。对于建筑形式的独立存在，科文特花园是一个极好的实例，在这一案例中它无意中实现了公共用途。它还反映了任何社会对于公共广场的需求。正如在该案例中，由于英国的首都缺乏其他造型美观的广场，因此这个实际上由私人开发的城市空间承担了这一角色。在这个意义上，尽管这一建筑项目跨越了 19 世纪和 20 世纪，但科文特花园一直是伦敦的中心集市和聚集地点。

由于工艺美术运动的兴起，关于公共建筑艺术性方面的思想发生了转变，这些担负着社会义务的建筑和广场都尽可能地被建造得优美别致。这一运动还以个人主义设计的名义迎合了城市消融理论代表人物的主张。约翰·拉斯金和威廉·莫里斯是这一运动的精神之父，虽然他们致力于通过精心设计的环境创造一种新的公共性，但是他们也主张高度的个人主义生活方式，可是这并不能作为普通市民的生活模式。因此，这一运动的自相矛盾性已经十分明显。尽管如此，将城市设计作为一种城市艺术、一种艺术的思想却从这种公共设计理想中孕育而出，这种思想将城市设计视为具有整体设计理想的公民社会任务。例如在 1896

年举行的美丽城市工艺美术展览会之前，威廉·理查德·莱瑟比在演讲中再次抨击了城市设计中纯粹以技术和经济为动机的设计过程。[126] 他将城市艺术定义为文化的精髓："城市艺术是文化的艺术，而文化的艺术就是文化本身。"[127]

花园城市运动的主要发起者雷蒙德·昂温在 1909 年的作品《城市规划实践》的第一章"城市艺术在城市生活中的表达"中，反思了这些思想："要记住的是，艺术是一种表达，城市艺术必须是社会共同生活的表达。我们不可能拥有比莱瑟比所言更为安全的实践指南，他认为'做好需要做的事情就是艺术'。"[128] 美，是城市设计的一项基本任务，应该是社会生活的一种表达。很多建筑杂志还进行了何为正确的公共建筑设计的讨论，例如《建筑评论》于 1899 年进行的城市总体环境讨论："因此，公共建筑不仅要表达公众的情感，还要与周边的环境和谐共存，甚至做出让步。特立独行和奇思妙想在这里是完全不适合的，因此也不是真正的艺术。"[129] 任务的共性最终导致设计的统一性，包括那些私人建筑："在乡村进行设计的艺术家可以将自己视为独奏者，而在城市，他只能是乐队的一名成员，必须遵循指挥家的节拍。"[130] 城市建筑，或者城市艺术需要所有建筑形成相互的影响作用，这就意味着需要考虑背景环境以及私有和公共领域之间的关系。1909 年，在企业家威廉·莱维尔的帮助下，查尔斯·赫伯特·莱利为城市艺术设定了古典主义的基调，他在利物浦大学设立了英国的第一个城市设计机构——城市设计系。[131] 正如巴黎美术学院和后来在美国兴起的美丽城市运动所倡导的，该部门将非盈利用途的建筑与不朽的古典建筑形式结合在一起。

在英国，最积极忙碌的巨型公共建筑倡导者是托马斯·海顿·莫森。他于 1911 年编写的宣言《城市艺术》犹如一部操作手册，呼吁"为属于每一个社会成员的公共或城市生活"建造公共建筑。[132] 市民的公共生活成为公共建筑的主题。（图 49）为此，他制定了公共广场的排行榜，排名最高的城市广场是具有政治动机和意义的广场："首先，是政府所在地或者广场，诸如威斯敏斯特的议会和行政管理中心；华盛顿的国会大厦；柏林的凯撒广场；巴黎的市政厅和维也纳的环城大道。这些建筑以有序的布局、不朽的外观和协调的规模比例体现了法律和秩序的威严。尽管表现的程度较低，但是市政场所仍然表达了当地政府的理想。任何英国和欧洲城镇的市政厅和法院几乎都可以作为成功或有趣的实例。"[133]

令人惊讶的是，他认为第二重要的是"交通场所，这首先要考虑的是科学的分布和交通的管理，但是建筑的表达和花草树木的辅助作用也是必不可少的"。虽然他们主要关注交通的技术层面，但是莫森认为交通广场的设计是一项城市设计任务，对他来说，巴黎的协和广场和凯旋门广场就是这一思想的体现。传统的集市场所占据了排行榜的第四位：这些被他称之为"集市的场所具有极其丰富的类型，有伊尼戈·琼斯的科文特花园中的柱廊广场，还有以古色古香的市场管理房屋和十字架为标志的村庄集市。"[134]

斯坦利·达文波特·阿兹海德是利物浦大学城市设计系的教师，他的文章《城市规划的民主观》曾在1914 年发表了两次，他在文中讨论了民主对于城市规划的意义，对民主的城市规划任务做出了如下的总结："现代城镇规划的目标是理解和满足我们复杂的民主制度中的各种需求和利益。它不只是关注将一个区域经济划算地划分为若干个建筑地块，也不是完全将注意力集中于提供便利的街道路网和各种空间。它既不专门为建筑提供良好的场地和最佳的方法途径，它的目标也不是在为工人阶级提供健康的住宅时达到的。它要实现上述所有的目标，乃至更多的目标。这个困难是巨大的，即使在今天，上述的很多工作也都是高度实验性的。

为此，我们要对所有最新的转变方法兼收并蓄，并且必须全面探讨最新的建筑方法。虽然我们希望满足大众对于不变的利益、便利的条件和物质享受的品位需求，但是我们决不能忽视那些代表着简单优美、清静安宁、宏伟庄严和规模日增的理想。如此简明扼要的概括便是民主城镇规划的纲领。"[135]民主的城市规划任务没有停留在土地的经济区划、有效的道路系统、优越的建筑位置和卫生的工人公寓。尽管这些必须采用最新的技术才能充分实现，但是它们也必须是

美丽和辉煌的。

在《城市规划评论》杂志上，阿兹海德从 1911至 1915 年发表了系列文章《城市的装饰和布置》，运用大幅的图片和细节勾画了如何布置美观的公共空间。他精心对待公共空间中可能存在的每一个物体，从标志性建筑到灯柱，再到树木，并且反对城市的功能主义定义："就此，它不仅需要装饰和布置纯实用性的设施，还需要华丽富有的公寓，以及犹如艺术品一般的巨大拱门、雕塑、立柱，还有各种美好的事物、古老有趣的事物以及令人鼓舞的事物。"[136]

1917 年，查尔斯·罗伯特·阿什比在他的研究成果《伟大的城市在何处——新城市的研究》中也提出将有序的城市作为民主型城市的模式。他引用了美国新城市中心这一光彩照人的实例："这是承认民主政府需要集中这一事实，它意味着团结、有序和协调一致。"[137]秩序和美是属于富人和穷人的城市财产："在城市里，穷人拥有与富人一样的权利，美好的事物和历史是大家共同的遗产。"[138] 这意味着秩序和美感也是民主的城市规划迫切需要的前提条件。这些成就首先表现在具有美观造型的建筑上："在建筑的艺术中，蕴含着一种力量，可以赋予城市完美的形式。"[139] 正是这种形式，而不是功能主义的无形化，深深吸引了阿什比。

在面向公民和具有历史意识的城市艺术方面，苏格兰生物学家、社会学家和地理学家帕特里克·格迪斯是最为全面的思想家。他的调查方法强调了城市规划者在社会中的服务功能，调查范围通常要包括过去和未来的几代人。因此，调查不只是关注于当前的现象，还一直关注着历史研究和全局的反应。格迪斯在他 1915 年发表的主要著作《进化的城市》中做出了如此解释。[140]

1929 年，亚瑟·特里斯坦·爱德华兹把目标对准了勒·柯布西耶的《明天的城市》一书，以批评的方式尖锐地表达了城市艺术的总体概念。他并不赞同柯布西耶设想的前卫派思想，而且攻击了其对城市定义中的简化论思想："如果艺术家只关注两三个需要考虑的因素，而拒绝其他所有的因素，那么这种做法就过于简单，无法设计出理想的城市或者乌托邦式的城

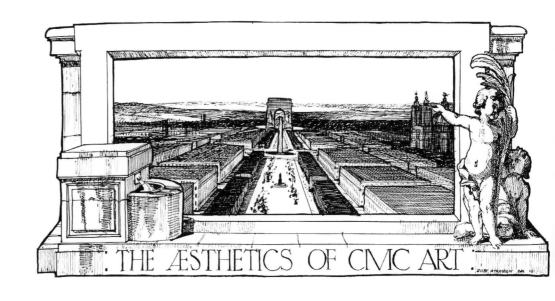

THE ÆSTHETICS OF CIVIC ART

图 49 托马斯·海顿·莫森,《城市艺术》,1911

市。"[141] 相比于柯布西耶注重的功能主义，爱德华兹认为城市应当由更多方面的元素构成。正如爱德华兹所解释的，勒·柯布西耶的方法中存在的并不是新颖怪异的问题，而是城市设计过于简单化："勒·柯布西耶所提思想的实际效果就是城市的过度简化……。

他的解决方案消除了复杂性。然而，这种复杂性正是城市设计主题的一部分。现代的大都市犹如一个大型的管弦乐队，却常常演奏出低劣的乐章，甚至连乐器本身也时常跑调。要改变这种状况，需要做的是修改乐曲和改善乐器，而不是降低乐队的规模，或者减少乐器的数量，这也正是勒·柯布西耶的目的所在。他没有耐心去尝试这些，而是用一只只能吹奏五个音符的六孔小笛取代了这个管弦乐队。尽管它可以吹奏出完美的曲调，但这是完全不够的。"[142]

直到第二次世界大战结束，城市规划师托马斯·夏普依然坚持城市艺术的设计理想，并以英国城市设计的传统为参照。在 1935 年发表的一篇文章中，他特别赞扬了英国的城镇传统，并专门对街道和广场之间的相互影响作用进行了长篇论述："房屋、街道和城市被完美地结合在一起。街道和广场反映了城市的协作原则，然而它们所散发的家庭生活魅力（受到当时社会价值观的限制），不是对政府、商业和宗教的赞美，而是对人类本身、市民的歌颂。"[143] 从 1940 年开始，夏普的《城镇规划》手册广为流传，纲领性地宣布广场是服务于市民的，并将这一特色作为都市风貌的实质。[144] 最为常见的以公共空间为导向的城市艺

术设计是新型的城市中心，这种综合建筑在广场的四周分布着成群的公共建筑。由于参考了美国的模式，它们在英国被称为城市中心。但是正如帕特里克·阿伯克龙比所强调的，它们具有中心城市广场的传统："'城市中心'这一术语是美国精神的一种体现，它所表达的并非新鲜事物，而是一种与生俱来的古老思想，只是近来才被人们自觉地认识到而已。"[145] 本着巴黎美术学院和美国的美丽城市运动的精神，对于公共建筑的新兴趣也体现在不列颠的培训中心为招标活动设立的各类奖项上。例如，从 1911 年至 1912 年，英国皇家建筑师协会为"公共场所"举行了招标，威廉·A. 罗斯获得了铜奖。他的设计主题不仅令人回想起巴黎美术学院在 1903 年颁发的罗马大奖，而且几乎精确复制了莱昂·朱塞利设计的获奖项目。[146] 另一方面，为了一项"重要城市的广场或城市中心"的设计活动，罗马的不列颠学院在 1903 年首次设立了奖学金。H. 查尔顿·布拉德肖获得了一等奖，这一奖项的颁发和设计方案也反映了国际间的交流：该项目体现了美国美丽城市运动的精神，却以法国常见的古典建筑风格进行建筑造型的设计。[147]

加迪夫拥有不列颠群岛的第一个、也是最为广阔的新城市中心。[148] 它位于市中心凯西公园的外部，这块土地是该市从比特侯爵的手中购得的。为了市政厅和法院的项目设计，该市在 1897 年组织了一次竞赛。按照阿尔弗雷德·沃特豪斯的意见，伦敦的建筑师亨利·沃恩·兰彻斯特、埃德温·阿尔弗莱德·里卡德

斯和詹姆斯·A.斯图尔特成为优胜者。同时，他们还提出了那块土地的总体规划方案，一组公共建筑环绕在一块带有绿化的中心广场四周，市政大厅与大学遥相对望。虽然后来的建设没有完全遵循这一规划，但是在整个 20 世纪，一种由绿化的矩形广场和环绕在四周的古典风格独立建筑构成的封闭组合模式逐渐演变形成。（图 50）1910 年，兰彻斯特承担了位于地块南端的市政厅和法院的建设工作，并于 1906 年全部建成完工。[149] 从 1905 年至 1909 年，一座参考了原有建筑风格的全新大学建筑由威廉·道格拉斯·卡罗建造完成。不过，它位于广场的东侧，而不是与市政厅正对的轴线上。在广场的西侧，是威尔斯和安德森建造的规模相对较小的大学登记办公楼。这些综合建筑打破了以市政厅为中心的严格对称性，这也是阿兹海德在当时所批评的。[150]

当文森特·哈里斯和托马斯·安德森·穆迪建造的格拉摩根郡大厅（1909—1912）和珀西·托马斯建造的技术学院（现称比特大楼）（1911—1916）完工之后，广场的西侧形成了封闭的格局。按照规划，阿诺德·登巴·史密斯和塞西尔·布鲁尔于 1927 年在毗邻市政厅的角落建造了国家博物馆。他们曾在 1910 年的竞赛中被阿斯顿·韦伯评判为获胜者。市政厅的北面是珀西·托马斯的和平神殿和彼得·基德·汉顿为威尔士政府建造的王冠大厦（二者于 1938 年完工），它们也是这些综合建筑的收官之作。虽然这些环绕在广场四周的古典建筑交替呈现出爱德华的巴洛克风格、美国的美术派风格和 20 世纪 30 年代的简约古典主义风格，但是由于采用了波特兰的石材，从而形成了统一的整体结构布局。

运用具有行政管理、教育和文化功能的建筑，将用于放松并装饰华丽的广场环绕在其中，尽管这种组合形式作为新型城市中心在结构上有一些细微的瑕疵，但是其独特性还是受到了当代评论家的好评："加迪夫几乎是英国独一无二的城市，它的新型公共建筑以组合的形式为城市创造了一组中心建筑。"[151] 阿兹海德参考了美国的成就设计出独具特色的"英国城市中心"。[152] 莫森也在英国城市规划的专栏中涉足了这种"新颖和宏伟的城镇中心"[153]。"这是一种运用不朽的建筑确保集体效应的著名实例。"[154] 虽然凯西公园的第一个总体规划比美国华盛顿和克利夫兰的总体规划还要早，但是它在城市中心历史上的突出地位不只是基于较早的创建时期，还建立在对统一性和综合性的认识之上。即使与对称布局的总体规划略有偏差，它仍然在事实上构成了一个环绕着组合建筑的广场，这是英国任何其他的城市中心所无法比拟的。

在英国的城市，空间最为封闭的城市中心是苏格兰的市民广场，那里建有凯尔德大厅和邓迪城市会所。1914 年，由于企业家詹姆斯·基·凯尔德的慷慨贡献，使城市建筑师詹姆斯·托马森建造全新市政厅的想法成为可能。市政厅可以作为举行音乐会和各种活动的大厅，还设有若干新的会议室。该建筑是该市彻底重建计划的一部分，为了建造新的综合建筑，曾经

图 50 亨利·沃恩·兰彻斯特、埃德温·阿尔弗莱德·里卡德斯和詹姆斯·A. 斯图尔特等人，加迪夫的城市中心，1897—1938

图 51 詹姆斯·托马森、约翰·J. 伯内特等人，凯尔德大厅和市政大厅的邓迪城市广场，1914—1931

由威廉·亚当在中世纪城区建造的市政厅（1831）将被拆除。作为补偿，在高街（商业街）规划了一个卵石铺就的城市广场，在三个侧面进行了重建，并形成了一道由十根罗马多利安式立柱构成的宽阔门廊。(图51) 由约翰·J. 伯内特建造的市政厅（1924—1931）占据了广场的一侧，另一侧则是一些商业建筑。因此，除了文化基调之外，广场的核心功能设计还体现了政治和商业的氛围。与传统综合住宅的绿化广场不同的是，邓迪城市广场是一个多功能的城市广场，具有严格的建筑布局。1923 年，在纪念凯尔德大厅启用的出版物中，威尔士亲王这样提道："在邓迪繁忙的城市生活中心区域，凯尔德大厅完全占据了这个未来广场的正南端。"[155] 正如卡米略·西特所宣传的，作为一个封闭型的广场，它体现出更多的欧洲大陆传统，在定位、造型和集市场所的运用方面与同时期在德国伍珀塔尔—巴门市建造的广场十分相似。

为了拥有大型城市的新型公共中心，伯明翰也启动了雄心勃勃的城市中心项目。1926 年，经过长期的预先规划，以及采购了距离伯明翰市政厅不远的土地之后，该市举行了招标竞赛。除了要重新组织交通线路和创建公共空间之外，还特别指出将"市政大厅、市政建筑和公共机构、自然历史博物馆、公共图书馆和官邸"作为最重要的建筑。[156] 所有的设计都要与新近建成的纪念大厅相适应，这是一个为了纪念一战中阵亡将士而建造的具有古典风格的中心建筑。在伯明翰这座新兴的大城市中，由它们构成的可以开展各类政治和文化活动的城市中心即将实现，以满足市民的

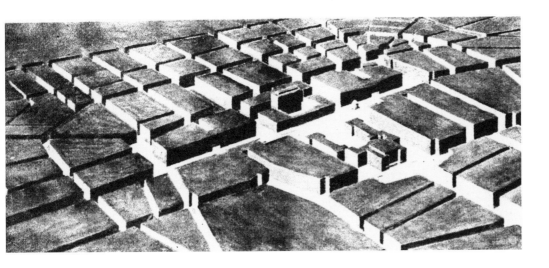

强烈愿望。正如评论家们在《城市规划评论》中所阐述的："与英国其他的城市一样，伯明翰这座中部地区的大都市正在经历着城市中心愿望成真的过程，这在某种程度上与城市的地位、规模和重要性是相关的。"[157] 对于城市本身而言，这些公共建筑群和公共空间将提供高端的功能："城市中心将成为整个城市满足人性需求的制高点"。[158]

　　该市没有设立评委，而是直接委任亨利·沃恩·兰彻斯特决定最终的获胜者。最杰出的参赛作品正是来自于一等奖的获得者，巴黎的马克西米利安·罗曼诺夫和吉萨·杜尔泰因·罗曼诺夫。他们通过对一条主要交通干道重新规划，使城市设计的形势变得清晰明朗，以统一的网格形式与广场的坐标轴线协调一致。为了建立一个交通流量较低的公共广场，他们在主要区域内建立了三个公共建筑，前端建筑的形式仿照了带有翼楼的国会大厦。（图52）在它们的内部，形成了一个空间定义严格的广场，交通线路也在这群建筑的周围改变了方向："与市政厅毗邻的是博物馆和图书馆，它们沿着市政厅形成了一个三面封闭的广场，巧妙地避开了机动车的交通线路。"[159]

　　随后八个获奖作品中的大部分都遵循了同一种模型，与加迪夫的城市中心相类似，所有建筑都规则地排列在一个开阔的、绿意盎然的矩形广场周围。但是，第七名获奖者——来自阿姆斯特丹的 J. A. 博肯的作品却与众不同。他运用了非正式的布局和突出结构以及起到连接作用的柱廊，为矩形广场带来了空间上的多样性。由此形成的最终方案与当代阿姆斯特丹的那些规划方案类似，例如亨德里克·彼得鲁斯·贝尔拉格设计的中心广场。按照 W. 道吉尔在 1928 年的评论，博肯的设计"展示了广博的知识和能力，遵循了西特所说的城镇规划法则。"[160] 他认为这次竞赛促使道吉尔对两种方法途径进行了区分：一方面是创建一个全新的规划；另一方面是在原有的状态下进行规划。道吉尔更倾向于后者，这不仅是因为资金上的优势，还在于人们对城市开发中保护某些形式的历史连续性的愿望，无论这种形式是街道还是建筑。"[161] 在充分考虑到人们对现代公共城市中心的愿望后，他认为城市建筑历史的可识别关联性是最重要的。

　　不过它的实现过程却是一波三折，伯明翰城市中心最终成为战争的牺牲品，规划方案也发生了很大的变化。1935 年，T. 塞西尔·霍伊特赢得了另一项城市中心的招标竞赛，该项目包括一座市政厅、博物馆、图书馆和两座行政大楼。今天，霍伊特最初设计的市政管理大楼被称为巴斯克维尔宫，是这个综合设施中唯一的建筑元素。这是一个具有古典主义风格的独立建筑，展现了城市中心的雄伟气势。作为原方案中为了适应纪念大厅的环境所规划的唯一建筑，它在第二次世界大战结束之后才全面竣工。后来，这个广场被称为世纪广场，并建造了其他的文化机构。现在，一条下沉式通道在两侧将广场与周围的环境分隔开来；剧院、图书馆、会议中心和音乐厅之间的关系失去了空间塑造的设计，没有一丝城市广场的真正印记。由梅卡诺最新建成的图书馆大楼也延续了这种忽视广场空间的态度。

图 52 马克西米利安·罗曼诺夫和吉萨·杜尔泰因·罗曼诺夫，伯明翰的城市中心，一等奖，1926

图 53 C. H. 詹姆斯、S. 罗兰·皮尔斯、罗伯特·阿特金森，诺维奇带有市政厅和集市的城市中心，1932—1938

切斯特菲尔德的城市中心是小城镇城市中心的经典范例。1930 年，该市在中心附近购买了一块土地，并在 1932 年委托来自布拉德肖建筑事务所的 A. J. 霍普，以及加斯 & 霍普事务所进行设计工作。设计预想了一个带有前端建筑的中心"场所"，并在两侧分别设有一座独立建筑。[162]

作为市政管理大楼的前端建筑于 1938 年完工，其殿堂般的正面外观具有明显的勒琴斯风格。但是，两侧具有空间塑造作用的建筑始终未能建造，这也是为什么古典主义街区在罗斯希尔以光荣孤立的形式占据主导地位的原因。小镇诺维奇也在中心位置创建了一个城市中心，除了建有市政厅之外，还在原先集市的地点建造了全新的综合设施，其侧面则是历史悠久的教堂会馆。（图 53）

1932 年，该市为市政厅举行了招标竞赛，C. H. 詹姆斯和 S. 罗兰·皮尔斯在 143 名参赛者中脱颖而出，最终获胜。主翼楼在 1938 年投入使用，其设计令人联想到斯堪的纳维亚的古典主义风格，当代评论家常把它威严的塔楼与斯德哥尔摩市政厅的塔楼相提并论；新的集市按照罗伯特·阿特金森的设计布局建造，他也是本次竞赛的评审人员。[163] 根据黑格曼的看法，这个被公共建筑环绕的广场是一个"充分考虑城

镇中心历史特征的规划实例"[164]，并且仍然是诺维奇喧闹的中心集市。

在英国，临街建筑成为建筑师感兴趣的话题。这些建筑除了能够定义公共空间之外，还以适宜的外观创造了一种都市氛围。当然，实用性方面也是重要的讨论内容，诸如与机动交通的连接、便利的商业网点的分布、橱窗的安装和广告的布置等。但是，建筑师们讨论的目标却是城市建筑如何出现在街道的环境中，重点关注的是私人建筑和那些与公共建筑密切相关的建筑的相互作用和合理设计。

自从进入 20 世纪，各种建筑杂志都为这一问题的讨论提供了大量的篇幅。[165] 由此，人们发现了一个现象，街道上独立的房屋就像社会中的个人一样表现着自我。1909 年，建筑师伊尼戈·特里格斯在他的城市设计手册《城市规划：过去、现在与未来》中对这种关系进行了定义："临街建筑……是一种社会建筑，应该遵守支配整个社会运转的传统法则。不应当允许任何土地所有者建立粗陋的庞然大物进行自我张扬，这样的建筑将会完全破坏街道和谐的艺术气息。"[166]

因此，对传统惯例的维护成为临街建筑的主要特征。不久之后，如何合理应对机动交通的问题也被加到了这一讨论中。1933 年，弗兰克·匹克在文章《街道》

Top. VIA DEL SANTO, PADUA. Bottom. VITTORIA EMMANUELE ARCADES, MILAN. Another contrasted treatment of a common problem.

Top. LAVENHAM, SUFFOLK. Bottom. RUE MALLET-STEVENS, PARIS. A comparison of old and new architecture as the setting of a street.

中强烈反对为了适应机动车交通而缩减临街空间的做法。他认为在多样的城市活动中，街道首先是人们社交和相遇的空间："街道仍然是通行的手段，但是它也是公共的走廊和娱乐场所，是社会的产物。……目前，这一事实仍然未变，街道不只是街道，它具有更多的用途。"[167]

换句话说，就是交通街道的理念与城市街道的理念是直接对立的："确切地说，交通路线并不是街道，街道是一个可以进行聊天、闲逛、交易、买卖和娱乐的场所。它是城市居民生活和工作的场所，是城市生活和文明的背景环境。"[168] 在这个意义上，城市街道从一开始就是一种文化背景，其设计，尤其是房屋的外观立面应该具有吸引力，应该在统一的框架内体现出一定的变化。这些都以建筑元素为标志，例如"有助于公众福利"的拱廊商场。[169] 匹克还为读者提供了一系列的对照图片，描绘了各种街道环境的迷人魅力，也为现代城市的临街建筑提供了设计思路。（图54）

可是，真正的临街建筑倡导者却是建筑师亚瑟·特里斯坦·爱德华兹，他以饱满的热情、讥讽的语言和丰富的知识将整个职业生涯都奉献给了关于这一话题的辩论。他对公共空间的美学构成特别感兴趣，对

他而言，建筑师们讨论的并不是形式，而是社会、政治、经济和文化因素之间的关系。1915年，他在《城市规划对建筑风格的影响》一文中，提出建筑的起源是城市精神："现在，城市正是我们一直在追求的宏伟概念目标。"[170] 只有城市的理念才能孕育出一种现代的、同时具有文化底蕴的建筑风格："在一个杂草丛生的村庄里，杂乱无章地分布着村舍小屋，这种方式绝不是艺术。……城市之美是一个伟大的理想，因为它是社会作为整体能够发现其艺术化身的唯一途径。"[171] 正是这种城市的社会维度，注定了城市的建筑形式成为最高的艺术形式。因此，对于爱德华兹来说城市建筑不是独立个体的问题，而是基于社会的传统习俗问题："从城市的角度进行诠释的建筑，立即变成了公共性的事物，身在其中的每一个人，无论多么渺小，都会感觉到自己拥有它的一部分。"[172]

这种公共性的表达不仅表现在私人建筑之间的和谐共存上，还表现在它是高大的纪念性公共建筑的要素之一，这是城市之所以能够成为城市所必不可少的："如果连一组具有纪念意义、看似永恒的公共建筑都没有，城镇将是名不副实的。甚至，少数建筑所表达的庄严肃穆有助于社会的稳定和自信，因此也可以说是社会造就了这些建筑。"[173] 于是，公共纪念建筑构成

图54 弗兰克·匹克，《街道》，摘自《建筑评论》，1933

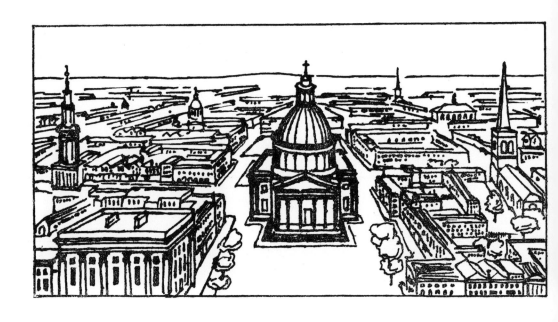

图55 （左页上和右页上）亚瑟·特里斯坦·爱德华兹，《建筑中的好方式与坏方式》，1924

了城市的核心特色。

1924 年，爱德华兹在论文《建筑中的好方式与坏方式》中做了详细的城市建筑案例描述。他在第一章中强调性地以《城市的价值》为标题，用反问的形式设定了论调："将孤立构思而出、只能表达其自身直接功能的建筑随意组合在一起，难道这就能被称之为真正的城市吗？"他并不需要否定的回答，而似乎在继续重复其定义："为了让建筑可以成为城市，它就必须具有都市风貌。"[175] 这一定义显然只是一种赘述，因为美学层面的都市风貌只能由社会层面的都市风貌所决定，或者遵循良好的建筑方式。正如城市代表了高端文化的共存，城市也成了建筑最高端的文化环境："城镇一直是诞生好建筑的重要学校，因为只有在城镇中才能研究和获得建筑的方式。"[176] 爱德华兹认为"自私的建筑"是优秀城市建筑的最大敌人。这些建筑都是以自我为中心的私人建筑，以牺牲公共建筑的代价维护自身的利益的建筑。他嘲笑并指责那些不合时宜的现代化高层建筑，在引人注目的插图中，它们巨大的身躯、高度和表现形式显得比位于城市中心的公共建筑更为重要。（图55）

1926 年，在题为《建筑的述说》的系列文章中，他对于这种不连贯状态的批评更为尖锐。他撇开规范的理论家所做的分析，将建筑戏剧性地比作一个散步者："我俯瞰着摄政街的上段，希望至少在这里可以发现建筑之间关系更为友好的证据。……'下午好，万圣教堂。'我说到，'看到你如此美丽，我很高兴。'它的答复是一声哀叹，'美丽有什么可好的？'它接着说，'我是否将要被这些现代化的商业大厦淹没，

这会使我看起来微不足道吗？''看那个可怕的怪兽，'小教堂继续说到，并指向新型的英国样板房屋，'我至少要感谢与它还有一些距离，可是，当我身后的这些灰泥朋友将要采用波特兰石材重建为六层的高楼时，我不禁开始沉思，我的死期要到了。'"[177] 为了保持城市建筑任务中的层级印记，当面对私人建筑的张扬炫耀时，爱德华兹也只能表达可怜的退让和顺从。

但是，这些狂妄的私人建筑并不只是对杰出的公共建筑造成了威胁，凭借夸大其词的鼓吹，它们正在摧毁人们努力创建的具有整体性的城市建筑共识。1929 年，爱德华兹在一篇关于雷蒙德·胡德和戈登·吉夫斯在伦敦摄政大街建造的理想住宅（或者叫暖气大楼）的文章中，再次以戏剧性的手法论述了这一主题。（图56）在白色低矮的房屋背景中，这个高大的黑色新建筑的张扬怪异之处就是在临街建筑之中，提供了一个令人激动的谈论话题。当邻居们问到为什么它的表现如此超群时，理想住宅的回答消除了人们的疑问："我决心要引起轰动，你看，这就是我的理论。伦敦的大多数建筑只会低声细语，它们不知道如何大声呐喊，它们没有任何的广告价值。……现在，只需看我一眼，你就会过目难忘。"[178] 这种引人注目的方法只是与背景环境的对比："你看，我已经仔细地研究了我的建筑环境。如果你是黑色的，那么我就应当是白色的。不过，既然你是白色的，我就只能是黑色的。否则我怎能获得广告价值？"[179]

理想的住宅谦恭地应对着邻居们对它正在摧毁街道背景的抱怨："暖气大楼继续回答，'恐怕是你们

完全过时了'。'今天，我们生活在一个街道将要消失的时代，我并不担心这种过时的建筑传统，我们高层建筑不再关心这些街道。我可以向你们保证，逐渐会有很多其他的建筑以我们为榜样，你们的街道将会成为支离破碎的建筑单元，每个单元的目的就是获得广告价值。'[180] 也就是说，追求商业的利益必将导致整体效果的丧失，只会出现彼此隔离的个体建筑。

理想的住宅继续以趾高气扬的态度回避着邻居们的抱怨："'我准备过来看看，并且要去征服，但是不要让邻居把我的羽毛弄乱。不过没有关系，我并不在乎它们。'自由回答说，'并且，我亲爱的暖气大楼，你确实无视它们。'"[181]

打破常规所产生的事实成为支持可以进行各种活动的建筑的论点，理想住宅拒绝参与辩论也是其力量的基础。在爱德华兹看来，这种对参与社会对话的拒绝无疑是对城市建筑文化的野蛮入侵。在 1924 年的《建筑的好方式与坏方式》中，爱德华兹早已证明将这一手段作为一种原则是不合适的。从短期来看，企业家们可以从中受益："如果他的企业位于一座拥有钟楼的建筑内，就会比竞争对手具有更多的直接优势。建筑师也会因为与这样的企业存在着关联性而获得一定的声望。"[182] 但是，当所有的企业家和他们的建筑师都采用这种策略的时候，这种靠个性和名声吸引眼球的建筑将会毫无效果，过分强调个性的建筑只会继续荒谬地成为广告的载体："不能牺牲少数事物的利益去强调大多数的事物。另一方面，少数的优秀事物在多数事物形成的并不显眼的背景之下，会显得

"'But why be such a blackamoor?' asked the little Regency Palladium. 'That is an easy question to answer,' replied the Radiator Building. 'You see, I have studied my architectural environment very carefully. If you had been black I should have been white. But as you are white I am black. How else could I have achieved advertisement value?'"

图 56 亚瑟·特里斯坦·爱德华兹，《色彩的冲击或阿盖尔街的摩尔风格》，摘自《建筑评论》，1929

图 57 理查德·诺曼·肖，伦敦摄政大街的弧形部分，1905

更为突出。"[183] 实际上，独特的标志性建筑不能离开大量的普通建筑形成的背景而存在。

独立式排屋的外观与相邻房屋不可避免地形成了对比，正是这一特点促使爱德华兹城市建筑理论的形成，这一理论将城市建筑理解为公共社区、对话和相互尊重，一句话，就是"良好的方式"。城市建筑应该向居民一样，以得体的方式展示自己："但是，建筑必须具有人性的品质，这一品质只有通过良好的行为方式才能更好地体现。建筑在社会中所表现的相互依赖性和相互尊重，与那些在社会中必须加以区分的人类行为十分相似。"[184] 在这里，社会行为成为建筑设计观念的模型，街道景观反过来也成为衡量社会状态的尺度。

若不是早期的精品临街建筑遭到了破坏，伦敦的摄政大街也许称得上 20 世纪街道建筑的杰作。今天的摄政大街，大部分建筑是建于 20 世纪 20 年代，其代价就是牺牲了约翰·纳什在 19 世纪早期建造的原有建筑。1927 年，斯蒂恩·埃勒·拉斯穆森在《城市

建设》杂志上阐明了对摄政大街的看法："它的主要瑕疵就是比不上过去的那条大街。"[185] 摄政大街的改造大约始于 20 世纪之初，主要是为了使城市的中心地带适应现代大都市的经济发展需求，这一趋势几乎波及了当时所有的欧洲城市。在摄政大街的案例中，这意味着规模更大的商业地产和办公空间的开发，最终，更高的六层建筑取代了纳什的那些三至四层的建筑。然而，新的摄政大街还必须响应日益强大的帝国形象需求，它的大部分建筑属于王权，这也是为什么纳什的更为保守的古典主义灰泥建筑必须让位于巴洛克风格的波特兰石材建筑的原因。结果，经济和审美的需求在不同的步调中协调一致，形成了富于表现力的城市建筑形式。

1848 年，当弧形区域内的柱廊被拆除时，旧摄政大街的末日就已经开始了。纳什曾经通过在弧形区域内布置造型重复的拱廊，创造了独特的动态美感。但是，柱廊投射在橱窗上的阴影却让商家十分恼火，于是它们必须消失。这也触发了关于商业利益与街道美

图 58 雷吉纳尔德·布罗姆菲尔德，伦敦摄政大街弧形区域的启用仪式，1927

感之间的争论，并成为 20 世纪摄政大街改造计划的导火索。改造计划始于 1901 年弧形区域附近一座新酒店的规划方案。在第一个尚有欠缺的规划草案制定之后，为皇家管理土地的森林委员会也制订了方案，为了评估这一方案，官方组织了一个委员会，成员包括阿斯顿·韦伯、约翰·贝尔彻和约翰·泰勒。[186] 在委员会的建议下，年迈的理查德·诺曼·肖被委以新皮卡迪利酒店的设计任务，包括弧形区域附近全部临街立面的设计。肖在 1905 年提交了设计方案。（图 57）它成为 20 世纪最为非凡的街道建筑设计之一。它以乡村的粗犷风格和极具乡土气息的基座与柱面为特色，与正常城市环境中近乎矫饰的华丽建筑形式形成了巨大的反差。他强调了临街外观的连贯一致性，同时运用上层独立式的巨大立柱创造了更多的空间。然后，他把夹层商店设置的封闭拱廊这一传统城市主题，与农村手工艺家庭的高大烟囱这一经典乡村主题结合在了一起。但是，这一令人激动的混合主题的真正目的是在街边创造一种复杂的韵律：从地面上平

静、规则的立柱和拱门序列，到上层封闭墙面与双立柱交替出现的迷人节奏，再到屋顶的檐口线、被安静耸立的烟囱分隔的不连续天窗，使街边景象存在于各种变换之间，各种元素都汇聚于一个安静的整体之中。对此，当代的评论是积极的："这是一种全面的感觉，不仅是满足感，还是一种激情的感受。它的完美出现……将为伦敦的街头增添一座伟大而重要的建筑。"[187]

1907 年，当皮卡迪利酒店部分完工的时候，商界就表现出了他们的不满。他们认为橱窗过小，并且在巨大的立柱之间显得过于隐蔽。肖曾经试图通过将凹入式橱窗分散布置，巧妙地抑制这里的商业行为。因此承重的支柱和拱门在视觉上占据了主导地位，从而确保建筑的地位高于商业行为。1912 年，肖在一封信件中做出了如下描述："我渴望为这条大街或多或少地带来一些不朽的特色，作为一名建筑师，我住过的很多地方都是在人行道的一旁设有立柱和拱门，它们支撑着上面的楼层。"[188] 但是，随着商业活动的

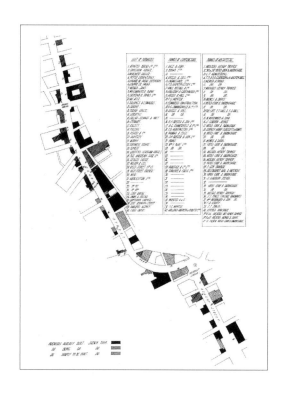

图 59 伦敦摄政大街的新建筑，1923

盛行，这一策略注定要走向失败，在肖的总体规划设计中，皮卡迪利酒店是唯一被保留的建筑。经过漫长的酝酿和无数次的草案修改（1912 年，《建设者》杂志甚至举办了招标竞赛）以及若干委员会的组建之后，雷吉纳尔·布罗姆菲尔德、阿斯顿·韦伯和厄内斯特·牛顿最终在 1916 年接受委托进行新街道的设计。1923 年，根据布罗姆菲尔德的方案，大街的弧形部分开始建设。1927 年，大街全部建成，国王乔治五世和玛丽王后为这条欧洲第一大街举行了落成仪式。（图 58）[189] 布罗姆菲尔德遵循了肖曾经建立的檐口线条，还采用了波特兰石材这一传统建筑主题，因此，新建筑并没有与肖建造的皮卡迪利酒店形成巨大的反差。可是，为了适应商业经营者和皇家的经济需求，他用宽阔的矩形橱窗和带有平整墙面的巨大独立式支柱取代了封闭式拱廊。因此，整个街道也失去了迷人的韵律感。

一位评论家在《建筑师》杂志中的观点认为，没能彻底实施肖的设计是令人遗憾的："如果弧形区域的两侧都能按照他的设计进行建造，这条街道本可以在建筑表现形式上超越国内任何一条街道。与纳什的作品相比，就如同一个巨大的作品与一件时尚精致的作品相比。"[190] 尽管如此，他还是创造了一条带有弧形区域、具有统一风格的大型城市街道。这条以排屋为传统特色的街道几乎是由一人设计的，因此呈现出具有一致性的美感，这在欧洲的其他地区是难以见到的。

但是，对于英国人的品位来说，这更像是一种倒退，因为整条摄政大街都曾经是按照纳什的设计建造的："这个最为超凡的城市发展计划——伦敦曾经拥有过的同类建筑中的佳作"[191]，即使 20 世纪 20 年代的评论也不得不承认这一点。当时，由一些建筑师设计的其他建筑在弧形区域的北侧拔地而起，一直延伸到万圣教堂，[192] 正如布罗姆菲尔德所说，缺乏统一的可能性："它们的遭遇是不可避免的，因为这是出自多人之手的作品。"[193] 不过，建筑师们以高度、材料和形式表达为导向，加上租赁持有制度，使独立建筑融入统一的街区成为可能："每一个建筑街区形成一个单元，无论其中的租户数量如何。"[194]（图 59、图 60）在牛津广场，实现角落建筑的唯一可能性是利用圆形广场形成的凹进部分。该广场是由亨利·坦纳在出自众多赞助商和建筑师之手的方案基础上进行的统一设计。

图 60 弧形区域和牛津广场之间的伦敦摄政大街

结论是充满矛盾性的，除了亚瑟·特里斯坦·爱德华兹在《建筑中的好方式与坏方式》一书中用了一章的篇幅以《优雅的街道》为题目描述了摄政大街之外，[195] 街道建筑的爱好者们会为失去纳什的摄政大街而永远感到哀叹，因为它是城市之中艺术与商业之间、个体与社会之间、建筑与街道之间、远观与近瞧之间和谐共存和多样性统一的完美范例。或者，就像爱德华兹以道德观对这个普通的城市建筑做出的描述："但是摄政大街的价值也许就如同日常生活中至高无上的宽容和复杂艰难环境中高尚的行为。"[196] 但是另一方面，街道建筑历史学家也不得不承认 20 世纪 20 年代改造后的摄政大街所具有的成就和价值。作为大型城市街道推倒性重建的实例，它所呈现出的品质是空前绝后的。

5. 美国的城市中心和美丽城市

在美国，建设公共城市中心的国家运动在鼓号齐鸣中开始了：1893 年，丹尼尔·哈德逊·伯纳姆创建了一座由统一的纪念性建筑定义的广场，这就是为在芝加哥举办的世界哥伦布纪念博览会建造的怀特城荣誉广场。在世界博览会的历史上以及美国城市设计的历史上，这组综合性建筑都是无与伦比的。这个综合设计的公共空间在三维构造和质感方面带给人们的感官体验，就像美丽和不朽的城市设计病毒，在来自国内的数百万参观者中迅速传播，这几乎可与西特著作产生的影响相提并论。直到那时，在私人和工业发展的驱动下，城市的主要任务是创建具有名望的公共空间，除了市政管理功能之外，它们还承担着文化和社会的任务。怀特城似乎就是这些新型城市中心任务的完美样例，作为美丽城市运动关键任务的城市中心也由此诞生。

首都城市的模式进一步促进了各个城市所做的规划：1902 年，美国最高国家公园委员会为华盛顿特区提出了规划方案，这是美国第一个为城市公共中心提出的统一设计，具有国家层次和相应的规模。[197] 这也为其他雄心勃勃的城市提供了样例，这些城市曾经一窝蜂地追求和模仿首都的国会大厦。

在提出城市中心规划和美丽城市运动总体规划的同时，爆发了关于公共审美的大讨论。参与这次讨论的人群范围更为广泛，不仅包括建筑师和城市开发商，还有政治家、社会学家、工程师、景观建筑师、商人以及市民。[198] 本地化公共领域的角色转变，是根据城市公共空间的形象最新定义并形成的，这些空间反映了公共的民主思想。

1901 年，美丽城市运动的前辈查尔斯·芒福德·罗宾逊，曾在主要作品《城镇的改进》中概述了城市规划关注的核心问题。他在引言中将该书的作用描述成"为城市之美进行的战斗"。[199] 他首先将城市定义为政治实体，并引用了亚里士多德的观点：城市是"人们为了高尚的目标而共同生活在一起'的地方"[200]。民主政体必须是城市美化的驱动力："在民主时代，一个城市没有王权的威严体制，因此不可能拥有塔楼、穹顶和尖塔这样的建筑，除非是公众意识对它们有具体的和强烈的需求愿望。"[201] 因为："今天的城市是由

人民按照自己的自由意愿、出于对家园的热爱进行装扮的。"[202]

对于罗宾逊来说，除了美学的改善之外，社会和慈善事业的进步也起到了重要的作用。[203] 他基于社会生活而不是美学列举了"城市具有美感"的五个原因：首先，"宗教热情"是城市美化的推动力；其次，存在着"经济因素"，富有的阶级和游客将大量的金钱带入城市；再次，是"慈善的因素"，通过城市的美化，很多穷人的生活得到了改善；第四点是"教育因素"，美丽的城市有助于全面的教育；最后，就是"政治因素"，公民对城市的自豪感和责任感都会因此得到提升。[204]

罗宾逊一次次地回归到美学的政治和教育功能这一主题，将其作为美丽城市运动的核心要素："人民的道德和精神标准将在艺术的推动下进步，他们的政治理想将伴随着公民自豪感而提升，他们的团体精神会不断增强，因为他们是'美好城市'的公民。"[205]《现代城市艺术》（1903）是他在 1901 年编写的教科书的流行版本，该书有利于对城市艺术的普遍理解和传播，这也符合他的城市规划理念。在《什么是城市艺术》的标题下，他通过研究发现："它首先是属于城市的。"[206] 它不属于艺术或艺术家，而是属于城市和市民："城市艺术在本质上是公共艺术。"[207]

从一开始，社会学就在美丽城市运动中发挥了重要作用。芝加哥社会学家和美国城市进步联盟主席查尔斯·朱布林在他的书中根据审美的概念提出了这一运动的政治思想。1903 年，在《美国城市的进步》一书中，他将公共建筑解释为社会理想的表达："人们很快就在他们的建筑中找到了表达理想的途径。"[208] 城市中最美丽和最精致的建筑当然是市政大厅。为了将市政大厅解释为民主思想的表达，朱布林考察了意大利和比利时自由、文明城镇的历史："社区的中心建筑应当是城市的主要饰物。因此它们都建立在意大利和比利时的自由城市；这些建筑不仅美观，还表达了它们的功能和目的。随着意大利城市中民主力量的壮大，早期令人生畏和庞大的建筑转变为后来的风格类型，体现了自由的思想，令大众的使用更为便利。"[209] 在他的民主建筑理想中，建筑是向市民

开放的，并具有相应的开放性建筑表现力。

1905 年，在《城市发展的十年》一书中，朱布林特别强调了美丽城市运动的城市文化根源。前三章的标题读起来就如同新城市精神的化身：新城市精神、公民的培养和城市的创造。新精神以新城市创建的同样方式降临到市民的身上："新的城市精神不仅表现在市民的培养上，还表现在城市的创造上。"[210] 他首先通过与 19 世纪 70 年代的"神学和个人主义"理想 [211] 的对比描述了价值观的改变，而世纪之交时期的价值观是"伦理和社会"的理想。[212] 他看到了这种从个人到集体的转变，正如 1893 年芝加哥怀特城的统一建筑所体现的。朱布林将美学的统一性解释为一种社会集合："个性依然存在，但是个人主义失去了地位，个体是伟大的，但是集体更加伟大。"[213] 对他来说，统一的建筑就是新集体性的表现。

1905 年，弗雷德里克·克莱姆森·豪在《城市，民主的希望》一书中，借鉴吸收了他在设计克利夫兰市政管理机构建筑中的经验。他认为当前城市的问题是资本的集中和生产资料被少数人掌握，而不是政治价值观意识的缺乏。由于经济组织对城市生活起到了主要的影响作用，与其他作者相比，他希望"在经济方面对城市进行解读"[214]。为了解决当前的问题，就必须打破垄断的权力，废除工商阶层的特权。适合的策略就是需要更多的民主思想，而不是更少："我们的民主思想不是太多了，反而是太少了。"[215] 改善城市生活的总体条件是人民的大事，也只能通过人民才能取得成功："正在通过人民实现的变革即将到来，美国的城市正在经历由下至上的觉醒。"[216] 从一些城市中新建的学校、图书馆、公园、游乐场和游泳池中，豪看到了这种新型民主政策在建筑上表现出的早期迹象。教育设施和放松娱乐设施也有助于满足民主城市生活的实际需要。

由于将经济因素和社会需求放在首位，人们可能会认为对审美的关注并不重要，甚至可能会产生适得其反的作用。事实并非如此，豪明确支持美丽城市运动的推动力，并将城市景观方面取得的进步解释为政治和社会进步的表现："我们获得的最重要证据之一，就是我们正在美化我们的城市。"[217] 豪将城市景观的改善视为民主城市生活改善的标志："没有什么比在美国发生的实质性城市振兴更有说服力，或是至高的民主力量对公共事务产生了兴趣。这远比近来在艺术和公共审美方面的觉醒，以及不惜代价去实现这一目标的愿望更为重要。"[218] 通过将生活条件的改善与城市景观的美化相结合，他成为美丽城市运动的典型代表人物，而不是像后来的历史学家所认为的，是这一运动的首位批评者和阻碍者。美国城市设计的发展，绝不是现代历史著作中所说的，由纯粹的美学角度去构思美丽的城市，发展为从社会角度激发灵感去创造务实的城市。在 20 世纪开始的几十年里，美丽城市运动以产生广泛的利益和各种方法为标志。如果事后的评论适用于这些发展，那么当时就会直接被务实型城市的技术官僚代表们所采用。他们对城市设计的美学方面一直是忽视的。

丹尼尔·哈德逊·伯纳姆是美丽城市运动的主要人物，他将经济上的实用主义、政治上的理想主义以及具有说服力的美学情感力量接合在一起，创造出完美的城市规划。[219]1910 年，在伦敦举行的伟大城镇规划会议上，他发表了题为《民主政府之下的未来城市》的演讲，将城市规划理想与政治观点联系在一起。首先，正是美国的民主制度使致力于美学的城市规划得以全面实施："我们这样的全面民主制度，使任何看似需要的可能性都可以成为现实。当任何城市的大多数市民认为便利和随之产生的美感是必不可少的时候，他们就会得到它们。因为民主的力量可以支配人类、土地和物资，并总是让它的法律适合于它的目的。"[220] 在民主的制度下，人民的意愿得以实现，作为政府的一种形式，民主制度特别适合城市规划的实施，只要这个规划符合人民的利益："当市民认识到一个良好的街道规划对于社会的价值，以及为城市的中心带来的便利和美观，只要他们愿意，就可以去实现这个规划。"[221] 根据伯纳姆的观点，民主制度的最伟大之处就是对美丽城市价值的认识："但是，民主意识尚未觉醒的人们会意识到这样一个事实吗？——作为一个集体，他们可以得到个人求之不得的东西。另外，他们会不会要求将快乐作为生活的一部分，并去得到它们？"[222] 美丽的城市是民主制度的双重产物：

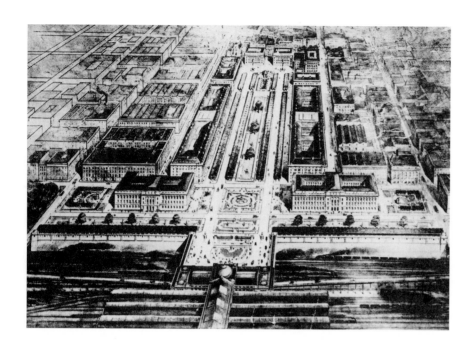

图 61 丹尼尔·H. 伯纳姆、约翰·M. 卡尔雷尔和阿诺德·W. 布伦纳，克利夫兰城市中心，1903

它使人们可以表达自己的需求，并实现这些需求。

弗兰克·凯斯特在 1914 年的作品《现代城市规划和维护》中认为，美学的教育方面也起到了重要作用："按照城市规划艺术的最高原则，城市建筑对市民的影响主要体现在社会、伦理和物质条件的显著改善。城市的优越性、美观性与和谐性会培养人们的艺术品位，并最终提升公民的自豪感和爱国主义情怀。"[223] 城市的美感也会促进市民素质的提高。对于市民和国家来说公共建筑是必不可少的。这些环绕在城市中心周围的建筑群体将构成城市规划中的亮点："城市中心是城市设计的核心，它给城市带来了至关重要的个性和统一并充满凝聚力的感受，这是任何其他方法都无法做到的。"[224] 维尔纳·黑格曼和埃尔伯特·皮茨在 1922 年合著的《美国的维特鲁威》可以被当作关于美丽城市运动包罗万象的实用手册。作者在建筑和城市设计的整个历史中搜集了城市中心的经典范例，将它们汇集成名副其实的关于城市设计历史的图片文档，通过至少 1203 张插图为从业建筑师提供了精读资料。作者主要关注的是美国城市设计中统一性的传播、建筑文脉和艺术构成："为了反对建筑中的混乱和无政府状态，必须强调城市艺术和文明城市的理想。"[225] 此外，"为了使精心设计的独立建筑能够充分发挥作用，必须使其成为美观、具有活力的城市的一部分，而不是混乱状态的一部分"[226]。生机勃勃的美丽城市应当取代混乱的城市。结果，作者

将统一的城市总体规划看作建筑师的首要任务。

1923 年，建筑师和城市规划师阿诺德·W. 布伦纳在美国城市联盟作了题为《城市中心》的演讲，展示了这一城市理想的持久性。城市中心本身并不是城市中公共活动的中心，它更多的是国家秩序的象征："城市中心是英明统治的榜样，它代表着法律和秩序。"它以永恒的尊严最好地体现了民主思想："城市的尊严和庄严是至高无上的，这是最佳意义上的民主。城市中心最能体现对布尔什维克主义的反对，公民的自豪感也由此而生。"[227] 城市的不朽性体现出的国家调控政策，也是新布尔什维克主义敌对形象的解毒剂和公民社会意识的优先表达，至少，直到古典主义的公共建筑被提升为社会主义的现实主义模式之前都是如此。

在美国，第一个，并且是最完整的城市中心是在俄亥俄州的克利夫兰实现的。1895 年，被芝加哥世界博览会的怀特城深深打动之后，克利夫兰的建筑俱乐部为"克利夫兰公共建筑群"举行了一次招标竞赛。[228]

1902 年，在新市长汤姆·L. 约翰逊的支持下，一个由丹尼尔·H. 伯纳姆、约翰·M. 卡尔雷尔和阿诺德·W. 布伦纳组成的规划委员会正式成立。由于伯纳姆的加入，该市拥有了最著名的城市设计师，因为伯纳姆刚刚为华盛顿特区提供了新的城市中心规划。这并不是一个轻松的任务：在一个城区内规划了五个公共建筑（市政厅、县法院、邮局、图书馆和火车站），

图 62 克利夫兰的城市中心，1903—1931

创建了一个庞大的公共空间使该区域与湖泊之间被铁路分隔。三位建筑师在 1903 年提交的报告中将注意力聚焦在这一项目的独特性上："在克利夫兰这样规模的城市里，这群建筑的形式和为它们提供的适宜环境以及配套设施在任何一座城市都是前所未有的。"[229]他们提出的解决方案既简单又具有说服力：该委员会利用不可避免的火车线路，创建了巨大的铁路建筑，在新广场的北端形成了进入城市的新大门。这个广场被设想成一个绿色的购物中心，其主轴线和横贯轴线与参考了芝加哥原型的华盛顿荣誉广场购物中心相似。在布伦纳规划第一个草案时，邮局就已经建立，而公共图书馆则位于广场主轴线的顶端，创造了一个"在顶端完全对称的布局形式"[230]。在它们对面的横向轴线上，是市政大厅和县法院大楼，构成了一个滨湖的城市建筑一角。在购物中心一侧的其他建筑当时还未确定，委员会希望那里有更多的建筑，但是也针对私人建筑制定了严格有效的设计规范："这些建筑要具有协调、和谐的线条才可以开发，从而形成一个美妙的远景，一个宏伟壮观的背景。"[231]（图 61）

除了这些建筑的对称布局、严格的空间几何造型之外，建筑的统一性也是委员会的保留手段——创造了一个令人过目难忘的城市空间："毋庸置疑的是，在这种结构布局中，建筑的统一性是最为重要的，并且只有采用同一类型的建筑才能确保美观的最高境界。"[232]这一做法吸取了 1893 年芝加哥博览会荣誉广场的经验教训，委员会对建筑同质性的青睐并不是品位的原因，而是为了充分表达公共的统一性："在很多新城市中，杂乱无章的建筑不仅对我们的生活毫无价值，相反，它们还扰乱了我们的安宁环境，破坏了我们内心的清净，而这些正是一切满足感的根本所在。因此，公共管理部门设定了简单、统一的样本模式，这不仅不会产生单调性，反而会产生整体上更加和谐的精美设计。……只有这样，一个伟大的城市才能成为一个美丽的城市，这与几百年来世界各地的古老城市在历史中所清晰记载的完全一致。"[233]

建筑师们从历史悠久的城市空间体验中直接吸取了用统一设计去创造和谐效果的经验。他们将这些都记录在报告之中，并辅以大量插图，从而易于读者形象化地理解他们的论点。他们首先参考了巴洛克时期欧洲的广场、林荫道和花园。早在两年以前为华盛顿特区制定规划时，伯纳姆就对那里进行了参观和考察。他们将目光定位在巴黎的协和广场、香榭丽舍大街和皇宫以及凡尔赛的花园，并展示了维也纳的美景宫、佛罗伦萨的波波里花园、德累斯顿的茨温格宫和伦敦购物中心的照片。可以清楚地看到，这些有意参考了几何造型的大规模景观建筑是一种极高的文化成就。

伯纳姆、卡尔雷尔和布伦纳还考虑了可能是最高水平的建筑风格："委员会建议这组规划中的所有建筑应当参考罗马古典建筑的历史主题。"[234]提出的建

图63 阿诺德·W. 布伦纳、约翰·M.
卡尔雷尔和小弗雷德里克·劳·奥姆斯
泰德，巴尔的摩的城市中心，1906—
1916

筑方案以18世纪法国美术派古典主义传统风格为主，
尤为明显的是，两个前端建筑模仿了加布里埃尔设计
的巴黎协和广场上的那些宫殿。

广场的建设模式早在布伦纳建造邮局的时候
（1905—1910）就已建立，邮局作为联邦建筑，也为
联邦法院、海关和其他官方机构提供了空间。紧随
其后的是雷曼和施密特设计的县法院大楼（1905—
1912）以及 J. 米尔顿·戴尔设计的市政大厅（1906—
1916），它们也是购物中心北面的两个侧翼建筑。在 J.
哈罗德·麦克道尔和弗兰克·沃克尔建造的公共礼堂
（1920—1922）东面，是一个宽阔的建筑。沃克尔和
威克斯建造的公共图书馆（1916—1925）矗立在南端，
为了取得期望的对称效果，在布局形式上与布伦纳的
邮局大楼紧密相连。从 1929 年至 1931 年，同样由沃
克尔和威克斯为公立学校教育委员会设计的建筑，在
广场东侧的礼堂和图书馆之间拔地而起。除了火车站
和西侧的购物中心之外，所有规划的建筑都以统一的
古典建筑风格进行建造，形成了一个非同寻常的同质
性公共空间，提供了包括行政管理、教育、文化和放
松娱乐等一应俱全的公共服务设施。（图 62）

结果，帕特里克·阿伯克龙比在《城镇规划评论》
中把这个城市中心赞誉为同类型建筑中的典范。它不
仅符合设计标准（"重要建筑占据主导地位的开放空
间，一种明确的开发计划的产物"），还顺应了社会
文化的需求，成为"生活的中心之地"。[235] 布伦纳回
顾了他这一规划的成功："总体来看，克利夫兰的公

民自豪感已经得到了最好的体现。"[236] 他着重强调了
政治、社会和设计在城市中心必须发挥的作用："城
市中心是城市与我们交谈的地方，是城市表现自我的
地方。这里街道交会，一切井然有序。它们决心成为
具有规则形式的建筑，建筑之间不再互相诅咒，也遗
忘了竞争。个人之间也不再是对手，他们都是公民。
为了名利进行的可怜争斗、微不足道的成功与失败都
消失了。在这里，公民承担着他们的权利和义务；在
这里，公民的自豪感油然而生。"[237]

在美丽城市运动框架内，美国城市中心的规划与
实现的发展历史还记录了其他城市的相关规划。为其
他城市制定的同类规划还有圣保罗（1903 年，加斯·
吉尔伯特）、圣路易斯（1904 年，公共建筑委员会）、
布法罗（1904 年，乔治·卡利、格林 & 威克斯事务所、
詹姆斯·沃尔克）、印第安纳波利斯（1905 年，印第
安纳波利斯城市联盟）、底特律（1905 年，小弗雷德
里克·劳·奥姆斯泰德、查尔斯·芒福德·罗宾逊；
1913—1915 年，爱德华·赫伯特·班尼特、弗兰克·
迈尔斯·戴）、萨凡纳（1906 年，约翰·诺伦）、芝
加哥（1906—1909 年，丹尼尔·哈德逊·伯纳姆、爱
德华·赫伯特·班尼特）、巴尔的摩（1906—1910 年，
阿诺德·W. 布伦纳、约翰·M. 卡尔雷尔和小弗雷德
里克·劳·奥姆斯泰德）（图 63）、德卢斯（1908 年，
丹尼尔·哈德逊·伯纳姆）、哈特福德（1908—1912 年，
卡尔雷尔、海斯廷斯）、洛杉矶（1909 年，查尔斯·
芒福德·罗宾逊）、麦迪逊（1909—1911 年，约翰·

诺伦）、西雅图（1910—1911 年，维吉尔·G. 博格）
（图 64）、罗彻斯特（1911 年，阿诺德 W. 布伦纳、
比昂·J. 阿诺德、小弗雷德里克·劳·奥姆斯泰德）、
明尼阿波利斯（1911—1917 年，爱德华·赫伯特·班
尼特）、旧金山（1912 年，约翰·盖伦·霍华德、弗
雷德里克·H. 迈耶、小约翰·里德）、波特兰（1912
年，爱德华·赫伯特·班尼特）、丹佛（1912 年，
小弗雷德里克·劳·奥姆斯泰德、阿诺德·W. 布伦
纳，1916—1917 年，爱德华·赫伯特·班尼特）（图
65）、休斯顿（1913 年，亚瑟·科尔曼·科米）、匹
兹堡（1914 年，爱德华·赫伯特·班尼特）。这个列
表只列出了美国城市中心的一部分。[238]

　　这些城市中心是维尔纳·黑格曼和埃尔伯特·皮
茨在 1922 年合著的《城市艺术》的亮点。[239] 除了世
纪之交以来的规划和实现之外，作者还以网格化城市
中的封闭广场展示了城市中心的理想解决方案。（图
66）"在美国，将用于行政管理的广场或者任何被公
共建筑环绕的广场称作'城市中心'已经成为一种习
惯。在过去的几十年里，这些由美国城市设计师设计
的'城市广场'中的大部分得到了批准。"正如黑格曼在
1925 年的《美国的建筑与城市建筑艺术》一书中通
过其他系列的实例所做出的结论。[240] 1938 年，在《城
市艺术》随后的卷本中，黑格曼展示了一系列的城
市中心。[241] 1959 年，由华莱士·K. 哈里森、马科斯·
阿布拉莫维茨和菲利普·约翰逊设计的纽约林肯中心
与米开朗琪罗的国会大厦十分相似，广场上的前端

图 64 维吉尔·G. 博格，西雅图的城市中心，
1910—1911

图 65 爱德华·赫伯特·班尼特，丹佛的城市
中心，1916—1917

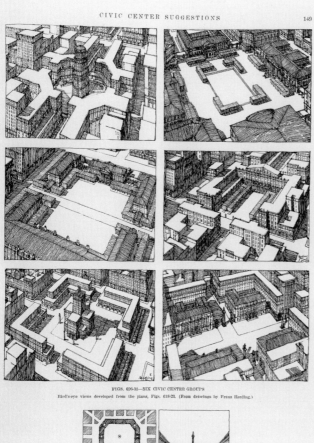

FIGS. 626-31—SIX CIVIC CENTER GROUPS

Bird's-eye views developed from the plans, Figs. 618-23. (From drawings by Franz Herding.)

FIGS. 632-33—PLAN AND SKETCH FOR CIVIC GROUP

The buildings fronting on the small oblong forecourt plazas would have to be simple and uniform, thus subduing the little left-over blocks at the ends of the plazas. Or these blocks might be the sites of specially designed pavilions, which would have to be high enough to conceal the buildings back of them on the diagonal streets.

图 66 维尔纳·黑格曼，《城市中心的建议》，摘自维尔纳·黑格曼与埃尔伯特·皮茨合著的《美国的维特鲁威》，1922

图 67 华莱士·K. 哈里森、马科斯·阿布拉莫维茨，菲利普·约翰逊，纽约林肯中心，1959—1966

建筑带有翼楼。后者在 1922 年的《城市艺术》中曾被用作标题插图。（图 67）作为一个文化广场，它与传统城市中心的作用相一致，但是作为一个由具有纪念意义的建筑定义的城市广场，与欧洲的广场一样，具有美丽城市运动的传统。

当功能主义的城市规划思想正在准备实现为了适应交通而设计的城市时，保罗·祖克尔强调了城市广场的设计在城市社会共同生活中的核心作用。他在 1959 年的研究成果《城镇和广场，从集市到绿色的村庄》中，直接对大部分的功能主义和现代主义观点提出了反对意见。在研究中，他选择继承了战前的思想流派，为 20 世纪六七十年代的后现代主义和阿尔多·罗西或罗伯·克里尔这样的城市广场反对者的观点提供了一个缓冲地带。因此，祖克尔的书在 20 世纪城市设计中，为精心构思的城市能够幸存起到了尤为重要的作用。祖克尔认为城市广场是一种设计单元，也是艺术作品：欧洲建筑史上那些最为美丽的广场，诸如罗马的圣彼得广场、威尼斯的圣马克广场或巴黎的旺多姆广场，"无疑比任何绘画、雕塑和单独的建筑作品更具艺术气息"[242]。与功能主义的观点相反，他强调广场设计在城市社会生活中的持久作用，认为广场是城市的心脏："在过去的几十年里，城市规划者一直关注的是土地利用、改善交通和流量、分区，以及居住区与工业区之间的关系等问题。这些方面的考虑或多或少地遮蔽了广场作为城市基本元素和城市的心脏，在城市规划中的重要性。人们只是现在才开始把兴趣转移到这个核心的构成要素上，'它们使社会成为真正的社会，而不仅仅是个体的简单集合'。"[243]

广场具有基本的心理功能，在车水马龙的环境中提供了集会和休闲的场所，这一点在历史的进程中始终未变："广场的这种心理功能无论在过去、现在还是未来，都是真实不虚的。事实上，过去的城市规划者与现在的城市规划者面临着相同的问题……。"[244]书中的前两幅图片描绘了这种在心理上决定建筑类型的观念：一幅儿童画表现了广场的原始形式，并展示了亨利四世时代堪称典范的巴黎皇家广场（今天的孚日广场）。如果广场的功能在历史上保持不变，那么当代的设计师就可以借鉴传统的形式，甚至细小的偏离也不意味着突破："过去的需求也许更少更简单，但是与现在一样，它们也是决定最终造型的基本条件。因此，我们对过去典型实例的分析不必仅仅局限于对历史的讨论，还应当激发我们对于当今城市规划的思考。"[245]

对于这种现象，祖克尔明确地提出具体的城市设计形式可以被重新运用于完全不同的目的："但是，同样明显的是，这种深受青睐的建筑类型有时也会误入歧途。在物质条件、社会结构和功能需求完全不同时，甚至在矛盾的时代和国家，它们会被取而代之。……人们遗忘了每种形式发展的最初动机和原因，或许它们早已不复存在，但是在人类社会的历史、村庄和城镇的历史中，这种建筑类型始终是主要的元素。"[246]祖克尔倡导的观点是，精心设计的广场所具有的长期历史有效性体现了广场设计的自主性，这种自主性来自广场的各种功能。广场的核心作用也塑造了城市社会的共同生活。在功能主义的全盛时期，他成功地使这种城市空间得以传承，并在不久之后再次成为重要的建筑实践类型。

高层建筑成为公共城市空间的生力军 1910—1950

1. 带有广场的美国缩进式摩天大楼
2. 摩天大楼的城市化: 欧洲的思想观念和项目
3. 带有广场和街道的欧洲高层建筑

高楼大厦是一种奇怪的生物，犹如寄生虫一般喜欢摧毁它们的寄生之地——城市。它们看上去可能十分怪异，因为它们与乡村的环境毫不相干，完全是城市文化的产物。然而，它们却肆意地踩蹦着构成城市生活核心的公共空间。自从电梯引入以来，没过多久高楼大厦便在对立的两极阵营之间摇摆不定，而两个阵营对于公共城市空间都是一种威胁。

一个阵营是激进的企业家为了自身利益进行的私有房地产开发，这种最大化的资本主义剥削完全无视环境、相邻区域和公共空间的利益。在 19 世纪末这个追求利润最大化的时期，这正是芝加哥高层建筑历史的真实写照。另外，纽约的安盛公平人寿保险公司大楼以气势压人的结构和规模破坏了周边环境，体现了激进的利己主义，迫使公共立法者介入其中：最终，在 1916 年的《纽约分区法》中对建筑的高度进行了规定，并要求考虑相邻建筑和行人的意见。

另一个阵营则以公共所有制的社会主义土地模糊管理政策为指导，淡化存在于公共城市空间与私有城市空间之间复杂细微的区别。高高的大楼耸立在草地之上，没有任何道路与之相通，大楼的空间高悬在便于进入绿地的上空，这也是现代主义社会变革的一种常态。

1919 年，亨德里克斯·西奥多勒斯·杰德维尔德在为阿姆斯特丹制定的理想规划中提出了这样一种煽动性的看法：猖獗的绿地景观和高层公寓就是大城市的末日。勒·柯布西耶那些著名的理想城市设计曾经预见到在战后的时期，绿地中的高层建筑将以无处不在的公共住房形式遍及东西方各国，随着高层建筑的发展，都市风貌将最终消失。

这两个阵营都是反城市的：市中心那些自私自利的庞然大物和绿地上那些带有社会动机的高楼，打破了城市建筑和周围公共空间之间微妙的平衡关系：其中一个无情地欺凌着它的邻居，毁坏着公共空间；而另一个则以肆意蔓延的绿地吞噬着城市的环境，使公共空间彻底消失。但是，在高层建筑 130 年的发展历史中，这些并不是唯一的可选类型。很快，那些首批参与私人投机类型高层建筑的建筑师们开始了思考，如何将这种新型建筑融入城市的建筑结构，从而避免以压人的气势破坏城市的和谐氛围。在当时，即使那些绿地中的高楼似乎是一种万能的解决方案，但是这些探索文明城市高层建筑解决方案的努力一直在持续着。某些尝试不仅将这种相当庞大的新建筑与市内的住宅完美融合，还促进了美妙公共空间的建立。在这里，我们对这些尝试进行了详细的描述。

1. 带有广场的美国缩进式摩天大楼

现代高层办公大楼的历史以及高层建筑遍布的城市都始于美国。由于电梯的快速创新，还有钢结构建筑的可行性，再加上中心城区房地产的经济压力以及私人业主和建筑师们个人欲望的刺激下，中心城区开始崛起。首先在芝加哥，然后是纽约，专门为私人利益建造的摩天大楼开始主宰了城市的公共空间和轮廓。这种出于个体商人实用目的的新型城市景观一经形成，[1] 便点燃了人们对艺术和文化的幻想。1911 年，英国城市规划师托马斯·亚当斯在一篇题为《美国印象一瞥——纽约的"艺术氛围"——摩天大楼与城市规划的关系》的文章中表明了观点："山峰一样的建筑是伟大的世界主义者的生活象征……。因此，尽管摩天大楼在欧洲也许是怪异和丑陋的，但是在美国却有利于创造全新的艺术氛围。"[2] 随即，高楼林立的城市从世俗的功能范畴被提升到艺术范畴，并进一步成为建筑和城市设计开发的灵感之源。这一幻想的核心就是城市的轮廓，设计师可以在这些高耸的庞大身影中获得全新的设计潜能。于是，类似巴比伦塔和所罗门神庙这样的圣经神话，连同中世纪伟大的基督教城市大教堂的历史再度浮现于人们眼前。与现代交通手段的结合为这种纯粹的技术型高层建筑城市带来了崭新的形象。当然，建筑师们最喜欢讨论的问题就是这种建筑类型的正确形式，其主要特征就是高度。人们所期待的现代建筑最终完全由结构和垂直特性所决定。

设计师倾注了大量的精力对这种高层建筑城市的文化和艺术方面进行研究。[3] 但是，这时更应该常常问起这样一个问题：这些新型的摩天大楼应该如何与城市的公共空间相融合？或者更确切地说：如何创建与摩天大楼和谐共存的新型公共空间？

这一系列的疑问也成为由高层建筑形成的都市风貌的核心问题。一方面，摩天大楼本身就是都市风貌发展的产物，并对城市的密度做出贡献。对于这一魅力无穷的现象，没有人比雷姆·库哈斯在他的曼哈顿颂歌《发狂的纽约》中表现得更为直接。[4] 另一方面，正是这种狂热的活动和独立高层建筑的密度威胁着整个城市的公共空间，使公共空间的功能和价值，以及存在于私有和公共领域之间的微妙平衡关系在很大程度上处于风险之中，而这种平衡正是城市的精髓所在。这一任务的目的并不是歌颂密度的最大化，而是调查和研究那些采用新型建筑去恢复公共和私有领域之间都市平衡的项目，或者对它们进行重新调整。

在这些城市项目成为事实之前，他们通过书籍和杂志制订了自己的方法。例如，有一种采用摩天大楼重新夺回公共空间的想法，这一想法的出现是极其矛盾的，因为这一需求出现的地点是非常重要的：芝加哥——私人投机型摩天大楼的天堂。1909 年，丹尼尔·伯纳姆和爱德华·班尼特在他们的规划方案中曾提出对私有建筑的高度进行限制，不能超过市政厅的高

图 1 丹尼尔·伯纳姆和爱德华·班尼特，芝加哥市政大厅，来自《芝加哥规划》，1909

度。[5] 这就意味着在私有和公共领域之间重新建立了等级制度，但是这并没有对城市设计师的城市轮廓设计产生足够影响。他们设计了高层的市政厅，使它成为公共空间的主导因素。一方面，它成为城市主轴线的端点和城市中心的主视点；另一方面，它是新城市主广场的最高建筑，被其他公共建筑包围在其中。宽阔开放的广场使它在体积上的压人气势得到了缓解，而广场也成为辐射状分布的街道汇聚中心。（图1）凭借着高层的市政厅作为公共空间的主导因素，城市中心在私人建筑林立的芝加哥得以保留，同时也对广场结构中的新型建筑进行了合法的规定。

1923 年，在堪称经典的芝加哥滨湖建筑设计中，艾利尔·萨里宁将高层建筑与广场和街道结合在了一起。这位经验丰富的芬兰建筑师和城市设计师在参加了 1922 年为芝加哥《论坛报》办公大厦举行的设计竞赛之后，就对此项目做了全面的研究。他凭借着开创性的设计获得了二等奖，并在建筑杂志《美国建筑师》中将其作为一种招牌式设计。萨里宁以美学作为目标着手芝加哥的项目规划，他看到了"大量具有不朽意义和美观新颖的开发机会"，以及芝加哥成为"当时世界上最美丽城市之一的机遇"。[6] 他的新城市空间

设计基于伯纳姆 1909 年的构想，有着谨慎的城市设计思想："按照伯纳姆的规划，密歇根大道的透视草图浮现在我的记忆之中。我看到身着亮丽多彩服装的淑女和绅士们在大道上漫步。"[7] 巴黎林荫大道的这种氛围成为他的城市设计基调。为了在现代的高层建筑城市实现这种都市风貌的氛围，必须首先解决两个核心的交通问题：巩固加强铁路线和缓解市内机动车交通的压力。萨里宁的规划主要是交通项目，但却是一个激进的解决方案：为了将城市的地面作为行人的空间，铁路线和访问道路将设置在地下。萨里宁提出采用一条并行的南北走向道路（格兰特林荫道）作为一个接口，缓解密歇根大道和位于格兰特公园下方的巨大停车场的压力，这个停车场旨在作为一个"汽车的终点站"，降低私人交通的环路流量。铁路线也位于地下，并与访问道路平行，交会于新中央广场下面的新火车站。

虽然所有这一切都位于内城与大湖之间的格兰特公园，但是萨里宁将其理解为一项非凡的都市化设计任务：应当合理规划公园及其周边，使它们成为一个整体，并且拥有不朽的纪念意义，与作为世界最大城市之一的芝加哥相适应。[8]

图 2 艾利尔·萨里宁，芝加哥的滨湖规划，格兰特广场，1923

这组综合建筑的核心部分是一个巨大的广场，"一个巨大而开放的空间——格兰特广场，它的周围布满了花坛，花坛的外部是较低的公共建筑。"[9]（图2）萨里宁决定将格兰特公园的这部分设计作为一个由建筑定义的广场，因为他不想为了公共的用途"而在格兰特公园建造一个孤独的巨大建筑"："这一观点也许是主观的，并且是基于我不喜欢将城市建筑作为单元的做法。我更愿意看到它们共同形成各种广场，或者诸如此类的建筑。它们是城市建设者用来塑造城市的材料，通过它们节奏鲜明的组合，城市更加美丽、多样和具有特色。"[10]由于这种通过建筑定义城市空间的布林克曼式观点，萨里宁"没有将格兰特广场上的建筑定义为公园中的建筑，而是作为公园一部分的构成框架"[11]。

现在，一个高层建筑将那些较低的建筑连接起来，不仅形成了广场，还起到了广场周边建筑的效果："在格兰特广场北侧的背景之下，沿着格兰特林荫大道，之前提到的酒店将拔地而起，远远高于两侧的建筑。因此，我们在高度关系上获得了良好的节奏感和逐渐增高的效果。"[12]但是，这个高层建筑的构想并非出于实用目的，那样可能会对公共空间造成灾难性的影响。相反，它被选为城市公共空间的理想设计元素，同时拥有实用的功能。它的城市设计任务有着三重目的：它是巨大的格兰特广场的最高点，以相应的高度与开阔的广场相呼应；它在北侧构成了中央广场的主导因素，巧妙地在城市街区周边建筑中占据了一席之地。（图3、图4）并且，它为格兰特林荫大道形成了一个视点，它的高度令汽车司机在很远的距离也能一睹它的风貌。

作为一个高层建筑，它还给位于地下的主火车站带来了都市表现力。因为萨里宁把酒店看作火车站功能的一部分，也是火车站综合建筑的"重要组成部分"。[13]就我们的目标而言，萨里宁采用的高层建筑设计——缩进式摩天大楼是一个完美的范例。但是这并不重要，正如1916年为20世纪20年代纽约的高层建筑制定的《纽约分区法》中所指定的：更为重要的是，他的高层建筑位于中央广场的南部，形成了巨大的立面[14]，并与街区周边建筑和拱廊一同定义了公共的城市空间。虽然广场看似回归到英国和法国皇家广场的基本形式，但这却是一个考虑了新型建筑特点的全新设计，并拥有属于自己的大都市风貌的公共城市空间，这在当时的美国是前所未有的。

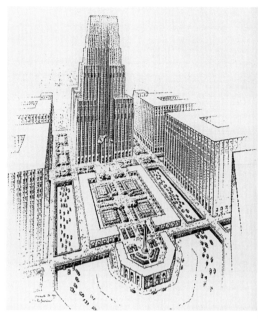

图3、图4 艾利尔·萨里宁，芝加哥滨湖项目，格兰特广场和中央广场的格兰特酒店，1923

萨里宁在格兰特广场的南端重复了这一设计过程，芝加哥大厦占据了南侧广场的重要位置，这个广场是为步行者修建的，"并可作为背景，衬托着格兰特林荫道和大厦林荫道形成的主要干道"[15]。尽管公园的构成比较复杂，但是那里的建筑具有城市风韵："这些拱廊可以作为橱窗或者小型的店铺，增强这一场所的整体影响效果，并有助于空间形成更加美观和时尚的特色。"[16] 在它们的相互作用之下，两个高层建筑成为萨里宁城市设计方案的骨干元素，主要街道在它们之间穿行，新广场在它们脚下伸展。

当然，这两个大厦也为芝加哥的天际线设定了新的基调，为崭新美丽的芝加哥带来了理想的景观优势，这绝非偶然："我看到一个外地人来到了芝加哥，他方便地在火车站乘电梯到达了上面的酒店。站在酒店的花园露台上，他把美丽的城市全景尽收眼底。……在他的下方，向南伸展的格兰特广场散发着庄严宁静的气息，广场的周围布满了花坛以及巨大而协调的公共建筑。……他发现芝加哥是美国中部地区一座美丽的城市。"[17]

尽管在技术上做了很多交通功能和经济方面的现实考虑，但是萨里宁为芝加哥滨湖项目制订的方案首先是一个基于建筑的设计。这一方案旨在满足和应对现代大都市带来的巨大挑战。1943 年，在他较晚发表的重要理论著作《城市》中，萨里宁表达了回归西特思想的观点，"城市建筑是一个建筑问题，必须通过

真正的建筑原理进行构思"[18]。他以芝加哥滨湖项目树立了一个经典的设计范例：新型的高层建筑已经从一个棘手的问题变成了理想的解决方案，成为新型城市广场和街道发展的推动力。

除了芝加哥，纽约也是引发城市高层建筑设计热议的中心。1921 年，由于《分区法》的影响，建筑师哈维·威利·科贝特和建筑制图师休·费里斯以令人印象深刻的五级缩进式摩天大楼开发图纸而名声大振。最终，这个新型的设计在照明、结构、经济性方面，以及建筑本身都符合建筑的规范和标准。虽然这些设计考虑起初受到独立建筑的限制，但是科贝特和费里斯很快便将其规模从城内特定环境扩展到整个城区。科贝特为高层建筑林立的"峡谷"提供了多层次交通路径的设计概念。为了给行人创造街道空间，还同时保留了传统的拱廊。（图 5）1924 年，《纽约时报》发表了费里斯绘制的草图，他在图中展望了在缩进式摩天大楼之间创建城市广场的可能性。[19]（图 6）并且，与美国的出版商步调一致，黑格曼将这幅草图放在了《建筑月刊》中，并给予了好评："在未来的实践中，将不会对单个的大楼进行生动的刻画，而是会创建高层建筑群体，从而塑造出各种广场，就如同在费里斯的草图中所看到的……。"[20] 费里斯采用高层建筑街区开发新型城市的努力，在他 1929 年的图集《明日的大都市》中达到了顶峰。不仅突出强调了乌托邦式的高层建筑城市景观，还提出了在摩天大楼附近公共

图 5 （左）哈维·威利·科贝特，带有拱廊的高架人行道，1923

图 6 （右）休·费里斯，纽约高耸的露台屋顶，1924

广场的设计建议。

费里斯还为另一位建筑师雷蒙德·胡德绘制了图纸，胡德与科贝特一样要成为高层建筑城市的梦想家，并在 1922 年开始了芝加哥《论坛报大厦的建造工作。胡德清楚地知道如何将自己的审美偏好和设计意图与功能、技术或经济方面的困难和现实相结合，这一策略使建筑的业主们十分满意，并取得了成功。他不仅设计了迷人的高层建筑景观，还展示了高层建筑的多功能用途在经济方面的优势，其中包括居住的优势，可以节省大量用于通勤的时间和金钱。1929 年，他设计了一幢高达 45 层的大楼，延伸至 3 个街区，几乎包含了城区所有的功能。底部的 10 层用于商业用途，并设有一座电影院；再向上一直到 25 层，是办公区域和更多的商业空间；从 26 层到 35 层是俱乐部、酒店和餐馆等；最上面的 10 层则是公寓。胡德描写了这种具有纲领性意义的多功能性："在我看来，对纽约的拯救依赖于这一原则的更广泛应用。某些时候，城市中的每一位商人一定会意识到他所居住的建筑所具有的优势，因为那里也是他的办公地点。实现这一理想也正是房地产商和建筑师应该去做的。"[21] 正如当时在城市商业区所实现的，并没有按照功能进行区域的划分，并且在某些规划条例的作用下得到了强化。多功能性不仅体现在城区的内部，还体现在建筑的内部，这已成为都市生活的明确程式。

带有公共广场的缩进式摩天大楼很快便从草图变成了现实。20 世纪早期，考虑最为全面广泛的高层建筑就是纽约的洛克菲勒中心。最初，它是作为一个新的歌剧院而设计的。这是一个完美的设计实例，展现了如何通过高层建筑创造高品质的公共城市空间。尽管受到严格的资金条件限制，但是，事实上这也可以成为经济上的激励策略。在当时，曼哈顿一风格的网格结构布局中所欠缺的正是能够吸引行人的广场。为了使他的开发项目能在经济危机时期吸引客户，小约翰·D.洛克菲勒修建了这个私人的房地产项目，它的某些功能是邻近建筑所不具备的：这就是公共空间。在跨越了曼哈顿三个街区的地段中部，他修建了一个广场，来自第五大道的行人可以由此进入综合建筑群的中心区域。此外，还有一个下沉式广场，不仅屏蔽了来自街道的噪音，还使广场的橱窗数量增加了一倍。值得注意的还有，这些公共空间在项目的不同阶段发生了变化，直到最终建成都是整个开发项目的关键因素。

具体规划的第一阶段是由约瑟夫·厄本和本杰明·维斯塔在 1927 年设计的大都会歌剧院新建筑。尽管设计覆盖了不同的地段，但是剧院建筑总是与前部庭院和高层建筑结合在一起。虽然前部庭院属于美丽城市运动的美术派传统，但是高层建筑则完全是经济动机的产物。办公空间的出租获得的额外收入，可以作为建设资金和剧院以及广场的维护资金。但是，这种关系很快就颠倒了：高层办公楼成了主要的景

图7 哈维·威利·科贝特，纽约的大都会歌剧院广场，1929

点，虽然歌剧院从项目中消失，但是公共广场得以保留，并在事实上催化了周边商业和办公大楼的经济开发策略。

在被要求为歌剧院建筑做出贡献后，小约翰·D. 洛克菲勒在 1928 年接手了这一项目。这一规划过程是漫长的、紧张的和复杂的，但是对于各种功能和用途，这里只有最重要的阶段会被提到。[22] 洛克菲勒首先为第五大道和第六大道之间的地段制订了新的规划方案，并附加了增加经济回报的限制性条款：他任用的建筑师是 L. 安德鲁·莱茵哈德和亨利·霍夫迈斯特，项目开发人是约翰·R. 托德。为了执行这一项目，他成立了大都会广场公司，这个名称强调了该项目公共城市空间的特色，尽管该项目日益受到利润因素的影响。到了 1929 年，不同建筑师开发的项目数量使这地段的土地利用率大为增加，大都会歌剧院公司最终因此退出了该项目。（图7）尽管当时处于经济萧条时期，洛克菲勒却完全能够承担得起，不仅推进了项目的实施，还从低工资中获利不菲。1931 年，随着众多的广播公司成为这里的长期固定租户，他也将这里变成了无线电之城。莱茵哈德&霍夫迈斯特、科贝特、哈里森&麦克穆雷事务所和雷蒙德·胡德、戈德利&福尔霍克斯事务所是主要的建筑机构，组成了为该项目负责的联合建筑事务所。（图8）洛克菲勒成功地将该市最有抱负、最优秀的建筑师聚集在一起，并形成了富有成效的项目竞争机制。相应地，最终的结果也是雄心勃勃、超凡脱俗、匠心独具的。在规划中，城市的中心地带环绕着密集的统一风格建筑群体，并带有精心设计的公共空间，可以开展多样的活动。当代的评论热情地将这一项目描述为"一个具有统一风格、相互关联的建筑群体，是世界上最大的商业、文化、音乐和娱乐中心"[23]，以"丰富的活动为特色"[24]。在

那里，洛克菲勒中心将为城市的重建提供"一种更具公民意识的态度"[25]。

尽管方案经历了若干次的改变，该建筑还是以令人惊叹的速度顺利完工。中心区域的那些建筑于 1933 年竣工，综合建筑于 1939 年完成。主要的引人之处无疑是那些新建的公共空间、散步广场和最为重要的中央下沉式广场，洛克菲勒不仅通过它们来吸引游客和顾客，还把那些缺乏魅力之处的租户吸引至此。（图9）建筑师团队的首席设计师雷蒙德·胡德清晰地罗列了对于隐藏在广场背后的经济状况的考虑：首先要考虑的是尽可能多地在一层区域安置租户，"因为街道层面空间的租金是上面楼层办公空间的数倍之多，规划中的一项指导原则就是要做到地面区域和临街区域的最大化"[26]；销售区域还包括地下的层面，人们可以通过一个利用了下沉式广场地面形成的广场进入这里，"街区中部的这个广场主要用于三个目的，它创建了一个购物中心，为周围的商家带来了额外的价值。它还为对面的三个办公大楼提供了良好的环境。并且，由于其中部下沉于地面，为地下购物区域提供了重要的出入口，并延伸到整个项目的地下区域，使这些建筑在地下连通成一个统一的整体。"[27] 这种定性设计的公共空间并不是以促进经济繁荣为社会目的的产物，相反，它是增加私人利润的手段。也就是说，胡德不只是把与公共空间相关的销售和办公区域密度最大化这一原则视作纯粹的经济目标，而是认为它还体现了城市生活的总体质量："由于商业原因，在大都市区域出现的集中化是一种理想的状态，它正是建立在这样一种原则之上。……城市生活的商业成功取决于集中化，这可以为那些必须进行交易的人们提供便捷的途径，……而分散化则意味着浪费时间和极大的不便。"[28] 同时，随着分散化思想的传播，正如区

图 8 联合建筑事务所，纽约洛克菲勒中心，1931

域规划协会的那些人和以霍华德花园城市为旗帜的刘易斯·芒福德所宣扬的，由于通勤的时间问题，这只是在浪费时间和金钱。密集的城市和集中化被视为经济法则和城市生活的质量保证。

这些公共空间与定义它们的新建筑一样，进行了巧妙的布置：普通建筑高度的街区排列在第五大道一侧，构成了一个人性化的步行广场。胡德在这个空间的中部建造了高耸的 RCA 大厦，与下沉式广场形成的巨大反差令人叹为观止。良好的建筑风格也有助于街道和广场产生更好的效果，胡德为建筑采用了简洁、耐用、美观并昂贵的石头罩面，但是从长远来看，这却是最经济划算的材料。[29] 随后他还采用了艺术作品对整个综合建筑进行了装饰，从建筑装饰品到独立雕塑和壁画一应俱全，所有这些都是为高于一切的建筑态度而服务的，不仅尊重每一种装饰手段的细节，而且作为整体的一部分又避免了给人过度表现的印象。[30] 作为建筑的一部分，公共空间也是公众最感兴趣的地方，包括高层建筑顶部以收取门票方式对公众开放的空中花园。（图 10）

除了将洛克菲勒中心的地面层公共空间对公众开放之外，胡德以别出心裁的想法将屋顶花园以收费的形式对外开放，这也提高了办公空间与花园综合设施的价值，预计这些花园将会提供双倍的回报。但是，由于维护成本远远高于收入，它们于 1938 年被关闭。洛克菲勒中心空中花园的失败提供了一个经验教训：公共空间不能在垂直方向上无限延伸，这将会丧失其功能性，因为在街道层面也能够实现这样的功能。洛克菲勒中心的教训在很久以前被称为空想结构主义。

1934 年，在科贝特退出该项目以及胡德去世之后，除了莱茵哈德和霍夫迈斯特的事务所之外，华莱士·K. 哈里森成为洛克菲勒中心的主要建筑师。与胡德

图 9 联合建筑事务所，纽约洛克菲勒中心的下沉式广场，1931

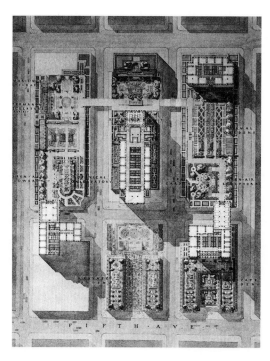

图 10 （左）联合建筑事务所，纽约洛克菲勒中心的空中花园，1931

图 11 （右）联合建筑事务所，纽约洛克菲勒中心的步行广场，1931

之前所做的一样，他强调了这一项目的都市化风格和公共空间与现有建筑类型的相关性。正如他在 1937 年的演讲中所解释的，随着无线电城音乐厅在第六大道开始建设，一种"可与巴黎林荫大道相媲美"的街道氛围也随即形成。洛克菲勒中心的设计对于第五大道一侧也形成了有利的局面："高楼大厦被移回大道，广场和低层建筑的引入使第五大道成为一个开放的购物中心，而不是一个办公大厦形成的峡谷。由于这些摩天大楼，使洛克菲勒中心形成开放的空间成为可能。"[31] 高层建筑与公共空间并不矛盾，甚至会有利于公共空间。实际上，洛克菲勒中心已经证明了高楼大厦并不意味着公共空间和公共用途的末日来临。相反，除了给广场综合体带来经济效益之外，高层建筑的设计已经通过极为特别的方式使这些综合设施受益匪浅，从而获得了全新的品质。从双重意义上看，洛克菲勒中心的公共空间实际上是正是高层建筑的产物。（图 11）

1947 年，哈里森在电台的演讲中回复了"大城市过时了吗"这一问题，清晰地展示了他是一个什么样的城市捍卫者。他开始便明确地声称："大城市没有没落，也不会过时。……大城市是人类成就的丰碑。"[32] 城市是人类文化的巅峰，也是人类创造力的发源之地："城市为具有创意的生活提供了环境和激励条件。城市是主导人类事务的大脑。"[33] 他在演讲结束时强调并呼吁保持和延续城市文化："只有城市能够提供来自图书馆、博物馆、音乐会的人类灵感。只有城市能够为具有天赋和创意的人们提供大量的受众，以及自我表现的动力。……如果我们想要保护我们自己、我们的文化、我们的遗产，想要掌握自己的命运，那么我们就必须保护我们的城市。"[34]

尽管存在一些批评意见，但是洛克菲勒中心得到了更多的支持。1941 年，功能主义先锋派的支持者西格弗里德·吉提翁将其归因于一种模型特征："在城市的规模比例方面，洛克菲勒中心已经超出了它的时代。需要改变的不是中心，而是纽约本身。……直到那时，它将矗立在那里提醒着人们，城市的结构必须改变，这不是为了个人的利益，而是为了整个社会的利益。"[35] 自相矛盾的是，他把洛克菲勒中心内的私营商业公司看作公共建筑的模型。但当人们注意到这些为私人创建的公共空间的品质时，这种矛盾的感觉就会降低。在当时，国际现代建筑协会（CIAM）并没有对公共空间进行过讨论，这使吉提翁很是懊恼。他注意到这种品质，并导致他以新的不朽纪念意义为名，呼吁公共和集体城市空间的全新相关性。这一切

都绝非偶然。[36]

尽管 RCA 大厦的设计魅力十足，但是真正使洛克菲勒中心成功的却是通过高层建筑定义的广场。正如戴维·罗思在 1966 年总结的："洛克菲勒广场是'城市规划的精髓'，对于房地产业更多的设计重塑，也许它比洛克菲勒中心的任何特征都更为有效。"[37] 这是一个纯熟的建筑创意应用，旨在为城市中部的洛克菲勒中心提供设有公共空间、具有迷人魅力的高层建筑群。这一策略获得了持久的成功，并业已得到证明。

在中央公园西侧的公寓大楼同样具有城市空间的塑造功能。1930 年，一系列高达 30 层的住宅楼在那里拔地而起，这些大楼具有封闭的周边设计，形成了特色鲜明的天际线。由于紧邻中央公园，这些高楼可以临街而建。考虑到光照的条件，创造了外观立面朝向街道的典型双塔结构，同时，以优雅别致的石柱塑造了中央公园的公共空间。

在这些高大的豪华公寓大楼之中，坐落着带有四个角楼的贝雷斯福德酒店（埃莫里·罗斯，1928—1930）和中部逐渐缩进的阿兹利大厦（埃莫里·罗斯，1930—1931）。罗斯在圣雷莫公寓（1929—1930）采用了后古典主义风格的双塔结构外观立面，并与马尔贡 & 霍德尔在埃尔多拉多大厦（1929—1931）再现了这一风格。[38] 埃尔文·S. 查宁和雅克·德拉马尔在堂皇大厦（1930—1931）和世纪大厦（1930—1931）的建造也采用了这种类型的结构。这一主题元素的多次运用与中央公园和曼哈顿其他的高层建筑形成了鲜明的对比。[39]（图 12）

最终，路德维格·米斯·范·德·罗厄在 1954 至 1958 年建造的西格拉姆大厦延续了洛克菲勒中心最初的设计方法和风格。建筑师在这一案例中采用了飘浮的空间使街区的角落消失，在建造过程中塑造了大厦的前部公共庭院，相比于洛克菲勒中心，大厦的侧翼建筑不见了。虽然披着国际化风格外衣的高层建筑想要成为无处不在的永恒建筑宣言，但是它只适合于特定的城市环境。大厦前面的私家广场同时提供了理想的展示空间和独立的公共空间。与给人的独立和自主印象相反，西格拉姆大厦通过后部较低的倾斜结构元素与城市连接在一起，这些高耸直立的长方体只是真相的一半。并且，前卫派通过高层建筑定义公共空间的建筑程式，在城市中找到了用武之地。

图 12 可以俯瞰纽约中央公园的高层公寓：埃尔文·S. 查宁和雅克·德拉马尔的堂皇大厦，1930—1931；埃莫里·罗斯的圣雷莫公寓，1929—1930

图 13 布鲁诺·施密茨，波茨坦广场上
高层建筑，大柏林竞赛四等奖，1910

REINICHER POTSDAMER UND LEIPZIGERPLATZ

2. 摩天大楼的城市化: 欧洲的思想观念和项目

1910 年左右，高层建筑有利于城市景观的思想在欧洲开始浮现。[40] 布鲁诺·施密茨在大柏林竞赛的参赛作品中提出了波茨坦广场的高层建筑方案，并以此展现了他的现代美国标志。它为城市的轴心提供了一个视点，为广场塑造了一个至高建筑。（图 13）而对于它的布局和造型，这位曾经访问过美国的建筑师直接照搬了一年前伯纳姆和班尼特为芝加哥规划的城市中心。在《城市的未来》中，尤金·赫纳德提出了一种环绕在市中心的环形高层综合建筑，并在 1910 年英国皇家建筑师协会的伦敦城镇规划会议上进行了展示。（图 14）他希望通过高层建筑的布置创建一种新的城市美感："这些高层建筑需要合理的放置，为大城市的未来创造一种全新的美学。"[41]

同时，奥古斯特·佩雷特在当地的城市设计草图中采用了环形模式，也尝试过临街的线性排列布局。1922 年，为了展示这种城市空间的布局方法所具有的潜力，他将这些草图进行了详细的整理。（图 15）一系列高耸的大楼排列在大城市林荫道的两侧；它们巨大的体积产生的潜在压迫感，被分布合理、优雅开阔的公园区域大为减弱。由于它们直接定位在临街区域，这些高层建筑精美的细节和装饰美观的立面有助于街道空间的连贯性和趣味性，从而保持了城市的协调性。

1913 年，大柏林系列计划的绘图员卡尔·保罗·安德烈以相似但又不同的方式，试图将新型的美国建筑与欧洲原有的城市建筑结合在一起。（图 16）排列在街道两侧的巨大高层建筑并没有对公共空间的行人产生压迫感，因为它们被谨慎地设置为临街的第二排建筑，而普通高度的街区周边住宅形成了真正的临街建筑。1919 年，布鲁诺·陶特引入了可能是最为流行的建筑类型，它由于"城市之冠"这一术语的过度使用而闻名。它只是表明了高层建筑被用作雄伟庄严的新型城市中心点，有意地以中世纪大教堂和国会大厦的传统进行构思，并具有同样的公共的、精神的、宗教的功能。[42] 这种庞然大物，除了在其环境中创建公共空间之外，由于其具有神圣的内部公共空间，高层建筑本身也被看成城市的公共空间。

除了与整个城市相关的定位之外，对于高层建筑如何能够就近创建公共空间，还有很多更为具体的思想。1920 年，布鲁诺·莫林展示了一系列的设计，探索了通过高层建筑定义柏林的交叉路口、出入大门和广场综合建筑的城市设计潜力。[43]（图 17）同年，奥托·科茨也开始为柏林国王广场的帝国大厦寻找设有广场的高层建筑造型方案。在随后的几年里，他继续努力设计了众多在街道上具有重要地位的高层办公大楼。它们大部分采用了具有单一视点或者带有侧翼的楼群组合方案。[44]

从 1919 年至 1924 年，布雷斯劳的市政规划领导者马科斯·贝尔格在布雷斯劳市的总体规划设计框架中，成为第一个系统采用高层建筑的规划者。[45] 他的理论是，在战后迫切需要的住房需求可以通过高层办公大楼的形式更为经济地进行建造。高层办公楼可以位于原有城区的中心区域，而被各家公司占用的公寓可以再次作为住宅使用，从而省去建设新住宅区的成本。[46] 他看到城市密度的必要增加有着另外一个优势："高度集中化是城市工作的主要需求，这只发生在商业区，在我看来这些商业区包括了规模更小的商业公司。时间就是金钱，因此必须为城市这一部分的综合建筑定下基调。对于商业城市，……这是不容忽视的，我们还在努力争取商业城市的进一步集中化，这并不是通过地面上的建筑就可以取得的。相反，由于交通流量的增加，需要更为宽阔的街道，这就意味着向上发展才是出路。"[47] 密度的增加是城市商业发展的必要条件，这就需要一种高层的综合建筑。

贝尔格的真正成就是在城市的构造中对高层建筑进行了合理的定位和放置。与所有的欧洲人一样，他反对美国城市中摩天大楼毫无规划性的集中现象，并依据欧洲、尤其是德国的特色刻意塑造了高层建筑的城市设计定位："建造此类的高层建筑意味着在城市景观中去寻求特别便利的广场。最好是在城市中心的位置，或者滨水的大型广场。不应该像美国那样，在不考虑周边常规建筑背景的情况下去建造它们。人们对它们之间关联性的关注程度会与日俱增。"[48] 为了获得更好的采光效果，贝尔格倾向于选择广场和滨水区域这样畅通无阻的环境作为高层建筑的建设地点。同时还遵循高度上的渐变规则，使高层建筑与

图 14 尤金·赫纳德，《城市的未来》，1910

原有建筑协调地结合在一起。由理查德·康维阿兹设计的位于莱幸广场的高层建筑，坐落在奥得河畔，是按照这种需求进行定位的经典范例。它与路德维格·莫萨默尔设计的环形广场上的高层建筑一样，与原来的市政大厅毗邻，占据了广场主要的部分，并成为新的城市之冠。（图18）与其他的高层建筑一样，这个最终的设计展现了各种变化，尤其突出了贝尔格对于城市的革命性变革和逐渐演化的态度：一方面，由于在规模上的突破，与周围的建筑形成了巨大的反差；另一方面，随着高度的逐渐增加，它与中世纪建造的市政大厅衔接在一起，甚至与环形公共广场地面建筑的传统山墙和拱廊元素交相辉映、相得益彰。

图 15 奥格斯特·佩雷特，高层建筑林荫大道，1922

图 16 （左）卡尔·保罗·安德烈，《大柏林》，1913

图 17 （右）布鲁诺·莫林，一个交叉路口处的高层大楼，1920

尽管看上去新颖而威严，但是事实上，它的设计既反映了城市特色，又体现了深厚的历史渊源。

贝尔格的高层建筑总体规划遭到了统治阶层的拒绝，因此他对于高层建筑定义城市空间的设想成了永远的幻想。但是他提出的要求依然存在，那就是除了良好的功能和建筑造型之外，高层建筑还应该是一项艺术性的城市建筑设计任务："凭借艺术方面的指导，建筑师实现了恒久的文化价值，赋予高层建筑特殊的性质和相应的形式，并以敏锐的洞察力将它们与广场和街道景观融为一体。"[49]

图 18 马科斯·贝尔格，布雷斯劳环形广场上的高层建筑，1920

图 19 威廉·克雷斯，杜塞尔多夫的威
廉 - 马科斯公寓，1922—1924

3. 带有广场和街道的欧洲高层建筑

尽管"高层建筑德国化"的战鼓首先在德国擂响，并且城市设计已经被视为文化成就。但是在 20 世纪 20 年代，有效的城市高层建筑开发结果却是微乎其微的。唯一能够符合这种迷人城市设计要求的是威廉·克雷斯从 1922 年至 1924 年在杜塞尔多夫建造的威廉-马科斯公寓。[50]（图 19）它位于街区的一角，定义了街角并占据了相邻广场的重要位置，成为街道侧面的主要视点。这种多重定位的精明之处在于，在每侧形成突出造型的凹角以建筑结构的形式表现出来。建筑通过拱廊协调地融入连贯流畅的公共空间之中。

隐藏在这个"欧洲第一摩天大楼"背后的城市开发动机显然是斯德哥尔摩国王大街的双塔大厦。[51]（图 20）1915 年，年轻的建筑师斯文·沃兰德提议通过建筑来突出这条穿山而过的街道。1919 年，他开始建造双塔大厦的北侧塔楼，并于 1924 年完工。伊瓦尔·卡尔曼德于 1925 年建造了南侧塔楼。两座塔楼成为商家和办公机构的驻地，在上层还设有餐厅和咖啡馆。它们位于国王大街一个重要的转弯处，在那里与向上通往马尔默的斯基尔纳兹大街相交，并通向一座桥梁。双塔大厦连同拱桥一起形成了经典的城市之门主题，为这一关键的景观地带增添了引人注目的设计魅力。伴随着统一风格的路边建筑，一个突出显赫的城市空间浮现于人们眼前，它凝结了两座城市的形象特点，即柏林的统一大城市风格和纽约高楼林立的特色，体现出当时欧洲异常密集的都市风貌。

不久之后，热那亚的但丁广场同样也修建了以城市之门为主题的双塔大厦。在对内城的主要交通进行技术改造的过程中，索普拉纳门及其前面高耸的双子大厦构成了一个新的广场。该广场将多条道路汇聚于大街的隧道，隧道将东面胜利广场的延伸区域和市中心连接起来。[52] 隧道入口的拱门主题与双子大厦表明这是一个全新的、规模更大的城门。（图 21）1932 年，该广场的规划出现在城市中心分区规划方案中。

新广场的特点是以商业和交通用途为主，"这是一个交通流量很大的区域，广场起到了调整车流的作用，并设有密集的商业机构。"[53] 但是，具有艺术性的建筑形式起到了重要的作用："因此，广场显然是解决各种交通问题的便利方案，该设计有利于车辆的流动，按照这些轴线行驶所花费的时间是相同的，对称的建筑布局解决了复杂的需求。"[54] 市政工程师罗贝尔多·莫罗佐在第一个规划方案中设想了一个对称布局的广场，并在四个角落各自设立了一座高层大厦。随着马塞洛·皮亚森蒂尼的加入，大厦的数量被减少到两座，形成了城门的主题，并以逐渐过渡的方式通向旧城区。他与工程师安吉洛·因维尼奇从 1935 年至 1940 年期间建造了南面的大厦。杰赛普·罗索按照规划方案在 1935 年至 1937 年期间建造了北面的大厦。这些高层建筑巧妙地与普通高度的街区周边建筑结合在一起。街区周边建筑定义了一个规模适中的广场，并通过拱廊为行人提供了城市的公共空间。高层大厦所在的角落精确地标记出广场的角落，但是在广场较宽的一侧，大厦向内收入到街区周边建筑的后面，成为第二排建筑。这一精妙的做法避免了大厦的墙体在城市空间中过于显眼，同时令广场角落的景观成为城市空间中具有活力的元素。

在地势陡峭的洛桑，由阿尔方斯·拉维里埃建造的贝莱尔—大都会建筑（1929—1931）形成了贝莱尔广场的西墙，以及大桥的桥头堡。（图 22）与美国摩天大楼的经济动机不同，贝莱尔大厦完全符合城市设计的理念："这座大厦具有良好的造型塑造主题，在垂直方向上的轮廓设计很有特色。"[55] 基于这种城市设计方案，大厦与街区周边建筑真正地融合在一起，并使中部的外观立面朝向广场。除了这种在两个层面上创建了街道和广场的都市建筑表达方式，大厦在都市环境中还具有高度的实用性：它从下至上都极具特色，"这里为商家提供了各种空间，包括办公室、车库、仓库、餐馆……，还有一个可以容纳 1600 名观众的剧院，以及商店、咖啡馆、烧烤屋、茶馆和舞厅，……此外，在上层还设有大小不等的房间、办公室、医疗设施、牙科诊所、律师事务所，……顶层是一家乳制品公司和大型的露台。"[56] 从功能和建筑的角度看，这个高层建筑是都市的创举，让洛桑这个较小的城市跻身于现代大都市的行列。

维勒班的摩天大楼是城市设计中度独特的实例。

图20 （下）斯文·沃兰德、伊瓦尔·卡尔曼德，斯德哥尔摩国王大街的双塔大厦，1919—1925

图21 （上左）马塞洛·皮亚森蒂尼、杰赛普·罗索，热那亚但丁广场的高层建筑，1935—1940

图22 （上右）阿尔方斯·拉维里埃，洛桑的贝莱尔——大都会建筑，1929—1931

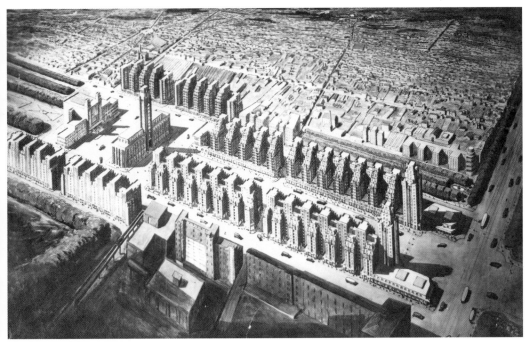

在里昂,一个包括市政厅、工人文化宫和补贴公寓的城市中心在工人阶级为主的郊外城区建立起来。为了创建密集的街道和广场空间,以不同的方式采用了高层建筑的类型。随着社会主义者拉扎尔·古戎当选为市长,该项目于 1924 年开始启动。新市长希望在快速发展的郊区新建一个具有都市风貌和密度的城市中心:"这项工作完全出于个人的意志,它表明在土地短缺的压力下,在有限的土地上通过密度最大化的建筑解决公有和私有住房的问题,不仅具有经济的必要性,也是一种经济上的需求。"[57]1927 年,为了给工人修建多功能的社会中心——劳动宫,该市举办了招标竞赛。这个中心设有剧院、游泳池、餐厅、活动礼堂和诊所等设施。1928 年,自学者莫莱斯·勒鲁赢得了竞赛,其设计令评审成员托尼加内尔深为信服。1931 年,城市规划公司成立,通过公共和私有资金支持项目的实施。项目除了劳动宫之外,还包括市政厅、1500 套补贴公寓,以及中央供暖和电话网络设施。所有建设工作于 1934 年完工。[58]

勒鲁还制定了这一城区的总体规划。(图 23、图 24)在他的设计中,主要街道(城市酒店大道)、主广场(阿尔伯特·托马斯广场)和两个公共建筑沿着对称轴分布排列。两个公共建筑定义了主广场:在北面,是由美术毕业生罗伯特·吉鲁建造的城市酒店,并整齐排列着巨大的带有凹槽的混凝土立柱,使广场的规模显得更为适度。在南面,是勒鲁的劳动宫,它

的建筑造型是堆叠在一起的立方体,显得十分庞大,与具有韵律感的窗户造型一起极力表明自身所代表的社会制度。在两座大厦之间,设计了具有观赏性的广场,广场还拥有两个游泳池,可以用于卫生和装饰性目的。正如一个当代评论所指出的:"这个中心广场被设想为一个娱乐中心,同时可以提供充足的光线和空气,并成为劳动宫的理想愿景。"[59](图 25)

然而,该城区将以高层建筑为特色,高层住宅大楼可以提供接近 1500 套的公寓。(图 26)勒鲁将它们排列在主轴线的两侧和广场的西侧,以使它们能够在街区的边缘形成清晰的公共空间边界。同时,这个由 12 层的建筑构成的街区通过一系列的庭院朝向街道开放。这与前辈尤金·赫纳德曾经提出的林荫大道方案相似。但是由于两个原因,凹进的城市道路建筑红线并未引起街道空间的消失:第一个原因是,街区边缘的建筑立面提供了足够的表面,从而形成临街的墙面,它们使这些大楼看上去如同一个整体。另一个原因就是,沿街的地面区域被设置成带有夹层的典型城市购物场所,为住宅综合设施和林荫大道引入了购物元素。

这些综合住宅楼上面的五层向内缩进,体现了十足的美国印记,令人想起纽约分区法中指定的那些缩进式摩天大楼。但是,这并不是一个遵循分区法的案例。勒鲁的想法显然受到了亨利·索维奇的巴黎梯田式大楼的激发。两座高耸的大楼形成了这些建筑群体

图25 莫莱斯·勒鲁,维勒班的摩天大楼,
阿尔伯特·托马斯广场和罗伯特·吉鲁
的城市酒店,1928—1934

的大门,成为通往城市酒店大道左右两侧的入口,这
也形成了观看位于中心位置的市政厅大楼的视野。虽
然公寓大楼的布局完全按照大街和市政厅进行定向,
但是,它们都是从健康的角度进行构思的。正如当代
评论中所提到的:"方案中南北方向的总体朝向非常
好,每个建筑都可以享受到同样的阳光。"[60] 因此,
维勒班的摩天大楼是一个有说服力的实例,展现了如
何从健康的角度去开发住宅建筑。如果采用了这种合
适的城市设计解决方案,格罗皮乌斯当初也许就不会
提出城市消融的理论。但是这个综合建筑的特殊之处
是垂直高度的快速增长,使其成为名副其实的各种高
层城市建筑类型的大荟萃。首先,这里经典的大厦构
成了市政厅的组成部分,并作为一个视点在广场的另
一端成为中轴线的终点。然后是位于前方同样经典的
双子塔楼,不仅对劳动宫起到了装饰作用,还大胆地
定义了多种功能,使劳动宫散发出意想不到的庄严气
势,仿佛是无产阶级的大教堂。不应忘记的是两座高
层住宅楼,虽然它们是街区边缘的独立建筑,但是却
构成了全新的高层建筑类型。两座塔楼形成了进入综
合建筑区域的入口。最后,还有凹凸有致的周边高层
住宅,为市内的高层住宅的建设提供了都市化解决方
案。为了定义广场和街道的空间,赋予它们适当的意

义,这里采用了所有的高层建筑类型。高层建筑不但
没有与城市环境格格不入,反而为城市创造了具有全
新品质的公共空间。在 1930 年前后的世界住宅建设
背景下,维勒班的高层建筑注定会脱颖而出,在当地
的城市设计环境中也显得尤为突出。在一系列的低层
建筑中,它们没有产生压迫感,而是履行了构思周密
的都市风貌这一至高无上的社会承诺宣言,没有破坏
原有的环境。当代的评论认为:"与邻近的区域相比,
这里的建筑结构多少有些密集,附近的建筑更为封闭,
彼此隔离,具有私密性。"[61] 1934 年,在该市启用这一
项目的时候,一家出版物将其赞扬为经典之作:"这
是建立在单一地块上的现代化城市,沐浴着明亮的阳
光和健康的空气,充满了想象力。这里有高大的市政
厅,造型大胆的街道,塑造了最佳的城市密度,它将
成为永恒的宣言。"[62]

　　这一项目在美国也得到了热情的赞扬。1935 年,
《建筑论坛》称赞这一综合建筑"也许是世界上最好
的城市住宅"[63]。特别值得注意的事实是,公共建筑
和综合住宅并没有作为单独的实体进行建造,而是
"将居住和城市中心的功能结合在一起"[64]。这是城市
功能和任务以及城市建筑的融合,就如同维尔纳·黑
格曼在 1938 年着重指出的:"这一建筑群体有着明显

图 26 莫莱斯·勒鲁，维勒班城市酒店大道的摩天大楼，1928—1934

的城市特征。"[65]

在莫斯科，八座高层建筑的设计构思也受到了这一城市设计观点的影响，1947 年，在斯大林的领导下，开始建造其中的七座大厦。[66] 为了给这个社会主义世界的首都一个全新的面貌，高层建筑分组环绕在规划中的苏维埃宫殿周围。对于我们来说更为有趣的是，这些高层建筑考虑了公共空间的设计，事实上他们已经建立起来这些空间。"多层建筑"（为了避免提到资产阶级敌人，特意没有使用"高层"这一术语）这一概念的关键是，虽然定调于现代城市景观，但是仍然要顾及城市的历史形象。1947 年 1 月，部长会议提出了要求："这些建筑的规模比例及外形轮廓必须是原创的，并且它们的建筑艺术构成要与城市的历史建筑形象以及未来的苏维埃宫殿和谐一致。因此，预期的建筑将不能够按照国外常见的高层建筑模式进行建造。"[67]

这种高层建筑概念遵循了城市设计的策略，不仅延续了传统，将其与原有特色进行延伸和扩展，并与新的风格和环境相合。这就是莫斯科在 1935 年制定的伟大发展规划的重要标志。[68] 在当时，斯大林已经拒绝了所有前卫派提出的改造建议，并制定了一个规划，与现有的环形和辐射状城市结构相结合，对其

进行翻新、改建和扩建。1935 年 7 月，苏维埃政权对这种基于历史的城市改造规划方案进行了如下的宣传：它不是一个"以城市历史博物馆的形式保持现有城市的项目规划，也不是一个不受限制的新城市规划"。更不是"拆除古老的城市，按照全新规划建设的新城市"。相反，有必要"通过根本的方式对街道和广场构成的网络进行调整，从而保护城市的历史底蕴"[69]。事实上，弗拉迪米尔·谢苗诺夫正是基于现有的城市路网而制订的规划方案，并对路网进行了扩建，以适应环形和辐射状道路的机动车交通流量。

社会现实主义的建筑规则大多是相同的。统治政权提出的要求是："在所有的城市改造工作中，将采用统一风格的建筑设计，包括广场、主要的交通线路、河岸区域和公园综合设施等。在公寓大楼和公共设施的建造工作中，将采用最为经典和最新的建筑形式，它们体现了最佳的建筑品质和建筑技术。"[70] 为了给这种所谓的最佳社会形式提供适宜的框架，经典传统建筑的优点将与最新发展趋势的优点相结合。这就意味着在根本上将高层建筑包括到城市设计之中，与街道和广场这样的常规建筑元素具有相同的地位。

从 1937 年至 1941 年，由阿卡迪·莫尔德维诺夫

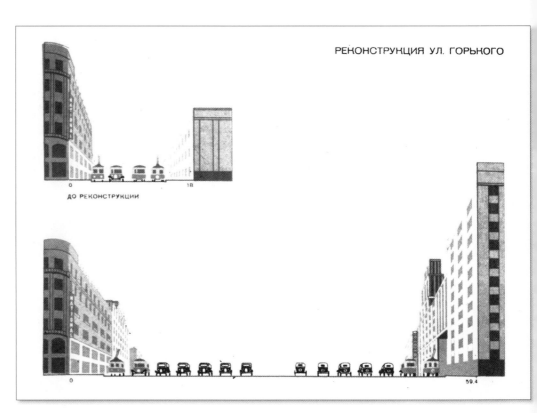

图 27 （下）弗拉迪米尔·谢苗诺夫，
莫斯科的总体规划，街道扩宽的原则，
1935

图 28 （上）阿卡迪·莫尔德维诺夫，
莫斯科的高尔基大街（特维尔斯卡亚大
街），1937—1941

主持的高尔基大街（这是以前的叫法，现在被称为特维尔斯卡亚大街）改造项目，是 1935 年总体规划需求实践的经典范例。[71]（图 27、图 28）从北面一直通向克里姆林宫的老街进行了扩宽，在数公里的长度上，宽度从 20 米增加到 50 米左右，并设想用 8 层的临街建筑替代 3 层的建筑。因此，其规模增加了不止 2 倍。街面也实现了统一化：小型的街区被纳入更大的街区内，使整个街区统一设计的正面朝向街道。反过来，也有助于这条正式的大街表达出不朽的纪念意义。尽管改造的规模很大，但这并不是完全的彻底重建。在很多情况下，只是对街道的一侧进行了加宽，而另一侧仍然保留了原有的构造线，并增加了原有建筑的楼层。通过技术方面的巨大努力，历史悠久的重要建筑发生了变化，像莫斯科苏维埃剧院这样的建筑也增加了高度，从而达到了新的规模。建筑风格依然是传统的古典模式，城市建筑的地面层设有商铺，上层则是公寓房间，并带有经典的传统元素和装饰细节。虽然运用了传统的都市设计手段，但是却实现了城市现代化的跨越式发展。

1947 年指定的 8 座高层建筑也无缝地融入这一策略之中。[72] 虽然它们具有全新的规模和特征，但却是

以传统手段对原有城市进行的扩展建设。众多的塔尖曾经令人联想到教堂的塔楼，如今这一城市轮廓却充满了社会主义的特色。但是在城市空间的层面上，高层建筑创造了崭新的城市广场，现在，这已经成为城市规划的重点。从这一点来看，7 座高楼中的 3 座建造得极具趣味。由德米特里·切秋林和安德烈·罗斯特科夫斯基建造的公寓大厦（1947—1952）位于科特尔尼切斯卡亚河畔大街，恰好处于亚乌扎河在莫斯科的汇流处，形成了特有的都市景观：高层建筑本身离河口有一定的距离，从而为综合建筑的前部庭院提供了空间，该庭院是通过与高层部分连接的低层翼楼在两侧形成的。（图 29）除了两座具有普通高度的翼楼之外，在新的街区周边住宅建筑中，还创建了两个分别朝向两条河流的建筑正面外观。

凭借着街区周边住宅建筑，高层大楼不只是被融入了城市的结构中，它们还创造了一个封闭的前部庭院，并使拐角处显得格外突出，即使在很远的距离观看也有着明显的效果。除了公寓之外，在地面层还设有商业设施和一个电影院，以多用途的方式为建筑增添了都市的风采。德国的社会主义阵营也对这一城市设计表达了同志般的热情赞扬："无疑，建筑师们已

图 29 德米特里·切秋林和安德烈·罗斯特科夫斯基，位于莫斯科科特尔尼切斯卡亚河畔大街的公寓大厦，1947—1952

图 30 弗拉迪米尔·戈尔弗雷克和米哈伊洛维奇·明库斯，高层行政大楼，位于莫斯科斯摩棱斯克广场的外交部大楼，1947—1953

经成功解决了一项极其艰巨的艺术任务。也就是在克里姆林宫附近闻名已久的广场上竖立起一座高楼大厦，并与邻近的建筑有机地结合在一起，使城市中部的景观更为丰富。"[73]

弗拉迪米尔·戈尔弗雷克和米哈伊洛维奇·明库斯也响应了这种城市设计趋势。他们设计了位于斯摩棱斯克广场的外交部大楼（1947—1953），并将这个高层的行政管理大楼纳入街区周边建筑之中。（图30）从远处看，这个高层大厦成为莫斯科博罗金斯基大桥的主要视点。同时还构成了花园环路的封闭式前部庭院，为这个屹立在密集市区的高层大厦提供了一个适宜的空间。这个空间是由沿着街区边界而建的六层翼楼在两侧塑造而成的。当代的评论指出，这一城市空间的创立意在将高层建筑融入城市的结构之中："这些开放的庭院还实现了另外一个城市建筑设计任务：它们将行政建筑融合到城市生活中，通过邻近的广场和街道与它连接在一起。"[74]

由米哈伊洛维奇·波索金和阿绍特·蒙德扬茨设计的公寓大厦（1949—1954）位于抵抗广场的端部。（图31）这个与花园环路相对的广场是由高达十层的对称布局街区周边建筑在两侧形成的。广场上以几何图案栽植了花草树木，为人们提供了一个放松休闲的城市空间。这个高层建筑的主楼也凹入街区边界内部，两侧是高度渐变的翼楼，从而形成了一个额外的前部庭

院。抵抗广场的周边是风格统一的建筑和公园设施，属于传统的广场。同时，它以新颖的结构特色创建了具有现代风范的高层建筑，完全有资格进入不朽建筑的行列。高层建筑以全新的品质不仅在城市中确保了一席之地，还为城市创造了一种新型的广场。

当时，民主德国的重建部部长洛塔尔·博尔兹强调了这些杰出的莫斯科高层建筑在城市设计方面具有的决定意义和作用。1950年，当东德政府结束了对莫斯科的官方访问之后，作为广场的设计者，他在《城镇建设的十六项原则》中发表了评论："在莫斯科，无论是在理论方面还是实践方面，建筑构成中艺术性的优先地位都是显而易见的。高层建筑不是拥挤于狭窄的城区之内，而是每一座大厦都屹立于广场之上，以此，它们共同构成了完整的城市轮廓。"[75]

正如莫斯科的高层建筑以斯大林主义的特定政治形态为标志，它们的设计也绝不是一种局部的现象。不必介意去承认，苏联的建筑师从资本主义的洛克菲勒中心学到的远比他们曾经学过的要多。而在同时，西方的城市高层建筑正在开发之中，它们与东方的高层建筑十分类似。在马德里，由华金·奥塔门迪在1948年至1953年建造的高大的西班牙大厦几乎就是莫斯科建筑的复制品。[76]（图32）它庞大的身躯占据了宽敞开阔的西班牙广场的显要位置，从街区的边界一直向上延伸至主塔楼。只是比莫斯科的建筑多保留

图 31 米哈伊洛维奇·波索金和阿绍特·蒙德扬茨，莫斯科抵抗广场的高层公寓，1949—1954

了一些古典的装饰细节，并在建筑的顶部展现了新颖别致的设计。具有城市空间定义功能的高层建筑散发出庄严的传统气息，这不仅是社会现实主义的贡献，在一定程度上也反映了来自于美国的国际城市艺术。

但是，在纳入这种城市设计传统之前，以及高层建筑的丰富作用可以延续之前，就如同汉斯·科尔霍夫在 1993 年为柏林的亚力山大广场所做的设计，出现了另一种城市设计的乌托邦思想：快速的交通道路穿行于山峰一样的摩天大楼之间，就像 1910 年在多层的纽约和 1914 年安东尼奥·圣伊利亚的《新城市》中所展望的那样。在 20 世纪初，看似已经铭刻上高度印记的都市风貌，很快便被城市交通的实现过程戴上了镣铐，露出了真实面目：公共空间的地位大大降低，成为附属于交通的技术配置空间，变成了非公共的空间。

图 32 华金·奥塔门迪，马德里西班牙广场的西班牙大厦，1948—1953

常规和传统主义的重建 1940—1960

1. 德国: 相关书籍
2. 德国: 城市
3. 东欧
4. 南欧
5. 法国
6. 英国

在战后时期，都市化的城市设计方法面临着艰难的局面：遍及欧洲的建筑师和规划者们正在把战争造成的破坏当成一个大好时机，去最终实现他们的新型城市创新思想。在德国，对于城市设计的模式有一种额外的政治—道德维度。在前卫派的道德泛化延续过程中（1920 年，布鲁诺·陶特在谈到威廉大帝时期的住宅城区时曾说过："让它们倒掉吧，这些丑陋庸俗的建筑！"），创建了现有城市和它们结构形式的战后现代主义者，对纳粹主义的罪行负有同样的责任："重建？我说过这在技术上和资金上都是不可行的，我还说过，这在精神上也是不可行的。"这可以被理解为奥托·巴特宁对传统城市设计形式的致命宣判。[1]

按照这种政治—道德的解释进行书写的历史，将形式的连续性还原为传记和政治的连续性。因此促使传统主义者在战后城市设计中以历史的态度进行相应的处理。自然，那一时期的历史著作所强调的主要是创新的模式，例如汉斯·夏隆的《城市景观》、约翰内斯·格德里茨的《结构化和低密度城市》、汉斯·伯恩哈德·赖肖的《适合汽车的城市》和《有机城市》。或者是创新的住宅形式，例如汉堡的格林德尔大厦的酒吧、不莱梅新瓦尔区或者柏林汉莎居住区的连栋式住宅，以及在德国随处可见的联排式建筑，它们是在马歇尔计划的资助下建造的，通常向着街道的方向倾斜，这是为了明确地宣称与原有城市模式形成的对立姿态。人们还注意到国际范围内的模式，例如贝克斯特罗姆和雷涅斯的独立几何住宅结构；英国新城镇的混合类型建筑；菊竹清训和丹下健三的新陈代谢主义，或者乔治·坎迪利斯的结构主义。这些都为 20世纪 60 年代建造大型居住区带来了启发和灵感，例如柏林的玛吉斯切斯居住区。[2]

除了这种现代城市设计的皇家血统，在德国，历史著作还凭借像罗滕堡、弗罗伊登施塔特或明斯特这样典型的城市案例建立了一种谨慎的传统主义重建模式。可以说，这些都被解释为硬币的另一面，时代精神的对立面，并且经常被确认为是一种保守的政治态度。因此，战后的城市设计一方面偏离了创新性、社会进步性，这是反城市的，至少与现有的城市是对立的。而另一方面则是传统的、社交保守型的，并以小镇的态度与大城市相对立。自从工业化在欧洲普及以来，十分普通的城市被发展为大型的城市，不同的城区彼此相连，这种持续的存在几乎被忽视了。除了现代派和传统主义的观点态度，常规的传统城市设计一直存在，并通过街道、广场和街区周边建筑将普通的城区重建和扩展，其中大部分都具有生活、工作、放松和教育的多功能性。[3]

传统的城市设计没有局限于传统的风格，因为随着前卫派观点的传播，保罗·舒尔策—诺姆伯格或保罗·施密特纳从历史的角度将建筑的方向建立在传统主义之上的同时，也取得了对现有传统的突破。但是，与前卫派或现代派不同的是，他们提出重新找回失去的传统，将其作为解决方案去应对根除传统和异化传统的现代问题。以此，传统主义代表了一种现代的、具有反思性的自我合理化态度。这不仅仅是基于传统的，还是有意地提及并参考传统的。相比之下，传统的城市设计在这里被理解为现有传统惯例的延续，无须多言，它们都是经过深思熟虑后被确认保留下来的。

因此，在城市设计领域，传统惯例并不意味着轻率或无聊。因为没有全面的传统常规的影响，这一领域所涉及的内容甚至是无法想象的：首先，多样的建筑传统，还有生活传统、公共和经济活动中的共同生活传统以及法律规定的传统，才使得结构如此复杂的城市能够存在。其次，在城市中，大多数人和群体之间的利益必须得到调和。所以，传统的城市设计至少要包括延续现有传统的理由，这些传统必须是经过尝试并得以印证的。

由于大范围的破坏、战后城市设计的特殊历史机遇随之出现：通过特殊的手段去解决个别的城市设计任务已经没有可能，也是不明智的。现在的任务是着手处理住宅的问题、交通的问题、公共空间的设计和绿化区域综合设施等问题。有鉴于此，这里提到的项目都是大规模重建的项目，而不是单个的建筑任务。这一不同的呈现方式并不意味着变革式街区的都市生活或者城市空间的建筑设计不再重要。前面章节中的内容也会继续提到，但是由于战后时期特殊背景环境所具有的挑战性，以共同的形式体现个别的任务更为合适，就如同它们的倡导者在当时所设想的一样完整无缺。

在城市设计的历史中存在着一个有趣的悖论，功能型城市出现和普及的时代，正是它的预言者和倡导者开始致力于批判这一模式的时期。如果在1933年的第四次CIAM大会上，生活、工作、休憩和交通等功能能够作为主流的分析工具进行城市的组织规划，那么西格弗里德·吉提翁、何塞·路易斯·赛特和费尔南德·莱热，就不会直到1943年才在宣言性的《新纪念性》中解决这些现代运动中被忽视的问题，也即是建筑和城市设计中语义和社会形式的作用。[4] 在其中，他们发现纪念性是一种基本的人类需求，除了功能性之外，建筑和城市设计还应该满足并象征社会生活。但是他们严厉拒绝了古老纪念性的传统形式，而是将这种模糊的希望寄托在新材料和新技术产生的形式上。

很快，这些考虑就在CIAM的城市设计讨论中引起了反响。1940年，刘易斯·芒福德在信中批评了赛特，认为CIAM定义的城市功能"正在失去城市的政治、教育和文化功能"[5]。之后，CIAM于1951年在霍兹登举行的第八次大会上设定了《城市之心》的主题。[6] 在开幕词中，赛特对无畏的前卫派态度提出了批评，并认为这一主题从未被正确对待，CIAM正在起到先锋者的作用。自从西特的书出版之后，在几乎所有的城市设计讨论中，城市中心都起到了核心的作用。按照这样的事实看，赛特的讲话无疑是一个大胆的断言。但是，这次大会绝对没有影响到CIAM对城市广场的历史经验态度。正如不久之后在保罗·祖克尔的《城市和广场》一书中所描述的。[7] 赛特和格罗皮乌斯只是将公共空间定义为用于社会交往的自由空间，而不是通过建筑定义的空间。因此，在大会上展示的所有设计均以悬浮在自由流畅的空间上的方块结构为标志。在走廊街道和封闭广场自我强加的禁锢中，CIAM成员的唯一共同点就是，只有实验性的城市中心设计尝试是可行的。除了丢掉几百年的宝贵城市设计经验之外，现代派建筑师对城市中心的主要社会定义，也毁坏了他们自身作为建筑师的职业。要继续应用经过证明的城市规划，其推动力不可能来自已经分裂的前卫派，而是要依赖于其他的流派。

1. 德国: 相关书籍

在德国, 对于城市重建可以说是争论不休, 在它们得以实施之前, 很多纲领性的文章和书籍中便展开了激烈的辩论。在第一次炸弹攻击之后, 很多被认为是正确的观点在战争期间被记录下来。这些思考都根植于20世纪上半叶的城市设计讨论, 其范围包括将城市恢复为景观以及紧凑的大都市概念等等。

1942年, 斯图加特的城市设计教授海因茨·维特赛尔, 在斯图加特学院的代表保罗·博纳茨和保罗·施密特纳之后, 也提到了卡米略·西特的模型。西特将建筑视为城市环境一部分的城市建筑观点, 在维特赛尔看来也有着决定性的作用: "在他的观点中, 要根据所处的环境去放置单独的个体建筑。"[8]维特赛尔对以单户家庭住宅为标志的郊区化也提出了批评: "如果方块形的住宅能够设有屋顶凉亭, 这种带有'奶奶套间'的独立住宅对于私人建设者是十分理想的。但是, 这对于城市设计师无异于一场噩梦。它属于先前的庄园式住宅, 不可能为了满足大众的需求而做到小型化, 正确的事物不会来自幼稚的谎言。在德国旅行的时候, 人们随处可以看到这样的住宅, 它们正

在吞噬着我们的城市, 清晰地划分了城市与乡村之间的界线。"[9]维特赛尔反对以单户家庭住宅为特色的郊区化, 赞成通过连贯的建筑和城市空间的组合形成鲜明的城乡对比。具有讽刺意味的是, 这种"带有凉亭屋顶的方块造型"的噩梦住宅模式, 却是歌德的避暑别墅。对于他的同胞施密特纳来说, 它注定要成为"德国住宅"的鼻祖。

在其他的著作, 例如维特赛尔去世之后出版的《城市建设艺术》中, 表达了他自己的城市设计艺术观点, 在西特之后, 他回归到西奥多·费舍尔的观点, 这也是他曾经研究并不断提到的人物。首先, 他将城市设计描述为一项综合任务: "城市设计是理解相互关系、体验、参照、评估和排序的艺术, 也是清晰表达理解和体验的能力。"[10] 在这种情况下, 城市设计艺术应该以其他学科的知识为基础, 并以自己的方法将它们整合在一起: "空间规划就是来自于大量科学领域的知识汇总。城市设计是一门艺术, 不是一门科学, 是最为广义和狭义的建筑学, 是一门艺术学科。除了其他方面, 其实践还依赖于空间规划工作所提供的材

图1 海因茨·维特赛尔,《城市建设艺术》, 1962

料。"[11] 维特赛尔还另外强调了设计定位："就最终的外观和面貌来看，城市设计的艺术涉及城市、景观、建筑的全局和最小层面上的塑造。"[12] 并且："城市设计艺术在所有的存在阶段，都对社会的精髓进行生动地分类排序和建筑的塑造。"[13] 归根结底，它是一个美学的概念："城市设计艺术的最终目标就是美丽的城市形象。"[14]（图1）

因此，维特赛尔矛盾地成为一个具有功能主义观点的还原论者，在当时，双方都认为自己代表着唯一有效的观点。这意味着在斯瓦比亚这样的小城，维特赛尔在设计领域的影响被限制在地区性的范围内。对于城市设计新开端的渴望，维特赛尔对旧城重建这一主题的态度是十分典型的，也是被广泛认可的："我们美丽的城市已经被摧毁，以摧毁前的原样进行重建是绝无可能的。我们应当思考重建什么？必须创建一些全新的建筑，以便从根本上做到与时俱进。新事物一定会出现，但绝不是具有轰动意义的新事物。"[15] 作为一个传统主义者，即使维特赛尔的全部城市设计知识都来自历史的模型，尽管他十分珍惜现有的小城市，但是却强烈反对复制式的重建。一方面，这显示了致力于改进的现代运动具有十足的传统主义色彩。另一方面，人们也可以将城市的特殊品质理解为人为现象：城市的寿命也许会很久，但是在各种实际需求的相互影响下，不能永远保持同样的状态。

1945 年，鲁尔矿区住房协会的主任菲利普·拉帕波特在德国城市重建的指导原则中直接提到了传统城市的都市模型："如果可能，老城的特殊品质将得到保留。"[16] 这就排除了新型的模式和毫无特色的国际化模式。他坚决反对各种分解城市的尝试和努力，支持以相对密集的模式建设城市的理想："我们不该以分散的形式进行这些城市的重建，在这种形式中，相同数量的居民却占有更大的面积。"[17]

在关于住宅建筑的建议中，他明确反对成排建造的定居点模式住宅区，而是倾向于街区周边住宅模式的城区："在普通的街区中，将沿着分布合理的街道实施三层建筑的排列布局。从通行和管道的布置角度来看，彼此之间成排分布的排式建筑具有更高的经济性，但是除此之外，它没有任何额外的城市设计优势。

相反，这种排式的住宅通常令人感到生硬和冷漠。它们创造的并不是城市空间，而是一些透风的死胡同。街道的两侧也没有幽静的花园，它们只是孤立在地面之上。这种排式的住宅在总体规划中缺乏一个中心点。"[18] 在重建时期，他列出了排式住宅开发的所有重大缺点，这些错误在很久以前便显而易见、层出不穷。

拉帕波特也从根本上表明了一种城市态度，即倾向于城市而不是定居点的模式："我们应当避免通过将街道变得弯曲，或是将中心建筑后移等方式去制造一种'定居地'。总体来说，我们不想'定居'，我们要根据城市设计的观点，去重建我们的城市和相关区域。"[19] 事实上，鲁尔地区很多城市的重建都是按照他的指导规范进行的，采用了简化的传统模式、端庄的造型，保持了它们今天的城市特色。

1946 年，曾经与威廉·克雷斯和埃米尔·法伦坎普在个人草案进行过合作的杜塞尔多夫城市规划委员阿尔伯特·德内克发布了一份重要文件，以《文艺复兴时期的城市建设，为城市重建提供的思路和建议》为题，明确要求以传统的方法进行城市的重建。他对传统的参考是至关重要的，也是务实的："古老城镇所展现的美感是永恒的，这一基本真理即使在当今的机器时代仍然有效。要正确看待它们，并去洞察它们，要经过长期的实验和反复验证才能从中获得正确的见解。"[20] 在现有城市中积累的经验是一笔宝贵的财富，禁止使用这一财富将是不负责任的行为。德内克的模式将大都市看作人类文化和历史的最高成就："为了努力提高生活水平，人类所有技术进步的目标都是创造大都市。从各个方面看，大都市是文化发展的最高成就和最佳形式。"[21] 相反，他斥责了所有的城市替代模式，尤其是"定居地模式，认为它是一种大都市与农村杂交的怪胎"[22]。这一任务始终将城市由中心向外延设想成带有街道和广场的公共空间，同时这也是交通的目标："城市中心作为设计核心的重要性将会得到保留，也必须得到保留。"[23]

德内克明确警告了将交通问题简化为汽车交通问题的做法。很久以前，就已出现了过剩的为适应汽车交通而制定的城市规划。汽车交通必须与行人的需求

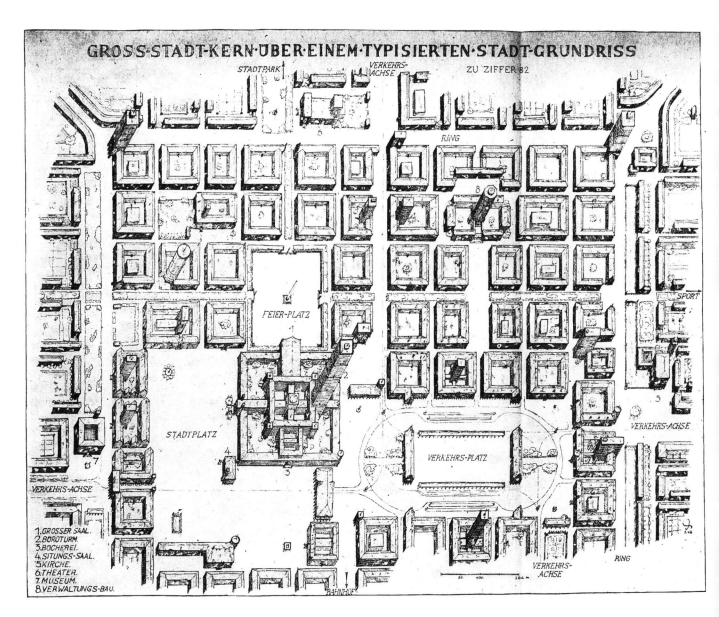

图2 阿尔伯特·德内克，大城市的中心，
摘自《文艺复兴时期的城市建设，为城
市重建提供的思路和建议》，1946

协调一致，因为"在城市交通中，最重要的因素当然不是汽车，而是行人。"[24]城市街道的规划必须适应行人的需求："与当前的实际做法不同，要特别关注行人的需求。"[25]在城市的街道空间中，行人应当能够从事各种活动。因此人行道应该具有足够的宽度，并且"为路边的货摊、树木（自然生长）、餐桌和道边门廊提供空间"[26]。根据德内克的观点，城市交通需要多种功能，并且应该包含在已经建立的街道空间中，从而服务于行人、路人、购物者、散步或休闲的人。

他在住宅区的案例中努力追求这种多功能性，简·雅各布在很久以前就曾普及过这种多功能性："这种思想认为，在居住区的街道上，除了公寓之外，禁止其他一切可能的事物是不正常的……。通过工坊的大窗户，行人可以观看到那里的工作；角落里的电影院带有大型的前院，张贴着五花八门的广告和日常公告；在夏天，餐馆将餐桌布置在人行道边；医生候诊室的凸窗突出在街道空间；加油站的设计与住宅街区协调一致；街道景观中位置极佳的橱窗吸引着行人；人行道边的一扇凸窗向上延伸至屋顶，形成了一个塔楼空间。所有这些都是有价值的建筑任务，为城市设计艺术提供了塑造街道和城市景观的素材。这一切都存在于最美丽的独立建筑任务之中，是每个建筑师能够实现的，也是现代城市那些呆板的住宅外观和建筑类型所无法做到的。"[27]

德内克的理想是通过建筑定义的、具有综合功能的城区，与现代主义者的分区和定居点模式完全对立。甚至，一些没有气味和噪声危害的工业部门也可以被整合到城市之中，从而在城区中创造了工作与生活关系更为密切的空间："工作和生活区在城市中形成了社区，它们不再是对立的关系。从艺术的角度看，它们在城市的构成中也具有相同的价值。作为这一思想的结果，公寓附近的工坊和更小的企业被纳入居住区，居住区对其建造和运营带来的纷扰会有一些限制措施。"[28]这种工作与生活混合的城区也满足了日益增长的办公需求。

德内克非常清楚随之而来的城市消融思想带来的危害："将城市分散的思想是伟大和美好的，但是如果不加区分地将其应用于整个城市，将会逐渐使城市的肌体和城市景观变得支离破碎，城市的内部结构也会消融殆尽。除了浪费宝贵的土地资源之外，它还意味着城市这一术语将被淡化，也是对最为重要的城市设计根本概念，即空间设计概念的否定。"[29]城市消融理论的作用与城市的核心、中心定位和空间的建筑定义是完全相反的。他批评了为应对空袭而提出的分散型定居地结构："根据空战局势而制订的规划已经提出，其中避免了任何空间的封闭，这一做法走入了极端，导致了城市景观的消失和崩塌。……城市设计

艺术与空战是两件毫不相干的事情。"[30]在反对消融理论一切企图的同时，德内克代表了一种封闭的街区周边住宅开发理想："消融这一关键词被写入所有的规划，封闭的建筑结构被认为是低劣的。开放类型的建筑诞生于自鸣得意的想法和城市开发的错误决定，却几乎主导了所有的城市设计。……新型城市的基础不再是高大的公寓建筑，也不是定居点式的住宅，而是空气清新、光线充足的多层公寓街区。"[31]从美学角度看，他支持统一街区设计的思想，正如20世纪初期沃尔特·柯特·贝伦特和卡尔·舍夫勒为城市建筑学所制定的："正是在大型建筑街区中，把具有统一艺术风格造型的独立住宅结合在一起，使现代城市明确的艺术目标得以实现。"[32]"建筑物的集中是街道空间设计的重要前提条件。"[33]如果这种封闭的街区周边住宅开发不可行，德内克还推荐了一种相应的集中模式："在开放的居住区内，建筑的连贯性被彼此间的空隙和前部庭院打破，将这些建筑的空隙封闭，以及对阁楼进行扩建，可以改善街道景观。"[34]通过对集中模式的复古建议，德内克提供了一个策略，下一代人可以用它修复分离的城市分段。如果他的警告从一开始就被接受，这种修复就没有必要了。

德内克通过各种规模城市的理想方案草图证明了自己的思想。他的最高成就是"大城市中心"的设计，对于现代城市建筑，他的城市设计方法达到了登峰造极的地步。（图2）城市的中心位置是市政厅，它是一个高层大厦形式的纪念性建筑，即使在远处也可以看到它的风姿，三个广场环绕在它的四周。"城市广场是城市生活的代表性空间"，"气氛喜庆的广场是城市的客厅"。[35]"交通广场"则服务于汽车和行人。虽然广场在形式上和封闭性上回归到卡米略·西特的思想，但是街区建筑却反映出奥托·瓦格纳的城市理想。这些方形的街区有着封闭的边界，并且在庭院中设有适于各种活动的空间。诸如通道入口、街角、边界和中心等城市元素均由高层建筑划分而出，而这些高层建筑也融入了城市街区。尽管采用了方形的网格结构，但是德内克仍然通过严格的建筑定义创造了各式各样的封闭城市空间。

在更为广阔的历史背景下看，德内克的都市化城市理想代表着20世纪早期城市设计中现代艺术的幸存。它所包含的众多方面需要下一代人认真刻苦地重新学习才能使之复兴。同时，它也证明了即使在"结构化和低密度城市"以及"适合汽车交通"的城市的全盛时期，多功能模式和通过建筑定义都市风貌的模式仍然是可行的。这不仅来自传统的实践，还来源于概念的思考。

在关于重建的文献中，1946年出版的由科隆作者

图 3 卡尔·奥斯卡·亚多，《城市主义，城市的重建》，1946

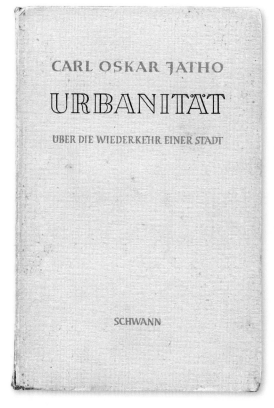

CARL OSKAR JATHO

URBANITÄT

UBER DIE WIEDERKEHR EINER STADT

SCHWANN

卡尔·奥斯卡·亚多撰写的《城市主义，城市的重建》堪称珍品。（图 3）在书中，他运用一系列寓言性的人物谈论"城市的回归"——这也是本书的副标题，意味着科隆是所有城市的模板。亚多对都市风貌的理解基于来自于古代的城市主义思想，并参考了特定的城市行为，亚多将其描述为"文明城市的行为"[36]。作为罗马时代的遗产，科隆在古代晚期就已形成了这种都市风貌。相比于优雅智慧的古代城市主义，科隆的都市风貌包含了基督徒的城市生活。亚多展望了一个从宗教精神中重生的新科隆，为"转型时期的欧洲竖立了一个庄严的都市化模式"[37]。由于亚多的都市化根植于天主教的生活，而不是建筑的形态，他虽然呼吁回归城市的传统，但是却坚决反对任何形式的恢复性重建。他指定格奥尔格·德约作为新开端的信使，后者是将城市从成为"阿古利巴殖民地"[38]的危险之中解救出来的唯一希望。他宣扬的是"精神的重新体现"，而不是重建。[39]具体到科隆所处的地位，在纳粹的恐怖意识形态时期之后，亚多的著作预示着对智力和精神重新定位的广泛的切身需求。事实上，在城市消融思想蔓延的时候，都市风貌可以作为一种精神上的救生衣，这也许是它作为文化范畴所表现的潜在效力。

另一部战后的文献出自于瑞士苏黎世联邦理工大

学的教授弗里德里希·赫斯，他在1944年就已出版了很多城市设计的教学著作。1947年，他在斯图加特以汇总的形式将它们重新出版，并将书名定为《城市规划概论》。一方面，他能够理解为什么"城市分散或消融"的思想在到处传播。[40] 然而，另一方面他也看到了密集建筑和混合型城区的必要性："但是，为了给贸易、商业和公众提供……一个重要的中心，建筑的某些封闭区域应该得到保留。将广受赞誉的'花园城市'原理扩展到商业城区的意图是毫无意义的，也会阻碍那些重要中心的建立。相反，商业和零售企业应当成为封闭式街道和广场的一部分；在这些封闭的中心，商店、餐馆、电影院和剧院越多，这些人们喜爱的聚会地点的建筑框架就越具有设计价值，居民也更愿意去寻找这样的场所。"[41]

在1950年的《城市的再生》中，阿道夫·阿贝尔关注的焦点就是协调汽车交通，从而有利于行人的出行。这位慕尼黑工业学院的城市设计教授继承了西奥多·费舍尔的思想，支持将汽车交通与行人交通严格分离的思想。与适合汽车型城市的规划者们不同，他预见到将没有新的路径可以适应汽车的发展状况，于是他规划了新的行人通道，满足行人对空间的需求。在他的设想中，这些通道作为庭院的路径在街区内部穿过，而汽车的交通路径仍然保留在现有的街道上。

虽然他提出了这种分离式的交通类型，但是他仍然严格遵循功能分区的趋势。他处理设计的方法与适合汽车的城市规划中处理汽车交通的常规手段截然不同。首先，他还是通过建筑定义的街道空间引导汽车交通，这基本上就是现有的街道空间。另外，他将行人的需求放在了规划和设计的首要位置，为这些需求分配了独立的街道空间网络，这也与西特提出的行人感性需求相符合。他在繁忙的现代都市交通中，创造了这些清净的、具有"创造力"的行人通道。这让城市的居民们感觉到"自己是城市的主人，而不是它的奴隶"。[42]

阿贝尔按照威尼斯的模式，研究了在理想的方案中将两种交通系统严格分离的可能性。他为汽车和行人设计了各自的城市空间，这些空间均由房屋清晰定义而成，并呈现出空间的多样性，通常与公共纪念性建筑相关联。除了购物之外，阿贝尔的都市风貌还为行人提供了文化活动和休闲漫步的功能。（图4）为了证明这个原则的实用性，他为慕尼黑和威斯巴登制定了两个典型的规划方案，并在其中绘制了行人区域的连续透视图。虽然阿贝尔提出的交通分离建议与适应交通的城市规划思想相一致，但是他反对汽车交通在城市规划中占据主导地位，支持为行人设计城市空间。事实上，他提倡一种"城市设计艺术，重拾被纯

EINSTIMMUNG DER LADENGESCHÄFTSBAUTEN IN IHRE BAUUMGEBUNG

Falsch — EINFÜGUNG EINES GESCHÄFTSHAUSES IN EINE BAULICH VORGEPRÄGTE UMGEBUNG — Richtig

Falsch — SCHLIESSEN EINER BAULÜCKE IN GEGEBENEN VERHÄLTNISSEN DURCH EINEN GESCHÄFTSBAU — Richtig

Falsch — VERGRÖSSERUNG EINES GESCHÄFTSBAUES IN EINER CHARAKTERISTISCH GEBILD. STRASSE — Richtig

schlecht — BESSERUNG EINER UNSCHÖNEN GESCHÄFTSHAUSFASSADE DURCH UMBAUMASSNAHMEN — besser

HAUPTREGELN: RÜCKSICHT NEHMEN AUF DIE GRUNDNOTE DER UMGEBUNG • BAUGRÖSSE UND PROPORTIONEN ABSTIMMEN • DIE ETWA VORHERRSCHENDE GRUNDRICHTUNG - VERTIKAL ODER HORIZONTAL - AUFNEHMEN • BAUWEISE UND BAUOBERFLÄCHE ANPASSEN • JEDE SICH BIETENDE GELEGENHEIT ZUR BESSERUNG ÜBERKOMMENER UNBEFRIEDIGENDER ZUSTÄNDE GUT NÜTZEN •

ANPASSUNG DER LADENZONE AN DAS GESAMTBILD DES BAUES UND DER UMGEBUNG

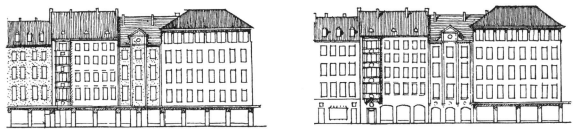

Falsch　　SCHAUFENSTER NICHT SCHEMATISIEREN / SONDERN AUF ZWECK UND BAU ABSTIMMEN　　*Richtig*

Falsch　　IN DER LADENZONE NICHT DIE GRUNDRICHTUNG DES BAUBILDES - HIER QUER - BRECHEN　　*Richtig*

 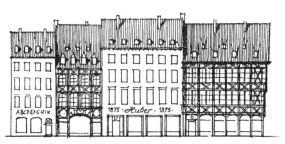

Falsch　　LADENZONE OPTISCH NICHT VOM ÜBRIGEN BAU ABSCHNEIDEN (FALSCHE WERBUNG)　　*Richtig*

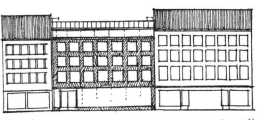 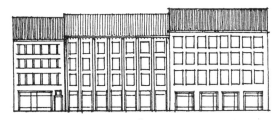

Falsch　　KEINE UNPROPORTIONIERTE «AUSHÖHLUNG» DES LADENGESCHOSSES FÜR SCHAURAUM　　*Richtig*

HAUPTREGELN: LADENZONE UND GESAMTBAU ALS EINHEIT LÖSEN ● SCHAUFENSTER- UND EINGANGSANLAGE IN DEN PROPORTIONEN DEM ÜBRIGEN BAU ANPASSEN ● ZUR NACHBARSCHAFT HIN NICHT SCHEMATISIEREN / SONDERN DIFFERENZIEREN ● OFT SIND ETWAS KLEINERE SCHAUFENSTER WERBEWIRKSAMER / PRAKTISCHER UND SCHÖNER ALS ÜBERMÄSSIG GROSSE SCHAUFENSTER●

功能性抛弃的艺术性"[43]。

由康拉德·盖茨和弗里茨·希尔在 1950 年编制的关于商店设计的手册，展现了对都市风貌思想的坚持。在都市建筑的地面层上，这些生机勃勃的零售商店以清晰的空间定义、引人注目的外观设计、和谐的整体构成为标志。作者将目光放在历史上带有商店的连栋住宅类型，并在这本手册的前几页按顺序罗列了从中世纪到现在的商店类型。这种在上层设有公寓的住宅类型，时至今日仍然是重要的。它们清晰地表明了不同的功能在空间上的分离："例如，让我们记住，这里的居住和零售空间完全分离，也许会被认为是出于'功能的'考虑，但是同时，也对激动兴奋的时刻起到了抑制的作用，这对于日常生活中的享乐是完全必要的。"[44] 正是这种混合的功能首先使得那些"兴奋的时刻"成为可能，这也是都市风貌的特色。

作者也特别关注在原有街道和广场的建筑环境中恰当地引入新的建筑和商店。他们以教学的方式将一系列正确与错误的街道建筑立面并置在一起，让人联想起亚瑟·特里斯坦·爱德华兹的设计草图。通过这些方法和方案，他们展示了由房屋定义的街面如何能够产生具有总体效果的画面；新建的商店如何融入原有的建筑环境；新建筑如何与老建筑和谐共存，以及实践问题的相似性，这些问题是参与重建的建筑师们可以解决的。（图 5、图 6）商店也被视为整体城市设计美学的一部分："在执行过程中应当始终强调的是，商店的外观在细节、材料和色彩方面要具有整体性印象，并与相邻建筑形成和谐一致的效果。"[45]

如果说带有商店的连栋住宅是城市建筑的主要类型，盖茨和希尔还将注意力转向了乡村的商店。它们承认在城市与乡村之间存在着根本的区别，它们各自不同的特色应当加以区分和强调："城市中的商店在总体结构和细节上应该具有都市特色，而乡村的店铺应该具有乡村的气息。按照这一规则，城市商店模仿乡村风格，而乡村店铺照搬城市特色都不会成功，在美学上也不会令人满意。"[46] 他们在清晰的对比中看到了设计的理想，这种理想不会存在于模糊的城乡融合之中，就像花园城市和定居地运动所宣扬的那样。这本关于商店的手册也证明了在重建的日常体验中，

都市风貌中传统思想的有效性，并以传统元素为标志，包括城市的街道、连栋住宅、地面商铺、和谐的外观以及综合功能。

退休的汉堡城市建筑师弗里茨·舒马赫也撰写了两部著作，在他去世后，德国城市设计和地区规划学院在 1951 年出版了这两部作品。他在书中再次回应了重建背景之下的城市设计根本问题。

1939 年，在学院的要求下，他完成了《城市规划区域发展政策》和《城市规划设计问题》两部作品的手稿。他以综合论文的形式表达了大都市城市设计的观点。舒马赫形成于 20 世纪前半叶的这些观点和思想正在重建的背景下传递给下一代。

对于住宅建设，他赞成具有空间定义和多功能性的理想城区，反对定居地。他为大都市疾呼"具有多层出租建筑的变革形式"，提倡带有街区周边住宅的变革式街区。[47] 出于设计的原因，他反对"平庸的解决方案，也就是在简单的'排式建筑'之间插入大片的空地"[48]。真正的公寓还必须具有支持其他活动的功能，城区的结构应该围绕着公共中心进行组织规划："没有在中心部分为学校、行政管理部门、教堂……提供必要空间的居住区不是一个良好的设计。在居住区的规划阶段应当考虑商店、手艺人的作坊、餐馆、电影院和托儿所等建筑的设计。"[49] 这些对于有经验的城市设计师是不言自明的。但是在同一年，前卫派在 CIAM 大会上却以"城市之心"为题，对其进行了刻意的、一知半解的重新包装，并无礼地声称他们是这一方法的先驱者。

相反的是，在舒马赫看来，现代城市设计可以从历史中收益。尤其是对于"城市设计的问题"，人们可以"从历史的印记"[50] 中得到经验。为了使这些经验在现实中保持活力，他在几年之前就对历史的案例进行整理归纳："即使在那些没有太多传统底蕴的城市，我也赞成去尽一切可能创造一个适合的'历史中心'。不同的古老片段面临着即将消失的风险，通过巩固和加强传统来防止这一趋势是合理可行的。"[51] 除了参考过去之外，舒马赫认为设计是城市重建不可避免的问题。因此，他认为"街道是一种美学的空间元素"，当然，这必须与当代的需求相一致。但是

它们的形式不是出于交通的技术考虑而确定的，而是需要一种属于自己的设计方法。[52] 在战后时期，与 20 世纪前半叶一样，他仍然捍卫着城市设计艺术的综合概念。

1956 年，在《欧洲的空间规划问题》一书中，身为建筑师和德累斯顿大学教授的沃尔夫冈·劳达完全从设计的角度走近城市：他关注的是"城市设计艺术中形式的确定问题和设计意图"[53]。在沃尔夫林的艺术历史传统和维特赛尔的城市设计教学的影响下，劳达通过对他们的研究，分析了城市的空间现象。他依据的是反向构思的美学基本术语，例如"度量的"和"有节奏的排序原则"、"韵律的结合"和"自由韵律的排序原则"或者"空间的"和"自由物体的排序原则"。由于对城市的尊重，他的调查研究得到了根本的支持：他将自己的书视为"城市结构中空间塑造力的宣言，将空间的压缩视为城市的确认，将未来的城市视为共同社会的场所"。[54] 他提供了详细的平面图和透视图用于示范城市设计的状况。还有自西特以来欧洲城市设计历史中的权威实例，以及街道和广场重建的最新组合，例如勒阿弗尔的福煦大街或卡塞尔的特雷朋大街，但是也包括了一些定居地的实例。虽然劳达在这些开放的空间组合中重新发现了空间的排序原则，但是在该书的另一章中，他强调了墙壁的双重角色：它是"结构的一部分"，执行"划分室内空间的任务"；同时，"同样的墙壁有着另外的重要任务，也就是创造外部空间，不仅定义和塑造外部空间，还赋予它多样的特色"。[55] 在城市景观构成的研究中，他以坚定的立场反对"纯功利主义的功能排序"，强调这两个不可分离的领域之间的内在联系："这些文字和图片的论述和展示，应当有助于认识目的性排序和视觉排序之间相互渗透的紧密关系。"[56]

鲁道夫·西莱布雷特证明了微小的个体状态、人和城市是如何在白纸黑字中被描绘的，这可以被看作一个经典的范例。他是重建时期城市设计的一颗流星，曾经登上过《明镜周刊》的封面。作为一个务实的现代主义者，他将汉诺威改造成交通适应型、结构化和低密度城市的典型范例。但是同时，他以敏锐的开放精神接受多种观点，对他在汉诺威的同事——汉斯·保罗·巴尔特的城市社会学理论进行了研究，并认为自己是都市风貌的代表，反对定居地的模式。尽管埃德加·沙林发出了警告，但是他仍然在 1961 年的一部作品中宣扬"都市风貌是新型城市的目标"："在我看来，城市地区只会成为令人心满意足的模式，那时，具有各种重要功能的中心将会产生一种都市风貌'的魅力，并将弥漫在整个城区。……对于都市行为，及城市设计前提条件的标志，我想提及的是即将受到限制的建筑密度，这也是传统城市的一大特色。其他的标志还有广场，以及行人占据主导地位的区域。"[57] 倾向于行人的街道和广场、建筑密度的想法即使受到了限制，但是从城区品质的角度来看，城市构想的一切似乎就是西莱布雷特在汉诺威的重建中采用的相反的方法和途径。他敢于用汉诺威的实例积极地证明这一计划的正确性，也许正是将不同的观点态度务实准确地结合在一起，西莱布雷特才成为德国重建工程中的明星。

2. 德国：城市

阿尔伯特·斯皮尔于1943年发布的重建指导已经指出，毁于战争的城市经过重建，应该具有强烈的传统特色，如果必要，可以借鉴那些幸存的城市和建筑。主要任务是重新建立复杂有效的交通网络，并出于卫生的原因将中心区域的街区搬迁。有鉴于此，人们必须"尽可能去保留现有的街道，因为那里有现成的下水道和其他装置设施，只需要进行维修即可"[58]。虽然武装部长的这些指示关注的主要是效率，但是斯皮尔所谈论的这些基本任务、方法和条件，在纳粹独裁统治垮台之后却真正成了重建工作的特色。

传统主义的建筑师们以更多的灵感和活跃的思维投入到重建中作之中。曾经在1914年就致力于编写《德国的城市形态》的卡尔·格鲁伯，在1943年撰写了第一部关于吕贝克市重建的研究报告。[59]（图7）在他绘制生动的鸟瞰图中，具有中世纪风貌的带有山墙的住宅重新回到生活中，但是却保持了一个原则："人们必须以历史的精神进行重建，但是不能机械照搬"。[60] 这种具有变化的重建方法在之后为达姆斯塔特等城市制定的重建规划中再度出现。他从不建议按照原来的样子对街道和连栋住宅进行重建。他总是全神贯注于通过改善街道网络、房屋类型和建筑方法去重新建立城市景观，同时保留街道和广场这样的传

统城市空间。他还关注可识别的建筑类型，其中大部分都具有多种用途。

根据战时的破坏程度，像保罗·施密特纳这样的传统主义者认为按照原样复制城市是不可能的。1942年，他在参观了毁于战争的科隆市之后认为："我们无法重建科隆，也就是我们所说的要重现原来的状态。至少历史悠久的中心地带所具有的值得夸耀、令人崇拜的场所，以及其他有价值的建筑是无法恢复的。"[61]

从这个意义上说，他之为美因茨等城市制订的重建方案虽然是基于历史传统的，但事实上却是全新的：在历史悠久的中心区域，他们还设想了新的交通路线，简化了街道网络，扩宽了部分街道，扩建了街区。这些虽然无异于现代规模的重建，但是那些更具传统主义风格的建筑却给人以真实的历史印象。[62]

在德国，与建筑传统最为接近，并参考了现有城市思想的大城市就是慕尼黑。[63] 这里的先决条件是非常有利的：慕尼黑的城市风光在旅游业中发挥着有效的形象传递作用，并且市中心一直具有多功能的特色。

因此，对现有城市空间进行重建的都市概念，是以行人的角度进行设定的，具有坚实广泛的基础。慕尼黑的城市建筑师卡尔·梅廷格尔是一锤定音的人物，他早在纳粹时期就已制订了重建计划，但这是一个在根本上反对南北轴向的规划。他的方案于1945年8月9日获得批准，梅廷格尔在1946年以《新慕尼黑，重建方案建议》为题将其发表。（图8）矛盾的标题是有意设置的：梅廷格尔意在重建城市的同时塑造新的城市形象。他的愿望是，"我们深爱的慕尼黑将以新的面貌重新出现，但是传统的精神依然长存"[64]。根据当前的各种挑战，即使是最保守的德国大城市重建，也不可能没有一丝变化。新老建筑自然无缝的融合是最为务实和常见的一幕。在梅廷格尔看来，重建工作中需要抢救的最重要元素就是城市的面貌，尤其是在历史悠久的古老城市："无论发生什么，我们都要极力去挽救古老城市的面貌和形象，我们必须保留每一件保存完好并有价值的事物。无论在哪里，只要重要的个体建筑中的部分元素保留下来，我们就必须将整个建筑恢复，使原貌能够重新再现；在没有建筑幸存的地方，应该本着传统城市的精神，以现代的眼光去

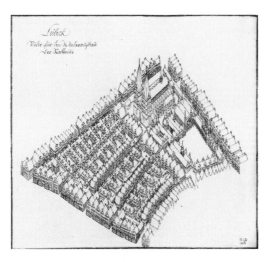

图7 卡尔·格鲁伯，吕贝克市的重建设计，1943

自由地、创新地设计新建筑。这样，在几十年之后我们就可以重新找回曾经深爱的慕尼黑。"[65]

对于梅廷格尔，无论是在字面意义上还是类似的其他意义上的重建，新建筑都要依赖于初始的条件、适当的方法途径去重新塑造城市的面貌。在慕尼黑，两种策略得到了广泛的应用：首先是公共纪念性建筑的重建，这些建筑几乎完全被摧毁。例如主教宫这样的建筑，几乎完全要重新建造。而与老建筑类似的新建筑主要是私人住宅、办公和商业建筑，它们建立在扩大的地块上，以新的平面布局进行建设，外观立面的重新设计通常是难以避免的。

出于对慕尼黑城市历史传统的尊重，梅廷格尔尝试了在新建筑中引入传统元素。例如，他要求到："尤其是在这里，与那些新兴的年轻城市不同，新的建筑必须与历史联系在一起，从而保持城市的特色"[66]。除了尽可能与现存的具体形式进行搭配之外，尊重环境背景的总体审美也构成了他的根本方法和途径：他认为："对于建筑师和他的艺术来说，设计美丽的新建筑与将它们融入城市结构中是相同的事情。"[67]从事重建工作的建筑师有义务去遵守美学和功能上的需求。

梅廷格尔的规划方案预见到一种沿着老旧的街道进行的，具有综合城市功能的内部城区重建。就像玛利亚广场的案例一样，无论何处，只要有需要，他都会将建筑构造线向内略微缩进，为汽车交通提供更多的空间。（图9）他创建了拱廊为行人交通提供了额外的空间。借助老城区复杂的环路，他通过适当的让步满足了汽车交通的需求。他希望沿着现有街道和街区进行拆除，在环路的南面和东面进行扩建。但是他并没有将汽车的车道与行人的区域严格分离，他计划打造两种模式共存的交通。因此，居民和游客会倾向于选择步行："在可行的情况下，靠近交通的地方可以建立清净的寓所，以便观赏非凡独特的建筑景观，在这样宁静的居所里，人们可以沉醉于慕尼黑的美景，享受城市带来的舒适"[68]。梅廷格尔的城市扩张思想与奥托·瓦格纳是一致的，后者的城市理想是具有连贯性和高密度的城市扩张，而不是将城市分解为定居地模式或者单一住户的住宅："我们努力以封闭的结构

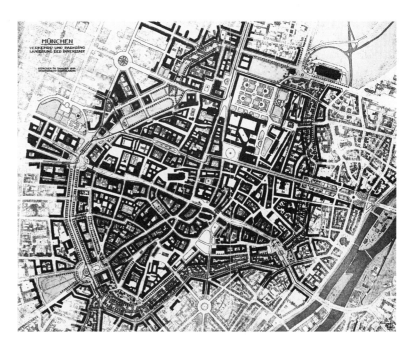

图8 卡尔·梅廷格尔，慕尼黑的重建规划，1946

图9 卡尔·梅廷格尔，慕尼黑玛利亚广场的重建方案，带有缩进的建筑构造线，1946

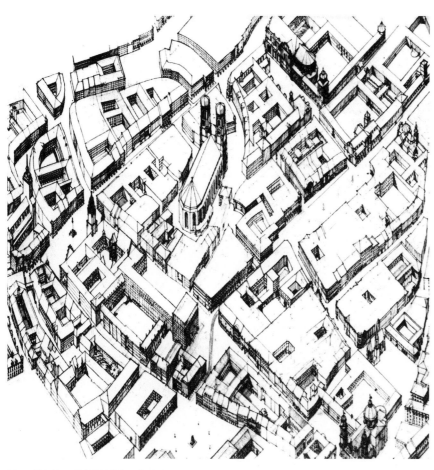

图10 赫尔曼·雷滕斯托费尔，慕尼黑
市中心的重建规划方案，1947

使城市向外扩张"[69]。密集和都市化的城市模式应该应
用于整个城市："我们的建设应当一直延伸到城市的
外围。"[70] 他解释道，在这样普通的城市建设中可以
整合大部分的功能，能够清晰定义城市的界线。这种
界线在居住区和商业区中没有必要完全消失。

尽管前卫派对此进行了猛烈的批评，但是这种大
都市的观点与原有的城市风貌相一致，得到了建筑师、
政治家和公众的广泛称赞。《建设者》杂志的发行人
鲁道夫·菲斯特将慕尼黑老城区的重建描绘为"几乎
是半个遗迹保护任务"。[71] 因此，他同意梅廷格尔的
方法去保持"具有内在价值的古老城区的存在"[72]。尽
管新老城区的环路允许一条车道经过玛利亚广场穿
过旧城，但是他对交通方案并不满意。在这里，他
提出了有些"大胆激进"的建议，禁止了旧城区的所
有汽车交通，创建了一个倾向于行人的购物城区："如
果我们强迫这些汽车驱动下的狂躁商人，在白天的
时候至少使用几分钟上天赐给的双脚去散步，而不
是看着它们退化为连接在油门踏板的脚蹼，这无异于
是在帮助他们。"[73] 正是这种对汽车司机的责难，迫
使汽车适应型城市的出现，也就是将交通的类型严格
分离为行人和汽车交通。

建筑师奥托·沃尔克斯在对梅廷格尔的规划进行
评论时采取了同样的观点，并建议"城市中心的大部
分应该作为步行者的天地"[74]。尽管他并不认同梅廷格
尔的家园建筑，但是他却同意"历史悠久的老城区应
该作为整体被保留"[75] 的观点。另一方面，他批评了
梅廷格尔拆除旧城街区，并对旧城区进行隔离划分的
建议。为了"使老城区'重现活力'，他制订了密度更高
的方案，也就是获得了先前全部可用的公寓地面空间
和商业空间等"[76]。然而，这种对密度的提倡在当时是
非同寻常的，与他支持远郊区排式建筑的做法是矛盾
的，他认为这是唯一正确的解决方案，与梅廷格尔提
出的传统街区建筑相对立。沃尔克斯的思想也是结构
化城市核心思想的另一个例证。正如汉诺威的案例一
样，除了"传统的岛屿"之外，这一思想能够在对立
和不可调和的观点中产生一个"全新的城市"。前面
提到的阿道夫·阿贝尔已经提交了对慕尼黑行人和汽
车交通重建的专家评估报告。他的新型人行道呈辐射
状直通市中心，他想让这些道路通过街区的内部庭院，
进而创造一系列迷人的城市空间。但是这需要彻底改
变传统的平面图，以至于原有的街道将完全用于汽车
交通，将行人的路径移到后面的庭院。尽管这种分区
的思想可能魅力十足，但是说到底，还是梅廷格尔对
不同交通类型的调节方法更具历史传统意识，是符合
都市需求的解决方法和途径。在 1946 年接替梅廷格
尔的赫尔曼·雷滕斯托费尔继承了这种方法。他还希
望对"数百年遗产具有的独一无二、无法复制的

价值"进行合理的利用。因此设想了对旧城区的空间结构和纪念性建筑进行重建，并遵循当地的建筑风格和建设类型。（图10）[77]

1948年，当地为玛利亚广场的重建举行了设计创意竞赛。提交的355份参赛作品反映了当时城市设计的全部可行类型。其中具有传统历史特色和美丽新颖的设计是最为普遍和深受欢迎的。[78]广场南侧的重建始于1953年，新建了全新设计的连株式住宅，但是在规模和材料方面与市中心的环境相适应。为了创造"慕尼黑式的印象"，市政规划部门经过努力协商决定对它们的外观进行精心的涂饰。[79]雷滕斯托费尔不仅追求在市中心沿着现有街道和街区的城市重建，还希望对施瓦宾这样建于19世纪至20世纪初的城区进行扩建。

对古老城市的延续性开发也得到了历史学家和遗迹保护者的支持。1947年，慕尼黑的建筑历史学家弗里德里希·克劳斯在题为《历史在城市特色中的作用》演讲中表示："慕尼黑是一座美丽的城市"[80]。城市之美并没有被战争摧毁："在德国的大城市中，慕尼黑是独一无二的，尽管遭到了破坏，但是并没有丢失特色，仍然保持着原有的风貌。"[81]这种传统历史的美感所具有的非凡价值使当代的规划能够正确合理地对待城市特色："即使今后会发生变化，我们也不能认为慕尼黑脱离了发展的连贯性。"[82]

在遗迹保护的名义下，饱受非议的19世纪住宅在很多城市落户，慕尼黑也是首批这样的城市之一。1957年，基于慕尼黑的案例，《德国艺术与文物保护》杂志以《19世纪城市住宅的历史价值》为题进行了一次大讨论，并最终宣布"这种建筑是多样的、优雅的和高贵的，最为重要的是它与当代的建筑形成了鲜明的对比，端庄朴实并具有亲和力"[83]。即使作者欧文·施莱希警告了"威廉大帝时期的风格有些泛滥"[84]，但是至少古典主义时期的住宅得到了修复。尽管德意志制造联盟改革运动的裁决依然有效，但是施莱希却仍然反对纯净的外观立面，并反对拆除建筑，而这些都是当时十分普遍的做法。

1954年，在汉斯·多尔加斯特发起的"慕尼黑—建立与发展"展览会上，展示了重建工作的初期成效。巴伐利亚第一部长汉斯·艾哈德在开幕式上也发出了完全非功能主义的呼吁："我们必须关注城市中的所有建筑，要将其视为艺术作品！"[85]。除了少数的恢复性重建之外，展览中还有大量新设计的建筑，它们大部分都寻求与环境和当地历史的关联性。展出中的一个实例是由建筑师G. H.温克勒设计的与提亚纳教堂毗邻的古典宫殿的重建项目。体现了如下的城市概念："地面层用于商业目的，内部的庭院作为购物的拱廊，并且保持了其非凡的原貌，它是一个杰出的现

存遗迹保护'实例。"[86]由H&G威尔辛设计的典型排屋住宅在地面设置了商店，与"威廉大帝时期带有商店的临街出租公寓"十分相似。汉斯·雅各布·利尔和格奥尔格·亨内博格设计了"玛利亚广场的新型办公和商业大厦"，它的柱廊直接通向广场，并以慕尼黑风格的多彩马赛克对外观立面进行了装饰。（图11）[87]

1953年，《建设者》杂志的发行人鲁道夫·菲斯特已经以《慕尼黑老城的房屋重建》为题报道了经典排屋的建设任务。这些建筑构成了"大部分中产阶级居民的'标准住宅'，而小型的办公楼和商店则形成了真正的街景。"[88]人们"不应该忽视它们的设计"，因为"普通建筑的总体和个体建筑都是老城区的特色，应当保留它们的风格"[89]。因此，在街边的竞争中，单独地块上的连株住宅是大有前途的典型建筑任务。菲斯特用照片将"这种老城区新型住宅的全部系列"都记录了下来。[90]例如，对于G. H.温克勒的"住宅区街道上的住宅和办公楼"，他称赞道："灰泥结构是典型的慕尼黑风格，它们在地面层含蓄的表达方式也是值得称赞的。在这里，如果将它们悬浮在空中，也就是将灰泥结构的正面放置在玻璃窗的上方，会是完全错误的。"（图12）[91]他对与公寓大楼相关的填充建设做出了如下评论："无论'现代还是保守'，或者是受到非议的折中主义，这种建筑都显示了通过明智和健康的途径所产生的进步，这也是人们必须遵循的。"（图13）[92]

在老城区中心的城堡街，由罗德里希·菲克和鲁道夫·罗德尔在1952年至1953年期间建造的社区管理大楼被用作市政住房管理办公大楼，它常被这样描述：这不是由几座房子随意组成的建筑，而是根据所在的环境进行的整体设计，沿着城堡街优雅的曲线而建造，五层的高度与相邻的建筑基本一致；虽然橱窗的后面是办公室，但一层的外观很有商店的特色；一扇顶部带有尖塔的凸窗将它长长的立面分成两部分，尖塔与街道的比例十分协调。除了古典传统的小神龛之外，它的外观立面最具慕尼黑特色的元素就是赫尔曼·卡斯帕创作的彩绘图案。（图14）在这个地区，城市的建筑传统得到了延续。这种典型的慕尼黑特色，是在艺术家们的帮助下取得的，这些艺术家近来一直在积极地摆脱纳粹主义的束缚，他们正在改变形式表达方式，为民主的重建任务服务。

在卡罗琳广场，由约瑟夫·威德曼（1955—1956）设计的巴伐利亚国家建筑协会大楼堪称古典主义城市传承的杰出范例。这一设计中的立方体造型基于卡罗琳广场19世纪早期的古典宫殿建筑，显得端庄得体，并减少了北欧古典主义的设计细节。因此，威德曼的建筑能够融入广场的传统之中，同时还创立

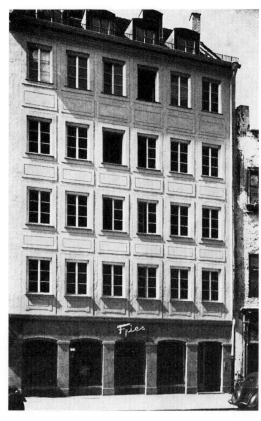

图 11 汉斯·雅各布·利尔，慕尼黑玛利亚广场的商业建筑，曾在老绘画陈列馆的"慕尼黑——建立与发展"展览会中展出，1954

图 12 G. H. 温克勒，慕尼黑住宅街道的居住和商业建筑，摘自《建设者》，1953

了一种独立和恰当的风格。由利奥·冯·克伦泽和弗里德里希·冯·加特纳设计的文艺复兴宫殿建筑深受喜爱，它们的造型在慕尼黑的重建中得到了应用。在慕尼黑的城市重建中，大多数的建筑以尊重悠久的城市历史价值为鲜明特色。除此之外，它们还展现了精湛的工艺和优质材料的应用。这也注定了它们在城市的历史中将发挥长期有效的作用。

在德国的中型城市中，明斯特市成为传统主义重建的教科书式范例。人们容易忘记的是，为合适的重建主题进行的激烈争论，以及最终采用的传统方式中包含了显著的现代化色彩。根据该市曾经存在的模式，以及城市中心与周围环境的连贯性统一风格，遗迹和连栋式住宅早已被确定为城市重建的主要内容。这种历史的生动性或者活化的历史，被明斯特市战后重建的领导们视为重要的标志："没有其他的城市像这里一样拥有如此历史悠久而美丽的遗迹，以及充满当代气息的生活。历史的遗产也是属于现代的。"[93]这种地方特色也是一个重要的因素，以至于在1943年初，城市规划的主管彼得·珀尔齐希和建筑保护者埃德蒙·沙夫为了后续的重建规划，设想了实质性的保护措施。[94]他们重新建立了建筑保护部门，并与城市规划部门共同制定重建方案，通过这种措施，这种重建方式在制度上得到了巩固。这些城市规划者、建筑师、遗迹保护者以及建筑历史学家们不但没有发生冲突，反而在友好合作的气氛中使各自的专业知识发挥了作用。因此，规划委员会的成员汉斯·奥斯特曼在1945年的夏天做出决定，建筑的"大部分必须按照中世纪城市设计的复杂度进行"，并且"要在地块内老建筑的产权范围内进行"。这是因为："如果城市以端庄和谐的形式重建，并与传承自过去的价值相一致，那么在最佳的意义上说，新的城市将创造出最为美丽的中产阶级城市印象。"[95]

对于任何的城市重建，传承下来的平面图都是不可或缺的初始条件。正如威斯特法利亚地区的保护者威廉·雷夫1947年在《重建时期的城市历史保护原则》中所表达的："旧城区的平面图是承担着重大责任的遗产，即使建筑被大范围摧毁，但是广场、街道和小巷在历史演变过程中的相互作用依然可以勾勒而出。

由于令人信服的经济原因，原有街道网络的保护取得了令人满意的效果。随后，我们认识到我们的最高目标是恢复原有的栖息地，如果没有不可抗拒的原因，我们的个人准则则不会允许历史的城市蓝图发生任何变化。"[96]

一些规划技术措施相应地出现。1946年开始领导城市规划部门的沃尔夫冈·潘特尼斯在当年提出了一项土地利用规划，对各种建筑混合的区域进行了细致的分级。因此，尽管出现了一些次要的外围街道，但是明斯特市仍然是一个连贯统一的城市实体。约瑟夫·沃尔夫在1948年接替了潘特尼斯的工作，为了保持这一承诺的连贯性，他在1950年起草了一份建筑规范。1946年，建筑保护者埃德蒙·沙夫已经提出了一种周线测定法，展示了建有连续街区周边住宅的城市空间重建后的美丽景观。（图15）第二年，他按照创造性重建的原则，为主市场的五栋带有山墙造型的房屋做出了总体规划，体现了家园保护运动的意义："保持了原有地块的大小，采用了带有山墙和拱廊的房屋类型，并统一了楼层高度、材料和窗户的造型，去除了轮廓线和一些细节造型"。

通过这些真正的房屋建筑，实现了主市场的重建，并成为德国传统主义重建的一块瑰宝。（图16）这种统一的设计方法是在个体的房屋建设被移交给私人建筑商的建筑师之前，基于城市规划保护部门制定的有效设计规范进行的。建筑的第一层具有城市的商业用途，在拱廊后面设有众多的商店，因此拱廊也成为这些房屋之间的连接元素。

没过几年，这些位于中心城市广场的建筑就已发展到需要进行严格评估的地步，正如《建筑的艺术和形式》杂志在1951年所做的评述："采用被摧毁建筑曾经的形式进行重建已经成为一种趋势，而明斯特正是这一趋势中最为优雅别致的范例。这也证明了人们不能以蹩脚的借口认为这种方式是不可行的，因为正如人们所看到的，这是有效可行的"。[97]虽然这种传统主义的观点遇到了阻力，但是批评者也承认："人们已经承认，几乎没有其他被摧毁的城市像明斯特那样有着井然有序的结构。"[98]规模是城市重建的一个重要的方面："每个人都一直关注保持或重新获得一些曾经重要的东西，也就是古老城市空间的规模。

图13（左）甘泽尔·施密特，慕尼黑拉姆福德大街上带有商店的公寓大楼，摘自《建设者》，1953

图14（右）罗德里希·菲克和鲁道夫·罗德尔，慕尼黑城堡街的市政住房管理大楼，1952—1953年，曾在老绘画陈列馆的"慕尼黑——建立与发展"展览会中展出，1954

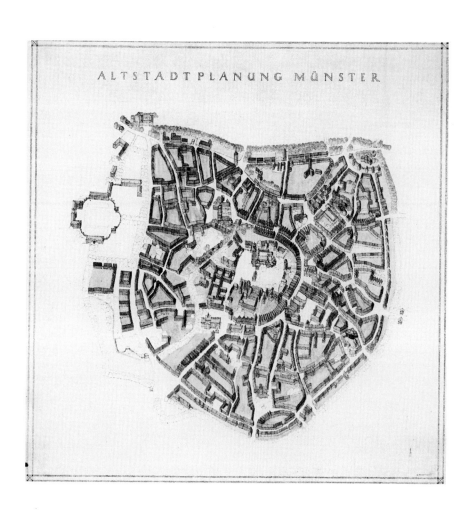

ALTSTADTPLANUNG MÜNSTER

图15 埃德蒙·沙夫，明斯特市的重建
规划，1946

这些独立的房屋个性十足，因为每一位房主都雇了不同的建筑师，而每一位建筑师都采用了不同的设计方法和手段。"[99]

如果评论家不欣赏建筑的细节，他也会认同新规划中重新结合的传统城市设计结构："它们基于相同的原则：从中世纪继承下来的地基和一系列相同的元素，以及带有山墙的房屋"[100]。对于城市景观，来自于新建筑的威胁要少于新城市设计的规模："我们古老城市面貌的真正改变并不是现代建筑和现代建筑师引起的，而是来自于结构的变化。一旦运用合并若干地块的方法，以城市街区取代中产阶级的房屋和土地，原有的规模就不会继续保持下去。"[101]

1951年，约瑟夫·沃尔夫在《建设者》杂志中从根本上强调了这一城市重建工作的成功。他提到了1945年开始的从乡村向城市的人口回归，并将其作为论据，反对定居地运动的分散型城市规划："难道尽责的规划者不应该在这里停下来，去问一下他们对旧城市缺陷的看法是否正确？难道他们不会屈服于异端思想，认为这些城市并没有它们的名声那样糟糕？"[102]战争的破坏程度还没有大到需要一个全新的规划，地下设施的价值就是保持原有街道网络的令人信服的论据。企业主们更青睐混合型的交通路线，他们反对将交通严格分离成汽车快速道路和行人区域的做法。回顾1952年的明斯特重建过程，沃尔夫对于传统意识和城市的基本规划原理这样说到："城市中心的老城区再次焕发了活力。这里是行政管理机关的集中之地，也是文化和商业活动的理想场所。幸存下来的历史和艺术遗产得到了精心的保护，人们还以最大的努力对它们进行重建。最为珍贵、完整无缺、不可摧毁的历史遗产就是老城区的平面规划图。这项任务不只是维护其基本形态的完整，还要在某种程度上适合现代的交通，从而使重建的目标具有可行性和积极的意义。"[103]事实上，为了街道的扩展，明斯特市中心的一些路线得到了调整，因为采取了适当的形式，从

图 16 明斯特市的主市场，1947—1952

而避免了像其他城市那样因为同样的方法在市中心造成的混乱状态。

正如沃尔夫所说，虽然整体的城市规划遵循了老城区的紧凑模式，但是传统的严谨性在城市环境中减弱了很多，以至于"各种表现形式纷纷出现，从早期简单明确的重建到精妙的重新塑造，再到自由、现代的设计，可谓应有尽有"[104]。他介入了现代主义者与传统主义者的激辩中，并产生了影响，也就是没有统一的时代风格，人们无论如何必须选择其中的一个。在这一点上，"努力做到明确的时序性表达并不重要，更重要的是从所选定的起点去寻求更持久的风格和时尚中的变化"[105]。这是沃尔夫对建筑领域的辩论进行调节所做的尝试，他并没有裁决任何一方的正确与否，而是要求双方去证明各自设计的有效性。（图 17）

在明斯特，沃尔夫为传统主义者的观点提出了一个城市设计和建筑方面的市民基础："坚持不懈的力量依然是充满活力和强大的，它们的表达方式体现在市民的意愿中，这种意愿不能作为逃避现实的浪漫主义而被抛弃，因为它就是事实。"[106] 传统主义既没有脱离现实，也不是建筑师的品位问题，它更多的是对市民真实意愿的表达。归根结底，这是对某种都市风貌态度的民主的、合理的解释，沃尔夫对此进行了如下总结："就建筑而言，如果讨论中的特殊一致性和内在亲和力变得更为明显，并且如果在更多的地方，曾经存在或者即将发生的并不是极端的对立，而是彼此之间以众多的共同点进行接触和联系，那么这首先要归因于城市的可管理性，以及城市统一的知识和文化氛围。作为真实的生活条件，这使业主和设计者都受益匪浅。"[107]

对于明斯特的传统主义重建，关于功能更为精确合理的解释是：关于主广场对拱廊建筑类型的重新采用，马萨诸塞州剑桥市的麻省理工学院的前任院长约翰·伯查德在 1966 年这样说道："但是，有一个重要的原则，例如明斯特的新拱廊所揭示的，如果拱廊在

Die Westseite des Prinzipalmarktes vor der Zerstörung. Zeichnung: Stadtplanungs- und Baupflegeamt.

Die Westseite des Prinzipalmarktes nach dem Wiederaufbau. Zeichnung: Stadtplanungs- und Baupflegeamt.

图 17 摧毁前和重建后的明斯特市城市规划和遗迹保护办公大楼与主市场，1952

1939 年对于城市生活是有用的，那么它们在 1964 年也许还是有用的。无论它们是古罗马或中世纪德国的遗产，还是 18 世纪法国的遗产，也许都是有用的。应该检验的是拱廊的原理，而不是它们古老的形象品质。如果以这种方式追求重建的目标，城市将能够保持大部分的历史，无须任何虚假的矫饰。"[108] 在这一时期，建筑的类型或主题已经变得无关紧要，重要的是它的用途：因此，伯查德为现代功能主义者提供了历史的方法途径，这一途径与尼古拉斯·佩夫斯纳的"功能传统"概念如出一辙，这一概念指的是某种设计解决方案的长期有效性，从而可以不受时代发展的影响。

明斯特的重建成就不只局限于老城区，那里重建的遗迹和连栋住宅在忠实于原创的基础上进行了创造性的改进。在城市的外围，也就是帝国时期的扩张区域，市政府也采取了相同的城市设计策略。位于市中心东南方向的汉莎居住区和火车站创建于 20 世纪初期，是这种设计策略的典型实例。第二次世界大战之后，这里作为普通的城区进行了传统性的重建：街道网络和地块的划分布局被保留下来，建筑一直延伸到街区的边缘，保持了生活居住、购物和工作的多功能特色。

不过，这绝不是对先前状态的机械复制或者不加思考的简单工作。城市规划部门有着清晰的城市设计思路，包括城市的功能、街道空间和房屋外观的设计等。由于指定了砖头作为建筑材料，灰泥结构占据主导地位的威廉帝国时期城区形成了地区化的特征。此外，为了保证环境的协调性，城市规划部门的工作人员对于每一个单体建筑的规划申请都要进行细致的检查。建筑规范的实施也不仅仅以数学方面的参数为依据，例如地积比率或屋檐高度等等，还要考虑制图和审美控制方面的因素。道路边缘的新建项目实行了统一的注册登记，并对其与相邻建筑的设计兼容性进行检查和验证。（图 18）根据需要，城市规划部门会对设计图纸进行具体的改动，甚至提出他们自己的外观设计解决方案。[109]

只有在私有业主和他们的建筑师追求精心设计城市这一共同目标的氛围中，这种合作的方式才是可能的。城市规划部门工作人员的参与具有决定性的作用。作为建筑师，除了运用必要的设计能力之外，还要意识到他们担负的责任，参照城市的面貌去保护传统的建筑。结果，通过城市设计的一致性和设计的身份认同性，在城区中形成了统一的风格，因此，轻而易举地出现了大量各具特色的详细解决方案。作为城区，先前的混合功能以及定义清晰的城市空间得到了继承，成为战后时期城市重建最为成功的实例之一。

这种关注重塑城市形象的遗迹保护措施对德国的小镇重建也产生了强烈的影响，尤其是风景如画的罗

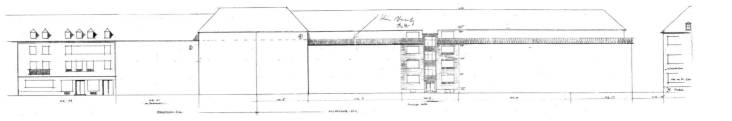

图18 明斯特城市规划部门，对维尔纳·施里克曼设计的明斯特市梅彭纳尔大街公寓大楼提出的改进建议，1955

腾堡，从19世纪末期这个德国小镇就成为旅游的胜地。[110]尽管重塑城市的传统形象被放在首位，但是完全精确地复制连栋住宅的一切细节也是不可能做到的。根据遗迹保护者约瑟夫·施马德尔和建筑师鲁道夫·艾斯特尔制定的指导方针，1947年初，建筑师弗里茨·弗洛林担任了重建工作的主管负责人。在战争结束之前不久，这座小镇的三分之二都被摧毁。很明显，施马德尔只能在现存废墟的基础之上进行重建。"因为这种认知与城市的旧形象在艺术上是具有统一性和连贯性的。"[111]这种重建中主要的审美因素还需要历史的方法和传统的技术工艺："因为需要具有艺术表现力的固体材料。"[112]

根据重建实施指导方针，参考历史的城市形象被置于突出地位："（1）城市被摧毁部分的重建必须按照下面的方式实施，即保持城市设计结构的统一性，再现原来城市形象的一致性。"[113]由于这个原因，城市将不能适应现代交通的需求。因为经济原因，对幸存建筑的利用对于快速进行重建是必不可少的。但是在这种情况下要强调的是措施的现代性：（5）新建筑必须与原有建筑环境的规模比例相匹配。但是它应该清晰地显示出是在我们的时代建造完成的。（6）因此，应该避免对个体古老形式的历史化模仿（罗腾堡主题）。只有建筑情感应该与历史的遗产一样得到保留。……（8）新建筑必须完全符合今天对于实用性和卫生的需求，尤其要使后部庭院独立于建筑。以重建的目的来看，建筑的外部设计要考虑原有条件，不应当妨碍地面层最佳解决方案的实施。"[114]

罗腾堡的重建实际上是根据传统开发原则进行的。（图19、图20）这里的建筑没有采用易燃的木质框架结构，而是采用了砖石结构。这是因为如果拥有合适的工具和方法，以往时代的市民更倾向于建造石头结构的房屋。新建的房屋取消了山墙，以房檐朝向大街，这样更有利于防火。这里没有随意和不规则的建筑，建造了结构简单、规则的建筑，体现了合理的原则。通过采用本地的材料和传统的工艺技术，新建筑与老建筑和谐地融合在一起。为了对设计和重建

过程进行检验，弗洛林设计了老街道的建筑立面图，用来与新的设计进行对比。最终，一个部分全新的城市浮现于世，它与老城区极其相似，以至于今天任何游客都不会注意到自己看到的是20世纪50年代新建的区域。罗腾堡的重建，不仅在城市景观方面，在方便行人的友好氛围和功能融合方面都追求一种面向原来小镇品质的城市思想。

正如拉帕波特指出的，多特蒙德的萨尔州大街城区是都市化城区进行传统重建的经典之作。这个中世纪老城区的南面位于工业化城市扩展的环形区域内。对于今天的城区，它在第二次世界大战之后的状态是非常典型的。既不是建有威廉帝国时期灰泥装饰房屋的纯粹老建筑城区，也不是建有远离街道的定居地类型房屋的新城区。这个城区从1900年开始就不断地沿着街区周边建造房屋。尽管如此，在第二次世界大战开始以后还是有很多空地没有修建房屋。虽然战争留下了不可抚平的伤痕，但是还没有达到完全毁坏的程度，因此重建仍然是可行的。这种城区，因为没有具有艺术价值和历史意义的建筑需要重建，出于务实，主要是经济上的原因，按照现有城市的设计模式进行重建是最有可能的选择。

威廉·海因里希·德福斯在1927年至1937年期间曾经担任过市政规划部门的主管，1945年，他再次就任这一职位。1948年，在德福斯的领导下，市政管理部门为市中心的改造制定了基础规划，并得到批准，最终，在1952年成为整个城市区域的总体规划。按照德福斯所说，这些方案"不是单个元素的艺术性空间设计"，而是更加关注"按照社会经济和实用技术方面进行排序和分类"。[115]与市中心相比，萨尔州大街周围的城区避免了这次重新改造。在20世纪50年代，全面的重建工作正在进行之中。不过，重建工作始终是在战前的建设框架之下进行的，因此原有的建筑基线、街区周边建有封闭建筑的地块结构以及早期的屋檐高度和建筑深度都被保留下来。[116]尽管美学设计并没有得到官方的批准，但是出于社会经济和实用技术的原因，这种建筑形式在战后得到了很好的证明，

图 19 弗里茨·弗洛林，陶伯河上游罗腾
堡市的重建规划，1948

图 20 弗里茨·弗洛林，陶伯河上游罗腾
堡市被摧毁前和重建后的乳品市场东侧，
1948

统一封闭的城市空间产生了一种美感。连栋住宅的选
择也证明了这里的建筑和城市设计品质。

由哈泽（1952）进行重建的两座连栋住宅分别位
于兰德格雷芬大街 57 号和 Am 纳本伯格街 73 号，均
以地面层的城市综合商业设施和上层的公寓为特色。(图
21)[117] 大楼的售货亭巧妙地利用了街角地形，从城市
设计的角度看，建筑中部鲜明的曲度也使上面的楼层
显得更为突出。带有作坊的小型鞋店设置在私人住宅
的入口附近。两个店铺都覆盖着钢筋混凝土制成的造
型优雅的棚顶。两栋住宅通过檐口线脚被连接在一起，
排列在街边。

在开姆尼茨大街 83/85 号，是尼格纳波尔（1952）
设计的六层多功能连栋住宅，不仅将居住、工作和商
业空间整合在主建筑中，还在宽敞的街区内部设立了
工坊区域。这种布局结构继承了战后时期传统的混合
用途，直到今天仍然被成功地采用。建筑的外观以清
晰的实体设计为特色，基座和窗口框架均采用石灰石
板条建造，墙壁则采用了砖结构。众多的窗口以合理
的布局分布于墙面之上。

相比之下，位于海恩巷 9-15 号的两座汉斯·哈
姆斯（1952—1954）设计的住宅大楼则不是私人建筑，
它们是由 DOGEWO 公司建造的政府补贴住房。[118] 与
各自地块上的私家建筑一样，它也服从于整个街区，
并作为一个大型建筑结构的一部分，临街的大型建筑
被细分为若干独立的单元。这使得补贴住宅融入街道
空间，一部设计优雅的楼梯使住宅显得更为突出，

图 21 多特蒙德兰德格雷芬大街 57 号和埃姆·纳本伯格街 73 号的连栋住宅，1952

制作楼梯的暗色石料带有迷人的拐角线脚。在整个的城区内，汇集了威廉大帝时期的建筑、建于 20 世纪 20—30 年代的建筑以及在 20 世纪五六十年代新建或重建的建筑。在漫长的时期里，虽然它们出自不同的设计师之手，但还是要感谢这种体现出连贯性城市设计类型的建筑，正是它们创造了多样而统一的城市印象。另外，这些也不只是住宅建筑：除了众多面向街道开设的商店，在城市街区宽敞的内部庭院还设有很多小型的企业。在这些案例中，街区中功能融合的传统在战后时期得以延续，并且在今天也充满活力。因此，除了居住之外，萨尔州城区还是一个工作和购物的城区。即使有很多建于 20 世纪初期的建筑，这里仍然是一个属于战后的城区，因为重建的决定并没有将其拆除，而是以创新的模式进行重建。对原有建筑、街道、结构和模式的重新确定也源自于这一历史时期：在当时，务实性或者对历史传统的情感关注也是城市的构成要素。

关于这些无名的城市建筑，从都市化的基本观点看是值得肯定的。由于它们的外貌并不引人注目，因此也被称为"灰色建筑"，[119] 历史学家杰弗里·M.迪芬多夫恰当地谈道："可是，从绝对数量上看，仍然有很多其他的因素主导着大量的重建工作，虽然它也许算不上最杰出的建筑。在每一座西德的城市，一条条的大街都林立着三至五层的公寓建筑，它们通常带有平整的灰泥外观立面，涂饰的颜色比较单调，一般是灰色的。如果是建立在主要的街道上，公寓建筑的一层通常会设有商店。除了在某种程度上遵守当地对高度的规定并与街道保持一定距离之外，这些公寓既不是现代主义的，也不具有当地的建筑传统。……由于维护工作做得很好，这些公寓对城市生活做出了积极的贡献。尽管居民们已经'看不上'它们，并且建筑评论家们也想让它们消失。"[120]

虽然小规模的市区重建具有很高的遗迹保护价值，例如 1946 年在多瑙沃特帝国大街进行的重建。但是这种突出历史传统的重建绝不是最终的目标。就在战争结束之前，多瑙沃特的这条街道被彻底摧毁，那里建有文艺复兴时期带有庄严华丽山墙的房屋。这部分的城市景观无疑是非凡独特的，这也说明为什么"重建真正的山墙式房屋似乎才是唯一正确的解决方案"[121]。并且，在这种相对可控的情况下，它们在历史上的一切巧合、困难和错误都不会重现，反而可以利用这一机会去纠正过去在实用性和审美方面的缺陷，并在总体上重建城市景观。例如，一个重新分配的地块在实施中体现了"卫生、结构、交通和经济方面的改善"[122]。这一措施为所有的建筑提供了大约 9 米宽的空地，此外，并没有对原来的外观立面进行简单的复制，而是重新设计了更好的造型之后重新建造的。建筑师格奥尔格·奥布利和威廉·克莱恩迈尔追求的是精益求精的历史方法：首先，他们借助老照片建立了原有街面的视图。然后通过与以前的街道进行对比，设计出全新的方案。（图 23）初看上去，这里与原来的景观惊人的相似，进一步观察才会发现在

图22 多瑙沃特的帝国大街，1946

图23 格奥尔格·奥布利和威廉·克莱恩迈尔，摧毁前与重建后的多瑙沃特帝国大街，1946

1946年所做的改动并非微不足道：房屋的规模更加符合规范，外观立面变成了对称的形式，并简化了很多细节。总体来看，多瑙沃特帝国大街的重建是一种适合的城市景观重建模式，原有的商业设施、装饰性山墙等当地典型的都市特色都得到了保留。（图22）

卡塞尔的特雷朋大街经过重建后成为一条新的进出通道。它在主火车站、斯坦德广场和弗里德里希广场之间创建了轴向的连接，通过空间上的构想和序列的定义为其最终成为步行街奠定了基础。（图24、图25）在1947年的一次城市设计竞赛中，二等奖获得者迪亚兹·布兰迪提交的作品中已经出现了这一思想。1950年，维尔纳·哈斯珀的建设方案也采用了这一思想。[123] 它于1953年落成，但是仍然没有任何的街区周边建筑，直到1957年才以统一的设计完成了最终的建设。[124]

尽管特雷朋大街便于行人的都市风貌是以牺牲内城环路的汽车适应型规划为代价的，但是这依然是一个多功能城市街道的建筑设计概念实例。为了在街道上，尤其是街道的较高部分设计一系列的平台，采用了15米的高度差，取得了良好的效果。通过建筑元素的突出和缩进，以及在侧面的楼梯之间插入花园壁龛，传递出迷人的空间表现力。低矮的二层建筑临街而建，一层都设有商店和咖啡馆，上层则是办公空间。在交叉路口处，它们与四层的建筑并置在一起。整个规划布局中的最高点是位于特雷朋大街东北角的一座高达12层的大楼。作为一个具有庄严宏伟气势的新街道，卡塞尔的特雷朋大街是一个谨慎设计的当代综合建筑设施的范例，仍然符合城市的都市化理念。对于那些相关的参与人员来说，例如卡塞尔的城市规划师沃尔夫冈·班格特，通过设计一系列具有决定性作用的广场，使空间的创立成为可能："通过在整个街道的结构中绘制这些新的线路，我们获得了一系列非凡独特的广场。"[125]

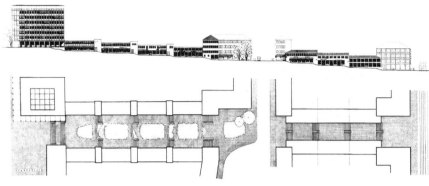

图 24、图 25 卡塞尔的特雷朋大街，1950—1957

正是这种在地面上精确的三维立体设计提供了这些非同寻常的机会："这里以明显的空间序列设计了错落有致的地面高度，使行人能够意识到这一特点。"[126] 从这个角度以及城市的功能性来看，班格特认为特雷朋大街是一个成功的设计："借助它的斜坡，这一城市设计表达了不同高度的地面之间的关系。并且，作为纯粹的步行街道，它脱颖而出成为城市的购物中心"[127]。《城市规划评论》转载了班格特的一篇文章，认为这条大街"是新中心引人注目的步行者天地"[128]。1956 年，在沃尔夫冈·劳达的《欧洲城市的空间规划问题》一书中，卡塞尔的特雷朋大街被誉为"'人性化'城市类型"的典范。在书中，作者赞扬了行人的亲切友好感受："这里再次体现了行人的权利，'皇室中的行人'（勒·柯布西耶）感受是卡塞尔不朽的成就。"[129] 但是，对于"为人类相遇而设计的空间"，它具有更为重要的作用。[130] 劳达将特雷朋大街称赞为"具有韵律感的杰出城市设计成就"[131]。在它富于节奏的组合设计中，他看到了这种全新创造的都市空间的真正品质。

在 1950 年，民主德国的城市设计正在经历着统一、明确的转型：根据官方对莫斯科模式的宣传，执政党领导者的决定有利于传统的城市态度。实际上，这是以西奥多·费舍尔、弗里茨·舒马赫、阿尔伯特·埃里克·布林克曼和维尔纳·黑格曼为标志的德国城市设计艺术传统的平稳传承。例如，布林克曼之前的学生格哈德·斯特劳斯无数次地呼吁将布林克曼作为当代城市设计的模范，并提议授予其荣誉称号。[132] 格哈德是德国建筑研究院的研究所所长，同时也是洪堡大学的教授。斯大林路规划的基本概念和细节参照了 1915 年莱比锡十月十八日大街的设计，后者曾被布林克曼收入 1922 年出版的《美国的维特鲁威》一书。[133]（图 26、图 27）无论灵感来自于莫斯科、美国还是德国的传统，重建时期的社会现实主义城市设计都是 20 世纪前半叶城市设计的延续，这本身也是一种国际现象。[134]

城市设计的方针路线被重建部部长洛塔尔·博尔兹写入了《城镇建设的十六项原则》，并在 1950 年 7 月 27 日得到民主德国政府的批准。在第一段中，城市被指定为与其他定居地形式相对立的形式，并以历史的关联性为特色："对于共同生活，城市是最经济有效，并具有丰富文化特色的居住形式。这是几百年来已经得到证明的"[135]。博尔兹在注释中评论道："需要将城市理解为一种经过历史演变的事物，并要使它免受随意改变甚至被肢解的命运"[136]。我们要密集的城市，不要分散的城市，要与历史相关联，不要前卫派的思想，这是我们的口号。在第五条原则中，"考

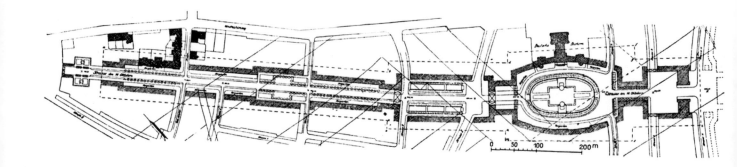

图 26 莱比锡的十月十八日大街，1915年，摘自维尔纳·黑格曼与埃尔伯特·皮茨合著的《美国的维特鲁威》，1922

图 27 埃贡·哈特曼、理查德·保利克等人，柏林的斯大林路，1952

虑城市结构在历史上的出现"被反复强调，不过却是以"消除其缺陷"的方式进行的重申。[137]

第二项原则可以被理解为对雅典宪章中四个功能的回答，其中交通功能已经被文化功能正式取代："城市设计的目标是协调并满足人们对工作、居住、文化和休闲的需求"[138]。

在第八项原则中，交通从基本功能被降至从属功能的地位："交通是为城市和市民服务的，它不可以将城市撕裂，也不能妨碍居民的生活。"[139] 而在第六项原则中，中心被指定为"城市的重要核心"，除了政治功能之外，它还决定了"城市规划中的建筑构成"和"城市的建筑轮廓"。第九项原则涉及传统的城市设计元素，诸如街道、广场和纪念性建筑等，规定了"广场是城市规划的结构基础和建筑的总体构成成分"[140]。这些都是应当推动城市设计艺术的元素："城市设计应该再次成为一种艺术，城市设计师应当成

为艺术家"[141]。在 1954 年的《建筑师手册》中，这也是一种设计方法："从规模和建筑设计的角度看，这些广场的空间位置和彼此之间的协调性是城市之美最重要的特征之一"[142]。

在第十项原则中，居住区没有被假定为独立的、具有单一功能的定居点，而是一个多功能的，设有公共中心并与整个城市相连的城区。对于这些居住区的居住密度，不该只设置上限，还应当设置下限。[143] 一定的密度首次作为一种积极的城市品质得到了支持。第十三项原则这样强调："多层的建筑方法比一至二层的建筑更为经济，这也反映了大城市的特点"[144]。总之，每一种定居地和花园城市的思想都将被拒绝。对此，第十二项原则是这样描述的："将城市转变为花园并不是一种选择。当然，设计中必须拥有足够的绿地面积，但是基本的原则不能被丢掉：在城市里，人们居住在都市的环境中，在城市的外围或者郊区，

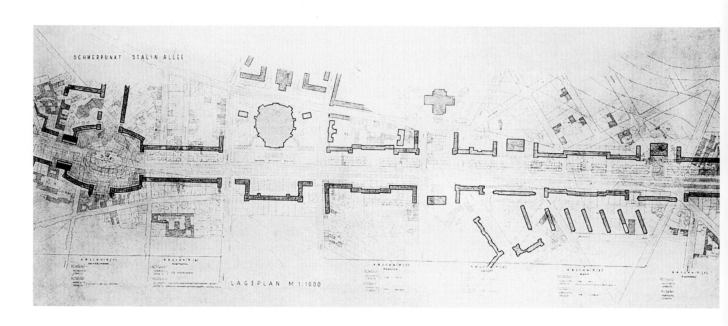

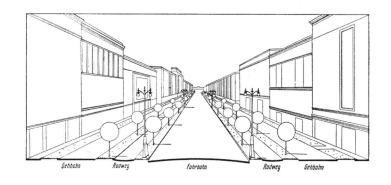

图 28 A. E. 斯特拉门托夫，住宅区中的街道，1953 年，摘自《城市规划的设计问题》，1953

人们生活在更具乡土气息的环境中"[145]。《十六项原则》因此成为一个有关建筑定义、传统城市设计元素和面向社会的都市风貌的纲领。支持城市建筑的传统，反对定居地的前卫模式。这种城市空间设计方法甚至出现在交通工程师的出版物中。[146]（图 28）

在城市作为整体的层面上，直接应用《十六项原则》的实例是今天的铁厂镇。最初它被称为东部的钢铁之城，后来改称斯大林市。[147] 这个新兴重工业城市的规划始于 1950 年，按照公司的传统，铁厂镇由一个工业区和一个居住区构成。1951 年，德意志建筑学院的城市建设研究所的主任库尔特·W. 洛伊特被选为规划师。他在设计中构想了一个城市综合体，通过主要干道与钢铁厂相连。在它的中心是两个中央广场和一个高层大楼。市政厅和文化场所都坐落在那里，与主干道两侧的纪念性建筑立面一起为政治游行集会提供背景环境。（图 29）

洛伊特明确地将新城市的都市特色进行了与定居地相反的定位："尤其是在新的城市综合体中，建筑、材料的统一性和知识与文化必须享有最广泛的空间。定居地的特点不适合这里的居住区，这将是一个真正意义上的城市。"[148] 现在，预期的都市风貌当然要让工人阶级受益。这一任务就是，"在这个新建的城市里，我们的劳动人民应该享受到城市生活带来的一切利益"[149]。按照这一城市模式，城市没有被划分成分离的区域，而是规划为一个连贯的统一整体："整个结构包括一个中心和若干综合居住区。在城市设计中，建筑群体作为一个明显的整体而出现。"[150]

洛伊特继续解释到，这里的居住区不是功能单一、死气沉沉的区域，而是被设想为具有综合功能的城区："综合住宅区配备了人们在生活中需要的所有设施，包括一个设有 16～24 个班级的小学、幼儿园、托儿所、洗衣房、会所、餐馆、小型的电影院和商店等，以满足人们日常生活的需求。"[151] 主要为政治游行设计的主干道，也通过商店增添了都市的特色："具

有喜庆氛围的主干道也会设置一些重要的商店与商业设施和场所，比如国营的商贸组织与合作社等。"[152]

最终，建筑应该具有都市表现力，以丰富的立面装饰设计为特色，与那些已经存在的应急性住宅形成鲜明的对比："住宅的外观立面应当展现更为丰富的结构，更为多样的精致细节，并且要追求都市的特色。"[153]（图 30）

尽管洛伊特的城市呈现出相对较低的建筑密度，但是却与传统的城市元素一起发挥了作用，形成了新城市的都市特征。著名的街道建筑和广场逐渐形成了城市的骨架，但是住宅街区也从 20 世纪前半叶的模式进一步演变为变革式街区的模式。绿意盎然的步行道路穿梭于这些超级街区的内部，形成了从属的绿色庭院空间。然而在大多数情况下，建筑发挥了类似街面的功能，在街区的边缘构成了城市空间的边界。在这里，洛伊特遵循了综合居住区的城市设计思想，与排式定居点模式大相径庭，正如库尔特·容汉斯提出的思想，通过要求"更多地强调城市规划的艺术性"，容汉斯将目标定位在 20 世纪 10 年代至 20 年代的城市规划传统。[154] 与布林克曼或黑格曼一样，他认为城市的历史也应该发挥作用："如果我们将一些传统的城镇规划设计方法运用到当前的环境中，新的住宅建筑将会获得巨大的利益。"[155]

根据综合住宅区的多功能特性，容汉斯强调了《十六项原则》。通过与"被认为优点最少的连栋住宅进行比较"，他基于苏联的实例，提出了对"庭院建筑"和"封闭空间"的要求。[156] 结合街区周边建筑的开发形成超级街区，其中包含一系列类似广场、公园和庭院的绿色空间。这表明"良好的城市规划艺术包括杰出建筑的精心分布，以及它们融入街道、广场和其他开放空间的多样形式"[157]。住宅区的建设也被容汉斯定义为城市规划的艺术，并以苏联的模式为标志，同时还具有 20 世纪 20 年代变革式街区的形式，例如维也纳和伦敦的街区。罗斯托克的兰格大街

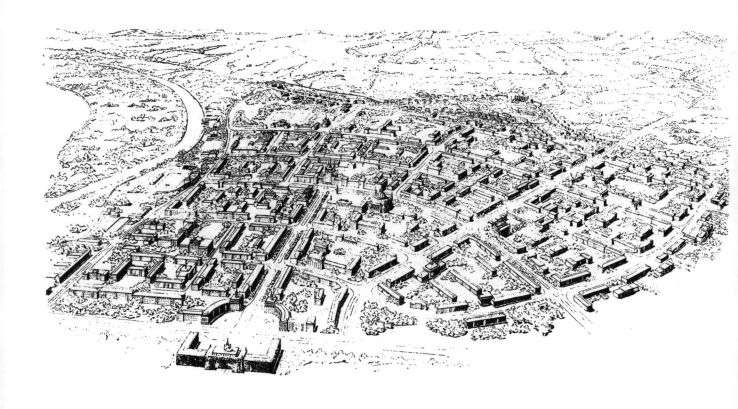

图 29 库尔特·W. 洛伊特，铁厂镇的
规划图，1951

图 30 库尔特·W. 洛伊特，设有商业设
施的铁厂镇住宅街区的部分外观立面，
1951

可以作为街道建设的经典范例。[158] 本着"在罗斯托克
的残垣断壁中创造新的罗斯托克，具有与老城同样的
情感基础和信任程度"[159] 的指导精神，它的建立很
早就被确定。1946 年，为了实现这一目标，传统主
义者海因里希·特赛诺获得了初始规划的合同。1948
年，规划合同被转给沃尔夫冈·劳达，他曾在传统
主义的斯图加特学校接受过海因茨·维特赛尔的培
训。1950 年之后的规划更为具体，并得到了州政府
的支持。作为重要的工业和商业城市，罗斯托克即
将出现一条具有不朽意义的主干道，这就是兰格大
街。最终，按照建筑师乔基姆·纳德尔的方案，大街
在 1953 年至 1958 年完成了建造。一条都市林荫大道
呈现在人们眼前，虽然它的规模是这个汉萨同盟城市
原有街道的两倍，但是它的建筑材料、建筑元素和装
饰风格令人联想到当地的传统，并体现了欧洲城市的
建筑类型。（图 31）建筑师自己也强调了对当地建
筑历史传统的创造性运用："这些设计……是创造性
过程的结果，目标是通过对传统的哥特式砖结构建筑
进行批判性的改进，开发一种新的形式表达语言。"[160]
乍看上去，这些街道建筑似乎属于砖结构的哥特风格，
但是，即使是很小的细节也没有简单地照搬原样。

整个街道的结构也是如此：为了将街面的长度整

图 31 乔基姆·纳德尔，罗斯托克的兰格大街，1953—1958

合到都市景观之中，街边没有独立的排屋式建筑，而是连贯的大型建筑，并以节奏感十足的方式结合了山墙式房屋的造型，这些带有凸窗和山墙的房屋都是高层建筑。

除了在空间上和氛围上具有迷人魅力的砖石和令人眼花缭乱的装饰之外，这里还有城市建筑的传统元素，诸如带有商店的拱廊等，提升了街道的都市氛围。该计划还预见了一种具有综合功能的城市公寓和商业空间。罗斯托克的兰格大街与柏林的斯大林路采取了相似的设计方法，堪称姊妹街道。但是，兰格大街的政治影响远比不上后者，它更多地是作为城市的象征而存在。借助新城市的规模，罗斯托克进入了汉萨同盟的小城镇行列。但是它的形式却十分现代，并且事实上属于城市的范围。这也是它一直努力寻求的进一步发展方式，而不是替代或取代模式。

德累斯顿的老市场是城市广场重建的杰出实例。即使那些像弗里茨·勒夫勒这样的艺术历史学家很早就确定了巴洛克式的城市重建风格，但是关于德累斯顿的传统主义态度却绝不是早已注定的。[161] 汉斯·霍普的设计以草地上的高层建筑为特色，成为战后时期柯布西耶式现代城市的最激进改版之一。并且，尽管采用了库尔特·洛伊特提议的街区边界形式，但是大量的绿化区域严重削弱了市中心的都市风貌。1950年，这种状态发生了转变，德累斯顿的规划重新回归到大都市的城市路线。老市场被强行指定为中央广场，与其相切的东西走向的街道成为城市的主要干道。在广场的北端，一座中心大厦将拔地而起，成为新的城市之冠。

1952年，该市为老市场举行了设计竞赛，一共邀请了四个设计集体参赛。设想的方案计划包括带有商店的住宅，以及两个公共建筑。最终，一等奖空缺，赫伯特·施奈德领导的集体获得了二等奖，他们建议将老市场略微放大，并在市中心的文化大楼后面设立另一个广场，以满足游行和集会的需求。约翰尼斯·拉舍尔的集体获得了三等奖，他们的设计方案在建筑结构方面具有很强的说服力，因此立即被选为广场西侧的建设实施方案。之后，施奈德和拉舍尔的集体被召集到一起共同对设计进行了改进。沃尔夫冈·劳达的集体提交的设计在平面图、立视图和规模比例方面进行了精心谨慎的处理，与城市的历史传统保持一致。（图32）

但是，由于取代了统一的房屋外观和一个威严华丽的高层建筑，这一设计展示了小规模的房屋单元和一座房檐高度适宜的文化宫。这与执政党对于

图32 （左）沃尔夫冈·劳达，德累斯顿老市场的设计方案，1952

图33 （右）赫伯特·施奈德、约翰尼斯·拉舍尔，德累斯顿城市中心的重建方案，1953

声望和威信的渴望相差甚远，并且被批评为缺乏对未来的向往。

而且，在尊重老城的设计和自我为主的城市开发模式之间，官方内部仍然存在着分歧。德意志建筑学院的系主任库尔特·容汉斯赞美了德累斯顿城区的过去："老市场与团结广场之间的区域是最为宝贵的，德国的城市设计艺术已经在那里创立，连贯有序的广场和街道空间分布着最为美丽的建筑，形成了令人难以忘怀的景观。"[162]对于施奈德参考老城的平面图和规模这一做法的缺陷，他也相应地提出了批评，并要求这样一种态度："与文化遗产相关的生活、通往属于人民的历史的新型社会主义道路，以及对艺术作品的热爱必须清晰地表达出来。人们不能对广场和街道系统敬而远之，因为它们经历了几代人的发展，在任何矛盾冲突中都没有乱成一团、杂乱无章。"[163]

对于老市场，西德的《建设者》杂志也有着十分相似的观点："它自古以来就是该市真正的城市广场和社会中心，是'德累斯顿人民的舞厅和客厅'"[164]。他们批评施耐德的设计"撕裂了广场"，并赞扬了劳达的设计：这一设计"对过去制定的城市平面图尝试了保留，并恢复了一些最为重要的方面，总体上是成功的"[165]

莫斯科的大都市模型以官方的意见为基础，通过传统的城市设计元素与扩大的规模，试图表明新的历史社会形式的合理性。结果，在1953年的修订草案中，老市场的南部面积增加了一半，在两座七层的大楼之间沿着东西方向展开。（图33、图34）《德意志建筑》杂志对此给予了好评："赫伯特·施奈德的集体对城市设计的研究已经创立了一种信念：回归旧城区规模的做法必须为一个全新的、更为广阔的方案让路，不仅要清除地块，还要设立新的建筑基线和高度限制，具有更大的规模。从呼唤德累斯顿传统建筑的意义上看，约翰尼斯·拉舍尔的集体通过老市场西侧的设计提供了一个有效的解决方案。"[166]

1953年5月31日，瓦尔特·乌布利希出席了动工仪式。在与当地建筑师进行的讨论中，柏林的重建部再次指定了任务的程式，包括"在中央广场和主干道附近建设装饰华丽的公寓住宅，此外还要建造一至二层的商店、餐厅、咖啡馆、电影院、百货商场等，从而使中心广场再次成为城市的核心"[167]。这意味着它是一个彻底以综合功能和空间设计为主，适合城市的规划方案。但是，与历史的关联绝不意味着重建。相反，这预示着"老德累斯顿将进行合乎逻辑的扩张"，达到新的规模。[168]于是，从1953年至1955年，在广场的周边建造了很多建筑，西侧的建筑由约翰尼斯·拉舍尔设计，东侧的由赫伯特·施奈德设计。[169]（图35）在高度上，这些建筑遵循了连株式住宅的类型，在一层设有商店，其中一部分位于拱廊的后面，上面的楼层则是公寓的空间。但是在宽度上，它们取消了地块的划分，形成了统一的建筑正面外观，并通过突出的造型和窗口的间隔改变了房屋的规模。

新建筑的材料和装饰为德累斯顿的巴洛克式城市

宫殿传统产生效果起到了关键的作用。尽管扩大了规模，但是这种与城市设计传统的和谐一致成为公开的目标："在巴洛克风格的市区中心附近，重建的目标将是发现一种基本的建筑态度，从而不会产生与巴洛克设计原则不一致的结果。"[170] 虽然广场的用途似乎延续了巴洛克的节庆传统，但是人们仍将"老市场当作城市的中心广场和欢庆节日的空间"[171]。

　　在当时，对于城市空间的敏感扩张和按照都市规模创建新的空间这两种做法之间的区别，虽然存在着激烈的辩论。但是从历史的角度看，老市场最终实现的大规模空间扩张具有显著的都市特色。它具有封闭的建筑空间、优雅的建筑外观、传统的城市建筑元素和综合的城市功能，与敏感的重建有着更多的共性，与扩展型、汽车适应型以及绿色城市相差甚远。在这个意义上，老市场可以被看作大都市城市现代化的成功范例，以久负盛名的设计品质创造了城市空间和多种用途。与之后功能主义色彩浓厚的文化宫相比，施奈德和拉舍尔的建筑可以证明建筑在城市发展中具有不可替代的作用：虽然它们都以立方体的形式定义了广场空间，但是由于造型上的缺陷和较差的空间实体效果，文化宫看起来就如同一个都市风貌的"黑洞"。而施奈德和拉舍尔的建筑外观则创造了赏心悦目的20世纪空间效果。

图 34 （左）赫伯特·施奈德，德累斯顿老市场的设计，1952

图 35 （右）赫伯特·施奈德，德累斯顿老市场的建筑，1953—1955

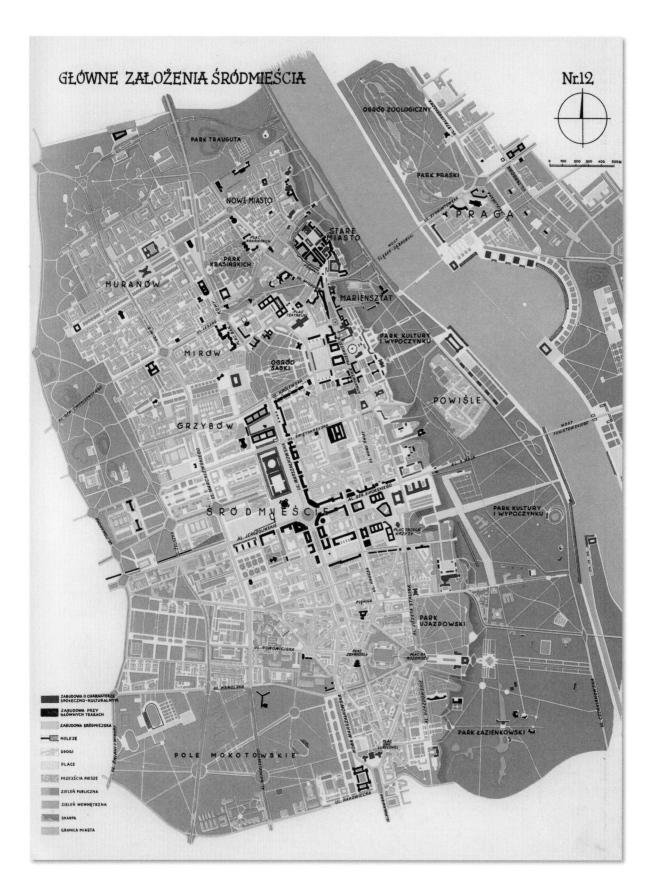

GŁÓWNE ZAŁOŻENIA ŚRÓDMIEŚCIA

Nr.12

3. 东欧

在华沙，两个城市重建工程都具有都市色彩，但是却又极其不同：老城的重建和新建的马斯扎尔科沃斯卡居住城区，简称MDM。出于政治的目的，它们都体现了激进的构思：老城按照原样进行重建，作为消除德国占领痕迹的国家文化复兴行动；而MDM的新建筑则作为体现斯大林主义力量的政治行为。这些重建规划的亲城市态度绝不意味着一切已成定局和一帆风顺。1945年，罗曼·彼得罗夫斯基领导的城市重建部门首先展示了建筑师让·赫梅莱夫斯基和齐格蒙特·斯基涅夫斯科的重建方案。他们设想了一个按照功能分区的城市，周围环绕着绿色空间遍布的城区。[172]

然而从一开始，华沙的部分现代化转型就成为重建市区中心传统区域的思想。事实上，市政部门为了重建工作在1945年就设立了历史建筑部门，由国家博物馆负责人让·扎瓦托维茨领导，后来由彼得·贝冈斯基接任。他们的任务是保护历史遗迹并重建老城，扎瓦托维茨生动地描述了这个城市遗迹保护和重建任务："我们不能接受自己的文化遗产被破坏，为了传承给我们的后代，我们将要重新建造它们。即使它们不是原来的真品，但是这些遗迹的确切形式却永远存在于我们的记忆之中。"[173]

尽管重建工作关注于传统，并通过历史照片与老城准确的传统形式、集市广场上的连栋建筑和城堡以及城市的景观进行对比，但是重建计划中的现代元素也不应被忽视。[174]（图36）过去的房屋绝不会完全按照传统的细节重建，这意味着地面层会得到改进，并且实施的重建方法还会考虑庭院的采光情况。即使那些产生公共影响的部分，譬如外观立面，也会得到改进：例如，在华沙、但泽或波兹南的重建中，刻意清除了19世纪的建筑，本着国土安全的精神，德国占领时期和资本主义房地产投机时期的房屋被传统主义的新建筑取代。[175]

即使深受德约的影响，并恢复保护了一些关键的德国遗迹，但是从实质性的角度看，备受质疑的华沙老城重建案例获得了令人满意的评价："华沙的历史遗迹和古物损失如此之大……，以至于老城无法恢复

图36 华沙集市广场的重建，1955

原貌。波兰政府认为有必要重新建立城市的总体结构，从经验来看，也就是进行重建。"[176]从根本上看，"整体的重建胜于个体建筑的恢复，整个老城的复活更为重要，而不仅仅是尽可能按照历史的原貌让个体建筑看上去更为真实"。[177]由于这个新的重建方法更多的是基于历史的原则，而不是历史的样本，因此其结果就是"根据住宅房屋狭窄密集的老城区基本思想，对外观立面的装饰进行了改变。此外。街道的空间氛围和广场的正面区域都得到了再现"[178]。因此，应当承认的是，"华沙老城的重建是遗迹保护历史上的一座里程碑"[179]。市政重建部门在1949年提出的新规划体现了向紧凑型城市转变的城市风貌。虽然在规划中仍然存在非常分散的建筑结构，但是在市区中心地带，为了给政治游行集会提供巨大的空间，构思了由街道和广场以及具有装饰性外观立面的八层楼房组成的城市结构。（图37）除了新的社会主义都市大街，重建历史悠久的老城也是这个规划的一部分。在波兰总统签发的豪华卷本中，通过大量的图片和透视图向公众展示了这一规划。[180]这个意在宣示国家合法性的展示，在国际上也获得了广泛的赞誉。CIAM的长期成员海伦娜·希尔科斯在1949年的贝加莫CIAM大会上，

图37 （左页）华沙的重建规划，1949

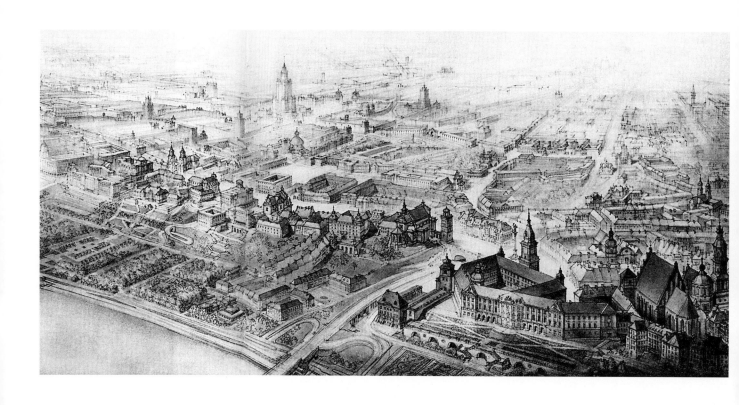

图 38 埃德蒙·戈尔德萨姆，华沙市中心的重建规划，1956

甚至在社会主义—现实主义城市设计的讨论中展示了这一变化。CIAM 早期时代的朴素构成主义即将走到尽头，现在正是建立更为丰富、更为尊重历史的建筑学说的时候："新华沙将保持与历史的关联性"。[181]1949年，在莫斯科接受过培训的埃德蒙·戈尔德萨姆在大会的演讲中提出了新的方针路线。按照莫斯科在 1935 年的总体规划模型，社会现实主义的原则也被应用到华沙的重建之中。作为纪念性建筑，城市公寓建筑的装饰应该溯源自于国家的建筑历史，并促进游行集会空间的创立。戈尔德萨姆抨击了反城市的资本主义定居地运动，提倡紧密型的社会主义城市。1956 年，他在一部题为《城市中心的建筑和文物保护问题》的巨作中提出了自己的思想。[182] 在一幅详细的鸟瞰图中，他展示了重建的古老华沙与新建的社会主义—现实主义新城如何成为浑然一体的城市。（图 38）

从 1950 年至 1952 年，按照斯坦尼斯劳·扬可夫斯基、扬·克诺特、约瑟夫·西加林和齐格蒙特·斯泰宾斯基制订的方案，老城以南的 MDM 城区作为展示这个社会主义—现实主义新城的窗口开始进行建设。[183] 马尔萨尔科夫斯卡大街作为主干通道，穿越了圆形的萨维尔广场和长方形的宪法广场。（图 39）宪法广场是真正的、著名的综合公共中心，周围环绕着高达八层的公寓大楼，并在一层设有拱廊和商店。（图 40）国家支持的简化的古典主义是当前颇受青

睐的风格。在这种类型的风格中，外观立面遵循了城市设计的古典主义模式，正如几年前皮亚森蒂尼在意大利所实现的。在官方看来，只有莫斯科可以被称作典范。

虽然统一的城市空间塑造这一主要目标提出了都市的综合功能，其中包括居住、购物、放松和政治游行等。甚至在广场的设计中，也通过在散步广场与装饰性的综合设施之间引入道路，寻求交通、放松的需求与审美享受之间的共同基础。但是，在当代的讨论中也有批评的意见，认为该城区失去了多样性和都市风貌。1955 年，建筑师杰西·维热比茨基曾经这样谈到这一情况："值得注意的是，这里缺乏广告、灯光、和霓虹灯：这些元素在夜晚会让城市更具活力，更为丰富多彩。城市的中心必须是酒店、餐馆、咖啡馆、旅行社、商品琳琅满目的商店等场所的集中区域，大城市的生活迫切需要它们。"[184]

与此同时，简单的城市设计形式已经摆脱了斯大林主义色彩的制约，该城区也已经发展成为华沙都市化的城市中心。MDM 的城市设计所具有的常规性最终使其能够长期适应城市文化。在以斯大林主义为指导的社会主义现实主义重建原则的框架之下，这种采用诸如林荫道、巨形广场和宏伟的街区周边建筑等古典城市设计元素的方法，传遍了整个东欧地区。[185] 例如，克拉科夫附近的新胡塔是从 1950 年至 1955 年期

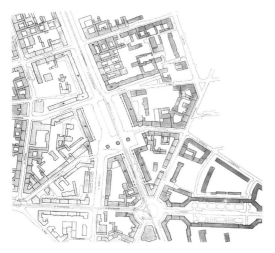

间建造的，中心广场设有拱廊，周边是六层的建筑，多条街道以对称的形式穿过广场的中部。（图41、图42）[186] 在明斯克，一条被称为"大道"（它的名称和用途），长达7千米的城市轴线上设有一系列的广场，它们就像是为了正规的城市设计而从精选样例中摘取的各种几何形式的样本：三角形的列宁广场、正方形的十月广场、圆形的胜利广场和长方形的巨型广场。[187] 对于这个实例和一些其他的实例，其指导原则是为基本的传统城市设计增添源自于地区性建筑细节的国家色彩。其目的是为了给当地的人民灌输社会主义意识形态。根植于欧洲城市设计历史的不朽都市风貌是其重要的元素。

图39（左）斯坦尼斯劳·扬可夫斯基、扬·克诺特、约瑟夫·西加林和齐格蒙特·斯泰宾斯基，华沙的MDM城区，1950—1952

图40（右）斯坦尼斯劳·扬可夫斯基、扬·克诺特、约瑟夫·西加林和齐格蒙特·斯泰宾斯基，华沙MDM城区的宪法广场，1950—1952

图41、图42 克拉科夫附近的新胡塔，1950—1955

4. 南欧

图 43 奥维耶多的西班牙广场，建于 1941

西班牙的重建始于内战结束后的 1939 年，当时正处于佛朗哥的独裁统治之下。许多重建规划都反映出对城市中心历史悠久的建筑结构的尊重。随后的城市扩张规划也遵循了 19 世纪以来一直实行的常规扩张模式。[188] 街区的边缘建有高达八层的建筑，其中大部分在一层设有商店，上层设有公寓。这些建筑也是面向传统的模式，使城市的空间呈现出都市的韵味。在内战中严重损毁的奥维耶多是一个典型的重建实例，按照德国人瓦伦丁—加玛索的方案，重建工作于 1941 年开始进行。[189] 居住区采用带有内部庭院的街区周边住宅模式，使老城区得到了复原。并且，西班牙广场被创建为城市中心，呈几何对称布局的造型以及封闭的广场角落颇具皇家的气势，同时也尽可能体现了当地经典的建筑风格。（图 43）

伴随着宣传，格尔尼卡的重建在 1939 年拉开了帷幕，并形成了西班牙风格。[190] 建筑师冈萨洛·德·卡德纳斯和路易斯·马里亚·德·加纳根据巴洛克时期的西班牙模式，在被摧毁的老城区中建造了市长广场。（图 44）曼努埃尔·马里亚·史密斯建造了具有地方性细节的公共建筑。这个在老城区重建过程中新创造的广场及其拱廊，在基本形式上与欧洲著名城市空间的经典传统完全保持了一致。

1940 年，建筑师佩德罗·比达戈尔在国家主办的刊物中正式否定了功能主义的城市规划。作为斯坎迪诺·苏亚索之前的合作者，他在 1941 年制订了马德里的规划方案。他反对像那些社会主义的城市设计一样按照功能进行区域划分，但是他也不赞成个体决定的绝对自由化，而是提出了一种务实的折中方案："在这两种极端之间，应该研究将传统与实用的元素进行调和，从而根据需要创造出多样的城市空间"。[191] 混

合型的城区将以传统和有序的方式进行建造。因此，他放弃了功能分区的方法，提出建立多样的大型区域单元，每个区域单元内都设有必要的供应设施：一个中心街区可以容纳 2000～5000 名居民，并设有日常购物的商店；一个区域可以容纳 20 000 居民，"所有的服务为这里的居民提供了快乐而有尊严的生活"。[192] 另外，一个城区可以容纳 100 000 居民，并配备了更为完善的城市设施。他在功能的基础之上，提出了反功能主义的城市概念，这要早于柯布西耶发表的《雅典宪章》。

1946 年，维克多·德奥尔斯在演讲中为马德里提出了一种有序的重建模式，避免了再现老城区的缺陷。他用视图证明了自己的思想——展示了一个建有五至六层楼房的统一街道空间。[193] 实际上，在城市街区的边缘地段，再次建造了传统的连栋式住宅。例如在格雷戈里奥·马拉尼翁广场，由路易斯·古铁雷斯·索托（1944）设计的公寓住宅，以高达七层的立面塑造了广场的边界。以标准的楼层和一个带有飞檐的阁楼展示了地面层传统结构的组织形式。[194]（图 45）进入 20 世纪 50 年代以后，诸如那些由斯坎迪诺·苏亚索设计，并参考了当地传统风格的连栋式住宅仍然得到了广泛的赞誉。[195] 并且，即使引入了高层建筑这种新的建筑类型，以及新的城市维度，但是通过将其纳入已知的城市建筑策略中，这一新生事物被人们接受并具有都市化色彩：在西班牙广场，由尤金·奥塔门迪设计的具有定义广场功能的西班牙大厦（1948—1953）和同样由他设计的相邻的马德里大厦（1954—1957）一起塑造了公共空间，创造了一种总体效果。尤金·奥塔门迪以其建筑上的细节和形式再现了更多的城市建筑传统，而不是令人震惊的创新。[196]

1963 年，建筑师胡安·赫苏斯在马德里建筑学院的教学和研究过程中收集了大量关于城市广场的分析资料，清晰地展示了当代的城市设计手段是如何建立在原有城市空间的设计经验之上的。对诸如扎莫拉、马德里、毕尔巴鄂、奥伦塞、卡塔赫纳或奥利瓦这些城市的广场进行了精确的设计分析，其中包括功能、交通和照明等方面的分析，以便发现适合未来的广场规划设计方法。[197]

在巴塞罗那，由伊尔德方索·塞尔达以网格化设计的城市周边开发扩张方案继续进行。1950 年，在巴塞罗那举行的"现代城市设计展"上提出了一种六层的街区周边建筑开发模式，以及对称布局的街道和广场空间视图，它们与住宅大楼具有同等的地位和重要性。[198] 在巴塞罗那的查理一世大道（1948），由博内特·艾耶特设计的位于典型的塞尔达式街区切角处的八层大楼，可以称得上是经典的连栋住宅。（图46）带有檐口结构的楼层、富于变化的窗口造型以传统的序列出现在中间的楼层，而标准的楼层和阁楼则位于商店的上层："外观立面的构造是根据传统的风格设计的"[199]

即使这种类型的连栋住宅具有现代感和形式上简化的外观立面，但是随着时间的推移，它们仍然继续得到了采用：例如，由弗朗西斯科·胡安·巴尔巴·科尔西尼设计的两栋大楼（1954），在商店的上层出现了砖头结构的多孔立面和石柱结构。[200] 在维亚奥古斯塔（1961），由弗朗西斯科·米坦斯·米罗和博施·马内在三个地段上设计的 C. Y. T. 大楼，在外观上设计了水平装饰带，并在墙壁上构造了窗口和凉廊。这是一种谨慎的现代化风格，但是却有利于在地面上设有商铺和柱廊的传统街区周边建筑开发。[201] 通过窗口与凉廊交替出现的精妙形式缓解了外观的单调效果，虽然呈现出现代的风格，但是多样的城市建筑却由此创建而出。

在 20 世纪 80 年代，在巴塞罗那的复兴过程中，建筑师们继续发挥了重要的作用。由约瑟夫·马尔托雷尔和奥利奥尔·博伊加斯（1959）设计了著名的帕利亚尔斯大街工人住宅。（图47、图48）在这一案例中，为了避免单调性，并在那些城市扩张中的传统街区周边建筑中保持独特的风格，年轻的建筑师运用缩进式楼梯将一个塞尔达式街区的侧面划分成六个住宅单元。在实体塑造中，他们突出强调了这些单元的家庭生活气息，屋顶的角度也呈现出山墙的造型。这种设计技术方法来自于格斯纳或德·克拉克的变革式公寓，而且进行了改进。设计师在一层设置了很多的商店，使工人的住宅自然无缝地融入城市的结构中，这也是这一设计的重要方面："（1）尊重原有的城市结构，并与该街区其他建筑保持不同的风格，突出生

图 44 冈萨洛·德·卡德纳斯和路易斯·马里亚·德·加纳，格尔尼卡的市长广场，建于 1938

图 45 路易斯·古铁雷斯·索托，马德里格雷戈里奥·马拉尼翁广场的连栋住宅，1944

图 46 塞巴斯蒂安·博内特·艾耶特，位于巴塞罗那查理一世大道的连栋住宅，1948

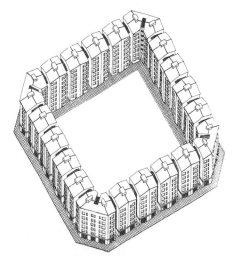

图 47 约瑟夫·马尔托雷尔和奥利奥尔·博伊加斯，巴塞罗那帕利亚尔斯大街上的公寓建筑，理想化街区视图，1959

图 48 约瑟夫·马尔托雷尔和奥利奥尔·博伊加斯，巴塞罗那帕利亚尔斯大街上的公寓建筑，1959

活氛围，继续保持传统的封闭性"[202]。那些指出这些建筑具有现代性的评论，也赞扬了这些建筑的工艺品质："它们采用了最为简单的传统建筑材料。"[203]

在 20 世纪 40 年代和 50 年代，与欧洲的重建同时进行的还有里斯本的传统城市扩张，这种城市开发措施没有遇到战争破坏这一特殊难题。这一策略具有最强烈的象征意义，不仅仅是因为阿雷埃罗广场上的盾形纹章。这是一个以街道、广场和街区等传统城市设计元素为基础的城市扩展规划。作为雷斯海军上将大道交叉路口处的交通广场，阿雷埃罗广场综合设施标志着从位于新建的环形大道之外的机场进入城市的大门。1938 年，生于波兰，从业于法国的城市规划师埃蒂安·德·戈洛尔提供了第一个方案。这一方案将被整合到他于 1948 年为里斯本制订的总体规划方案——里斯本城市总体规划。[204] 从 1941 年开始，广场及其相关建筑的实际设计工作由建筑师路易斯·克里斯蒂诺·达·席尔瓦负责。他于 1943 年展示了第一个项目，后续的项目实施始于 1948 年，并于 1956 年完工。[205]

通过将广场上矩形和半圆形的部分结合在一起，使五条街道以对称的形式相交汇聚成为可能，克里斯蒂诺·达·席尔瓦以此巧妙地解决了交通要道的分流问题。他在广场圆形的端点建立了一座引人注目的高层大厦，创立了一个可以俯瞰全城的制高点。而其侧面的两座规模较小的楼房恰好位于雷斯海军上将大道，构成了一个进入城市的大门背景。（图 49、图50）广场的周围整齐地排列着各种建筑。此外，尽管这些汇聚于中心的街道创建了一个理想的、精确定义的广场，但是体现出的却是更多的豪斯曼精神，而不是西特的精神。

这些建筑在类型和细节上也面向经典的都市传统。广场周边的六层建筑具有统一的形式，并在地面层设置了封闭的拱廊。与众不同的上部主楼层设有造型端庄的窗口，顶层则是阁楼的空间。因此，这种设计效仿了 16 世纪意大利常见的连栋住宅形式，在拱廊的后面设有商店，商店的上面是公寓的房间。（图51、图 52）

克里斯蒂诺·达·席尔瓦本身也强调了这些传统元素反复出现所产生的纪念性：他的目标是"以重复、有序的方式呈现传统元素和精神，并以此为基础创造具有纪念意义的建筑"[206]。建筑细节的处理包括国际化的标准，例如以网格形式偏置的砌石护面，令人想起奥托·瓦格纳的风格。或者运用米兰的 20 世纪风格，简化了建筑的装饰。此外还参考了砖结构四坡屋顶这样的地区或国家样例，这种屋顶在当时曾被典型的葡萄牙人劳尔·利诺所采用。就建筑形式而言，这里的广场体现了萨拉查政权的民族主义

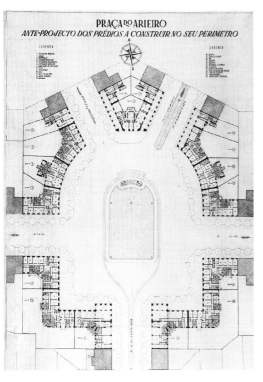

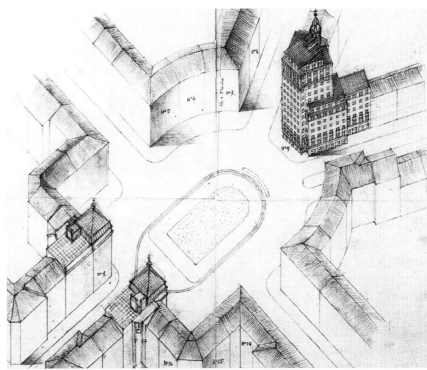

政策。城市扩张区域内的财产国有化使统一形式的广场建筑成为可能。沿着新铺设的街道和广场，遍布着以这种方式建造的公寓建筑。阿雷埃罗广场本身也是这个更大的扩张城区的一部分，该城区还包括众多的主干道、边道和若干广场。基于德·戈洛尔的方案，另外一个建于1942年至1947年期间的城区包括位于安东尼奥·奥古斯托·德·阿吉亚尔大道和士多纽拜斯大道上的众多变革式街区，这些街区都建有六层的公寓大楼。参与设计建造的还有建筑师安东尼奥·马里亚·维罗索·多斯·雷斯、波菲里奥·帕达尔·蒙蒂洛和路易斯·克里斯蒂诺·达·席尔瓦。在功能主义盛行的时代，这些里斯本的城区示范了传统城市设计的现实性。今天，与同时期建造的前卫派定居地排式建筑相比，这些里斯本传统城市扩张中出现的塑造良好的城市空间，已经被证明具有更多的活力和吸引力。

图49、图50 路易斯·克里斯蒂诺·达·席尔瓦，里斯本的阿雷埃罗广场，1943—1956

图51、52 路易斯·克里斯蒂诺·达·席尔瓦，里斯本的阿雷埃罗广场，1943—1956

5. 法国

毫不奇怪的是，法国的战后重建是以集中管理的形式进行的：1945年，在巴黎建立了城市建设和规划部（MRU），并由拉乌尔·多特里领导这一中央管理组织。然而，他们并没有采取统一的重建策略，每一个城市的重建工作都是由不同的建筑师担任主管负责人。这一情形导致了多种多样的重建模式纷纷出现，这主要取决于各个城市相关规划者的偏好和当地的政治环境。[207] 事实上，令人惊讶的是，伴随着当时现代化的总体目标，创立了各具特色的方法，从而保持了当地发展的连贯性。[208]

勒阿弗尔的重建是按照奥古斯特·佩雷特的方案进行的，由于理性的激进主义风格，使该市的重建具有特殊的地位。一方面，在城市设计中，它的全新平面规划和建设方法具有激进的现代主义合理性。然而

图53 奥古斯特·佩雷特，勒阿弗尔的重建规划，1946

另一方面，这也意味着传统城市设计元素的融入，例如街道、广场、街区和纪念碑等，它们已经证明了各自对城市的重要作用。从一开始，这一态度就被赞誉为具有传统精神：这种态度不是以新奇为名的现代主义，而是受历史相关性支配的传统主义。其目标是为"城市"任务创造最为合理的解决方案，使城市具有永恒的底蕴。自从1941年，城市规划师菲利克斯·布鲁纳就开始为战争中遭到严重破坏的港城勒阿弗尔制订重建方案。在盟军的轰炸帮助下获得解放之后，建筑师奥古斯特·佩雷特的一批学生要求成立以其导师为核心的工作组。在1945年，佩雷特最终被任命为城市的首席建筑师，他的勒阿弗尔重建工作室聚集了大量的合作者和学生。[209] 该工作室制订了多种重建方案，并在1946年提出了一个明确的规划方案。[210]（图53）城市的严重破坏的程度为佩雷特提供了一个良机，他开创了6.24米间距的网格化城市新概念。另外，他还提出建设连贯通畅的地下空间用来容纳基础设施，也就是说与地面上的历史相分离。最终的重建严采用了相对新型的钢筋混凝土施工方法，并在屋顶建设了露台。除了这些激进的现代方法之外，他的规划还包含了许多保守的元素。勒阿弗尔的网格化社区规划构想并非异想天开，佩雷特的网格化实际上遵循了1787年以来的新城市方向。不过由于佩雷特严谨的数学概念，没有一条街道与旧图纸中是完全一致的。更有甚者，佩雷特利用了老城区的三角形基本架构，将巴黎大街、弗朗索瓦林荫大道和福煦大道作为主干道路，经过改进后融入了网格结构。另外，他还在城市的建设中采用了传统的城市设计元素，用他自己的话说就是"街道、广场、街区和学校建筑"，都符合网格的规模结构。[211] 即使是立柱和立面的构造布局等建筑元素也合理运用了传统的模式。佩雷特的设计是建立在这样一种信念之上，即一个城市的全体建筑必须遵循建筑的构成法则，而这一法则本身就是建立在建筑的基础之上。随后，在对勒阿弗尔的重建进行描述时，皮埃尔·达洛斯精确地阐述了这种从文化和建筑层面理解的城市："城市不是沙漠，也不是森林和草原，没有一座与人类活动无关的城市，城市可以促进贸易繁荣，而分散的空间则限制了这一途径，使城市失去

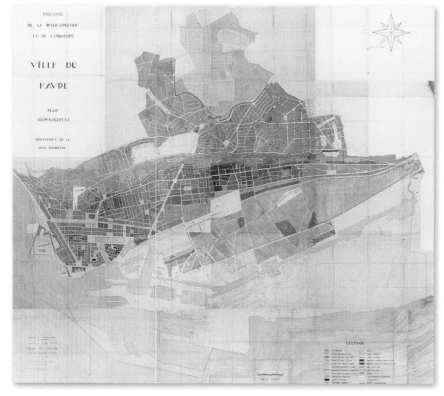

图 54 布勒莱和迪布永，勒阿弗尔位于福煦大街与市政厅广场拐角处的 S55 街区，始建于 1949 年

了活力。……正是城市空间和建筑的和谐有序造就了成功的城市。"[212] 封闭城市空间的和谐一度量管理是城市成功的关键。因为这种度量管理以不变的建筑法则为基础，勒阿弗尔的综合建筑可以被视为传统的和经典的结合，甚至是全新的："这是一个庄严的经典城市，是一个全新的世界，主要的建筑元素都属于它所处的时代。"[213]

从 1947 年开始，一群佩雷特的学生与雅克·图尔南和一些当地的建筑师活跃于该重建项目，根据佩雷特的规划指导开始了创建新城市的工作。佩雷特亲自设计了市政厅和圣约瑟夫教堂这样的公共建筑。通过对塔楼的重新诠释，根据新的建筑类型，他不仅在两个建筑中体现了传统的风格，同时还创建了城市之冠：市政厅成为一个高层的办公大楼，而教堂的尖塔取代了穹顶，成为一个通透的塔楼耸立在教堂的顶部。众多林立着住宅和商业建筑的街区是由不同的建筑师分别设计建造的，因此建筑的外貌呈现出一定的多样性。为了便于整个街区的建设，房产进行了全面的重新分配，个体业主们组成了大型的合作组织。正如一位当代的观察家所说，这种简化的程序是建立在建筑和功能的信念之上："我们需要的是一个全面的规划，建筑的设计是根据采光、通风等功能条件进行的。"[214]

佩雷特设计的住宅街区建筑具有不同的高度，内部庭院也部分朝向街面开放。然而所有的街区都按照街区周边建筑的模式建造：它们临街而建，呈现了都市化的外观风貌，通常在一层设有商店，庭院则是一个经过绿化的花园。（图 54）

按照严格的建筑构成法则设计的公共街道和广场，形成了新城市的骨架结构，并应用了传统的城市空间类型。市政厅广场是城市中心著名的广场，它的对称布局与皇家广场极其相似。位于贝辛杜商业中心的共和国广场令人忆起 18 世纪法国广场的结构布局（图 55）。而造型迷人的海洋之门作为一个门户广场，参照了佩雷特在 20 世纪 20 年代为巴黎的马约门提出的新规划。作为一个绿色的居住区广场，圣罗赫广场在名字和特征上都体现了英国风格，并在豪斯曼风格盛行的巴黎取得了成功。

实际上，对于这种永恒的超越地域的城市构想概念来说，巴黎就是一个都市化的模型，正如当代的人们所描述的："这里的福煦大街与巴黎的香榭丽舍大街有着同样的宽度，临街建筑也十分相似。"[215] 佩雷特自己也宣称，这里从南部一直通往市政厅的巴黎大街参考了巴黎的里沃利大街：他提出在商店的前面建造连贯流畅的柱廊。（图 56、57）这是为了保持这条

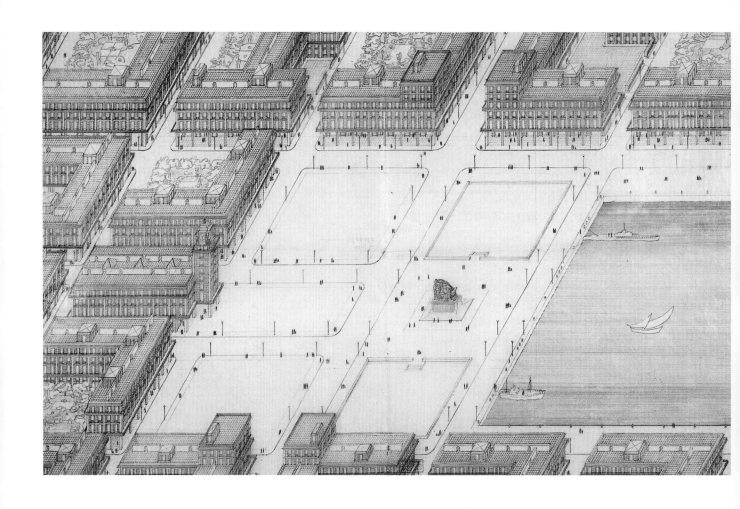

图 55 奥古斯特·佩雷特，勒阿弗尔共和国广场的设计，1946 年之后

老购物街的本来特色："巴黎大街是城市的商业中心，这一规划就是要保持它的传统特色。"[216] 在每个由不同建筑师设计的街区中，实施了严格的建筑类型要求，从而在统一的规划中形成了一种阿尔贝蒂式的多样风格："在巴黎大街，对样式各异的街区建筑都有统一的规定，也就是说每个建筑都有一整套的设计规定，例如对屋脊的高度、楼层的数目以及柱廊立柱之间的距离都进行了限制（间距在 6.24 米）。然而，每位建筑师也有选择的自由，诸如立柱的造型、立面的装饰以及室内的平面布局等。从而在统一的背景之下创造了多姿的建筑。"[217] 事实上，巴黎大街以最小的宽度、优雅的柱廊、具有豪斯曼特色外观立面的公寓建筑以及综合性的功能，为勒阿弗尔奉献了最具都市风采的景色。

由于在建筑和卫生方面的现代性，崭新的勒阿弗尔在传统的法国城市和建筑传统中脱颖而出。这不仅与城市和建筑的形式有关，还涉及功能性和美感的概念关系。18 世纪形成的装饰方法和风格也被毫不犹豫地应用于当代的需求："市政部门要求装饰方面的扩展和改进方案，以使该市保持法国代表性城市的角色，并确保全体市民的生活更加美好"。[218] 重建的城市不只是在功能和卫生方面，在更为重要的审美方面也是无可争议的："毫无疑问，全新的勒阿弗尔将是美丽的，前景也是美好的"。[219] 正如艺术历史学家安德烈·查斯特尔在 1953 年 8 月 1 日的法国《世界报》上赞扬这一重建项目所使用的标题："一个堪称'经典'的工程，勒阿弗尔，重建中最为高贵的城市"。[220]

在沃尔夫冈·劳达的研究成果《欧洲城市建设的空间问题》中，由市政厅广场经福煦大街一直到海洋之门的空间序列堪称一个先进的模型："1945 年之后为勒阿弗尔新设计的中轴线宽敞开阔、宏伟壮丽，堪称典范，为观赏远处的海景提供了极佳的视野。由此可见，在面向大海的广场空间设计中，对细节的关注是尤为明显的。"[221] 来自德累斯顿的大学教授从"马基

图 56 （左）奥古斯特·佩雷特，为勒阿弗尔设计的连栋住宅，1946

图 57 （右）奥古斯特·佩雷特，勒阿弗尔巴黎大街的 N10 街区，1952

斯特拉广场"的建设中看到了特殊的城市构成原则。这也是同时期东德的典型城市设计任务。从将街道作为纪念性城市空间进行设计的角度看，福煦大街与斯大林路的构思如出一辙。

如果说佩雷特为勒阿弗尔所做的设计是基于无处不在的法国古典主义风格，那么圣弗朗索瓦区的重建则采用了完全相反的模式。该城区的重建是建立在1541 年的网格化结构布局之上的，利用了当地的砖材和地区性影响力，与城区的缔造者弗朗索瓦一世所在时代的建筑产生了共鸣。即使在这种情况下，很多地块也进行了重新分配，并建立了统一的街区风格。城市地图中的一些不规则性和更老旧的建筑被保留下来，使这里在今天看上去依然是一个古老的城区，并被新城区包围在其中。圣弗朗索瓦区陡峭的山墙屋顶与佩雷特设计的屋顶露台也形成了更加鲜明的对比。（图 58）即使当地的建筑师刻意运用了具有地区特色的建筑表达形式，但是他们的城市设计与佩雷特的也没有太多的差异：建设严格地沿着街区的边缘进行，庭院也通常在一侧面向街道开放，并且在主街道两侧的一层布满了商铺，因此这两个城区在都市化方面具有一定的相似性。

在马赛的旧港，由费尔南多·普永设计的建筑（1949—1953）具有鲜明的纪念性，充分体现了这座城市 2500 年的悠久历史。[222] 它们在马赛旧城原址的重建并非巧合，旧港的建筑曾经在 1943 年被纳粹和维希政权肆意拆除，幸存的房屋也于 1946 年毁于一旦。[223] 建筑师们重新塑造了旧港，在港域的北面建造了五座相似的大型建筑，与建于 17 世纪的市政厅相毗邻，从而在三面建立了连贯的城市空间。（图 59）尽管统一的外观立面突出了整个港口岸壁的连接性，但是平缓的四坡屋顶却强调了每个建筑的独立性。各种建筑元素与总体城市设计方法交织在一起，并且没有影响每一部分在整体中的体验效果。建立连栋住宅的规划方案成为永恒的都市典范：六层高的林荫大道建筑在一层设有拱廊和商店，上面的四个标准楼层是公寓房间，顶部是缩进式的阁楼。（图 60）普永在外观立面的设计中没有采用任何的装饰手段，仅仅通过结构、布局和材料就创造了多姿多彩的都市印象。他在每层狭窄的墙面上都设置了一排窗户，以坚固的石头和混凝土结构并列重复的形式创造了建筑的外观立面。虽然中部略微缩进的阳台占据了更多的外观立面，但是这些墙壁像塔楼一样坚实的印象足以使建筑产生空间塑造的效果。这些墙壁真正的隔离作用在地面层更为明显：它们暴露在拱廊中，作为隔离墙段与街道的方向横切。拱廊的开放空间也由此而创建，并与港口形成直角，在坚固的石灰石建筑中塑造了协调

图 58 勒阿弗尔的圣 - 弗朗索瓦街区，
始建于 1946

的拱门造型。尽管这种拱廊的类型十分新颖，但是这种古老城市类型的最原始用途却使整个建筑体现出永恒的效果。最终，这些全新设计的建筑组合延续了城市的传统。

同样在战争中遭到严重破坏的圣马洛也是一个传统主义重建的经典范例。这里过去曾是一座要塞，是由沃邦建造的，承载着城市设计丰碑的作用。1945 年，马克·布里劳德·德·劳亚戴尔被任命为城市的规划者。虽然他打算重现原有的城市景观，但是他并没有完全按照旧城的平面图进行重建。相反，他对原有的街道网络进行了简化和扩展，使其满足了现代交通和卫生设施所需的必要条件。1946 年，在建筑师路易斯·阿莱特奇的指导下，重建工作以现代化的传统主义方式开始实施：这些建筑采用当地的花岗石和石板以简化的传统主义形式和全新的设计进行建造。由于继承了 17、18 和 19 世纪的结构和建筑传统，人们只有在近距离仔细观察时，才能辨认出这是 80% 的建筑在战争中被摧毁后重建的城市。圣马洛也因此通过重建再次获得了表达地方特色的身份。

在鲁瓦扬，重建时期的各种不同风格汇聚于此，并体现出传统的城市态度。这是一个大手笔的重建项目，其灵感源自于美术派的教育思想。通向海湾的主轴线为城市提供了对称的主干布局结构，还有统一风格的海滨建筑，在浴场的边缘形成了新月形的建筑区域，并延伸到海边。一层设有商店，上层设有公寓的城市建筑类型反映了林荫大道的建筑传统。从 1945 年开始，城市建筑师克劳德·费莱特负责重建的设计工作。他的任务是"制订一个彻底的重建计划，其中

包括一个全新的城市规划"[224]。尽管城市遭到了严重的破坏，并且采用了全新的设计，但是费莱特的方案仍然是建立在原有城市的基础之上。首要工作是建立一个繁华的城市中心，"一个具有多样性、连贯性和高密度的商业中心"。[225] 为此，费莱特采用了传统的城市建筑类型："所有的建筑都在一层设有夹层和临街的商店，公寓设置在上部的楼层"。[226]

阿里斯蒂德·白里安林荫大道和海滨建筑是为鲁瓦扬重新设计的，[227] 但是它们依然包含着传统的城市设计元素。这一点在阿里斯蒂德·白里安林荫大道体现得尤为明显，从 1948 年开始，传统的林荫大道建筑更加突出了这一特色：统一的四层建筑林立在整个大道的两侧，一层布满了各种商店，而二层的阳台和顶部缩进式的阁楼则超越了传统的城市建筑结构。通过外墙面上的建筑细节、竖立的窗口和砂石结构的外观，这些建筑还表达了对传统经典的敬意。（图 61）

路易斯·西蒙从 1950 年至 1956 年期间建造的海滨建筑，严格遵守了功能理性主义的设计方向。[228]（图 62）如果说这个面朝大海的综合建筑在水平方向以阳台为突出特征，首先创造了一种居住区的印象。那么其宏伟的弧线造型和地面层上一家家的店铺，则散发出城市的包容气度。西蒙在这排长长的弧形建筑后面设置了"U"形的街区，从而定义了朝向市区的连贯空间。

这种通过传统建筑元素在市区中心进行定义的空间，还有在阿里斯蒂德·白里安林荫大道和海滨建筑之间规划的市政厅广场。1953 年，西蒙在市议会所作的演讲中这样解释："这里将成为行政和商业

图 59、图 60 费尔南多·普永，马赛旧港的连栋住宅，1949—1953

中心，拥有令人目不暇接的商店和市政管理中心。为居民提供最大的便利，不仅与周围的建筑产生功能上的联系，还形成了空间上的交汇和融合。"[229] 在演讲中，他以柱廊为例，意欲以大海为背景定义这种空间，以便创造一个规模适中、比例协调的广场，同时具有市政广场和集市的传统功能。尽管这一关键的元素从未实现，但是鲁瓦扬仍然以多样的建筑为今天提供了一个范例，说明了重建后的都市风貌并不完全依赖于建筑的风格，更多的是取决于街道、广场、街区和外观立面，以及综合功能这样的城市设计元素。

图 61 鲁瓦扬的阿里斯蒂德·白里安林荫大道，1948

图 62 路易斯·西蒙，鲁瓦扬的海滨综合建筑，1950—1956

6. 英国

英国也是经历了战后时期重建，并在新城镇采用了松散的结构，譬如帕特里克·阿伯克龙比在 1944 年设想的大伦敦规划，但是它仍然具有更多的都市规划趋势。例如早在 1933 年，《建筑评论》年轻的发行人休伯特·德·克罗宁·海斯廷斯就呼吁建立伦敦规划委员会，并对持续不断的郊区化进行了讽刺性的评论："贪婪无处不在，伦敦一直是愚蠢的，试图实现拉斐尔前派的构想，在几乎是虚构的大片乡村土地上，以莫里斯的社区模式将工业人群的生活与工作彼此隔绝分离。"[230] 他要求用"集中化的政策"取代"分散化"的城市结构。[231]1942 年发表的《皇家学院的伦敦规划》[232] 是最为引人注目的城市设计文件，带来了符合现代城市的传统城市设计元素，并寻求如何利用空袭造成的破坏状态。为了实现这一目标，来自新德里的建筑师爱德温·兰西尔·勒琴斯担任了皇家学院规划委员会的主席，达到了权力的顶峰。工程师查尔斯·赫伯特·布雷塞出任了他的副手。其他的 23 位成员也均是杰出的建筑师和城市设计师，其中包括帕特里克·阿伯克龙比、路易斯·德·苏瓦松、弗雷德里克·海恩斯和吉莱斯·吉尔伯特·斯科特。[233]

交通部在 1937 年委托布雷塞领导，勒琴斯作为助理所做的《高速公路开发调查》成为该规划的基础。这一基础为规划提供了变革式街道网络，一条环形道路将重要的铁路站点连接，形成了系统化的伦敦街道网络。（图 63）这一报告可与克里斯托弗·雷恩在 1666 年的规划方案相提并论。这一从未实现的伦敦总体规划的古老版本为新的理想规划提供了大量的经验和理论依据。勒琴斯在引言部分强调，这一规划不只是一个技术意义上的城市地图，而是"从建筑学的角度进行的设计"，其目标是"为我们历史悠久的大都市增添尊严，并提供舒适、便利和健康的生活环境"。[234] 作为历史名城，它的尊严、美感和卫生环境都将得到提升。出于实用性方面的考虑，通过建筑塑造城市空间成为规划的核心："对于伦敦在材料、社会和审美方面的需求已经在规划中提出。正如建筑师所设想的，我们主要关注的是如何解决设计中的一些重大问题，通常来说就是陈述利用这一大好时机的建筑方法和途

径的理由。"[235]

即使对于布雷塞这样的工程师来说，建筑形式也是尤为重要的。正如他在引言中以街道空间为例所明确指出的："人们无法回避的结论是，城市街道的美感和尊严几乎完全取决于它们所处的环境，也就是矗立在它们面前，主导和支配景观的建筑。"[236] 除了追求畅通的交通之外，交通工程师还关注塑造良好的城市空间。

在题为《高贵的城市》的实情报告中，委员会表达了这样一种观点，即城市规划的不同领域应当在一个良好的框架之内进行："除了交通，委员会还认识到很多基本问题的重要性。诸如土地的利用、工业区和市场的分布、人民的健康和便利的居住条件等。但是他们首要关注的是良好的建筑规划或设计"。[237] 他们由此建议"推行一种清晰明确、和谐一致的城市设计"，并将其作为城市规划政策的目标。[238] 通过令人印象深刻的透视图和鸟瞰图，一个清晰和谐的城市景观展现在人们眼前：皮卡迪利广场成为一个对称布局的城市中心广场，颇具几分皇家广场的气势（由此，新近建成的摄政街弧形区域建筑成为广场综合建筑模仿的样本）（图 64）；通过保留柱廊，科文特花园被翻建为一个绿色的广场；一条林荫道成为通向大英博物馆的轴心通道；道路和广场形成的网络使圣保罗大教堂与河流及周边环境相通，并成为城市中心的纪念建筑；白金汉宫也与一条都市林荫道和维多利亚火车站相连。（图 65）这些规划明显更加注重同原有建筑的衔接，同时，通过景点和城市空间的严格布局，使整个城市更为有序，并具有不朽的纪念意义。委员会明确表达了 1910 年左右所宣扬的统一风格的大城市审美理想，将整个街区构想为一个设计单元："虽然没有重复的必要，但是很长的正面建筑外观应当作为一个单元进行处理，并且作为一个和谐的组成部分进行设计。建筑构成的街区之间可以存在差异，但是街区内的建筑应该统一。通过设计的广度，结合对建筑高度和材料的精心考虑，整个街道也体现出统一的风格。"[239] 毫无疑问，委员会关注的焦点是与公共建筑相关的公共空间的塑造。即使考虑了汽车交通的需求，并出现了许多环形的道路，但是塑造良

好的街道和广场应当首先服务于行人："更多的街
道和空间应该禁止机动车通行，并预留给步行的公
众。……步行者应该受益于柱廊的扩展使用，或者
像科文特花园广场和巴黎的里沃利大街那样应用连拱
廊。"[240] 回顾以往，对于战后时期的步行空间，人们
能够意识到传统城市空间所反映出的怀旧情结。

委员会还提出了社交生活和城镇住宅的理想："许
多城市开发的学者坚持认为，不应该再通过少量的研
究而把城镇视为压抑、拥挤的商业空间。良好的家庭
生活正在无奈地远离典礼仪式和娱乐活动。更好的做
法是彻底重振或者追求前人的理想，他们为我们城市
的公园、广场和露台奠定了基础。因此，那些畸形变
态和肮脏龌龊的事物可能被赶出我们的商业中心。委
员会的规划成功表明，建筑这种最具社会性的艺术在
实现这一变革的过程中也许发挥着最重要的作用。"[241]
城市中心不应该只是商业中心，还应当包括公寓和连
栋住宅。委员会再次借鉴了 17 和 18 世纪的传统，有预
见性地提出了功能融合的定位。这种定位后来在简·雅
各布斯提出攻击性意见后才首次在 1966 年被广泛讨
论。

这种现代化的先锋派基本态度是与历史悠久的伦
敦相关联的："委员会不希望改变城市的根本特色，
这是经过几个世纪的追求和发展才取得的。"[242] 与交
通和结构规划师有所不同，皇家学院的建筑师关注的
是"将审美方面置于首要地位"，以及"在建筑的设计
中鼓励建筑品质的提高，创建纯粹和端庄得体的建
筑"。[243] 从现有城市的意义上看，城市设计是 1942 年
规划中最为重要的目标。

委员会成员吉莱斯·吉尔伯特·斯科特在一篇文
章中表达了相似的观点："委员会强调了解决这一问
题的美学途径，遗憾的是，由于道路和其他方面的开
发所造成的原因，这一方法多年来一直被忽视。"[244]
斯科特无视各种可能的指责，断然拒绝了所有"豪
斯曼化"或者彻底重建伦敦的野心："我们不需要豪
斯曼化的城市，也不会采用纽约式的网格化平面布局。
它应该是一个新旧结合的城市，新的工作主要专注于
主要道路和当地重要市区中心的改进。"[245] 为了支持
城市景观中的公共领域，他提出在市政厅周围建立"城

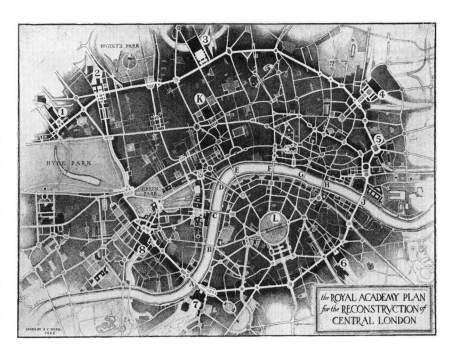

图 63 皇家学院，爱德温·勒琴斯，伦敦的重建规划，1942

图 64 皇家学院，爱德温·勒琴斯，伦敦重建规划中的皮卡迪利广场，1942

图 65 皇家学院，爱德温·勒琴斯，伦敦重建规划，维多利亚火车站和白金汉宫之间的甬道，1942

市中心，这对于城市及其伟大的传统都是值得的"[246]。他还极力反对实用主义者的功能主义思想，他们实际上已经暴露了功能方面的缺陷："过去的一百多年，伦敦的发展一直控制在所谓的实用主义者手中。不过矛盾的是，最终的城市却在很多重要方面极为低效，令人遗憾。"[247]具有远见的设计比短视的功能主义设计拥有更强的功能。

虽然皇家学院的规划是被分期接受的，但却是坚定不移的。勒琴斯后来的传记作者克里斯托弗·赫希对他们进行了热情的评价，尤其赞扬了城市空间的纪念性设计。他还认为"这为行人提供了良机，可以不受干扰地在广场和市场聚集"[248]。他生动地将随机重建这种可能的替换方案描述为 1666 年大火之后进行的重建，或者从火星集团的角度看，这是一个现代的新规划，对此，他将新规划与勒琴斯的方案进行了对比："重建将要尽可能与原来的城市接近吗？街道进行最小规模的扩宽，圆形广场尽量窄小，从而为交通做出让步。在使用了千年的奇形怪状的地段上，更高的建筑（更高的地租）会出现吗？或者，我们应该完成希特勒开始的工作吗？是否应该彻底清除那些杂乱无章的老旧迷宫，用真正现代化的城市取而代之？在新城里，会有用玻璃和混凝土建造的大厦耸立在绿树成荫的开阔地面上吗？郊区的机动车道路会连接着机场和遥远的乡村，并一直延伸到城市的贫民区和市

郊吗？……或者，是否我们应当寻求一条中间道路，最大限度利用这座历史名城的优势、价值和特点？同时，是否还要确保它的很多部分具有连贯性，相互之间更易于访问，更适合生活和工作，更易于观赏并值得观赏？也许，这就是 20 世纪的伦敦。无论未来所设想的空间和地域具有何等的创新性，但是人们依然会认可这就是伦敦"[249]。

其他人则提出了尖锐的批评，建筑历史学家约翰·萨默森抱怨这一方案中过度采用对称布局。[250]《建筑师与建筑新闻》的评论家首先赞扬了规划中审美的一致性："更重要的是，委员会通过连贯一致的街道立面设计，带给公众的是一种思想。"[251]然后，他对宽阔的林荫大道的实用性提出了质疑："过宽的主要街道不利于形成良好的购物街。"[252]

值得注意的是，前卫派的火星集团成员莱昂内尔·布雷特做出的双重评论。他在 1942 年曾参与了火星集团和皇家学院的规划。他以英国特有的含蓄方式斥责了对伦敦原貌的彻底破坏："我认为，火星集团过度清除了伦敦的历史。"[253]他也从根本上反对城市中统一风格的新建筑，因为这样会显得"单调乏味"："在美学的领域，伦敦的特色正在消失，要再次强调的是，这必须得到拯救，不能再继续将它毁灭。"[254]他认为都市现代化的目标是拯救城市特色，而不是消灭特色。但是他也不得不承认，与火星集团的规划中的乡村理

想相比，旧伦敦的都市风貌更为明显："与火星人的乌托邦世界相比，老城的精神生活是多么的丰富多彩，然而这些即将被清除和取代。"[255] 事实上，火星集团规划方案中前卫派的乌托邦思想已经被证明是具有军事色彩的。

但是布雷特也没有回避对皇家学院的规划进行评价，并以《新豪斯曼》为题提出了批评。以他的品位看，这个方案中的林荫大道、街道和星形的广场充满了太多的法国美术派风格。他更偏爱风景如画的英国风光，"弧形的线条、优雅的公园、错落有致的非对称轮廓剪影，还有隐秘的小巷和清净的广场。而巴黎的景色完全不属于这一传统。"[256] 勒琴斯的思想似乎不只是模糊的质疑，因为它们不是来自这一地区。他并不欣赏"银行家的乔治亚式"建筑风格，但是他也承认这是非常流行的风格，只有少数的艺术家反对。

从当今的观点看，勒琴斯的皇家学院规划方案采用了包括林荫道和广场在内的传统城市空间。这不仅适应了汽车交通的发展，这些空间还凭借具有当地传统的建筑立面自然完美地融入这个中世纪大都市的城市设计之中。类似的规划包括 1935 年斯大林为莫斯科制定的规划和 20 世纪 50 年代社会现实主义的全部城市规划。在当时，虽然现代主义的代表们指责勒琴斯规划方案中的建筑过时陈旧，但是在 20 世纪 50 年代的伦敦，人们听到的仍然是按照传统标准创建都市建筑的声音。[257] 另一方面，火星集团的规划方案几乎彻底摧毁了伦敦的城市结构。甚至与勒·柯布西耶同时为巴黎制定的《伏瓦生规划》相比，建筑分布得更为分散，历史遗迹也更为稀少。即使按照今天的标准来看，该规划也是一个恐怖的怪物。

第二次世界大战之后，在英国的重建规划方案中，托马斯·夏普制订的方案由于具有谨慎的城市态度，占据了特殊的地位。[258] 这位具有牢固地位的英国早期城市规划者也反对花园城市的思想，并呼吁在城市中孕育文化影响，区分城乡之间的文化差别。[259] 他对战后规划中一些结构分散的新城镇提出了批评，要求更高的密度和更多都市风貌："首批规划的新城镇仍然笼罩在花园城市的郊区化思想之中：在类似的地方和所有老城区的未来建筑，将需要更为紧凑的结构，形成真正的城市。"[260]

在一部名为《建设不列颠》的电影剧本中，他富有诗意地构想了自己的城市设计理想：1941 年，当城市毁于工业化和郊区化之后，人们有机会选择继续去摧毁城市和乡村，或者建设美丽的、密集的、都市化城市：

"美丽喜悦之城闪耀着光芒
城市如此优雅，令人自豪
何须逃离它们

因此，逃往郊区的大潮
即将结束
我们将再次被城市拥抱，就像在围墙之内
城市与乡村永远泾渭分明。"[261]

夏普在 1943 年至 1944 年为达勒姆制定的规划方案中特别强调了历史的城市景观。这座城市在战争中并没有遭到破坏，但是 20 年来经历了郊区化和"连锁店式建筑"的冲击和影响，正面临着失去"城市宏伟全貌的危险（无疑，这里是西欧最浪漫的城市景观之一）"。[262] 夏普的任务是以"该城市的历史和建筑特色为参照"，[263] 制订一个规划方案。他选择将达勒姆作为行政管理、购物、教育、文化、旅游和居住的中心，而不是工业中心，并与原有的品质保持关联："达勒姆方案的明智之处是，即使在未来，他仍将与过去一样属于同一种类型的城市，"[264] 同时也仍将是一个更美好的城市。夏普在附录中对自己的建议进行了 39 点总结。其中，提出了鲜明的遗迹保护建议，例如老城区所有的新建筑应当参照大教堂进行设计。此外还有一些社会性建议："在住宅方面，应该避免大范围的阶级隔离。"[265] 他还建议通过将人口的上限设置在 25 000 人，保留小镇的特色。在夏普的规划中，最为引人之处是为汽车交通设计的新街道，但是它们与老城区保持了一定的距离，此外还通过街区的周边建筑定义了城市空间。至少在那些与原有城区相关的区域是这样的。他在河边构想了两个公共建筑群，也可以说是新的城市中心。（图 66）相应地，这些建筑自由地分布在城市景观中，展示了规划中一定的设计自由度。

都市风貌另外的文化部分也是一个专业规划报告，并以实用的和引人注目的杂志形式"让路上的行人也可以看到"，该报告的作用就像在封面上用作提示的文字一样有效。城市设计是一个公共关系问题，对此，通常要采用"街道上的人们"这一表达方式，而不是"花园中的人们"或者"绿化缓冲带中的人们"。

埃克塞特在 1942 年毁于德国的轰炸，1943 年，该市议会委任夏普进行重建规划的设计。他的兴趣主要集中在"城市的历史和建筑特色"，并在日常的设计中发现特定的都市风貌："平凡的街头情景、城市的风土人情、岁月的积淀在埃克塞特的案例中产生了独具特色的品质——古老的尘世与精妙的都市风貌完美结合。"[266]

虽然形成与历史关联的都市风貌至关重要，但是他并不反对制定城市中心的全新规划。新步行街的综合设施具有标志性意义，后来成为普林塞西商业区：它穿过旧城区并与高街（商业街）相平行，但是在这里可以看到大教堂的两座塔楼——在景观中引入的历史遗迹，使步行街更具魅力。通过这条步行街，夏

图 66 托马斯·夏普，达勒姆的规划，
1945

普创造了一个"远离噪声和交通纷扰的城市空间，在那里可以悠闲地浏览和购买特殊的商品——珠宝、银器、衣帽和书籍等等，而不是日常用品，这将是一种享受。这样的街道一般是一个散步长廊和'购物区'的组合"[267]。也许，像伯灵顿拱廊这样杰出的城市走廊启发了他对购物拱廊的设想。它正好穿过一个之前的街区，现在，他通过这种方式将其重新定义为开放的公共空间。尽管在他的规划中存在着视觉相关性，但是夏普只是增加了一些城市设计草图，其中大部分建筑的外观是模糊不清的。例如带有柱廊的三层临街周边建筑透视图（图 67）。

市议会批准了夏普的规划方案，并于 1949 年至 1957 年进行了普林塞西商业区的基础建设。大街西侧带有柱廊的三层城市建筑按照夏普的设想以现代化的当地建筑风格进行建造，将砖头和天然石料这样的传统材料与水平长窗和混凝土屋顶这样的现代形式结合在一起。小镇端庄质朴的风格和建筑的未臻完美决定了它们在 21 世纪的命运，那时它们将成为整个地区重新大开发的牺牲品。它们也是规划和建筑之间分离问题的指示器：由于夏普作为规划者，与它们的设计和实施没有关系，因此它们只能在有限的程度上符合他的美学概念。而随后乏善可陈的实施过程使它们在被接收时处于不利的地位。[268]

在夏普制订的城市规划方案中，牛津是最大的城市。在这一规划案例中，他的出发点仍然是特殊的历史特色。在这个从 1945 年至 1947 年期间制定的规划中，夏普将他的态度描述为"十分简单的亲牛津态度"，而不是特殊性。[269] 他运用同义重复的短语

"牛津就是牛津"[270]，表达了当地的独特性。与之前的规划一样，他以老城的旧貌为出发点，将高街（商业街）作为城市的主干，尽管大部分临街的建筑算不上精品和杰作："正是它们之间的关系，无论是和谐还是互补的关系，产生了一个具有同质性的伟大艺术作品。"[271] 因此，夏普以"城镇风光"为题描述了这一现象，城市景观不是固定的和单一的，而是随着观察者的移动不断变化的："通过与 18 世纪土地改良者（毕竟，我们是城市的改良者）实践的等效艺术进行类比，这可以被命名为城镇景观。"[272] 这个术语不只是通过类比的方法提及 18 世纪的景观花园，城市景观的核心概念也根植于随观察者的运动而不断变化的城市场景。但是，城市的和谐感受被扰乱了，工业化和汽车交通成为牛津当时的最大问题："今天的牛津是一座混乱的城市……世界上最高贵的建筑精品淹没在一片平庸的建筑之中。用来闲逛的街道由于混乱的交通而变得骚动起来。"[273] 夏普规定的法则将重点放在根本的方面：牛津将发展成为大学之城，而不是工业之城。在"增长限制"的口号下，为了保护城市的特色，他甚至建议少量削减居民的数量。[274] 这实际上意味着他反对建立卫星式的综合建筑设施，支持对现有的城市中心进行巩固和扩展。反过来，这也意味着城市的所有功能都会得到保留，并且更易于实现。此外他还通过旁路和相切的路线缓解了交通的压力。夏普设想了塑造新的交叉路口，将其改为环形的布局，以英国典型的传统绿色广场形式缓解建筑密集的街道。在一层设有商店和柱廊的街区周边建筑精确地沿着道路的曲线排列。（图 68）

图 67 托马斯·夏普，埃克塞特市普林塞西商业区的重建规划，1946

建筑在城市特色的确定中起着特殊的作用，它的美感需要特别的关注："所有性质的美都是最重要的，或者至少要端庄得体。"[275] 夏普认为牛津文明化的材料加工是很有特色的："牛津基本上是一座用琢石建造的城市。其最伟大的品质就是它的都市风貌：在很大程度上，这种都市风貌是通过具有都市化特色而不是乡土气息的建材取得的。"[276] 对他来说，正是采用了琢石，而不是未经加工的乡土特色石材，才构成了牛津建筑方面的都市风貌。这种都市传统必将延续下去。

夏普为索尔兹伯里所做的规划（1948—1949）再次涉及一个历史悠久的小镇，它拥有一个重要的历史遗迹——大教堂，还有城市设计的宝贵遗产——中世纪时期的城市平面结构。这个小镇是 1200 年城市刚刚创建时建立的，从那时起，新的塞勒姆镇不断发展，成为该市品质的精髓所在："它不仅仅是一个新的塞勒姆，还是一个不断更新的塞勒姆。这也是每一座古镇的魅力和趣味所在。那里的历史在历代的建筑中清晰可见。"[277] 对于索尔兹伯里这个在历史转折时期经历着新旧交织的城市，夏普的城市开发态度是这样的："这座古老的新城市呼吁进一步的变革和更新。……在对新老结合的塞勒姆不造成破坏的前提下，必须通过独具匠心的设计和构思，规划并建造崭新的塞勒姆。"[278] 一个更加崭新的索尔兹伯里必将从新的索尔兹伯里出现，它的新元素将继续包含原有的传统。

由于索尔兹伯里主要是一个"集市之镇"，因此这一传统应当继续发扬光大。最好不要将它们清除，而是继续保留在城市中，并通过更好的交通运输系统支持它们的运营。夏普设计的环绕市中心的环路被设想为一条栽满了树木的林荫道，与城市外围建设的街道空间交织在一起。（图 69）在建筑设计方面，他注意到索尔兹伯里是以伟大的风格和多样的材料而著称于世。这种多样性正是其真正的特色所在，这里没有对某种风格或者材料的偏爱，在建设中需要延续这种多样性。因此，夏普最终要求："新建筑应采用良好的现代设计，而不是模仿过去的建筑。"[279] 这种对现代性的要求也是当地特定传统的一部分。

在审美方面，尽管勒琴斯与夏普存在着差异，前者具有都市的学术特征，而后者更倾向于风景如画的小镇风情。但是他们有一个共同的观点，认为城市是一种具有价值的文化产品，不仅值得保护，还应该通过最高水平的设计使其不断发展。虽然二者的工作没有得到具体的实现，但是他们产生的影响是明显的，尤其是夏普的观点。这一点在战后时期的某些城市设计思想脉络中是非常明显的，并继续发展形成了城市设计现代主义的基础，在后现代主义时期经常听到对其进行的评价：重视城市空间光效的城镇景观运动，以及拒绝城市的郊区批评主义在景观风貌中开始蔓延。

城镇景观这一面向景色风貌的新词，伴随着《建筑评论》杂志的发行人休伯特·德·海斯廷斯在系列文章中的使用，达到了流行的程度。1949 年，他化名艾弗·德·沃尔夫将城镇景观运动的美学观点与 18 世纪末期英国景观花园如画般的美学观点相提并论，进行了传统方面的比较。[280] 但是，这并不是以理论的方式进行的，而是以戈登·卡伦编制的类似连环画一

图68 托马斯·夏普，牛津的规划方案，
1948

样的图例出现在月刊上。其中的照片和草图描绘了观
察者在运动中所看到的城市空间的品质。(图70)因此，
城镇景观运动与功能主义的城市规划是对立的，因为
它通过美学的方式，将城市景观的内在价值设定为规
划的主题。1961 年，卡伦最终将他多年来对各种活动
的总结以《城镇景观》为名编辑成书出版。[281] 这部书
与美国的林奇和德国的习德勒几乎在相同时间出版的
书籍一样，旨在开启以美学为基础的对功能主义城市
规划的批判。这种批判根植于夏普在 20 世纪 20 年代
创立的城市设计概念，而功能主义也产生于这一时代。

《建筑评论》特刊这种成功的可视化城市设计批
判并不是独一无二的。在 1955 年和 1956 年，建筑评
论家伊安·奈恩对城市向乡村的蔓延发表了尖锐的批
评。[282] 他激愤地以《愤怒与反击》为标题，对到处传
播的"乡村都市化"思想发起了攻击。这个新词使奈恩
可以辨别和区分郊区现象，他拒绝承认这个词语的词
根来源于城市（urbs）。他的论据与爱德华兹和夏普
如出一辙，将城市和乡村各自特殊品质消失的责任归
咎于把它们混合在一起的花园城市。但是，奈恩在图
片表达方面却远远超出了他的前辈们。这些图片不仅
记录了令人震惊的后果，还将他从英国南方到苏格兰
北方的旅程中所遇到的真实的乡村景色和被摧毁的城

市进行了对比。当与他同一时期的奥古斯塔斯·皮金
运用图片对比引起人们关注早期工业化对城市景观造
成的破坏时，奈恩则采用图片序列强调了汽车化和城
市扩张对城市和景观造成的破坏。

1953 年，住房部和当地政府发行了一部名为《城
镇和村庄设计》的城市设计手册。在其中，托马斯·
夏普编写了《英国的村庄》，弗雷德里克·吉伯特奉
献了一篇题为《居住区的设计》的文章，而威廉·格
雷厄姆·霍尔福德撰写了《城市中心的设计》部分。
霍尔福德在文章中强调了与实际需求有关的城市设计
的独立作用："在城市的实体形态和外貌的背后，是
让街道和建筑得以存在的经济和社会力量。

任何关于设计的讨论在一开始都必须承认这一点，
或者保持纯粹的主观性。尽管如此，设计具有其自身的
功能，在都市场景的核心，也就是说，在建筑最为集中
的地方，具有最重要的作用。"[283] 在本段中，霍尔福德
对城市设计的理解来自于利物浦大学的查尔斯·莱利。

霍尔福德用城市设计元素构建了他的概观，他从
《街道》一章开始论述自己的观点，他的"街道"
是一种具有都市特色的"长廊式街道"。[284] 他详细制订
了不同的街面设计方法。另一章的题目为《封闭的场
所》，展示了欧洲城市设计的著名实例，读起来犹如

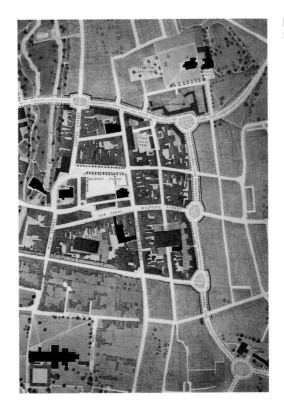

图 69 托马斯·夏普，索尔兹伯里的规划方案，1949

一部短篇的城市历史。最终，他在开放式规划和建筑结构的自由放置之间寻求共存的可能性。这也是从古代著名的实例中得之而来的。除了这些设计表达之外，他还把"混合用途"称为城市内部的典型特征，[285] 在市内建筑的频繁转变中也是如此。还有"混合时代"[286] 这个来自于不同时代建筑相互影响和作用而产生的词语。经典的城市设计元素也因此与传统的城市特色结合在一起。几年之后，简·雅各布斯以此作为明确的论据对现代主义进行了批判。

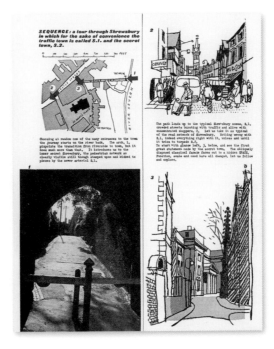

图 70 戈登·卡伦，《米德兰实验》，摘自《建筑评论》，1954

修复城市 1960—2010

1. 理论
2. 历史中心的修复与城市保护
3. 欧洲城市的修复建设
4. 北美建筑和城市的修复
5. 观点

在城市设计的历史中，一个最具悲剧性的悖论就是：在功能主义对城市造成破坏之前，对功能主义城市规划的批判就已经提出了所有令人信服的论据。在20世纪六七十年代，大型的定居地和城市高速公路、购物中心和市郊的发展，以及城市功能的脱节和结构的分解在世界范围内开始盛行。在那些时代，可以看到大型的定居地，从德国的格罗佩斯市、柏林的马基斯赫区和马詹—海勒斯多夫区，到慕尼黑的纽帕拉赫居住区；从巴黎的大型住宅区和新城区到苏格兰的坎伯诺尔德超级建筑、罗马的科维亚勒；还有城市的分离状态，从波士顿到柏林，高速公路随处可见。

但是，在这些世界各地的项目开始实施之前，所有反对这些实用主义措施的相关论据在60年代就已经提出：对城市进行功能分区的灾难性后果进行了描述，功能混合的概念开始流行；还通过城市中充满了拙劣建筑的现象，认识到了忽视建筑造成的危险，并指出建筑在城市设计中的独立作用是不容忽视的。此外，还大量指出了汽车交通对公共空间造成的某些破坏，重新将行人视为城市中的主要角色。也有人对建筑的同质性和忽视多样的历史传统即将产生的危害提出了警告。甚至连CIAM（国际现代建筑协会），除了强调城市基本的生活、工作、休憩和交通功能之外，也已经把注意力集中在社区、文化和交流的作用上。

但是，在石油工业兴盛驱动的经济奇迹中，这些批评的声音被有意地忽略了，从而导致了难以想象、前所未有的建筑规模。早期功能主义的简化概念在势不可当的现代化大潮中，将资本主义受利益驱动的建筑和社会主义具有政治动机的公寓建筑结合在一起。几百年来，通过最原始的概念和最可能的建筑规模演变形成的精致复杂、相互关联的城市结构，就这样消失殆尽。在强有力的批评面前，城市功能主义是如何成为现实的，这是未来需要研究的课题。

当一些批评者转而支持那些对城市造成进一步破坏的项目时，这种形势只能进一步恶化。比如最先对英国新城镇提出批评的评论家们，或者亚历山大·米切利希，都开始鼓吹将纽帕拉赫居住区的模式作为"冷漠"的替代物。对此曾经有这样一个假设：也许那些20世纪60年代的主要人物对历史的理解过于关注创新，以至于尽管认识到了当前城市设计中的一些问题，但是却拒绝应用任何经过证明的传统城市设计概念和形式。这种变化不是逐渐形成的，因此城市的结构也谈不上优雅精致。其结果是一个新发明的臂状结构，这个发明恐怕十分必要，至少表面上看它是一种现代的结构。他们这种基于即兴方法的创造，必然导致城市体系丧失精致优雅的特色。本章中描述的所有理论和项目都是对城市设计功能主义的批判。它们并不是对当地形势的简单回应，例如毁于战争的城市重建，或者弥补由于高利润投资引发的建筑"代沟"，而是关注于一种普遍的情况，也就是功能主义的城市设计观念已经成为破坏城市的帮凶。所有这些项目和理论都是对现代化的批评，制止功能主义者对城市的分解，寻求一种或多种方法去修复都市风貌（具体说就是城市）。在20世纪之初，城市设计变革运动产生的总体推动力已经治愈了工业化带来的伤痕。而在20世纪末期，我们的任务是纠正对现代化的错误认识。至少，这里汇聚了这些主角和他们的同行修复城市的意图。此外，这里还指出了造成城市分解和破坏的罪魁祸首。

那些希望修复城市的人们基本上可以采取两种方法：一种是以更现代化的方式应对摧毁城市的现代化，因此去排除传统的和现有的概念和形式。另一种则是无法容忍摧毁城市的现代化，采用经过证明的概念和传统形式取而代之。从20世纪60年代至今，两种方法的实例不胜枚举。虽然可以察觉到主要观点的某些变化，但是人们绝不能说，20世纪80年代和90年代的后现代主义修复立场取代了六七十年代的现代主义立场。对由现代化造成破坏的城市进行修复的理论始于20世纪60年代，而真正的项目设计和实施在70年代才拉开帷幕。

1. 理论

在距离我们最近的 1960 年，德国的城市已经成为"濒危物种"，当时，埃德加·沙林在德国城市联盟所做的著名演讲中，使都市风貌这一关键词成为当时的主题。[1] 正如在介绍部分中已经详细解释的，经济学家沙林关注的并不是建造城市和建筑，而是由自由的、具有自我决定能力的公民对都市风貌进行的政治定义。事实上，他的讲话在城市危机中起到了良好的效果，并且得到了业界同行和德国市政代表们的认可。20 世纪 60 年代，德国城市联盟研究的主题就如同对当时正在城市设计中贯彻实施的功能主义进行的控诉：《修复我们的城市》（1960）、《如果你要生活，城市必须具有活力》（1962）、《城市中的生活？生活在城市中！》（1965）、《明日城市的变革》（1967）、《处在十字路口的世界：城市！》（1969）、《拯救我们现在的城市！》（1971）和《通往人类城市之路》（1973）。[2]

1961 年，社会学家汉斯·保罗·巴尔特在发表了几篇文章之后，以书籍的形式提出了他对城市的定义。[3] 如他所说，将私有领域从公共领域中分离出来，为"不完全整合"提供了可能。这就意味着个体可以同时属于多个团体，而不是完全融入一个群体。这也是他的城市社会核心标准。由于定居地运动宣扬"街区"是恐怖的，因此，他通过城市的社会定义，鲜明地将传统的街区周边建筑与公共和私有之间的边界结构定义联系在一起。尽管如此，由于现代主义的一叶障目，他并未将这种街区结构视为适合当代的模式，这就是为什么他在认识方面依然是模糊的原因。

1964 年，沃尔夫·乔布斯特·习德勒和伊丽莎白·尼格迈耶尔合著了带有插图的《谁杀死了城市》（图 1），以强有力的视觉策略充当了辩论的先锋。它以简明扼要并具有讽刺意味的副标题《天使和街道的绝唱，广场和树木》，首次展现了功能主义的城市重建对城市公共美感方面造成的更大范围的破坏。从美学附加价值的角度看，传统的灰泥和装饰性汽灯的使用并没有被认为是一种倒退回威廉二世风格的做法，而且还具有怀旧的气息，从而抵消了批评和指责的大部分内容。对于习德勒来说，"从政治、社会、文化和文明的意义上对都市风貌"进行全面的理解是最重要的。[4] 相

比之下，现代住宅设计就是"城市真正消亡"[5]的推动力。他自相矛盾地反对追求功能主义普遍可行性的狂热："什么是城市体现出的优雅风韵，这就是都市化，它需要的是具有品位的感知性、知识的提炼和情感的分化——欧洲的城市文明充满了混乱、浪费、缺乏总体观念，散发着不详的气息。当城市不再发挥更多的作用时，城市就真正起到了城市的作用。"[6]

由于对城市的感知状态极为不满，城市规划者的抗议运动再次被点燃。人们也可以说，它太丑陋了，需要更多的美感（启蒙运动的修饰，皮金的对比或美丽的城市）成为改善城市状况的催化剂。但是，时机尚未成熟：习德勒的可视论据还未得到充满敌意的规划同业联盟和建筑行业的认可。

精神分析学家亚历山大·米切利希的关于我们冷漠的城市的著作《煽动不和》于 1965 年出版，与日益高涨的青年抗议活动的思想更为相符。在米切利希看来，功能性重建的城市似乎显得不太友好，不仅是因为它们单调乏味的外观和社会隔离现象，还在于它们的功能性分区："生活和工作区域有必要按照建议

图 1 沃尔夫·乔布斯特·习德勒、伊丽莎白·尼格迈耶尔，《谁杀死了城市》，1964

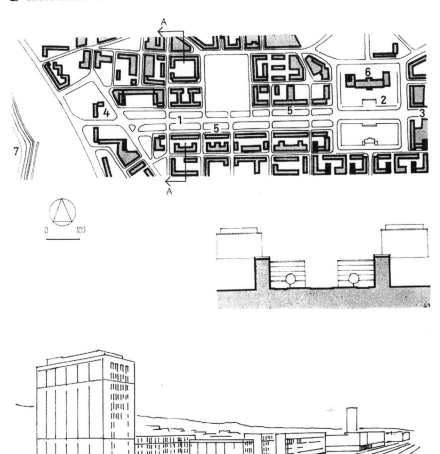

■ Straßenlänge: von der Porte Océane bis Boulevard de Strasbourg etwa 950 m
■ Straßenbreite: 80 m

图 2 康拉德·拉西格，以奥古斯特·佩雷特的勒阿弗尔为范例的《城市和广场，城市空间设计实例》，1968

的那样进行分离吗？这也许适合那些比较'脏'的行业，但是不适合很多清洁的装配或管理企业。"[7] 虽然在 20 世纪 60 年代米切利希就已经认识到激进的分区对于解决工业化造成的问题是过时的方法，并且与服务经济也毫不相关，但是这些规定仍然存在于今天的《联邦土地使用条例》中。

《城市和广场，城市空间设计实例》一书作为城市设计手册于 1968 年出版，也提供了历史上的实例。（图 2）该书由康拉德·拉西格和东柏林的德意志建筑学院的同事共同编辑，并同时在慕尼黑发行。它属于城市艺术范畴，以现实主义为规划基础。但是，它在柏林墙的两侧的政治方面都是不正确的：在东侧，是因为它反对建筑工业化所倡导的平庸化；在西侧，是由于它反对在交通管理问题、建设成本和社会问题等方面削弱城市设计。在国际讨论达到顶峰的阶段，拉西格参考了凯文·林奇和丹下健三的思想，从反功能主义的立场进行了辩驳："国际经验表明，城市的发展不只是实现最好的功能程序和多种关系的有序结构，在广义上说，它是对人类环境的文化塑造。"[8] 他反对无视历史的现代主义，呼吁"建立在丰富的城市规划历史经验上的知识，以及有意识地应用空间设计的基本原理和原则"[9]。在这部被用作设计手册的书中，除了像勒阿弗尔、斯大林街和高尔基大街这样当代实例的图片之外，还包括更久远的实例，诸如领主广场、摄政大街和香榭丽舍大街。

左翼的苏尔坎普出版社在 1972 年出版了荷兰建筑师彼得罗·哈梅尔的《我们的未来，城市》一书，他在书中宣布了对城市的承诺。批评现代的城市模式是反城市的："几乎所有现代城市的理论和设计都具有两个共同点：它们都是不切实际的乌托邦，并且有意无意地反城市。现有的城市是不能接受的，无论是它们的模式还是建造的出发点……。人们谈到的'汽车适应型城市'实际上加剧了交通混乱；而人们津津乐道的'绿色中的城市'，也让我们付出了破坏农业和自然景观的代价。"[10] 他反对以功能主义的规划实现城市的功能，而是要求重新规划街道和广场，他认为设计和历史是城市的重要组成部分："此外，城市还表达了典型的人类需求；它不只是一个具有实用功能的环境，也是我们的舞台和历史丰碑。因此，对于城市，美感、丰富的形式和氛围都是必不可少的。"[11]

在通往以设计为指导的现代城市修复的道路上，罗伯·克里尔为斯图加特市中心制订的理想化重建方案堪称一个里程碑似的项目。1973 年，他和斯图加特大学的学生共同制订了该方案，并在两年之后进行改进，同时以《城市空间理论与实践》为题作为通用理论发表。（图 3—5）他的出发点是"在我们的现代城市中去识别城市空间已经失去的传统"[12]。正是这种由建筑立面定义的城市空间，将把城市从交通路线和大片绿地包围的居住区中夺回来。但是，克里尔绝不是要恢复传统的城市空间，相反，他借助历史实例为城市规划建筑师进行创造性和独立性的应用提供了一套城市空间设计选项。从这个意义上说，斯图加特市中心的重建规划并不是再现原有的城市空间，而是遵循城市设计的传统模式重建街道和广场的空间结构。克里尔断言，正确的形式本身与城市空间的纯功能性定义是对立的，并提出要求："实现'具有诗意的空间'，这一城市功能与其他的技术功能是同等重要的。"[13] 在1960年左右，对功能主义的城市、定居地规划和市内高速路的批评，在美国的城市设计讨论中愈发激烈。美国大都市的现有城区显然需要修复，并且也是合适的研究对象。凯文·林奇通过对波士顿市中心的调查研究了行人对城市空间的认知理解，并在1960年以《城市的意象》为题发表了研究成果。[14] 城市定位的焦点集中在城市中的五个识别因素，即"道路""边缘""区域""节点"和"地标"。（图6）

简·雅各布斯将纽约的格林威治村作为研究的区域。她的调查活动引起了特殊的关注，因为这些规划方案使这一城区遭到破坏，从而成为需要修复的候选者。1961年，她在自己划时代的《美国大城市的死与生》一书中总结了对城区的观察研究。她认为市区的都市风貌包括四个基本条件：功能的融合、小规模的城市街区、不同时期的建筑和足够高的人口密度。（图7）[15]

1965年，在文章《城市不是树》中，英国数学家和建筑师克里斯托弗·亚历山大攻击了功能主义城市规划中对合理秩序的过度简化，并将建立在树状层级结构之上的简单秩序关系和"半网格"模式的复杂秩序关系进行了对比。在后者的模式中，一个集合内的元素也可以属于其他集合。[16] 他试图通过这种模式将历史发展（自然的）形成的复杂的城市与现代规划（人工的）的城市进行对比，证明后者的一维结构是明显处于劣势的。他的批评首先指向了功能化分区，认为这种分区使很多与城市生活方式一样复杂的事物无法实现。他在后来制定的"模式—语言"中，复原了过去所有可以想象得到的建筑形式，加上它们所体现出的传统感受，他认为这是未来建筑街区的设计形式。

丹尼斯·斯科特·布朗和罗伯特·文图里通过一系列的文章解释了日常的相关性和城市建筑形式的矛盾性。巴洛克式罗马风格的复杂性与拉斯维加斯大道的日常标志一样更像是一种模型。文图里和斯科特·布朗通过对现有城市结构的分析，还批评了现代的城市规划，并在1966年对其中最为常见的结构进行了修复，同时创造了那句名言："主干大街总是正确的"。[17]

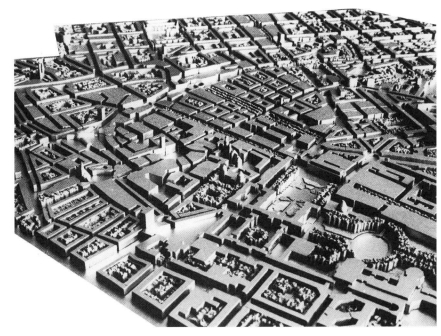

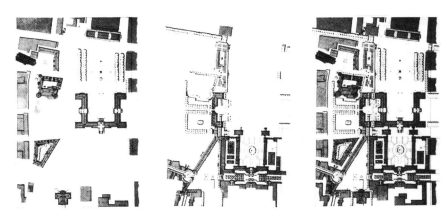

图 3 罗伯·克里尔，斯图加特市中心的重建规划，1973

图 4 罗伯·克里尔，斯图加特市中心的重建规划，夏洛滕广场和城堡广场，状态—新规划—重叠部分，1973

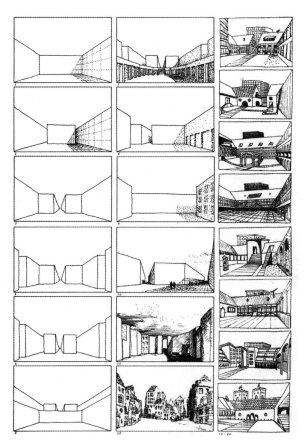

图 5 罗伯·克里尔，《城市空间理论与
实践》，1975

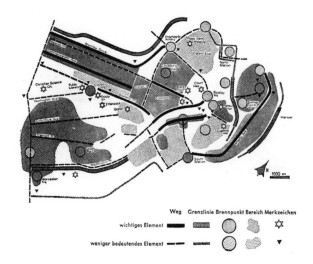

图 6 凯文·林奇，《城市的形象》，对波
士顿的"道路""边缘""区域""节点"
和"地标"五项元素进行的分析，1960

纽约的建筑历史学家西比尔·莫霍利 - 纳吉在
1968 年出版的《人类的矩阵》一书中，针对功能主
义对城市产生的敌对性和现代主义对历史的遗忘都大
胆提出了批判。在 1970 年的德语版中，她对厄恩斯特·
梅的分区建议表示了更为激烈的态度："这些被反城
市谎言欺骗的鬼城，将历史的时钟调回到了几千年之
前。我们发现自己再一次置身于神圣时期的城市背景
之下，就像波斯波利斯、沙特伦扎亚或吴哥这样的
古城。"[18] 她采用了根本的理性批评，指责了与现代
城市消融理论相关联的秩序体系，认为这种体系具
有政治极权的意图："即使在已经被描绘的全部城市
退化现象面前，人们也能够辨别出被卫星城的倡导者
精心粉饰的问题，无论他们是有机的生物、投机的商
人还是技术狂人：每位空想主义者都是一个政治委
员，每一个预先确定、强行制定的定居地和体现出受
到制度控制的项目工程，都是环境法西斯主义的体
现。这只能通过浴室和厨房的技术舒适性从历史上的
住所（katoikesis）、营地（castra）、房屋（bastides）
以及和平阵营加以区分。"[19] 她简明扼要地评价了战
后柏林城市建设的典范项目汉莎居住区，认为它那大
片的绿地和密集的交通"看上去仿佛'垂直的村落'和成
群的单户住宅组合，就像灌木林中一堆堆的鸟粪。而
CIAM 成员希尔伯塞默尔的拉斐特项目，具有更宽的
道路和超级公路（阿尔托纳大街），使这些住宅群落
更像一座座孤岛，清楚地告诉这里的居民他们居住的
地方是何等危险。"[20] 她对格罗佩斯城的评价是"它是
一个没有活力的核心……——巨大的投资和对古老传
统的非难导致了一个可以容纳 50 000 居民的大都市，
人们需要花费一个小时的通勤车程，无法享受充满知
识与艺术气息的生活，或者无法对这种生活做出贡献。
这里有高达 27 层的大厦和只能被描述为勃兰登堡
草原的景观。勒·柯布西耶已经打败了街道类型的
城市，但是原来花园城市的思想也奇怪地遭到了驳
斥。"[21] 她的批评是基于单一功能、大片绿地和汽车
适应性对都市的多种生活方式造成的强制性破坏。

1978 年，科林·罗维和弗雷德·科特尔针对现代
城市设计的后果，提出了组合、对抗和修补的应对原
则。[22]（图 8）组合、对抗和修补是后现代主义和后

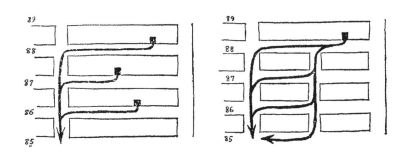

图7 简·雅各布斯，《美国大城市的死与生》，展示小型街区优势的插图，1961

结构现实主义解决单一维度和功能主义问题的方法。同时，在最为丰富的传统城市形态中，也包括 20 世纪的现代派实例，而且会遇到大量意想不到的杰出典范。

由于传统的城市密度，意大利面临的紧迫问题是如何妥善处理历史悠久的城市。很多现代建筑师和城市规划者排除了擦除白板似的想法，他们或多或少会认为这样的结果显然是野蛮的。从激进的创新角度看，解决的方法不仅是如何扩展城市，还要使城市的风格逐渐变得更为丰富多彩。1958 年，与作者有着同样影响力的建筑师欧内斯托·纳森·罗杰斯，呼吁在卫生方面进行重新规划，以"负责"的方式通过城市设计"氛围"应对"故意毁坏的行为"。[23]

1959 年，建筑师塞维利奥·穆拉托里为了使进一步的开发具有合法性，以历史悠久的水城威尼斯为参照，制订了一种"基于历史"的"都市规划"方法，[24] 或者这是一种对城市形态和建筑类型发展的历史研究。在一系列历史上的重建规划中，他看到了具有连贯性公共建筑的城市开发和住宅建筑类型的持续开发。（图 9）

阿尔多·罗西发起了对功能主义城市观点的批评，认为构成这种城市的建筑会随着功能的变化而不断地相应变化，在城市设计中也许会重新赋予建筑独立的和固有的作用。在 1966 年出版的具有划时代意义的《城市的建筑》一书中，他通过主要的元素对城市建筑进行了区别，这些元素也体现在它们的材质上。此外，从类型的角度看，住宅建筑在几个世纪的历程中经历了本质上的变化，但是仍然保留着不变的建筑知识和才智，这些引人注目的元素应该在设计中得到保留："城市应该由不同类型的建筑构成，其中大部分是住宅，并且是主要的元素。……因为住宅覆盖了城市大部分的地面，并且很少具有永恒的特征，所以对它们演变过程的研究应该包括它们所在的地点。因此，我将会谈到居住区。我也会考虑这些元素在城市结构和组成中的决定性作用。通过它们在纪念性上的永恒特征，这种作用将被揭示而出。"[25] 整座城市并不是一个纪念碑，而是由不朽的遗迹和不断变化的住宅建筑构成的。正如罗西在书中的另一段中简要表达的："显

图8 科林·罗维和弗雷德·科特尔，《拼贴城市》，由戴维·格里芬和汉斯·科尔霍夫绘制的城市综合结构图，1978

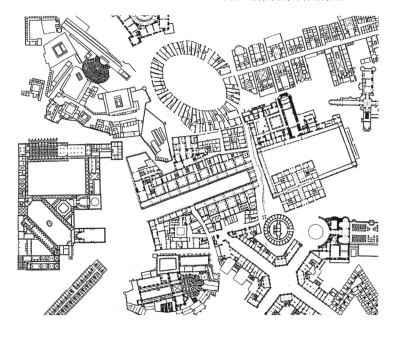

图 9 塞维利奥·穆拉托里,《威尼斯的城市历史研究》,1959

而易见的是,由于直接代表着公共领域,这些主要元素和遗迹获得了更多的必要性和复杂特色,这是不易于改变的。而居住区作为一个区域,具有更多的动态特性。但是它们仍然依赖于这些主要元素和遗迹的活力,并且融入整个城市构成的系统之中。"[26] 一般来说,遗迹显示了材料的永久特性,住宅建筑虽然在材料上发生了变化,但是却并没有经历形式上的改变:"人们既不能根据历史的分析也不能根据实际地点的描述,而认为住宅是形态不定、易于变化的事物。住宅建筑所实现的形式,使住宅具有的特色与城市的形式密切相关。此外,住宅实质上代表着人们的生活方式,也是文化的精确表现形式,因此住宅只能缓慢地发生变化。"[27] 在住宅建筑中,最持久的就是它们的类型。他将其归类为高度的永恒性:"我愿意相信,住宅的类型从古至今都没有改变过。"[28] 他将遗迹的材料永恒性与住宅建筑类型的非物质永恒性进行了对比。

与勒·柯布西耶 1923 年为巴黎指定的瓦赞规划进行对比,可以看到罗西理论的特殊之处。但是这绝不是说现代主义者柯布西耶希望拆除整个城市,而后现代主义者罗西希望保持城市的完整性。二者都保持了对城市遗迹的社会性认可,并在他们各自的时代建

造了新型的住宅建筑。但是"魔鬼"暗藏在细节之中,柯布西耶打破了传统,设计了新型的理想建筑;而罗西继承了传统,设计了与原有住宅类似的建筑。这给整个城市带来了一种虚幻的不朽特色:即使是住宅建筑也成为具有表现力的元素,有了保护的价值,但是这只是想象的建筑类型,而不是物质上的实体。

罗西对功能主义城市批评的关键方面,是他挑衅性地将功能和形式之间的关系进行倒置。在城市建设中,形式并不总是功能的产物,功能通常是为形式而生。他用罗马竞技场的多次再利用为例,展示了同样的综合建筑可以拥有完全不同的用途,只是这种用途可能会再次消失。他对比了建筑的永恒形式和不断变化的功能,为城市本身的塑造积累了更多的相关性。建筑和城市设计的形式不仅可以在彼此之间形成部分独立的关系,还可以使这些形式变得更为长久,更为重要。(图 10)

法国的现代化批判具有强烈的理性批判色彩,就像哲学家米歇尔·福柯以具有示范力和影响力的方式在著作中提出的那样。1957 年,随着居伊·德博尔和康斯坦德等情境主义者的出现,证明了闲逛和超现实主义的传统开始复苏,这也可以被视为对大都市夜景赞美的文化背景。他们反对任何以光线和空气为目标

3, 4, 5 - Padova. Palazzo della Ragione

的卫生主义以及技术功能主义，提出了一种城市观点，
认为公共空间类似一种舞台，为正在形成的社会艺
术作品提供集体表演的场所。他们认为感知比规划
更为重要；所宣扬的方法是"漂移"——意识在城市的
体验领域中扩大感知主题的分离程度。旧巴黎多姿
多彩的街道正适合这种观点；相反，情境主义者批
评了"贫瘠"的新城区，例如城市街道"退化"为汽车的
交通路线。[29]

亨利·莱菲布勒凭着对社会的热情借用了这种态
度。他在著作《城市的权利》（1968）中，批评了新
城市中，社会底层被错误地安排到城郊的住宅社区。
他的理想是市内具有社会包容性的街头生活，在公共
空间进行的庆祝活动中可以发现这一神圣的理想。[30]

丹麦建筑师扬·盖尔于1971年发表的研究成果《建
筑之间的生活》具有国际的相关性。[31]通过对公共空
间进行的多种活动进行调查研究，为复兴城市空间的
文化利用做出了重要的贡献。他批评的要点也是汽车
交通的规划对城市空间造成的破坏，这种规划忽视了
城市人口大量的其他需求和活动。

2. 历史中心的修复与城市保护

在 20 世纪，使都市得以保留的特殊方式是对传统的尊重，它与损失的过程相关联，也同城市空间和城市景观传统的破坏息息相关。最直接的反应就是努力保护幸存的空间和环境，这属于城市保护的任务。在第二次世界大战的破坏带来挑战之后，对历史中心的维护、修复和重建努力在 60 年代发生了新的转变：这一任务不是应对处理工业化的后果或者战争造成的破坏，而是修复或者避免现代化造成的破坏。

这些新的努力以城市保护的悠久传统为基础。[32] 首先，这一过程涉及进行维护与设计之间仔细的权衡。因为与单个的艺术品相比，只有当变化与实际的生活需求相适应时，城市景观的维护才是可能的。建筑师提供了重要的推动力，因为他们对古老的城市景观关注较少，更关注于当代城市设计的改进。在这种情况下，传统的城市设计发挥的作用就不如历史见证的作用大，后者可以树立一个好的榜样，让人们去评判什么是当代实践中不好的东西，并使未来的设计更为完美。

1836 年，奥古斯都·威尔比·诺斯莫尔·皮金以中世纪的理想城市观点，对当代遭到工业化破坏的城市景观进行了著名的开创性对比。[33] 从一开始，对历史城市景观的尊重就具有美学的治疗目的，也就是通过改变当代的建筑去创造和谐的城市景观。在 1889 年，卡米略·西特在《根据艺术原则进行城市规划》一书中，直接关注了古老城市的空间特质。他希望在准科学的基础之上研究"美学效应的原因"[34]。在城市改造的实践中，也形成了对古老建筑环境的尊重。1893 年，布鲁塞尔市长查尔斯·布尔斯编写的小册子《城市的美学》，在国际范围内促进了这种趋势的发展。与开发和发掘古老建筑的实践形成鲜明对照的是，他提倡保留原有的环境。[35] 然而，政治家布尔斯对城市设计总体效果的这种考虑，并不代表尼采式的古文物研究立场。他关注的是"在满足现代生活需求的同时，在美感的需求和尊重传统之间进行协调"[36]。历史、审美和社会之间应当形成恰当的关系。在布尔斯的启发之下，意大利建筑师古斯塔沃·吉奥凡诺尼制定了细化的技术，在保持环境和建筑外观立面不变的情况下，通过核心区域的拆除实现城市设计的现代化。[37]

国土安全运动对此产生了进一步的推动力，这一运动同样关注实际设计的改善，而不只是对传统的环境进行维护。厄恩斯特·鲁道夫是该运动的发起人之一，他希望对现有个体遗迹的尊重，能够扩展到对整个城市景观的尊重。在 1897 年出版的《国土安全》一书中，他呼吁恢复"先前美妙多姿的街道情景和城市景观"，对幸存部分进行关注并使其传承下去。[38] 1901 年，建筑师保罗·舒尔茨—纳姆伯格编写的带有插图的《文化工作》出版，使这一方向包含了更广泛的文化范围。在书中，他与皮金一样，通过将前工业时期优秀的传统实例与现代的拙劣实例进行对比，实现了对和谐乡村和城市景观尊重的教育任务。（图 11）舒尔茨-纳姆伯格在 1904 年成为新德意志国土安全委员会的主席，并开始关注"美感的价值"[39]。

在这个更为广泛的社会和设计背景之下，作为其中的一部分，针对城市和城市景观中古迹保护的讨论依然在不断地演变。新创办的专业杂志《历史文物保护》在 1899 年的创刊号中就以题为"旧城上的条纹"的文章发出了城市保护的呼声，并首先对老城市风景如画的美景进行了描绘，[40] 然后举出很多城市景观被"毁容"的实例。文章《威悉河上哈默尔恩市的毁灭》在一开始就使用了图片进行对比，与皮金的对比极为相似。[41]（图 12）

美丽的老城市与丑陋的新城市形成了巨大的反差，即使在有利于现代城市的地点和地段也是如此。早在世纪之交以前，将城市作为一种纪念丰碑就已经成为一些纪念馆馆长在正式场合中的话题。1899 年，奥地利帝国和皇家艺术与历史遗迹中央委员会定义了"纪念建筑群组……，即具有历史意义、美丽别致的实体，例如街道、广场、街景或整个城市的景观"[42]。从一开始，作为纪念丰碑的城市类型所具有的特殊之处就是对城市景观的关注。为了找到适合作为纪念丰碑的城市扩展类型，各路专业人士在 1902 年的文物保护日齐聚于杜塞尔多夫，做出了明确的决议。他们要求新建筑和改建的项目应该"与环境协调一致，并且不能破坏街道的景观"。[43] 现在，基于遗迹保护标准的活动不仅局限于现有建筑的维护，还适用于在值得保护的景观中对新建筑进行判断。1907 年，这些考

BEISPIEL 56

Abbildung 18

Strasse in Kassel. Beispiel für gute
gerade Strassenführung mit Abschluss
der vorgelagerten Kirche. Die Flucht-
linien führen das Auge auf ein Ziel hin

57 GEGENBEISPIEL

Abbildung 19

Beispiel für schlechte gerade
Strassenführung ohne Abschluss

虑被编入普鲁士的法律，防止风景优美的景观区域遭到毁坏。作为"城市形象"保护的正当理由，还引用了它们"历史和艺术的重要性"。[44]

1910 年，维也纳的艺术历史学家和纪念馆馆长汉斯·蒂泽示范性地确认了在城市设计和城市保护中维护与设计之间密不可分的关系。关于旧维也纳的维护问题，他这样写道："在我们的时代，遗迹保护和城市设计是一个共同的任务，包括对原有和新创元素的明智处理，从而达到预期的艺术效果。为了创造艺术性的城市景观，我们按照具有某种艺术性的规划建造城区、街道和建筑，我们保持了城区、道路和建筑的价值。因此，体验感受和历史价值理所当然地发挥了重要作用。无论是一个古老道路旁的单个建筑，还是城区内必须新建的具有迷人特色的街道，维护和建设都成为一个共同的问题。在更大的范围内，这种情况也是遗迹保护中一个最重要的问题。这是因为遗迹保护满足于简单的否定，在情感上将其任务视为对改变的抗议，认为改变是对无能的讽刺。因为毫无疑问的是，一些与卫生和交通相关的原因，尤其是经济的关系，无论其是否有正当理由，都不是这里所关注的问题。这也使得一些有价值的城市景观不可避免地被清除。遗迹保护必须拯救需要拯救的东西，并要注意替

图 11 保罗·舒尔茨 - 纳姆伯格，《文化工作》，第四卷《城市建设》，1906

图12《威悉河上哈默尔恩市的毁灭》，
摘自杂志《历史文物保护》，1899

代的建筑要自然融入旧的方案中，艺术特征不会因此
而遭到破坏。建造也意味着摧毁破坏，正是遗迹保护
工作将其转变成维护。[45] 为了维护一座城市，遗迹
保护就必须允许改建和摧毁。在这种情况下，历史价
值就从属于艺术价值，因为最终的产物应当具有连贯
的形象。

因此，蒂泽赞扬了由卡尔·亨格勒刚刚完成的斯
图加特历史中心重建项目（1906—1909），在改造的
框架下，几个老建筑被拆除，并由坚固、卫生和舒适
的新建筑取代，它们在类型、材料、色彩和秩序上都
和谐地融入风景优美的历史中心，产生了具有艺术说
服力的总体印象。（图13）亨格勒的这些建筑以当
地的形式体现了国土安全运动的乡村小镇理想。但是，
蒂泽也高度评价了阿道夫·卢斯在维也纳米歇尔广场
建造的饱受争议的建筑（1910—1911）。按照卢斯自
己的话说，这些建筑模仿了维也纳1800年左右的连
栋式建筑，体现了更多的都市国土安全理想。由于它
融入城市设计背景中的方式，对于蒂泽来说无疑是一
个极好的实例，用来说明卢斯的建筑是如何在广场塑
造空间的，并参照约束的建筑传统展示了对城堡的尊
重。1928 年，在维尔茨堡和纽伦堡举行的有关遗迹
保护和国土安全的会议上，这种讨论达到了高峰，并
提出了对立的辩论主题《历史中心和摩登时代》。[46]
辩论的出发点是城市景观维护与当前的经济、交通
和卫生需求及目标之间的对立，这在实际的地点是
不可分割的："在城市设计中，街道、广场等纪念建
筑的统一性和整个城区的统一性等问题交织在一起，
似乎成为无法逾越的困难。"[47] 两位观点对立的建筑
师受邀作为主要的发言人：年长的大师西奥多·费
舍尔和年轻的叛逆者厄恩斯特·梅。但是二者之间
并不存在根本的分歧，只是有着更多细小的差别。
二者都强调了重构"生命"的权利，都要求"巧妙机智"
地融合新建筑，都猛烈抨击了历史相对论，也就是
费舍尔所称的"艺术历史学家的历史艺术"。[48]

费舍尔清晰地强调了遗迹保护的艺术审美基础：

Stuttgart, Altstadt nach dem Umbau. Architekt THEODOR FISCHER

图 13 卡尔·亨格勒，斯图加特历史中心的改造，1906—1909 年，摘自汉斯·蒂泽发表于《文化》杂志中的《老维也纳战役》，1910

"好的东西应当被保留下来，这并不是因为它们是古老的，而是因为它们是好的。……（从感官的角度看是好的！）"[49] 他将不朽的思想从单个的遗迹中分离出来，使其可以融入整体并在感官上被理解："我想强调的是，我不希望保护或维护历史中心单独的建筑和遗迹。

我关心的是空间和统一性更为广泛的表达方式。我们已经认识到，美丽的个体只有融入美丽的整体之中，才能获得完美无缺的美感。"[50] 他甚至对巴黎林荫大道历史中心开放区域这种激进的变化进行了捍卫，如果它们是精心设计的："人们不必担心这种连续的大型建筑群会给历史中心的规模带来不良的影响，在这种情况下，建筑师的艺术造诣和技巧是值得信赖的。"[51] 可是，从城市保护的合法性来看，这是不可能的："我从一开始就说过，历史中心当然要作为遗迹进行保护。……只有在历史中心不断发生变化的情况下，这才是可能的。实际上，它会如何变化完全取决于那些要改变它的人们的智慧和品位。"[52] 只有实施的设计师具有艺术情感和高超的能力，城市保护才能取得成功。

他也许在根本上赞同对历史城市的保护观点："不可替代、独一无二的传统城市景观就在我们身边，非常珍贵。我也认为没有绝对必要性的拆除是不负责任的，就像尼禄的例子一样。

我们的工作是在现代都市充满活力的组织结构中纳入历史中心更有价值的部分。"[53] 不过，他也为必要的改变划出了界限："尽管我们非常愿意将城市的历史形象作为过去文化的见证，但是出于审美的或历史的原因去损害它们的声誉是不负责任的，这可能会危及市民的健康。……我们要拆除的是残破不堪的建筑，并为我们这一代建筑师有幸用新的设计取代它们而感到欣喜。

尽管如此，在一些美丽的德国城市中将出现历史中心，它们会因为超凡的美感而捕获我们的心灵。例如，我正在思考的法兰克福的罗马广场和老市场。"[54]

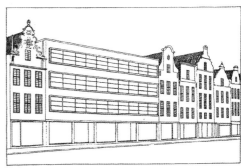

Danzig, Entwurf zu einem Warenhaus

Im Interesse der Denkmalpflege gemachter Gegenvorschlag.

图 14 卡尔·格鲁伯，但泽市位于长巷的新建筑替代比较设计，1928

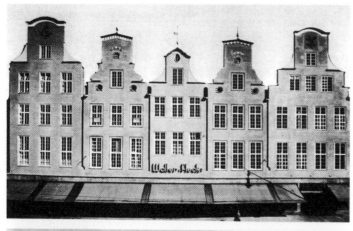

图 15 布鲁诺和海因茨·巴尔，但泽市区长巷的沃尔特 & 弗莱克百货公司的五座连栋建筑的改造，1935

图 16（右页）路易斯·阿莱奇、米歇尔·莫罗特、伯纳德·维特里和莫莱斯·米诺斯特，巴黎马雷区的改造方案，18、19 和 20 世纪的城区平面图以及 1965—1967 年的规划。

尽管因为美感，他对具有历史城市形象价值的新建筑充满了热情，但是他也同时要求新建筑要与历史中心保持和谐的关系：新建筑是应该存在的，"但是它们应当与建筑环境和谐一致"，新建筑的创造不应该"破坏和谐的城市设计根本法则"。[55]

位于但泽市区长巷的沃尔特 & 弗莱克百货公司的新建筑规划成为辩论的主题，柏林建筑师莫里茨·厄恩斯特·莱瑟尔的设计将五个地块以新客观派的秩序结合为统一的单元。这不仅在街道上形成了新的建筑规模，并且打破了原有山墙结构的连续性，这是一些建于 19 世纪的建筑的屋檐创造的效果。在但泽，遗迹委员会早已提出了替换的建议，当地的纪念馆馆长奥托·克劳普尔极力争取在街道景观中保持原来的山墙序列。1928 年，在遗迹保护和国土安全的会议上，建筑师卡尔·格鲁伯提出了另一个设计方案，与该地段的具体环境形成了部分的分离，打算将其作为历史环境下解决新建筑普遍问题的方案。这与他在德国城镇理想化的形象中，从具体的历史形势中将城市的发展分离出来是一样的。[56]（图 14）在尊重历史悠久的城市景观的同时，格鲁伯还关注现代和"诚实"的解决方案：他绝不会认为他的山墙序列只是一个"模型"，[57]与但泽市首席建设委员马丁·基布林对它们的批评一样，格鲁伯以自己的原则进行了指责："形式主义就是我们的敌人，无论它披着历史的外衣，还是打着现代建筑的幌子出现。"[58] 至关重要的是"古老街墙富有韵律的感受"，[59]建筑师必须具有创造性地去将它实现。建筑师格鲁伯也被指责没有基于历史的考虑，而是参照整体的街景以美学为基础进行的形式设计。

但泽的例子展示了从魏玛共和国过渡到第三帝国的连贯性。按照布鲁诺和海因茨·巴尔的方案，该项目于 1935 年实现，现在的设想是恢复五个独立的建筑。虽然城市设计的结构依然保持完整，但是设计严重受到了建筑立面形式的影响：创立了一个全新的理想形象、简化的外观立面、协调一致的山墙，在整体上形成了一个结构和谐、布局对称的建筑群。（图 15）一方面，它融入并保持了街道的韵律；另一方面，它

rénovation urbaine : le marais

l. arretche, m. marot et b. vitry architectes   m. minost collaborateur

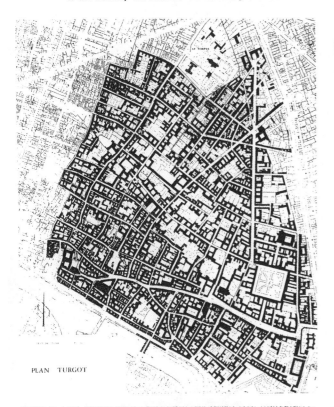

PLAN TURGOT

PLAN VASSEROT

ETAT ACTUEL
occupation au sol

ETAT FUTUR

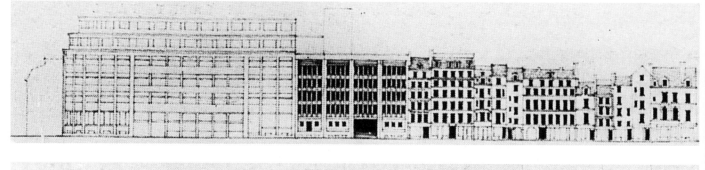

图 17 巴黎的马雷城区，电信部根据莱克斯·马尔罗的保护规划制定的新建设规划，1962

表达了五座建筑之间新型的内在关系。具有美感的街道环境和当前的用途比古老的建筑更重要，这与克劳普尔在 1935 年的城市保护概念是一致的。"可以说，为了保持老城市传承下来的特有外观形象，他们做到了全力以赴"[60]。但是，这种创造性的遗迹保护被认为是以审美的名义对历史的批评。它所对应的地位代表了西奥多·费舍尔和蒂泽开创的一个时代。它也是一种按照古老城市的形象使历史中心现代化的态度，是第二次世界大战后传统主义者一直采取的城市景观重建规划态度。

一个在方法上类似的实例是锡耶纳的萨里克托居住区改造。[61]1928 年，在法西斯市长法比奥·巴尔加利·佩特鲁奇的文化运动支持下，这一项目开始启动。在这个案例中，对位于锡耶纳市政厅后面的中世纪城区直接进行了改造，但是并没有按照激进的扩张原则进行。相反，考虑到环境的问题，采用了吉奥凡诺尼的细化原则：街道被保留下来，街区的内部进行了部分拆除，有价值的建筑进行了翻修，破败不堪的建筑用新建筑进行了适当的替换。在这种情况下，适当就意味着除了传统的材料和建筑方法之外，还采用了具有当地特色的形式，例如锡耶纳市政厅窗口的简化造型。在咨询委员会主任吉奥凡诺尼的帮助下，一个重建的中心城区呈现在世人面前。乍看上去，它与原来

的中世纪城区很难区分，完美地融入了城市的形象之中，实现了将整体区域创建成纪念性建筑的意图。

与 19 世纪末期工业化造成破坏之后一样，在 20 世纪 60 年代，由于现代化造成的破坏，如何保护城市景观成为紧迫的问题。早在 1958 年，因为小镇布丁根提出了"要在整体上具有保存完好的德国小镇形象"[62]，联邦德国的国家保护者协会举行了布丁根城市景观保护活动，并继续指出："今天，在战争破坏了最有价值的文化财产之后，我们再也无法承受短视的自我摧毁造成的罪恶，这通常是由于只考虑短期的眼前利益和没有头脑的交通规划造成的。"[63] 人们认识到，现代化造成的破坏可能与战争造成的毁灭性破坏不相上下。

1962 年，汉堡州保护者及州立保护者协会的主席冈瑟尔·格伦德曼在文章《大城市和遗迹保护》中强调了保护和设计之间的联系："当然，在一些特殊的遗迹保护中，其目标可能是在考古和规划设想之间进行设计的合成。"[64] 另一方面，他认为审美是城市保护政策的最终裁决者："当纪念馆馆长和建筑师把它们的最高目标视为共同努力的结果时，最终将取得具有艺术性的成就。"[65] 1964 年，关于遗迹保护的几十年思考和研究成果被编入《威尼斯宪章》。其中包括将遗迹进行扩建的问题，这样可以构成一个遗迹

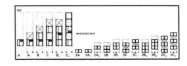

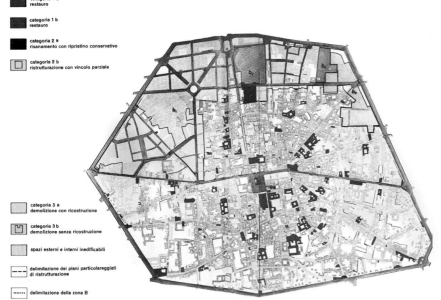

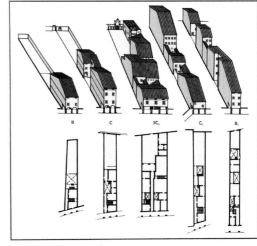

保护区域。

　　巴黎马雷区的改造可以说是大都市城市保护的一个里程碑。1962 年，为了应对波及全国的历史城区拆除带来的威胁，法国文化部长安德烈·马尔罗发布了著名的莱克斯·马尔罗规划，宣布整个城区为"保护区"，其目标是"拯救城市中的老城区"。[66] 在这些区域里，除了有价值的公共建筑，私有连栋住宅也被列为遗迹，作为整个保护区域的一部分。马雷区面对的是现代化带来的普遍危险：为了适应汽车交通，对街道进行了扩宽和打通；受房地产业开发需求支配的新建筑改变了原有城区的规模和设计。1965 年，马雷区被列为保护区域。在路易斯·阿莱奇、米歇尔·莫罗特、伯纳德·维特里和莫莱斯·米诺斯特于 1965 年至 1967 年期间制定的规划基础之上，成立于 1966 年的马雷区改造合营公司（SOREMA）将改造的实施划分为三个类别：被列为保护名单的宫殿必须得到保护或进行重建；没有艺术价值但是建筑质量高的建筑将得到保护或者维修；质量低劣的建筑将被拆除。[67]（图 16、图 17）规划的制定者们希望通过这种对现有建筑进行区分的方法，回答摆在他们面前的城市保护的关键问题："N'y a-t-il donc pas d'autre alternative pour un centre historique que d'etre inaccessible parce que propriété privée ou définitivement mort parce que

musée?[68]（除了禁止入内之外，历史中心还有其他的选择吗？因为它们都被私人掌握，或者几乎坍塌，或者只是因为它是一个博物馆吗？）"[69] 实际上，除了列入保护的建筑和街道景观之外，他们在规划中还设想了将街区内部掏空，以及重建原先的花园。因此，这与吉奥凡诺尼的细化理论完全相符。这一理论试图根据变革式街区的模式证明将历史中心的街区掏空，以及建立内部庭院的概念是正确的。内部庭院中具有现代造型的新建筑，与那些由米歇尔和尼克尔·奥瑟曼（1968—1972）在特里尼第一次改造中建造的建筑一样，与历史面貌形成了鲜明的对比。[70]

　　博洛尼亚将会成为历史中心重建的经典范例。在塞尔维拉蒂的指导下，按照塞维利奥·穆拉托里和阿尔多·罗西的类型概念，整个中世纪城区进行了与 1969 年的调整计划相一致的修复。与此同时，整个历史城市中心被看作一个"组织有序的城市规划单元"[71]。按照"整体恢复和保护"的概念进行保护和开发。因此，原有的社会结构也得以保留。[72] 为了切实有效地实施，采取了按照类型特点进行的分类，首先在"纪念性建筑和较低的房屋"[73] 之间进行了区分。对于"纪念性建筑"这个罗西的主要元素，采用了对遗迹的材料进行保护的经典规则。而对于"较低的房屋"——罗西定义的居住区，则在材料上发生了变化。但是这些改变必

图 18（左）皮埃尔·路易吉·塞尔维拉蒂，进行分类保护的博洛尼亚历史中心重建规划方案，1969

图 19（右）皮埃尔·路易吉·塞尔维拉蒂，博洛尼亚历史中心重建规划方案，用于建筑类型演变的研究，1969

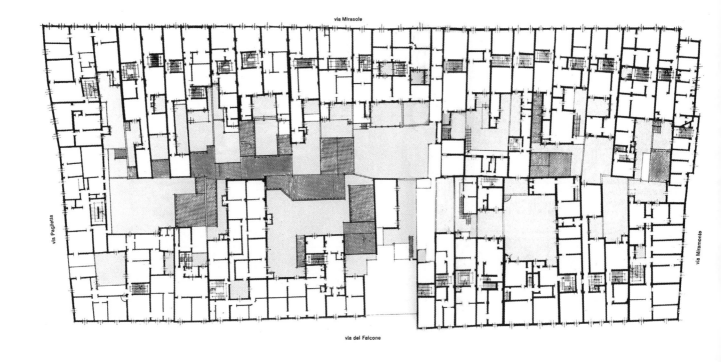

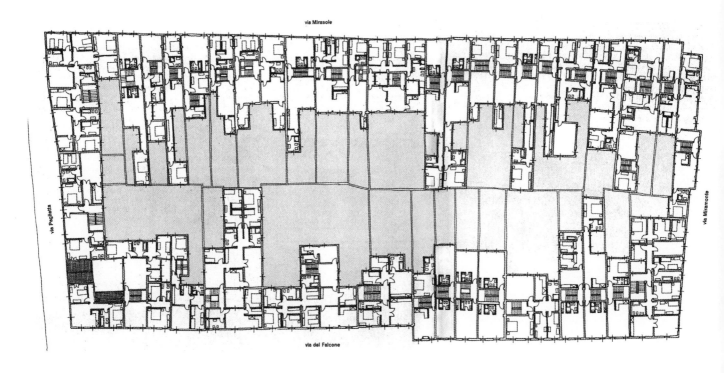

图 20 皮埃尔·路易吉·塞尔维拉蒂，
博洛尼亚历史中心重建规划方案，改
造前后的索尔费里诺区的街区，始于
1969 年

须符合现有建筑的类型，这是由更广泛的类型学研究所决定的。（图18、图19）划分的类型如下：（1）纪念性建筑；（2）宫殿；（3）住宅建筑；（4）小型私人建筑。其中每一类都可以继续细分为另外的组别。

改造也涉及街道形象的保护，在博洛尼亚，这是以主干道和边道两侧的拱廊以及保留的连栋式住宅为标志的。因此，为单独街区的修复进行了详尽的类型学研究。这些研究不只是记录了某些历史的状态，还考虑了历史的长期发展。根据这些类型学研究，修复、重建以及新建筑才能顺利进行。[74]

在大多数情况下，通过拆除一些庭院建筑，街区的内部被小心地清空。街区间的空隙被新建筑填满，这些新建筑具有相似的类型和外观立面，恢复了具有连贯意义的街景。（图20、图21）在居住区内保留人口的概念，现有建筑适当用途的规划都将城市的多用途性放在了首位，这一做法与这些建筑措施是同等重要的。作为一个共产主义者领导的城市，博洛尼亚的历史中心全面改造是一个政府项目，象征性地表达了政治的进步性与设计的保守性之间的关联，这在20世纪70年代是十分典型的。

在1975年的欧洲建筑遗产年，人们对历史中心被破坏的普遍担心产生了重要的推动力，以及与都市风貌相关的思想。结果，在遗迹保护[75]和整体保护[76]，以及扩充遗迹的保护立法中，城市景观的作用

得到了恢复。出现了整体和遗产区域以及政府支持的历史中心翻建，例如班贝格、雷根斯堡或吕贝克的案例。1987年，汉萨同盟城市吕贝克市作为德国首个城市遗迹最终入选了联合国教科文组织于1972年开始设立的世界遗产名单。一系列的宣言论述了城市保护任务：1975年，《欧洲建筑遗产宪章》在阿姆斯特丹颁布，复兴历史城镇的《布鲁日决议》也在1975年通过。最终，关于历史城镇和城市区域保护的《ICOMOS宪章》于1987年在华盛顿颁布。与此同时，对城市景观的关注也在新的层面上得到了普及，例如在成功的图册中对现代化提出了这样的批评：1976年，一个建筑在这里倒下，一台起重机矗立在那里，牵引车成为永久的威胁。（图22）[77]

相关专业团体的一派是建筑师和城市规划者，另一派则是艺术历史学家和纪念馆的馆长，两派都强调了开发与保护之间的关系。城市规划师彼得·兹洛尼奇创造了术语"城市保护"[78]，而艺术历史学家威利鲍尔德·索尔兰德则呼吁城市保护不应只是以历史和审美的标准为基础，还应该基于社会条件："从整个城市的角度看，可以说用于记录遗迹的传统术语已经不堪重负。……必须出现一种遗迹保护方法，以新的方式将历史的形式转换为社会形式。"[79]对于这种面向社会的历史中心和城区保护努力，小册子《我们的栖息地需要保护，遗迹保护，你们的家园正在一户户地死去》堪称经典的范例。它是由波恩一家"独立的公

图21 皮埃尔·路易吉·塞尔维拉蒂，博洛尼亚历史中心重建规划方案，改造前后的卡特里娜大街上的建筑，始于1966年

"民协会"的公益行动组织在 1975 年出版发行的，是与德国国家委员会合作为 1975 年的欧洲建筑遗产年提供的资料，并得到了联邦内政部的支持。它反映了官方的立场和公民的积极行动精神。正如德国国家委员会的主席、巴伐利亚州教育部长汉斯·麦尔在序言中对当前的危险进行的确定："尽管过去的风险是自然的侵蚀，但是今天我们必须保护我们的历史中心，使其免遭我们造成的破坏，并避免新街道和新建筑带来的破坏。"[80] 此外，小册子上还写道："今天，整个城市和地区（居住区、街道和广场）的组合，还有村庄"都是主要的遗迹保护对象。[81] 这里的任务是抵制"受呆板的技术专家和以自我为中心的经济利益支配的"[82] 现代化。

现在欧洲理事会已经确定，"1945 年之后，被摧毁的具有价值的遗迹和建筑区域比第二次世界大战期间的还要多，城市依然处于战争状态，或即将再次卷入战争"[83]。

除了城市景观之外，遗迹保护还关注于城市功能的混合。那些"先前保存完整的古老城镇，都在中心区域整合了商业、政治和贸易的功能，形成了令人愉悦的时尚氛围"[84]。这些都与"尚在襁褓之中的 20 世纪反城市理论"[85] 完全对立。为了城市的生存，历史发展的根本作用也得到了强调："如果'重建'是大规模的，毁坏的是整个城区，而不是可以精心修复的个体建筑，再加上新建筑的影响，都市的氛围就会'瞬间'

图 22 耶格·穆勒，"一个建筑在这里倒下，一台起重机矗立在那里，牵引车成为永久的威胁"，1976

烟消云散。因为经过数百年形成的建筑和社会结构是不能被急功近利的设计取代的"[86]。1975 年欧洲建筑遗产年的城市保护核心目标是保护社会和建筑层面的都市风貌。由此，"一个具有近百年历史的整个城区形象"[87]首次用于装饰小册子的封面，成为关注的焦点。（图 23）所有威廉大帝时期的城区都得到了修复，这些城区在两代人之前就已经被拙劣的现代城市设计所糟蹋。

1913 年，卡尔·舍费勒曾建议"将它们大面积地夷为平地"。[88]现在，由于这些现代主义者的产物远不如他们反对的城区更有经济价值，它们被确认为具有修复的价值。首批基于对老建筑精心修复的城区改造项目包括西柏林威廷区普特巴塞尔大街的街区（1970—1974）和夏洛滕堡区的 118 街区（1972—1980），它们是由哈特-瓦尔德尔·哈默尔实施的。此外，还有东柏林普伦茨劳堡区位于阿科纳广场和阿尼姆广场附近的街区（1969—1973）。（图 24）

在格拉斯哥这座杰出的"公寓城市"，险些成为欧洲激进拆迁改造计划牺牲品的居住区重新获得了尊重，它们拥有气势威严的 19 世纪砂石结构建筑。雷蒙德·扬在 1970 至 1972 年期间对格拉斯哥——戈凡区的塔伦赛大街住宅区域进行了处理，显示了在有租户居住的情况下，对现有公寓进行改造是完全可能的。[89]通过将具有保护价值的都市区纳入保护范围，使老城区的历史和审美得到延续的想法得以实现：由于在英

国，这种扩展类型城市设计开始较早，以前在总体上有很多限制的优雅别致的小城镇，现在也融入了常见的具有统一风格的都市景观。20 世纪的一些作者，例如 A. 特里斯坦·爱德华兹认为很多经典的 18 世纪排屋建筑也是 20 世纪 20 年代城市设计的典范。1967 年，爱丁堡的新城建立了苏格兰乔治王时期建筑的私人保护协会，在随后的 1971 年，由国家和城市的爱丁堡新城保护委员会接管。[90]

乔治王时期的巴斯镇的保护是一个教科书式的案例。1968 年，一项以《保护巴斯的研究》为题的研究出现了，以相对激进的现代化方法增加了很多隧道和空地。而亚当·弗格森在 1973 年出版的《巴斯的洗劫》挑起了非难性的论战，也带来了新的转机。（图 25）[91]1975 年，在新的城市建筑师罗伊·沃尔斯科特的领导下，巴斯成为欧洲建筑遗产年的模范城市，并保持了乔治王时代的独特面貌。[92]

德国的统一给德国的城市保护带来了巨大的挑战。按照 1975 年达成的共识，那些超过 50 年未经翻修，但是尚未遭到现代化破坏的前东德老城区需要进行修复。1991 年启动的城市保护国家计划承担了这一范围广泛的城市任务，并将保护和设计元素结合在一起："通过城市保护计划，具有建筑、文化和历史价值的城市中心，以及值得保护的遗迹区域应保护其建筑的完整性，并实施着眼于未来的进一步开发"[93]。国务秘书恩格尔伯特·吕特克·达尔德鲁普宣布历史和审美

图 23（左）公益行动组织，宣传册《我们的栖息地需要保护，遗迹保护，你们的家园正在一户户地死去》，1975

图 24（右）哈特-瓦尔德尔·哈默尔，柏林夏洛滕堡区的 118 街区改造，1972—1980

图 26 皮尔纳，1990 年重建后的市场广场

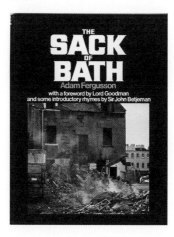

图 25 亚当·弗格森，《巴斯的洗劫》，1973

的价值具有同等的重要性："今天，这些城市的风貌并不只是一种令人印象深刻的美感再现，还表达了欧洲城市设计文化的历史传承。"[94]

在这一计划的头十年里，在土地所有权和资金方面极为困难的条件下，新德国众多的城市和城区得到了拯救和改造，这种全面的保护方式为全新改造后的城市历史中心形象创造了独特的品质。（图 26）[95] 尤尔根·苏尔泽于 2004 年在格尔利茨建立了振兴城市设计能力中心，对历史中心都市风貌的多个方面都进行了特殊的关注。该中心作为德累斯顿工业大学的分支机构，得到了德国遗迹保护基金会的支持。他们通过别出心裁的方式，将公寓建筑的空置、人口老龄化以及能源短缺等当代的挑战与城市保护的需求结合在一起。[96]

从 20 世纪 80 年代开始，除了常规的改造、修复工作或复兴之外，为了应对现代城市设施的冷漠氛围，壮观的历史中心重建工作也拉开了序幕。这些建设措施大多数只关注于新建筑，这些历史中心的重建似乎并不归属于面向物质材料的遗迹保护范围。它们与历史形式必须与历史实质相关联的思想并不相符，因此

有时被视为历史的欺诈而被拒绝。里斯本的西亚多区的重建是在灾难后进行的大规模常规修复。在 1988 年的大火中遭到破坏的 18 世纪连栋住宅的外观立面恢复了原来的状态。此外，还有圣母大教堂附近新市场的重建，2002 年开始设计的全新建筑立面极具历史形态，并按照老城平面图位置进行了建设。（图 27）

美因河畔的法兰克福，在以重建作为手段修复现代化造成的破坏方面处于领先地位。从 1981 年至 1984 年，根据历史的模型，位于罗马广场的一座毫无艺术价值的战后建筑被一整排重建的房屋所取代。在 2007 年开始实施的大教堂—罗马广场的重建是一个范围更广和雄心勃勃的项目：在大教堂和罗马广场之间，按照老城的规划平面图，重建了一个规模较小的建筑，取代了 20 世纪 70 年代以技术为目标野蛮建造的规模庞大的市政厅。[97] 这里的实验是大胆的，设计传统建筑时尽量做到与原来的模型相一致，从而使重建的古老建筑与新建筑一起形成和谐的城市景观。有关重建的可能类型、形式和材料的设计法规在 2010 年正式建立。

为 27 座连栋式住宅同时发布的招标竞赛，提供
了选择具有最高品质设计的机会。但是这也使得建筑
师无法参考相邻建筑形成的和谐一致的总体景观。(图
28) 尽管如此，该项目还是代表了最为雄心勃勃的城
市设计项目。通过城市的目标重建市内区域，表明城
市设计和城市保护之间的界限可以被跨越，从而有利
于传统意识的城市开发。

图 27 德累斯顿，新市场的重建，始于
2002 年

图 28 法兰克福，大教堂—罗马广场项
目，2012

3. 欧洲城市的修复建设

城市建筑的修复是在悄然无声之中开始的，一方面它是根植于常规的战后重建项目中。那里的街道、广场、街区和建筑已经被认为是城市的构成元素。为了修复那些在战争之后由现代化造成的破坏，并不需要壮观惊人的转变。另一方面，根据地块上的城市建筑类型，欧洲的市区中心建于20世纪60年代的数以千计的独立建筑显得默默无闻。但是这些并不是文章的主题。相反，建筑杂志纷纷报道根据新结构主义和野兽派思想构想的壮观巨型工程，却冷落了常见的位于街区边缘的连栋住宅。

由马里奥·阿斯纳戈和克劳迪奥·温德尔在20世纪50年代和60年代建造的优雅的大型连栋式住宅，在米兰取得了一定的声望。它们现代感的外观立面产生于20世纪的经验，而且没有放弃临街立面的威严气势和文雅气息。（图29）在哥本哈根，凯·菲斯科尔设计的女王花园住宅区（1943—1958）拥有大都市风貌的带有山墙的住宅，它们环绕在广场的周围，具有合理的现代设计和欧洲城市设计的古典空间塑造元素。（图30）在马德里的教堂大街，由卡奴·拉索（1966—1974）建造的街区周边住宅有意参考了变革式街区的传统，与排式建筑形成了鲜明的对比：临街的立面饰有凸窗，而庭院是一个带有绿化的平台。[98] 在20世纪六七十年代，世界各地有很多像布宜诺斯艾利斯这样的城市达到了城市化的高峰，出现了高达十层的公寓建筑，作为严格的街区周边建筑创造了大规模的都市街道空间。

在20世纪70年代，范围更广泛的讨论再次出现，并将重点放在了大型城市修复项目的形式上。这种明显的重新定位是由于公共住宅体现出的问题，因为大型的高层住宅造成了城市凝聚力的消失，也导致了社会隔离。1972年，在一项有影响的研究中，莱斯利·马丁和莱昂内尔·马奇将街区周边建筑作为适合城市生活的建筑形式，同时还引入了用于密度计算的数学方法。[99]1971年，约瑟夫·保罗·克莱修斯在柏林威丁区维尼塔广场的270街区的设计中，再次采用了街区周边建筑作为公共住宅的建设模式，并于1976年

图29 马里奥·阿斯纳戈和克劳迪奥·温德尔，米兰维拉斯卡广场的连栋式住宅，1950—1958

完工。（图31）[100]他没有采用造型模糊的大型结构
规划方案，而是根据现有的街道网路创造了清晰可辨
的城市空间。在街区中，夹缝形成的角落令人联想到
定居地的模式，除了有利于庭院的通风之外，它们还
方便了人们的出入，使庭院变成公共空间——尽管公
共和私有界限的打破有利有弊。

　　现在，很多大城市都致力于雄心勃勃的居住工程
项目改造，以适应现有的城市结构。在纽约，尤其是
大型公共住宅的大面积修复已经形成了反城市定居
地的类型。正是理查德·麦耶的双子公园东北项目
（1969—1972），尝试了在现有城市环境中创建街区
周边建筑形式的居住区。在科隆的历史中心，圣马丁
的重建方案做到了与周边城区的新建筑和谐一致。在
这个从1972年至1981年实施的项目中，约阿希姆·
舒尔曼参考了广场和连栋住宅，创造了看似回廊的结
构。[101]如果说广场的街区周边建筑以山墙的造型产生
了连栋住宅的形象，那么它们统一的风格和定居地住
宅的外观则在历史中心形成了一个巨大的整体建筑形
象。另一方面，在巴黎的欧风路，由克里斯蒂安·德·
波特赞姆巴克（1975—1979）建造的新街区，标志着
在城市中心的改造项目中放弃了高楼大厦，重新回归
了普通的屋檐高度。（图32）尽管这种关于高度的
规定被放弃才几年的时间，但是所谓的大型社会住宅

区，尤其是意大利广场附近的住宅区对城市景观的破
坏却是致命的。在维也纳，海因茨·特萨于1976年
至1983年期间在艾因斯德勒路13号建造的公寓建筑，
参考了红色维也纳庭院的都市态度，显示了新的设计
类型和迹象。

　　一种与当地的建筑类型、材料和造型的复兴相关，
并体现了新颖别致的地方主义色彩的都市风貌态度，
正在小城镇中形成。从1971年至1975年，在荷兰的
兹沃勒，阿尔多·范·艾克和西奥·博施在历史中心
建造了一种工作和居住相结合的建筑。除了沿着弯曲
的街道而建之外，还采用了传统连栋建筑的砖结构和
山墙造型。（图33）精心截去顶尖的山墙造型重复出现，
创造了居住区的统一风格，只有这一点显露了结构主
义的设计思想来源。这种具有不定形式的用户参考方
法，与现代主义僵化的形式相比，更易于适应不规则
的城市设计关系。从1973年到1977年，在莱戈姆，
沃尔特·冯·洛姆对市场广场的两座建筑没有采取激
进的拆除方案，而是在原有的位置对它们进行了适当
的改建。它们面向街道一侧的房檐和错落有致的高度，
与周围带有商店和公寓的现代建筑具有相同的特色。
（图34）在提交的竞赛方案解释报告中，建筑师清
楚地提到了在莱戈姆的历史中心改造中一直发挥着重
要作用的都市风貌定位原则："（1）激活和增强现有

图30 （左）凯·菲斯科尔，哥本哈根
的女王花园住宅区，1943—1958

图31 （右）约瑟夫·保罗·克莱修斯，
柏林威丁区维尼塔广场的270街区，
1971—1976

图 32 （左）克里斯蒂安·德·波特赞姆巴克，巴黎欧风路，1975—1979

图 33 （右）阿尔多·范·艾克和西奥·博施，兹沃勒的连栋式住宅，1971—1975

的混合用途……（2）通过在建筑中交替运用山墙和房檐，支持老城区的结构。（3）新建筑的特征和规模要与相邻的建筑保持一致。"[102] 德尔·施皮格尔简洁地描述了这一谨慎的策略："冯·洛姆的修复、改建和翻新填补了空白。"[103] 在当时，正是那些拙劣的城市设计服务引起了巨大的关注。

柏林国际建筑展览会 1984/87（简称柏林 IBA），是城市修复道路上的一座里程碑。[104] 这是大都市首次进行摒弃定居地和高速公路的大面积改造，提出的目标是"拯救破碎的城市"。1978 年，在经过一番争议之后，柏林参议院决定在 1984 年举办一次建筑展览会，其主题为"居住在城市中心"，并为此在 1979 年创立了德国建筑有限公司。在一份作为参议院法案的计划文档中，对这些目标进行了明确的说明："建成的城市将主要以空间的密度以及多样的功能和生活方式进行区分。城市不仅是一个明确的目标，它还是生活、主张和时代精神的象征。……一代人已经开始寻求解决方案，以应对功能分离带来的难以集中、环境破坏、交通混乱和大众消费等问题，密布交织和多元化的景观也因为这些问题而消失了。面对这些城市发展的问题，出现了一些科学的解决方法，诸如大批移居、务工人员的回归、专业领域的不断培训、增加闲暇时间和解放下一代，从而改变了对城市设计的理解。通过'居住在城市中心'这一主题，国际建筑展览会将直接应对这些问题。……综合的主题是：'拯救破碎的城市'和创造新的环境质量需要一个综合的城市发展规划。"[105] 六个相关论题中的一个是："城市的历史结构必须成为城市发展的永恒基础。"[106] IBA 的计划中包括老建筑和新建筑部分，前者由哈特—瓦尔德尔·哈默尔领导，后者由约瑟夫·保罗·克莱修斯领导。两位建筑师在城市修复领域都不是无名之辈：凭借柏林威丁区普特巴塞尔大街出租公寓（1970—1974）和柏林夏洛滕堡区 118 街区（1972—1980）的精心改造，哈默尔已经创造了街区复兴的雏形，同时保持了原有的社会结构、建筑的材料和质地。通过前面提到的维尼塔广场街区（1971—1976），克莱修斯已经使街区周边建筑作为城市设计的模型被再次接受。他对柏林地图集的类型学和城市空间研究已经引起了柏林城市设计行业的关注。[107] 二者都运用有影响的关键词制定了各自的城市设计策略：哈默尔强调建筑展览会老建筑"温文尔雅的更新"；而克莱修斯则对展览会的新建筑提出了"批判性重建"。哈默尔写道："克罗伊茨贝格在 20 世纪六七十年代的改造中遭到的破坏远大于战争和柏林墙造成的破坏。……以这种方式，市中心成为生活和工作的地方，就不能限制人口的数量。对此，在我们制定的程序中，将这里生活和工作的人们的活力放在首位：温文尔雅的更新。"[108] 对于现代主义打破的传统和常规，克莱修斯

图 34 沃尔特·冯·洛姆，莱戈姆市场广场的连栋式住宅，1973—1977

这样写道："这就是为什么我们正在极力呼唤历史城市的合法性和构成元素。除了建造城市，确定建筑与公共空间之间的关系之外，这还意味着城市的平面布局和形象是最为重要的。"[109] 这两种策略其实是城市修复中的两个方面，在不同的城市区域也会出现不同的情况：在克罗伊茨贝格，现有城市建筑的保护是重要的问题；而在南部的腓特烈施塔特、蒂尔加滕、布拉格广场和泰格尔港，重要的问题则是现有环境中的新建筑。

在建筑展览会开始之前，作为试点项目的骑士大街的街区（1977—1983）就已经开始实施，它是由罗布·克里尔和其他建筑师合作设计的。[110]（图 35）克里尔首次实施了他的斯图加特开发方法，在空置的地段上创建了街道和广场空间，以及街区和纪念性建筑：他在一个超级街区中建立了一个小型的城市广场，将卡尔·弗里德里希·申克尔进行立面改造后的费尔纳公寓作为广场的纪念性建筑。同时，他用理想化的鸟瞰视图表现了南部的腓特烈施塔特连贯的城市建筑结构，并刻意参考了朱勒·盖林在美丽城市运动中提出的城市形象。（图 36）1984 年，约瑟夫·保罗·克莱修斯也提出了一个类似的理想化总体规划。（图 37）理想地表现了对毁于现代化和战争的城市街道和街区进行的修复。

尽管在时断时续的计划和建设之后，柏林的国际

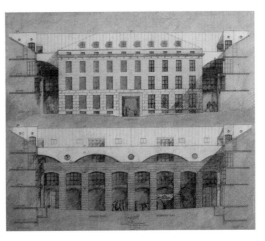

图 35 罗布·克里尔等人，位于柏林骑士大街的街区，1977—1983

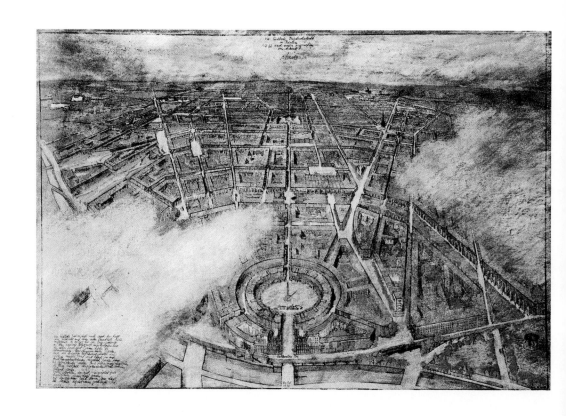

图 36 罗布·克里尔，柏林南部的腓特
烈施塔特鸟瞰图，1977

建筑展览会被推迟到 1987 年才举办，但是它在很多
方面都取得了成功。它汇聚了当代国际建筑领域内众
多建筑师的精华项目，从罗西到格雷戈蒂，再到海杜
克和埃森曼；从库哈斯和赫茨伯格到库克和斯特林；
从西扎到博塔，以及盎格尔斯和伯姆、奥托等，都展
示了各自的城市定制规划策略。[111]（图 38、图 39）
在巡回展出中，IBA 关于老建筑的社会项目也在国际
上声名鹊起。但是，这一展会的首要目的是通过街区
边界的建筑使城市空间焕发活力。以创造性和要求苛
刻的设计对这些尚有居民居住的古老公寓建筑进行保
护和改造。这清晰地反映了人们对于城市态度的改变。
这种对城市古老建筑的尊重也导致了工作和居住功能
相融合的趋势再度流行。而新建造的建筑更多地受限
于居住的单一功能，这种情况与城市设计的模式没有
太多关系，更多地体现了公共住宅严格的规定框架。

在国际目光关注西柏林建筑展览会的同时，东柏
林在城市设计方面所做的努力也是不容忽视的。例如
在 1973 年，普伦茨劳贝格区阿尼姆广场附近的一栋
19 世纪末期的公寓大楼开始了改造。但是由于东德
的公共住房计划过于昂贵，改造未能继续进行。霍布
莱特的无须修复的都市建筑结构不得不等待下一代人
来完成，并最终令人惊讶地做到了。在清理后的内城

中，在一个西部著名的旅游地点，按照冈特尔·斯塔
恩的方案（1979—1987）建造了尼科莱居住区，作为
柏林中世纪历史中心的城市空间重建项目，并部分涉
及新的结构组合与建设原则：连栋式住宅再次定义了
街道空间，但是只有一部分是在老城区的原址建造的。
工业化的板式建筑转变为市区内的连栋式建筑类型，
成为真正的重建工程。[112]（图 40）一层的公共用途与
上层的公寓组合在了一起。

随着柏林墙在 1989 年的倒塌，"温文尔雅的更新"
和"批判性重建"这两种城市设计方法得到了可以
用整个城市作为试金石的大好机会。幸运的是，充满
强烈乐观主义精神的柏林在统一之后被重新宣布成为
德国的首都，新的城市设计模式不必是原来的类型。
相反，对可能建造的建筑要进行设计实验，这绝不意
味着受邀参加展会的建筑师会为柏林带来完全不同的
设计。[113]可是，在 20 世纪 90 年代，柏林城市规划的
负责人汉斯·斯蒂曼要求，新形势下的城市设计和建
筑要遵循柏林国际建筑展览会提出的指导原则范围。
其中的一项要求是，除了边远的地区之外，市内区域
将进行新的建设。现在，除了国家补贴的公共住房之
外，国际私人投资的手段也是可行的。并且，除了居
住功能，所有的城市功能也都在考虑之中。

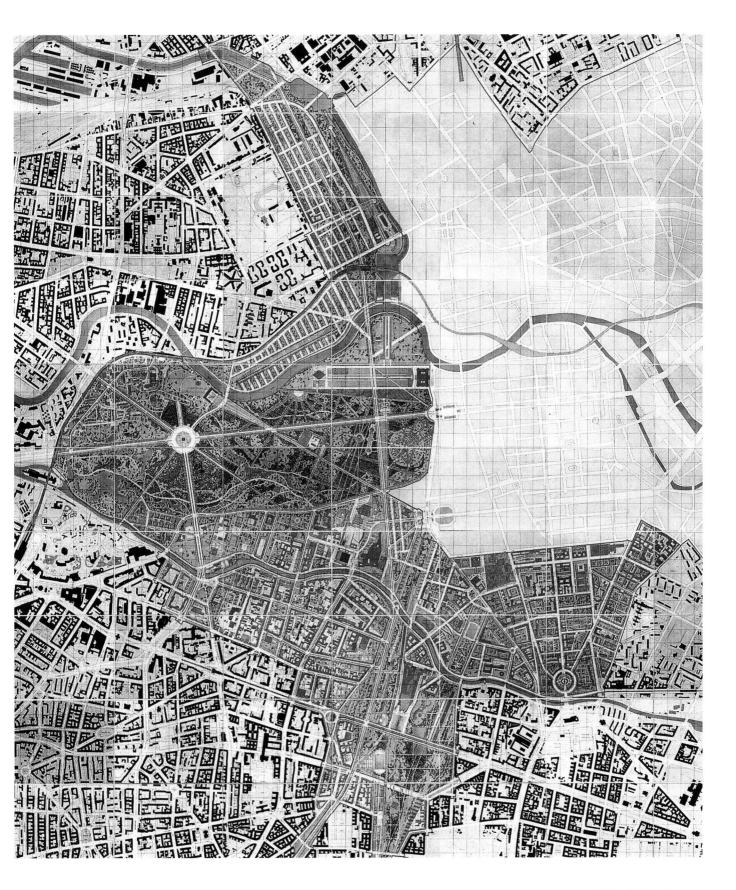

图38 阿尔多·罗西，柏林南部腓特烈施塔特的街区周边建筑，1981—1987

图39 戈特弗里德·伯姆，柏林的布拉格广场，1979

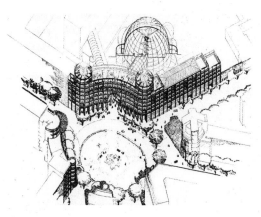

图40 冈特尔·斯塔恩，柏林尼科莱居住区的重建

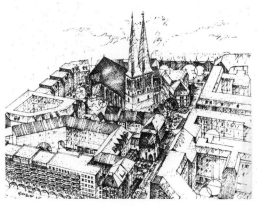

随后的 IBA 主题要点得到了进一步的发展：城市设计不再只是公共部门考虑的领域，现在也得到了私营建筑业主的参与。从参加柏林国际建筑展览会的明星建筑师们富于变化和极具个性的风格可以看出，虽然形式多样，但是这些都是缺乏根基、易于变化的国际风格。结果，"柏林建筑"的主题以典型的地方品质成为关注的焦点。另外，不同的客户和用户群体发挥的社会作用比国际建筑展期间的社会作用要大得多。在这个项目丰富的时代，一个重要的里程碑是为重建波茨坦广场举行的招标竞赛。这个近似于神话般的大都市广场建于 20 世纪 20 年代，体现了大城市都市风貌的精髓。这也标志着在柏林墙阴影笼罩之下的几十年，那里就是一片荒废之地。这是一个堪称典范的项目，展示了将之前被分隔为两部分的城市成功融合为一个"完整的都市"。在招标规定中明确规定了"都市特征"和"具有高度的多功能特性"。[114] 在 1991 年提交的参赛建议方案中存在着很大的争议。希默尔 & 萨特勒事务所以现有城市为参照的设计并不突出，但是却最终胜出。他们避开媒体的注视，在方案中设想了一个由广场、街道和高度适中的街区构成的城市，虽然这几乎是一个由私人投资的项目，但是他们的设计适应了柏林现有城市体系发展的新形势：为了迎合投资者的需求，建筑的高度比过去略微高

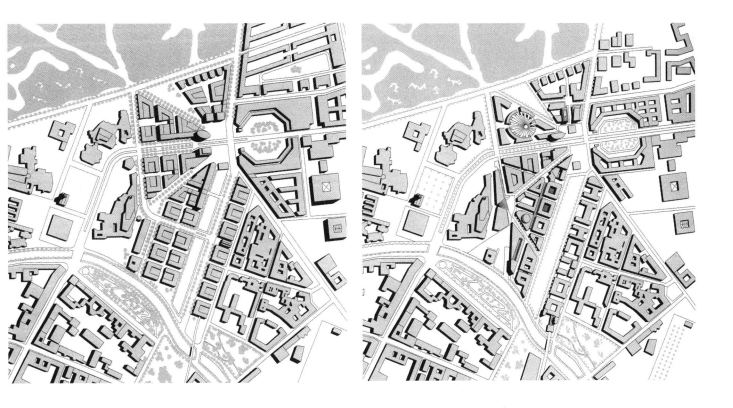

出一些。同时，为了便于将街区塑造成一个整体建筑，街区的规模也变得更小一些。

该项目经历了若干规划阶段，其中之一是在1992年为德比斯地段举行的城市设计竞赛，伦佐·皮亚诺和理查德·罗杰斯的方案赢得了竞赛，该方案规避了总体规划中的基本概念，他们在公共街道的结构中插入了私人的购物中心，将城市周边购物中心的概念转移到城市的中心区域，从而影响了城市空间的结构。尽管如此，最终的城区依然是按照每个竞赛的获胜方案进行建造，展现了结构复杂的城市中心建筑和结构。除了在地面层的商业用途之外，用户还希望提供办公空间。为了通过混合功能保证都市化的城市生活，还提出了居住空间要占20%的空间份额的要求。最终浮现在人们眼前的是混合的城市设计模式，出现了风格各异、对比鲜明的个体建筑。但是，希默尔&萨特勒事务所的方案中缺乏魅力的基本结构却被证明是强健有效的，清晰地定义了城市空间。即使在今天，这个城区也无疑是一个城市的中心。（图41）

在1990年的外围区域规划中，包括汉斯·科尔霍夫、克里斯托弗·兰霍夫、海尔格·蒂默尔曼、尤尔根·诺特迈耶和克劳斯·齐力希在内的设计组，为柏林施潘道区哈维尔河的水上城市制订了革命性的方案。他们的方案没有参照功能方面的规定，而是基于城市空间和建筑的类型，确定了一个居住和工作结合的城区。为了反对城市外围结构不断分散的趋势，他们设想了由经典的变革式街区、高达六层的街区周边建筑以及绿色的庭院构成的密集城区，将曾被人们厌恶的租户型城市进行了扩展和继承。而在哈维尔施皮茨城区，由沃尔特·诺贝尔设计的大桥于1997年竣工。他将这种交通基础设施再次理解为一种纪念性的公共空间建筑。此外，该城区还建造了几个居住街区。但是整个项目后来陷入了财政困难，规划方案也因此取消。

1996年，由柏林市和汉斯·斯蒂曼启动的城市中心规划作为市中心再开发的整体规划，成为另一个里程碑式的重建规划。[115] 城市的西部由弗里茨·诺伊迈耶和曼弗雷德·奥特纳负责规划设计；东部则由伯恩德·阿伯尔斯和迪特尔·霍夫曼·阿克斯撒尔姆负责规划。他们的任务是重新整合被隔离了几十年的两部分城市空间。经过激烈的讨论和参与程序，该计划于1999年获得批准。（图42）它的最大成就是通过棕色地带的重建和交通要道创造了城市空间，并建设性地定义了街区的边界。城市中心规划体现了对原有建筑的尊重，并以过去的规划平面图为设计导向。为了使街区的设计合理，为了说服对城市规划一无所知的投资者和缺乏城市建设经验规划者，他们进行了建筑

图41 柏林的波茨坦广场，希默尔&萨特勒事务所1991年的城市设计图和后期的实施图

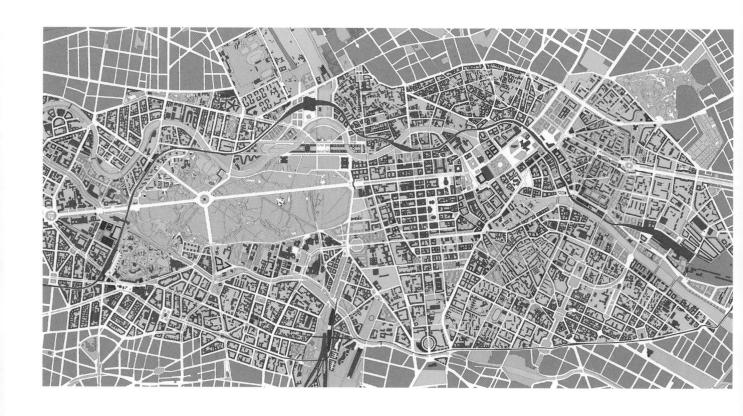

图 42 汉斯·斯蒂曼等人，柏林的市中心规划，1999

类型的深入研究。

统一之后，在柏林的城市扩张框架内，出现了堪称典范的解决方案，运用广场、街道、街区和建筑等一切城市设计元素促进了建筑都市风貌的形成。[116] 位于莱比锡大街和火车站之间的弗里德里希大街可以作为这种城市街道的范例。在这种情况下，通过严格按照建筑控制线建造的建筑，重新获得了以巴洛克风格的轴心街道空间。通过令人过目难忘的临街立面和拱廊，这些连栋式住宅促进了都市风貌的形成。这些建筑在一层布满了商店，上层是办公室和少量的公寓。

图 43 汉斯·科尔霍夫，柏林夏洛滕堡区的沃尔特—本杰明广场，1995—2001

汉斯·科尔霍夫设计的柏林夏洛滕堡区沃尔特—本杰明广场（1995—2001）是一个广场的经典实例。（图 43）这个步行广场位于之前的街区之内，在两条城区街道之间延伸，侧面的连栋式建筑类型设计形成了两个细化的边界，定义了街道和广场的空间。由巨大的混凝土立柱形成的柱廊凸显古老的柱廊街道传统，它们将这一空间转变为现代大都市的广场。严谨的建筑设计将居住、工作、购物、教育和放松等多种功能用途整合在一起。

位于弗里德里希大街的那些整体街区形成了统一风格的外观，这与都市的规模是不相符的。于是在此之后，该市对设计进行了细化，将街区划分为房屋单元。这种街区的典型范例是由若干建筑师为一个业主设计的弗里德里希大街 109 街区（1992—1996）。加上约瑟夫·保罗·克莱修斯为其设计的连接通道，这里成了克莱修斯、克劳斯·西奥·布伦纳、维托利奥·马尼亚戈·兰普尼亚尼和沃尔瑟·斯特普进行个体建筑创造的试验田。另一方面，位于保卫大街的街区是单个建筑师的作品：阿尔多·罗西激发了形式和色彩的灵感，展示了丰富多彩的个体建筑设计。这些建筑的外观立面包括他自己的发明和传统的复制。这种结果可以从两个方面理解：即独立自主的房屋集合与一个

统一的街区，通过重复的元素结合在一起。（图44）
弗里德里希维尔德的连栋式住宅（2004—2011）[117]是
经典的街区实例。其中，个体建筑设计的细分与单个
地块上的所有权划分是一致的。为了让档次更高、更
有家庭氛围的住宅回归城市中心，在街区狭窄的地段
上建立了高层的连栋住宅，它们丰富的建筑形式也体
现了住户的多样性。（图45）

在菩提树下大街14号，由佩特拉和保罗·卡菲
尔特设计的建筑（2006—2010）是一个著名的都市连
栋式建筑，可以作为多功能融合的范例。（图46）
它将地面层的商业用途和上层的办公空间以及顶楼公
寓融合在一个建筑中，而在其他的项目中这些功能是
被分离到不同的建筑中。凭借天然石材的外观立面以
及改进的传统和早期现代元素，在这个历史氛围浓厚
的环境中达到了不朽城市建筑的标准。其他高层城市
建筑的构想实例还有汉斯·科尔霍夫设计的位于波茨
坦广场的高层建筑（1998—1999），以及由克里斯托
弗·麦科勒尔设计的哈登大街动物园之窗大厦（1999—
2012）。霍尔科夫的建筑通过立面的构造、坚固的材
料和具有空间塑造功能的拱廊形成了优雅的风格，与
相邻玻璃大厦冷漠的反射美学形成了巨大的反差。而
麦科勒尔的建筑通过混合的城市结构，将街区边界、

板式房屋和塔楼建筑融合在一起，堪称一项绝技。可
以说，该设计虽然消除了20世纪的建筑传统，但是
在客观上却有效地定义了周围的城市空间。（图47）
这种城市修复还带来了额外的好处：一方面它取代了
之前选定的精英式高科技设计；另一方面，还取消了
康德大街的过街天桥，重构了街道的公共空间。

在1979年的政治变革之后，加泰罗尼亚地区进
入了自治状态，并举行了弗朗哥政权之后的首次自由
选举。而巴塞罗那的综合城市改造计划也为全世界提
供了一种著名的城市修复模式。在社会党市长纳尔西

图45 柏林弗里德里希维尔德的连栋式
住宅，2004—2011

图44 阿尔多·罗西，位于柏林保卫大
街的街区，1994—1998

图 46 （左）佩特拉和保罗·卡菲尔特，柏林菩提树下大街14号的连栋式建筑，2006—2010

图 47 （右）克里斯托弗·麦科勒尔，柏林的动物园之窗大厦，1999—2012

斯·塞拉（1979—1982），特别是帕斯卡尔·马拉加尔（1982—1997）的领导下，实现了很多综合城市改造计划。它们都是建立在一种哲学基础之上，即具有优秀建筑的城市开发会促进城市的民主氛围，而积极的城市社会也将有利于产生优秀的建筑。观念领先的建筑师奥利奥尔·博伊霍斯在 1982 年至 1984 年期间担任了城市建筑师。

　　1999 年，在 RIBA 授予巴塞罗那金奖的仪式上，以及纪念自己参与市政建设 20 年之际，博伊霍斯在演讲中总结了他的城市设计观点。他在《城市方法论的十个要点》中，一开始就将城市确定为一种政治单元，社会在其中发挥着根本的作用。设计的作用与公众在社会政治领域中的核心作用是等同的，后者的作用是在公共空间内实现的。他将其描述为关键的城市标准："公共空间就是城市"[118] 他首先要求这种公共空间要具有易于识别的特性，这将随着古老城市的密度增加而形成。这种方法是"从识别性和人类学的角度，对街道、广场、花园、纪念性建筑和城市街区进行的重新诠释"。[119] 这种与欧洲城市设计传统的关联

并不只是象征性的，因为事实上，为巴塞罗那制定的规划始终伴随着对该市城市设计历史的广泛研究，尤其是伊尔德丰索·塞尔达曾经制订的规划方案。总之，博伊霍斯强调了建筑在城市空间塑造中的作用，为了改善公共空间，就不只是大规模规划的问题，而是特定建筑的处置问题。他的座右铭是："用建筑替代都市化"。[120]

　　从新市政府的第一个项目中可以看到这种对公共空间的强调，在巴塞罗那的历史中心和郊区的格拉西亚设计了很多规模更小的广场。[121] 这些新定义的城市广场栽有树木，并设置了座椅、遮蔽阳光的凉亭，地面铺盖了石材。这些开放空间不仅在品质上达到了所谓的公共客厅的标准，还成为每个城区的社交中心。这些早期阶段设计的新城市广场包括赫里奥·皮纳、阿尔伯特·维亚普拉纳和恩里克·米拉莱斯设计的加泰罗尼亚国家广场（1981—1983）。费德里科·科雷亚和阿方索·米拉设计的索列尔广场（1984）和皇家广场(1984)；巴赫和莫拉设计的格拉西亚的几个广场。（图 48）在历史中心，范围最大的改造就是 2001 年

完工的拉姆布拉大街，它的规模达到了历史中心所能容忍的极限。（图49）那里创建的城市广场在形式和规模上令人想起罗马的纳沃纳广场，但是没有通过特殊的设计强调广场的立面：为了建立广场，拆除了两条大街之间的一系列街区，尽管保留下来的临街建筑立面看上去有不舒服的感受，并且不打算展示于人，但是它们现在却成为广场的界墙。尽管如此，拉姆布拉大街还是以严整栽种的成排树木创造了开阔的都市开放空间，为建筑密集的城区带来了全新的公共空间体验。

除了设置一系列的广场之外，修复计划包括将街道作为城市公共空间的设计。其中一个重要的实例就是菲亚·茉莉娅项目——从一个残破不堪的停车场转变为带有中央步行长廊的林荫大道。但是对于业界和游客来说，最具国际影响力的却是曼努埃尔·索拉-莫拉莱斯重新设计的木材码头大道（1982—1988）。（图50）采用栽满树木的宽阔长廊将道路的步行区域覆盖，创造了一个从历史中心通向海港的步行道，将城市与大海相接。建筑师通过归化汽车交通的方式巧妙地纠正了现代化造成的错误，并效仿了路易十四时期巴黎老城要塞的林荫步行大道，创造了一个深受市民和游客喜爱的场所。

1992年奥运会的准备工作为大规模的建设和基础设施项目创造了良机。[122]尤其是奥运村，为建造属于城市的公寓提供了一个大好时机。从1985年开始，何塞普·马托雷尔、奥利奥尔·博伊霍斯、大卫·麦凯和阿尔伯特开始制订方案，构想了塞尔达的城市网格结构，将城市向水面延伸。塞尔达市也受到启发，

将若干街区合并成超级街区，形成了国际园区的结构。凭借四个建筑群以及最终细化的房屋单元，这四个超级街区得到了进一步的开发，而这些单元分别由二十多位当地的建筑师负责设计建造。（图51）如果这些住宅区可以被理解为巴塞罗那城市扩张的延续，并在临街的一层设置了商业空间，那么位于游艇港后面的两座大厦形成了一道大门，标志着奥林匹克城区新入口的进取精神和现代性，这个入口被称为伊卡利亚的新星。

20世纪90年代后期，塞尔达城区扩张中的这种具有特色的现代街区扩展策略，在波布雷诺区的五个街区中得到了延续。在这一案例中，网格结构的街区布满了街区周边建筑。由拉斐尔·莫尼奥和曼努埃尔·索拉-莫拉莱斯设计的紫丁香对角线大厦（1988—1993），使塞尔达设计的对角线大道显得更为突出。（图52）在这个超级街区中，一个临街的购物中心经过整合后融入城市的结构之中。都市化的建筑外观立面几乎占据了整个街区，办公楼、酒店、学校和一个会议中心也都集中于此。通过凹凸起伏的造型和垂直方向上的逐渐过渡，建筑师得以在300多米长的外观立面上并置一系列造型相同的窗口，于是一个看似怪异，实则充满趣味和都市特色的巨大纪念性建筑出现在人们的眼前。

在巴黎，人们对功能主义现代化对城市造成的破坏感到不满，这种破坏在那些城市中心早期的改造区域可见一斑，例如意大利广场附近的地带。这种不满也引起了人们的反思。在20世纪60年代马雷区的改造中，已经产生了保护当地城市传统的倾向。在70

图48 赫里奥·皮纳、阿尔伯特·维亚普拉纳和恩里克·米拉莱斯，巴塞罗那的加泰罗尼亚国家广场，1981—1983

图 49 巴塞罗那的拉姆布拉大街，
2001 年

年代，建筑师伯纳德·休伊特作为杂志《今日建筑》的编辑，为"回归城市的历史"做出了解释。1994 年，他在公共空间的设计中恢复了巴黎的传统。在香榭丽舍大街的重新设计中，他那精妙的平面设计图直接参考了 18 世纪皮埃尔·帕特精雕细刻的街头版画。（图 53）1980 年，在两年一度的巴黎建筑展览会首次展出中，巴黎便致力于"都市风貌"的主题。[123] 在 20 世纪 80 年代，通过纪念性建筑对公共空间进行强调的做法，法国总统弗朗索瓦·密特朗提议借鉴两座 19 世纪拿破仑时期建筑的传统。

贝西新区作为一个协议开发区（ZAC），被构想为原有城市的扩展，从 1988 年开始实施，并于 1990 年竣工，体现了 20 世纪 90 年代最为重要的特色。[124]（图 54）在私人和公共资金的帮助下，该市修建了一座公园，与塞纳河畔先前的一个小型工业和商业区域内的城市开发项目毗邻。对于这个被称为"前线公园"的邻接开发项目，建筑师让-皮埃尔·布菲提出了一个城市设计方案，构想了四个由八层建筑组成的 U 形街区，街区的正面紧邻波马特大街，庭院则朝向公园

的一侧开放。为了创造一个朝向公园的都市化正面外观，就像对杜伊勒里宫和战神广场的研究一样，布菲在街区的两翼之间建造了很多所谓的凉亭，将独立的建筑元素用连贯的露台贯穿在一起。这样，街区的建筑立面以豪斯曼式风格横向出现，使街区内几乎所有的公寓都拥有观赏公园的视野。在此基础之上，街区被划分为由不同建筑师建造的房屋单元。选定的建筑师包括弗兰克·哈默特内、菲利普·夏克斯、让-保罗·莫雷尔、费尔南多·蒙特斯、伊夫斯·莱昂、赛利亚 & 库佩尔、法布雷斯·迪萨潘、弗朗索瓦·勒克莱尔、克里斯蒂安·德·波特赞姆巴克和亨利·西利亚尼。这种选择有利于一批年轻建筑师发挥创造力，他们努力将受到勒·柯布西耶风格影响的建筑外观结构与都市化建筑的需求结合在一起。通过这种方式，回归到变革式街区的城市设计与建筑设计，并以复兴的国际风格相结合。这里拥有1500套价格不同的公寓，其中包括补贴公寓。整个街区被设想为具有社交和多种功能的城区。街区建筑的一层设有商业机构、咖啡馆和办公室、酒店，学校和其他的文化设施也被整合

图 50 曼努埃尔·索拉 - 莫拉莱斯，木材码头大道，1982—1988

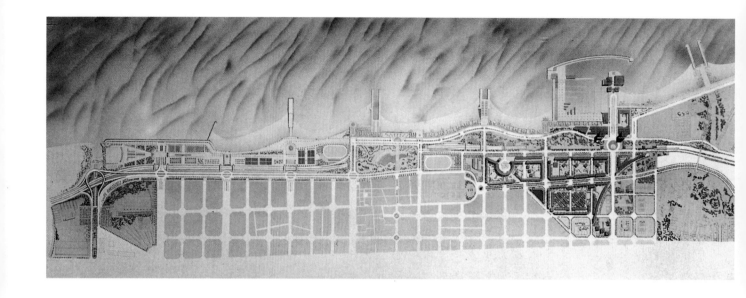

图51 何塞普·马托雷尔、奥利奥尔·博伊霍斯、大卫·麦凯和阿尔伯特等人，巴塞罗那的奥运村，1985—1992

图52 拉斐尔·莫尼奥和曼努埃尔·索拉-莫拉莱斯，巴塞罗那的紫丁香对角线大厦，1988—1993

到建筑之中。

勒普莱西-鲁宾逊镇的项目开始于1989年，人们可以把它看作与现代主义城市修复对立的传统主义模式。这个城市修复项目有两个方面的问题：首先，其目标是在巴黎的外围形成都市化的郊区；其次，必须找到有效的方法处理20世纪30年代至60年代期间在该地遗留下来的反城市化建筑设计。在新市长菲利普·佩梅塞克的领导下，该项目以激进的拆除方式开始进行，并按照得到证明的城市设计和建筑模式建设新的建筑。

在20世纪60年代的格里莫港项目中就已经打破

功能主义城市设计的弗朗索瓦·斯普瑞，于1990年为市区中心设计了规划方案。直到2000年，沿着朝圣大道的几个街区才建造完成，而带有喷泉的圆形广场则定义了城区的中心。（图55）这些街区按照不同的设计进行划分，大部分是五层高的建筑，它们的规模和形式与18世纪巴黎的城市建筑具有一致的风格。采用这些熟悉的建筑形象和主题并不只是为了唤醒过去的荣耀，还形成了丰富多彩的城市街道背景，为城区的多种公共和私有功能提供了场所，例如各种住宅、商业设施、餐馆、学校和其他设施等。

1992年，在木林山谷区，马克和纳达·布雷特

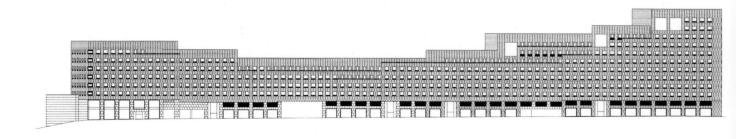

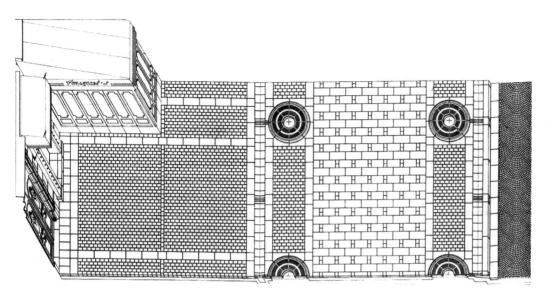

图 53 伯纳德·休伊特，重新设计的巴黎香榭丽舍大街，1994

曼在侯爵林荫道的两侧设计了三个街区。[125]（图 56）这些街区将街道、广场和庭院简洁明快地融合在一起，在巴黎的郊区引入了变革式街区的传统，创造的郊区都市化生活模式远远超越了定居地和单户家庭住宅的模式。在街区内，1998 年完成的建筑被划分为不同的、可识别的住宅单元，通过精心构思的古典形式可以清晰地将它们分辨出来。一些基本的造型结构，例如窗框、壁柱和檐口等，在材料和工艺的选择上都明智地把耐久性放在了首要位置。与具有讽刺意味的后现代主义形式参考方式相比，这里的目标是以严肃、持久和优雅的方式应用经过验证的形式。这里的城区还包括不同类型和多种用途的公寓建筑。

英国的建筑文化，显示出一种存在于更具乡村内涵的古典主义和深受工业化影响的技术主义之间的分隔和对立。而介于两者之间的城市建筑态度很难占有一席之地。在 20 世纪 80 年代，英国迈出了克服功能主义城市规划的第一步。传统主义者在利昂·克里尔的理论影响之下，对街道、广场、街区、建筑和纪念性建筑进行了重新评估，对城市密度和功能的融合进行宣传。在 20 世纪 90 年代末期，这种城市设计方法也被理查德·罗杰斯这样的技术主义者所接受，他认为在政府目前的政策框架下，建筑文化正在向城市回归。不过，在形式表现方面的分歧继续分化出另一种关于城市设计基本问题的显著共识：技术主义者对未来复古风格建筑的乐观主义，与以未来为导向的古典主义是密切相关的，但是没有任何一方承认他们分享着相同的城市设计态度。昆兰·特里于 1984 年至

1987 年期间在伦敦郊区的里士满中部、泰晤士河畔建造的里士满河畔项目，打破了综合办公建筑风格统一的建筑实践。[126]（图 57）他没有采用原来规划的大型单一结构，而是设计了一组各自独立的建筑，排列在街道的边缘，此外还在河边设计了一个广场、一个庭院和露台式花园。这种传统的城市结构使特里成为乔治王时期风格和帕拉第奥式建筑风格的同盟，在建设中采用了承重砖墙和石板屋顶的传统结构方式。除了需求的办公空间之外，这里还有临街的商店和拱廊，两座公寓大楼、一座酒店和市政厅。结果，在原有城区的中部，这些建筑的组合呈现出小镇的都市化氛围，并得到了公众的高度赞扬。这不仅是因为它优越的滨河位置，还得益于在具有乡村气息的公园与都市风貌的街道之间刻意创建的对比和反差。

圣保罗大教堂北侧的帕特诺斯特广场区，是伦敦中心地区城市修复的经典之作。[127] 在广场周围拔地而起的大都市中心建筑取代了 20 世纪 60 年代建造的平庸和忽视环境的办公大楼。通过一条小巷可以到达广场。这些建筑在规模、类型、材料和形式上，与伦敦最重要的教堂建筑呈现的森严的氛围环境相一致，形成了属于自己的都市风貌。威廉·霍尔福德的现代主义建筑建立仅仅 20 年之后，就已经难以适应计算机时代的要求。因此，新的业主们在 1987 年为建造新的建筑举行了招标竞赛活动。在受邀的八位现代主义者中，阿鲁普联合事务所一举中标，但是他们的设计遭到了公众的非议。威尔士亲王的批评使得约翰·辛普森制定了传统主义的设计进行替代，并在 1988 年

图 54 让 - 皮埃尔·布菲等人，巴黎的
贝西新区，1988—1985

的一次展会上得到了最高的赞誉。辛普森通过卡尔·劳宾迷人的油画呈现了自己的方案。他打破了大型结构的概念，将广场和小巷之间的地段划分成若干小型的街区，并采用了新乔治王时代风格的建筑，这种建筑曾在 20 世纪 20 年代和 30 年代为英国带来了现代的特色。（图 58）

1989 年，在又一次更换业主之后，辛普森实际上与罗伯特·亚当、托马斯·毕贝、特里·法拉尔、保罗·吉布森、艾伦·格林伯格、迪米特里·波菲利和昆兰·特里形成了契约，并在 1991 年展示了城区的规划。然而，一次经济危机令这一计划没能立即实现。最终，新业主们在威廉·惠特菲尔德的总体规划基础上于 1996 年开始了城区的建造，并在 2003 年完工，辛普森的概念也被保留下来。另外，虽然这些建筑失去了建筑的严密性，但是它们遵循了都市化的概念，通过柱廊、迷人的立面、优雅的比例和材料，不仅和谐融入周边环境，还定义了它们自己的空间。专门的办公和商业用途在一定程度上打破了城市的喧嚣。

2007 年，随着罗伯特·亚当为皮卡迪利大街198—202 号设计的办公和商业建筑顺利完工，他也加入了具有传统意识的大都市建筑开发行列。通过继承纳什或者勒琴斯的伦敦城市建筑理念，将这些新建筑完美融合到这条历史悠久，风格多样的街道环境之中。（图 59）

首批定居地区域的大规模修复是格拉斯哥的格尔巴斯和曼彻斯特的休姆改造项目。定居地的高层建筑

和排式建筑被拆除后，被街区周边建筑取代。在 40 年的时间里，这两个地区发生了两次巨变：在 20 世纪五六十年代，从密集的出租公寓和排屋式街区结构转变为松散的定居地结构，以独立的排式和高层建筑为主。在之后的 90 年代，定居地的模式又重归街区结构。但是这一次采用了更大规模的街区和庭院布局，比传统的结构更加宽敞。格尔巴斯的核心改造是皇冠大街的重建区域，在 1990 年根据伦敦建筑事务所 CZWG（尼古拉斯·坎贝尔、罗杰·佐戈罗维奇、雷克斯·威尔金森和皮尔斯·高夫）的城市设计方案开始实施。（图 60）该方案设想了一系列建有四层出租公寓的变革式街区，并在椭圆形的广场周围设计了大型的花园式庭院和城区街道路网。随后，几组建筑师在格拉斯哥实施了这些具有维多利亚和爱德华七世时期传统的建筑。但是，这里极低的密度和几乎专门居住用途的设计品质却并不是值得赞许的。虽然这些建筑创造了都市化的城区，但是却未形成预期的都市风貌。休姆的形势也与此类似，按照常规的规划方案于 1991 年开始了改造工作。这里的街道和街区周边建筑包括各种私人和国家资助的出租公寓和排屋。[128]

英国的王位继承人查尔斯亲王在城市的修复中发挥了突出的作用。他以《不列颠视野》一书与前卫派针锋相对，该书以传统主义、社区建设和可持续性发展为基础，其内容在 1987 年的电视节目中首先提出，随后为了适应更广泛的大众需求，在 1989 年

编辑成书。[129]1992年，他建立了自己的建筑机构和英国城市工作组。1988年，亲王任命利昂·克里尔为建筑和城市设计的私人顾问，负责多切斯特附近的庞德伯里新城镇的规划工作，以替代正在农村蔓延的模式。随着加布里埃尔·塔利亚文蒂在博洛尼亚创立了团体"欧洲的视野"，这一行动在整个欧洲取得了成功。1992年，在威尔士亲王的支持下，以"城市复兴"为主题的首届米兰三年展拉开了帷幕，展示了传统主义城市修复的国际案例。[130]虽然亲王的努力在一开始受到了嘲讽甚至反对，但是最终却被业界和政府的规划政策所接受。

随着政府的权力从保守党向新工党的过渡，城市设计作为英国政府的重要议题被提上日程，并在1988年建立了城市工作组，由建筑师理查德·罗杰斯担任负责人。次年，工作组以纲领性的题目《走向城市复兴》发布了他们的报告。[131]巴塞罗那前市长帕斯卡尔·马拉加尔为报告撰写了序言，表明该报告是以巴塞罗那成功的传统城市修复为基准的。在"任务宣言"中，假设了"城市复兴的新构想，其基础原则是在可行的经济和法律框架内，实现卓越的设计、良好的社会福利和对环境负责的态度"。[132]该序言清晰地表明了城市的都市理念："城镇应该是精心设计的，应该更为紧凑和具有更好的连通性，可以在可持续发展的都市环境中支持范围广泛、类型各异的用途。这些应该与公共交通系统进行良好的整合，并且要适应各种变化。"[133]这意味着政府将更高的密度、良好的城市空

图 55 弗朗索瓦·斯普瑞，勒普莱西 - 鲁宾逊镇的中心城区，1990

图 56 马克和纳达·布雷特曼，勒普莱西 - 鲁宾逊镇的木林山谷区，1992

图 57 昆兰·特里，里士满河畔项目，1984—1987

图 58 （左）约翰·辛普森，伦敦的帕特诺斯特广场，1988

图 59 （右）罗伯特·亚当，伦敦皮卡迪利大街 198—202 号的办公大楼，2007

间设计和可持续性发展纳入了城市政策之中。

由于现代化的开发，功能单一的大型项目使布鲁塞尔的城市结构遭到了破坏，反对功能主义城市规划的决心在现代建筑文件中形成。在 1978 年的欧洲城市重建讨论会上，在莫里斯·库洛特和利昂·科利尔的指导下发表了《布鲁塞尔宣言》，呼吁对欧洲的城市进行修复。其出发点是修复现有的城市，并将城市的历史涵盖在城市规划中。诸如街道、广场、街区、花园和城区这样的基本元素将再次成为欧洲城市继续建设的元素。功能单一的区域将被具有多种功能、可举行各种活动、属于都市生活的城区所取代。[134] 在宣言中签名的包括让·卡斯泰、莫里斯·库洛特、安东尼·格鲁巴赫、伯纳德·休伊特、皮埃尔·拉孔特、

弗朗索瓦·罗耶、雅克·鲁肯、利昂·克里尔、皮埃尔·路易吉·尼科林和菲利普·帕内莱。利昂·克里尔在后续的宪章中，将这些思想用教学式的示意图表达出来。（图 61）[135]

位于布鲁塞尔拉肯大街附近的街区改造可以作为普通城市街区的改造范例。这个街区是 1989 年至 1994 年期间在卡洛琳·米洛普的指导下，通过私人投资者与建筑基金会的合作进行改造的。一座建于 20 世纪 60 年代的钢结构玻璃大厦使街区遭到了部分破坏。在改造中采用了街区周边建筑进行替代，街区的内部空间是一个花园，这种做法体现了对当地的历史传统和建筑环境的尊重。在整体街区内部，个体建筑的场地被刻意划分，因此不同的建筑类型也体现了不

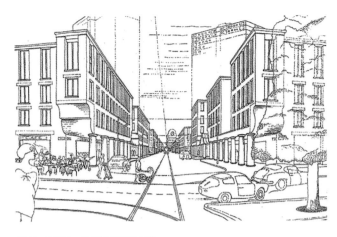

图 60 CZWG，格拉斯哥皇冠大街
的重建区域，1990

同的用途：在拉肯大街，一系列一层带有商店的小型
住宅楼构成了多元化的街景；这里有不同宽度的街
道、各种类型的住宅、建于不同年代的出租公寓，还
有经过改建的老建筑和全新的建筑——一座大型的办
公楼形成了道路对面街区的边缘，它统一风格的立面
也表达出它的统一功能。在布鲁塞尔亚特兰特建筑事
务所的协调之下，14 名年轻的建筑师采用了简单城
市古典主义的常见建筑表达方式，将不同类型的建筑
整合为一体。（图 62）最终完成的城市街区将居住、
办公和商业空间结合在一起，同时也把优越的生活条
件、市中心的有利位置和传统城市景观中的建筑完美
融合。

　　阿姆斯特丹在港口岛屿建造的城市设计项目获得
了国际声望，[136] 并运用了几乎所有可能的都市化策
略。1988 年，乔·柯南在 KNSM 岛上采用了大型街
区设计方法，回归到 20 世纪早期的变革式街区模式。
每一个街区都由一个建筑师设计。汉斯·科尔霍夫的
比雷埃夫斯街区凭借暗色的砖结构达到了大都市的规
模，它的造型体现了一种更古老的建筑和一种有形的
存在，而地面层的公共用途则形成了一定的都市风貌。
1993 年，在婆罗洲—斯波伦堡岛，阿德里安·戈伊茨
采用了城市排屋的设计方法。对此，他曾在阿姆斯特
丹巴洛克风格的市中心进行过观察，在那里相同大小
的地段上，个体建筑组成的最为丰富多彩的建筑环境
形成了共同的韵律。1991 年，舒尔德·索特尔斯在爪
哇岛上采用了最具都市化特点的方法。在那里，他将
街区细化为不同的公寓建筑，可以通过街道、小巷和
运河出入其中。这些高度为五到八层的建筑由不同的
建筑师按照不同的类型进行设计。（图 63）尽管它
们堪称都市化的典范，但是由于地理位置的原因，这
种新城区的都市化风格仍然受到了限制：作为岛屿，
它们不可避免地与城市中心生活的网络相分离。

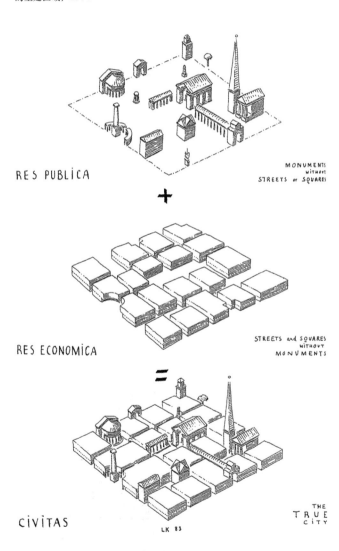

图 61 利昂·克里尔，《欧洲城市重建，
宪章概要》，1980

图 62 位于布鲁塞尔拉肯大街的街区，
1989—1994

对罗布·克里尔来说，荷兰是实现建筑理想的一块沃土。[137] 从 1995 年至 2006 年，他在阿姆斯特丹的韦斯特公园区建造了城市中心的项目——门德尔街区。为了确保尽可能多的公寓拥有观赏水景的视野，他在街区的边缘设置了朝向运河开放的庭院。总体上看，他设计的高达七层的街区周边建筑遵循了变革式街区的类型。他曾在不远处的斯帕恩代姆伯特和阿姆斯特丹西部城区对此类街区进行过研究。该街区融合了多种功能，包括公寓、办公空间、商业空间，还有一个图书馆和一所学校。克里尔将传统的基本形式与现代建筑的纪念性表达形式融为一体。从 1996 年开始，他在海尔蒙德市开始建造被称为布兰德沃尔特（城市）的新郊区，这是一个以郊区都市化概念为特色的城区，具有小镇的规模和印象。但是他通过街道、广场、街区周边建筑和临街的具有城市风格的排屋等城市中心元素，成功地创造了一个模范城区，为单户家庭的生活模式提供了一种都市化的选择。（图 64）

哈马比滨湖城是斯德哥尔摩最大的开发区域。尽管它位于城市的外围滨湖区域，但是它仍然被包含在 1996 年开始制定的紧凑型城市规划中，作为该市的扩展部分。[138] 生态环境方面的作用是至关重要的，同时为了创造一种都市氛围以抵消城区内的高密度绿色植被，设计师还采用了街区周边建筑和林荫大道等经过证明的都市元素。在城市规划部门和建筑师扬·因赫-哈格斯特罗姆的监督下，具有适度现代主义风格的建筑在统一的城市总体布局中拔地而起。相比之下，亚历山大·沃洛达斯基在圣埃里克城区（1990—2003）的规划中则采用了北欧古典主义的传统。该城区濒临水面，拥有新月形的中心街区，两座大楼的连线构成了中轴。（图 65）[139] 苏内·马姆奎斯特于 1992 年至 1996 年期间在斯德哥尔摩市中心的奥克斯

图 63 舒尔德·索特尔斯，阿姆斯特丹的爪哇岛，1991

图64（左）罗布·克里尔，布兰德沃尔特，1996
图65 （右）亚历山大·沃洛达斯基，斯德哥尔摩的圣埃里克城区，1990—2003

托格斯贾坦区建造了两座大厦，增加了城市中心区域的密度，其内部办公室和公寓的拱形天花板采用了彩色灰泥进行了简朴的装饰。在20世纪接近尾声的时候，它们的出现展示了北欧古典主义在城市任务中的运用。[140]

图宾根的南部城区具有极高的城市密度和多种功能，是教科书式的城区开发案例。[141] 1991年，法国驻军的撤离为内部城区的扩展提供了良机，并将结合现有城区打造一个堪称经典的城区。城市重建部门在负责人安德雷斯·菲尔德凯勒的支持下，制定了一个重建规划。该规划在1993年被市议会采纳，用于斯图加特大街法式居住区的开发。开发的目标是"创造一个拥有最短路径的城市"，这里的规模更小，在不需要汽车交通的情况下，通过各种功能的融合满足人们的日常生活。另外，通过采用更小的地块，私人住宅的建设问题也得到了缓解。老建筑的保护也成为这些构想的核心原则。到2002年，一个具有民主氛围和喜悦都市风貌的城区呈现在人们眼前。但是从建筑质量和城市空间定义的角度来看，还有很多需要完善之处。

1994年，安德雷斯·菲尔德凯勒在《疏远的城市》中提出了他惊人的城市设计原则。该文的副标题是《反对城市公共空间的解构》，他在文中攻击了"街道只是城市中的交通路径，无须临街建筑和街面"的观念。[142] 他反对将欧洲城市的功能主义误认为一种完全形态和社会模式："典型的欧洲城市……体现了简单的设计模式，这在建立重要的社会关系方面是成功的，并使它们在感官上清晰可辨。与这种模式的背离，导致城市失去了建立真正都市环境和利用日常设计的机会。"[143] 他认为公共空间和功能的融合是密切相关的："在公共空间里，出现异样的、意想不到的，甚至是壮观惊人的和具有冒险性的事情都是理所当然的事情。仅仅由公寓和与其直接相关的社会和商业设施构成的城区，只能被称作居住服务设施，只能形成一种功能非常有限的基本公共空间。"[144] 与图宾根南城区实现的一样，他提出将街区划分为不同的地段，从而在城市中引入多样的房屋所有形式和多种功能的融合："正是这种小型的地段创造了多样性并确保了都市风貌。由此，在私有的多元化和未规划的公共领域之间产生的碰撞形成了一道绚丽的风光。"[145] 他以图宾根学者的另类背景身份宣布："如果要重新找到都市风貌，就必须具有一定程度的混沌和野性。今天的城市过于单调、统一；混沌状态是有限的，自身利益的主张胜过其他的一切。在未来，大量的需求和偏好将以小规模增长的方式再度旺盛起来，尤其是在小生境和空间资源的调配方面：这在基本的城市中心结构中应该是可能的，与私有化的城市相比，那里定下了城市文化的基调；那里的一切都受到经济动机的驱使；那里的一切都是预先分类的，具有合理、合法的功能。"[146]

公共政策的声明也表达了一种城市的观点。1993年，联邦建设部的委员会在"未来城市2000"会议上这样说道："必须以这种方式进行未来城市的居住区开发，从而将流动性降至最低。这一目标需要更高的密度和混合的城市区域，尤其是在城市的中心地带。……它一定是一个多中心的系统，密集、完全混合的居住中心将会出现于其中，当然，历史悠久的城市中心仍将占有支配的地位。"[147]

苏黎世附近瓦利塞伦市的瑞希提区也许是最激进的郊区都市化实例。它是一个私人投资者按照维托利奥·马戈尼亚戈·兰普尼亚尼的方案于2007年开始建造的。（图66、图67）当时面对的是，苏黎世外

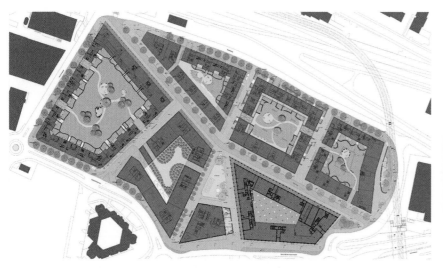

图66、图67 维托利奥·马戈尼亚戈·
兰普尼亚尼，瓦利塞伦市的瑞希城提区，
2007

围以都市元素进行的城市扩张而形成的所有定居地，
那里的分区化和汽车适应型城市并没有表现出畅通无
阻的交通状况。新方案没有采用随意放置的巨大建筑
结构，而是设计了简朴的六层街区周边建筑，分布在
建有一座高楼的中心广场附近，不仅在功能和空间上
定义了令人满意的街道网络，还创造了众多大型的、
带有绿化的居住区庭院。像柱廊这样的城市元素突出
了城区中心的特色，而公寓、办公空间和商店的混合
用途进一步加强了这一特色。每一个街区都是基于统
一的大城市美学意义进行设计的，并分别由维尔·阿
雷兹、迪纳 & 迪纳事务所、马科斯·杜德勒、SAM
建筑事务所以及兰普尼亚尼本人建造。兰普尼亚尼描
述了这一项目的特征："该城区表明，即使在城市的
外围，依然可以实现城市的品质。"[148] 开发商则恰当
地描述该城区具有"传统的都市风貌"[149]。

在 2007 年的莱比锡欧盟建设部长会议上，各成
员国达成了共识，通过了为欧洲城市的可持续发展制
定的《莱比锡宪章》。宪章将成熟的欧洲城市称
为"有价值的和不可取代的经济、社会和文化财产"，
这种支持的态度必将为后续的发展奠定坚实的基础。
这就意味着"需要在城市内部以及城市之间保持社会
平衡，需要培育城市文化的多样性，创造高水平的设
计、建筑和环境质量"[150]。

4. 北美建筑和城市的修复

在美国，当首次郊区化的浪潮袭来之时，人们对城市中心复兴的担忧也浮出水面。维克多·格伦在1956年提出的沃思堡市城区中心改造方案是早期的复兴项目之一。[151] 格伦在方案中运用了他在郊区购物中心项目中的经验，其中一个是刚刚完成的位于底特律现有中心城区附近的诺斯兰购物中心。虽然他的方案反映了郊区购物中心正在终结现有城市中心作为销售场所的地位，但是他所建议的绝不是真正的城市特色。格伦将沃思堡的市中心比作一个购物中心，从环形公路到达这里的停车场之后，源源不断的购物者可以进入一个完全步行的商业区域。在早期阶段，虽然他保留了现有的街道网络，但是从长远看，他的方案预见到了一种发展趋势。因此，后续在步行区域建造的独立式新建筑以清晰定义的空间，将会清除沃思堡市的历史街道网格结构。

在当时，如果有人要复兴一个城市中心，就会得到像简·雅各布斯这样的亲城市评论家的赞成。今天看来，格伦对沃思堡的构想更像是一个功能主义者的传统实例，一个汽车适应型的城市规划。它以激进的功能分区为基础，通过高速公路将市中心的购物区域与城市的其他区域完全隔离。它还体现出不同交通类型的彻底隔离导致了街道空间的建筑消亡。与CIAM在1951年以《城市的心脏》为题提出的城市定义相比，他的建议似乎与之背道而驰。但是到了1964年，格伦通过《我们城市的心脏，都市危机》一书，成为一个批评者，对郊区化的蔓延和功能单一的用途对城市生活方式造成的破坏提出了批评，认为这导致美国的城市丧失了"亲密性、多样性和变化性"[152]。

在城市规划师埃德蒙·培根的影响下，费城发展成为城市复兴的中心。[153] 早在1949年，培根为宾夕法尼亚中心制订的方案中，就没有让城市的中心成为一个车辆调度场，而是通过设计良好的公共空间塑造了多功能的城区。然而从1953年开始，与原来的规划相比，办公区域缺少了功能的混合性，公共空间也缺乏洛克菲勒中心那样的塑造。从1960年至1964年，在被称为社会山的华盛顿广场东区，培根进行了典型的住宅区改造。与普通的城市再开发实践相比，他并不认为这些由砖结构的排式房屋构成的高层次住宅区是一块白板。他在这里采用了混合的建筑改造模式，缩小了新建筑、新住宅楼与原有建筑的差异，公共空间的设计也十分适合当地的情况。

按照美国的标准，温哥华的城市建筑和生活方式具有非同寻常的密集特征。在20世纪60年代末期，公民通过行动成功地阻止了城市高速公路的修建。在1973年，随着布里顿·雷·斯帕克曼被任命为城市规划者，在"宜居城市"的目标下，具有混合用途的城市设计、城区中心高密度的居住区和迷人的公共空间成为城市规划政策的基础。[154] 短期的目标是在城市的中心区域建立居住、工作和娱乐的场所，而不是实行郊区化。最终出现在温哥华的是一种典型的建筑类型，在功能较少的街区边缘林立着高层的住宅大楼。这种类型将独立的高层建筑与具有空间定义能力和多功能性的街区周边建筑的优势结合在一起。

在20世纪70年代，主要依靠建设购物中心起家的开发商詹姆斯·劳斯，被人们称为城市中心的改造者，他的两个开发项目在国际上引起了轰动。第一个

图 68 詹姆斯·劳斯、本杰明·汤普森，
波士顿的法尼尔大厅市场，1973—
1976

是波士顿的法尼尔大厅市场改造项目。劳斯和建筑师本杰明·汤普森在 1973 年被委以重任，[155] 将位于波士顿市中心法尼尔大厅后面的城区改造回 19 世纪的风格，其中还包括昆西市场大厅和两个侧翼的四层排屋建筑，通过新的功能用途使它们为城市中心的发展增添活力。劳斯开发了美食广场的概念，将原来的市场大厅改造成自助餐厅，在这里可以享受世界各地的美味。在法尼尔大厅市场于 1976 年开放之后，这一概念深受办公室职员和游客的喜爱，并成为世界各地效仿的模式。除了保护城市传统的总体开发效果之外，波士顿的成功还表明城市中心可以再次对中产阶级产生巨大的吸引力。（图 68）

他的巴尔的摩港口区都市化项目具有更大的影响力。在 20 世纪 50 年代，劳斯就已成为制定巴尔的摩规划的核心人物之一，该规划反对政府倡导的拆除老旧居住区域的做法，对城市改造政策进行了更深层次的思考。[156] 从 60 年代开始，在规划中就将内港的工业区域作为公共空间合并到市区之中。港口广场的项目是一个突破，詹姆斯·劳斯再次与本杰明·汤普森合作，按照波士顿的模式从 1978 年到 1980 年期间将其建造成一个氛围喜庆欢乐的集市广场。[157] 这一项目令港口摇身一变成为具有众多公共景点的滨海步行道，使原来丑陋不堪的区域变成吸引游客的旅游胜地。毫无疑问，滨水地带随后成为港口地区振兴的有利因素，也标志着这一地区从工业化社会转变为休闲型社会。[158] 1981 年，劳斯在《时代周刊》上以"城市就是乐趣！"的口号，毫不掩饰地表达了城市带给人们的

享受。[159]

亚历山大·库珀和斯坦顿·埃克斯图特于 1979 年规划的纽约炮台公园城，继承了曼哈顿的都市品质。在 20 世纪 60 年代，当世界贸易中心破土动工的时候，位于曼哈顿南岸的一个新城区也开始了规划工作。在 1969 年的总体规划中要求的独立型超大结构，与现有的城市没有任何直接的联系，也没有自身的都市品质。库珀和埃克斯图特拒绝了这种现代主义的方法，相反，他们的规划构思以扩展纽约的都市风貌为基础："修改后的总体规划以接受纽约发展基本模式的一切可取之处为主题。包括它的街道和街区、盛行的建筑形式、城市的密度、综合的土地利用和高效的交通运输系统。"[160] 他们在城市扩张的规划哲学中提出了八项原则，其中的第一项便宣布了与现有城市的关系："炮台公园城不应当是一个独立自主的城中之城，而是曼哈顿下城的一部分。"[161] 在规划的相关规定中，第二项原则强调了"对曼哈顿下城街道和街区体系的扩展"[162]。该规划方案确实在很多层面都引入了曼哈顿的都市品质。（图 69）此外，规划还延续了多功能融合的实践传统。与功能主义将交通隔离的做法相比，该方案在地面上分离的街道空间中，选择了将汽车交通和行人交通融合在一起的方法。在两个住宅区之间规划了办公和商业中心，那里设置了具有多种功能的商业街。在美丽城市运动的良好传统中，公共空间的设计具有特殊的价值：整个城区的一面通过散步通道与河水相邻，城区中的每一个区域都以广场、街道和滨水场地这些所谓的特殊场所或者公共空间为特色，它们的外观设计引起了特殊的关注。虽然西萨·佩里设计的世界金融中心（1981—1987）以巨大的身躯高高耸立在城区中心的路面之上，令人联想到过去的超大型结构规划。但是它的建筑构想却明显与 20 世纪二三十年代缩进式摩天大楼一脉相承。它的冬季花园也被认为是一种公共和私有相结合的空间，作为一个封闭的中心广场，它重新定义了通道在城区中心的传统作用。尽管它由私人进行完全纽约化的管理，但是却提供了具有公共用途的城市空间，在很多方面可以与洛克菲勒中心的下沉式广场相比。这里的住宅和商业建筑分别属于周围两个居住区的传统城市结构。建筑高度不同的街区以及街区中的高层大楼在城区中塑造了都市街道的形象，并按照 1985 年设计指导中的规定采用了天然的石材和砖头。此外，这些综合建筑也形成了曼哈顿和谐连贯的天际线。（图 70）

在 20 世纪 80 年代，关于什么是都市化城市的争论愈演愈烈。在 1984 年的一次研讨会上，哈佛大学加入了吉提翁为城市中心寻找现代纪念性的研究，该研究被称为"纪念性与城市"。[163] 1986 年，迈克尔·沃泽尔加入了反对功能主义的"都市风貌"阵线，认为功

能主义制造了"思维单一的空间",城市需要"思维开放的空间,应该为各种用途而设计,包括可预见和不可预见的用途。市民可以使用它们做不同的事情,对于不喜欢的事情也会忍受,甚至逐渐产生兴趣"[164]。他提议将广场作为这种多功能城市空间的设计原型:"广场是开放思想的象征,这里的空间被各种私人的和公共的建筑环绕,例如政府的办公楼、博物馆、文化厅和音乐厅、教堂、商店、咖啡馆和住宅等等。它们有的只具备单一的用途,有的具有多种用途。但是它们结合在一起,为它们创造的空间带来了活力以及亲和的感觉。"[165]

1988年,威廉·H.怀特也预见到"广场的回归":"但是,随着城市丧失了它的功能,正在重新恢复最为古老的一个元素:一个人们可以面对面聚在一起的场所,尤其是,这个中心是一个新闻和小道消息传播的场所,一个创造思想、推销思想和抨击思想的地方,一个进行交易的场所,一个发动游行的地方。这是城市公共生活的本质,并不是完全值得赞扬的,通常也会伴有漫无目的的摩擦、嘈杂、争论。"[166]

但是,都市化城市设计的综合理论源自于新城市主义运动,该运动始于1980年,包括安德雷斯·杜安尼的佛罗里达州海滨旅游胜地的规划,以及利昂·克里尔作为咨询顾问、伊丽莎白·普拉特-兹伊贝克制定的规划。[167]在概念上,他们并没有将新的度假胜地视为交通安静的居住区域,而是一个小型的美国城镇。其核心原则是拥有穿越市区的主要街道、中心广场和街区周边建筑,通过一套全面完整的《城市规则》,私人建筑与整个市区协调一致。

新都市主义的新鲜之处就在于它不再关心美国规划体系中功能指导方针的定向。相反,它更倾向于从现有的、功能完善的、美丽的美国小镇中吸取经验教训。不是把它们自身视为孤立的知识斗士,而是将它们作为多学科运动产生的影响制度化,并采用了CIAM的模式,他们曾在一系列的大会中反对过这一模式的内容。

1993年,首次新都市主义大会(CNU)在亚历山大港举行,并在之后的每年都举行一次。大会的创始人分别是彼得·卡尔索普、安德雷斯·杜安尼、伊丽莎白·摩尔、伊丽莎白·普拉特-兹伊贝克、斯特凡诺斯·波里佐德斯、丹·所罗门,以及CNU的首任主席彼得·盖兹。1996年,在查尔斯顿举行的第四次大会上,《新都市主义宪章》获得了通过,并在2000年编辑成附带大量评论的书籍。[168]序言中关注了城市中心的修复、都市化的蔓延、环境的保护和遗迹的保护等核心问题:"我们支持在连贯的大都市地区恢复现有的城市中心和市镇,将肆意蔓延的郊区重构成真正的社区和城区。我们主张保护自然环境、保

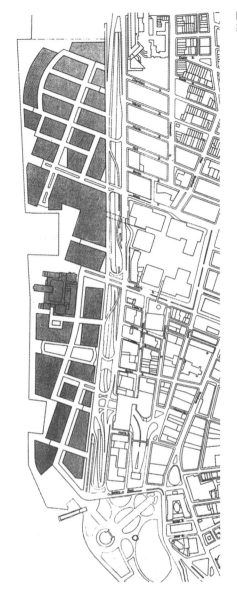

图 69 亚历山大·库珀和斯坦顿·埃克斯图特,纽约的炮台公园城,1979

图 70 亚历山大·库珀和斯坦顿·埃克斯图特等人,纽约的炮台公园城,1979—1987

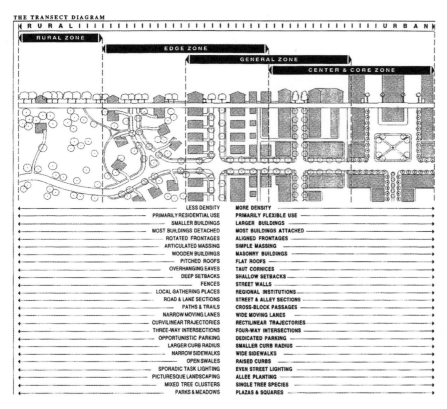

THE TRANSECT DIAGRAM

| RURAL | | URBAN |

RURAL ZONE
EDGE ZONE
GENERAL ZONE
CENTER & CORE ZONE

LESS DENSITY	MORE DENSITY
PRIMARILY RESIDENTIAL USE	PRIMARILY FLEXIBLE USE
SMALLER BUILDINGS	LARGER BUILDINGS
MOST BUILDINGS DETACHED	MOST BUILDINGS ATTACHED
ROTATED FRONTAGES	ALIGNED FRONTAGES
ARTICULATED MASSING	SIMPLE MASSING
WOODEN BUILDINGS	MASONRY BUILDINGS
PITCHED ROOFS	FLAT ROOFS
OVERHANGING EAVES	TAUT CORNICES
DEEP SETBACKS	SHALLOW SETBACKS
FENCES	STREET WALLS
LOCAL GATHERING PLACES	REGIONAL INSTITUTIONS
ROAD & LANE SECTIONS	STREET & ALLEY SECTIONS
PATHS & TRAILS	CROSS-BLOCK PASSAGES
NARROW MOVING LANES	WIDE MOVING LANES
CURVILINEAR TRAJECTORIES	RECTILINEAR TRAJECTORIES
THREE-WAY INTERSECTIONS	FOUR-WAY INTERSECTIONS
OPPORTUNISTIC PARKING	DEDICATED PARKING
LARGER CURB RADIUS	SMALLER CURB RADIUS
NARROW SIDEWALKS	WIDE SIDEWALKS
OPEN SWALES	RAISED CURBS
SPORADIC TASK LIGHTING	EVEN STREET LIGHTING
PICTURESQUE LANDSCAPING	ALLEE PLANTING
MIXED TREE CLUSTERS	SINGLE TREE SPECIES
PARKS & MEADOWS	PLAZAS & SQUARES

图 71 安德雷斯·杜安尼，《横断面》，
大约 1995 年

图 72 安德雷斯·杜安尼，传统的
街区——郊区的蔓延，大约 1995
年

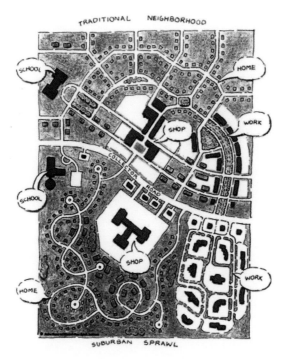

TRADITIONAL NEIGHBORHOOD

SUBURBAN SPRAWL

留我们的建筑遗产。"应该按照下面的原则对城市设计进行指导："社区的用途和人口应该是多样化的，社区的设计应该考虑行人、运输和汽车的需求。城镇应该通过实体定义的、便于使用的公共空间和社区机构进行塑造。应该通过建筑和景观的设计构造城市的空间，表达对当地历史、气候、生态和建筑实践的赞美。"按照三个尺度建立的宪章显示了基于城市传统的新都市主义理解：首先是"地区、大都市、城市和乡镇"，其次是"社区、城区和通道"，第三是"街区、街道和建筑"。2008 年，《宪章》扩展了可持续的建筑和都市主义经典，并概念化为新都市主义宪章伙伴。[169]

除了宪章之外，在一系列手册式的出版物中，新都市主义的系统化方法也得到了阐述。它们广博的范围令人回忆起斯图本、昂温、布林克曼、古利特或黑格曼的早期现代都市主义手册。在 20 世纪 90 年代末期，名为《新都市主义词汇》的首部基础理论著作出现了，在详细解释了从地区到房屋的各种可能的城市设计形式之外，还首次对横断面做出了解释。（图71）[170] 出于颠覆功能主义的目的，新都市主义者通过帕特里克·格迪斯的方法取代了功能主义的规划方法。他们应用了合理建立的不同分区体系，但是并不是按照不同的用途进行分区，而是根据不同的建筑类型和开发密度，以功能融合的方式进行区域的定义。建设类型的范围涵盖了最密集的市中心和更为松散的乡村建设类型。这也成为通过现有规划法规建设密集的，具有多种功能的城市的方法。

在《郊区国家》一书中，安德雷斯·杜安尼和伊

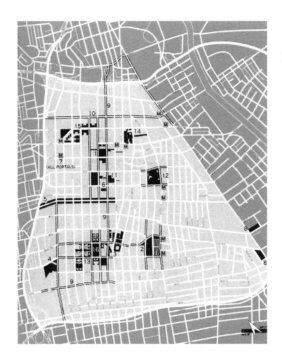

图73 安德雷斯·杜安尼和伊丽莎白·
普拉特-兹伊贝克（DPZ）、伊丽莎白·
摩尔、斯特凡诺斯·波里佐德斯，洛杉
矶市中心的规划，1990

丽莎白·普拉特-兹伊贝克详细地解释了新都市主义
的亲城市和反郊区蔓延的态度。[171]（图72）另一个手
册是2003年的《新城市艺术》，作者参考了黑格曼
和皮茨在1922年合著的《城市艺术》，按照元素的
排序，展示了大量成功的城市设计实例。这些历史上
的实例不是作为解释的理由进行收集的，而是为了将
这些历史经验应用于当代的城市设计，是"一本经过
实践证明的手册"[172]。在2010年，还发行了其他的一
些手册，包括《巧妙的发展手册》《蔓延修复手册》
和不朽的著作《城镇的语言：可视的词典》。[173]此外，
利昂·克里尔以《社区的建筑》[174]为题，对他的城市
建设观点进行了总结。

　　现在，除了按照小镇的模式开发了很多外围的新
城镇之外，新都市主义从一开始就忙于城市中心区域
的修复和改造，以及大型城市的扩张。这些实例中包
括杜安尼、普拉特-兹伊贝克、摩尔和波里佐德斯在
1990年为洛杉矶市中心制定的规划。（图73）[175]在
典型的蔓延都市中，随着高速公路和无尽的郊区发生
的变异，这种规划使市区中心再次成为城市的核心，
旨在吸收合并周边地区大量的商业和生活设施，打造
密集的都市模式。采用的方法包括将交通路线扩展为
多功能的城市林荫大道，以及具有多种用途的街区周
边设计。为了支持市区中心作为整体进行开发，通过
策略将公共建筑任务分配到整个城市的中心区域。

　　1999年开始建设的泽西城自由港北区，位于原来
的哈德逊河港口区域，拥有观赏曼哈顿南部和自由女
神像的视野，这里最终成为新都市主义的新型城区。

图74 安德雷斯·杜安尼和伊丽莎白·
普拉特-兹伊贝克（DPZ），泽西城的
自由港北区，1999

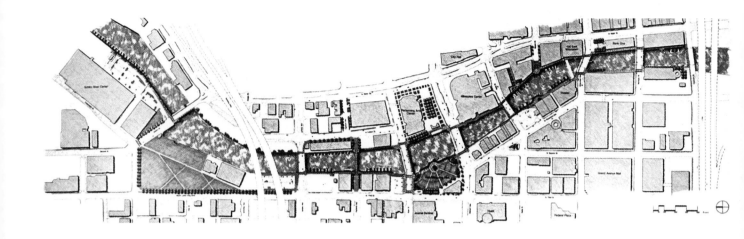

图75 肯·凯，密尔沃基的河畔步行通道，
1990

图76 肯·凯，密尔沃基的河畔步行通道，
1990—1996

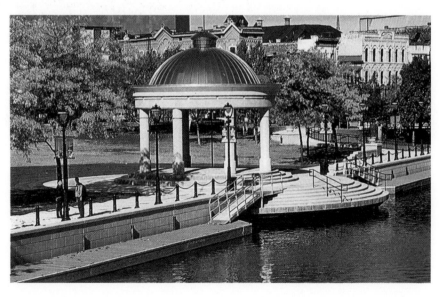

（图74）DPZ 的规划展望了具有曼哈顿上西区特色
的路网结构，并具有观赏自由女神像的视野。城市周
边的设计包括多样的建筑和住宅类型，有林荫道旁高
达八层的公寓楼，还有临街的排屋住宅，以及办公、
商业空间和学校这样的公共设施。一个即将出现的城
区提供了所有满足日常需求的功能，与传统街区的开
发（TND）概念相符，[176] 并且，与公共交通的连通
性也坚持了交通要面向街区（TOD）的概念，这些概
念都是彼得·卡尔索普制定的。[177] 到今天，在规划中
的 20 多个街区中，有 3 个位于原本丑陋的港口区域，
体现了一种都市的承诺。

　　从 1988 年到 2003 年，在市长约翰·诺奎斯特的
领导下，密尔沃基成为大都市城区修复中杰出的成功
案例。在 2004 年当选为新都市主义大会主席的诺奎
斯特，在 20 世纪 70 年代末期就对破坏城市的高速公
路提出了批评，当选市长不久之后便启动了密尔沃基
市中心的复兴计划。[178] 首要目标是增加城市中心在生
活、工作、购物和放松方面的吸引力，阻止郊区化并
适应汽车交通趋势的进一步发展。计划的核心部分是
将密尔沃基河变成市区中心的公共场所。为了做到这
一点，他与景观建筑师肯·凯签订了合同。在后者的
规划方案中，除了在河的两岸修建人行道之外，还包
括一系列的桥梁和连接周围城区的通道，并通过餐馆、
公共建筑和公园使河岸充满了活力。（图75）就新都
市主义的连接性意义来说，诺奎斯特关注的是"把河
流带来的快乐感受与市区中心的其他部分产生共鸣，
它不该是孤立的事物"[179]

　　河畔通道的核心部分于 1996 年启用，包括具有
优雅古典风情的佩雷·马奎特公园、表演艺术中心、
密尔沃基中心，以及道路对面的公共活动场所。（图

图 77 斯基德莫尔、奥因斯 & 梅里尔事务所（SOM），芝加哥的千禧公园，1997—2004

76）在 2002 年，原来穿越城市的公园东部高速路被拆除，被带有城市步行天桥的林荫大道所取代。滨河通道一直通向密歇根湖的岸边，那里有圣迭戈·卡拉特拉瓦新建造的密尔沃基艺术博物馆（1994—2001），这也是城市修复任务贡献的另一个杰作。1997 年，在该市委托奈勒森联合公司制定的城市中心规划中，滨河通道的方案得到了延续。与所有的新都市主义规划一样，密尔沃基的规划也是以市民参与的公共研讨会为基础制定的。参与者会被问及他们的"视觉偏好"、对公共交通路线的想法和增加城市密度的建议。城市中心被设想为一种"城市街区"的序列，并将通过精心设计的具有多功能融合的城市空间，提高日常生活的品质。[180]

从 1989 年至 2011 年，正是另一位具有个性的市长，民主党人士理查德·M. 戴利开启了芝加哥城市修复的大门。[181]遭到去工业化和功能、社会分区严重破坏的城市，被全面恢复为政治、社会、经济和城市设计的单元。2001 年，戴利怀着对都市风貌的热情在演讲中说道："城市应该是充满活力和令人兴奋的。"并继续提醒道："但是它们也可以是气势逼人和恐怖的。公园可以使城市生硬粗糙的边缘变得更加柔和，平静人们的情绪，使人们能够更好地控制自己的行为和心态。"[182]通过公园综合设施与市区内的公共空间进行对比，他还希望将市区重新变为当地的社区："目前，我们正在重建这些社区。"[183]他深信伯纳姆的理论，认为美丽的城市会吸引居民，并促进经济的发展："如果提供了人们期望的生活品质，他们就会愿意居住在你的城市里。"[184]防治城市荒漠化的第一项措施就是在芝加哥环路内的中心区域重建州立大街。为了抵消商业化时代之后修建的街道产生的模式化效

图 78 斯基德莫尔、奥因斯 & 梅里尔事务所（SOM），芝加哥大道公园区，2005

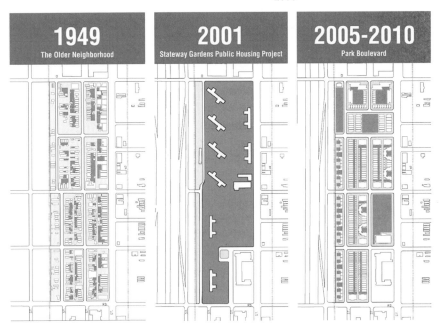

图 79 丹尼尔·H.伯纳姆和爱德华·H.本尼特，1909 年的芝加哥规划，朱勒斯·盖林绘制

果，还刻意建造了文化和科学机构的设施。同时，为了提供一个美丽的城市构架，以及多样的流动性，原来的步行通道改造为带有宽阔人行道和机动车道的通常意义上的街道。[185] 市区内公共空间的改造高潮是从 1997 年至 2004 年期间建造的千禧公园综合设施。它在市区中心与密歇根湖之间形成了过渡区域，并保留了湖畔原有的格兰特公园绿色走廊，同时在密歇根大道和伦道夫大街创造了迷人的城市边缘地带。（图 77）一个铁路天桥使公园的修建成为可能，这个工程在 20 世纪初期伯纳姆或萨里宁的规划中就已经出现。现代风范的芝加哥斯基德莫尔、奥因斯 & 梅里尔建筑事务所（SOM）在城市网格结构的基础上进行了公园的几何学设计。弗兰克·O.格里设计了桥梁的雕塑建筑和音乐凉亭；阿尼什·卡普尔设计了豆形雕塑

和云之门，它们均以不规则的造型吸引着人们的注意。[186]

同时现代主义的大型定居地也发生了根本性的改变。从 1999 年开始，芝加哥房屋管理部门拆除了破旧的高层建筑，其中包括 24000 多套政府补贴公寓，取而代之的是传统街道和街区中具有综合功能的住宅建筑。这些市区内住宅区域的改造不仅消除了社会热点问题和建筑问题，还跨越了大都市商业化城区与郊外居住区之间的鸿沟。

伊利诺伊理工学院（IIT）南面的邻接区域改造也是一个经典的实例，那里的一排被称为州道花园的高层建筑建于 20 世纪 60 年代，在芝加哥八个街区构成的街道网格中，它们与周围的街道形成了一定的夹角。SOM 在 1999 年制定的新规划中设想将它们拆除，

重建旧的街道网格系统和拥有排屋住宅的街区，并在街区的角落建造多层的公寓大楼。在被称为大道公园的新城区中，公共住房、政府补贴公寓和托管公寓以及用于办公和零售业的大楼各占三分之一的比例。(图78)[187] 在这里，每一种措施都是一个更大规模战略方案的一部分。2003年，该市采用了积极参考伯纳姆思想的中央区域规划方案："这不是一个小的规划，是一个伟大的城市规划。"[188] 随后，在2009年又出台了中央区域行动方案。[189] 这些规划方案的核心主题是对公共空间、连通性、功能融合以及与城市历史的关联重新进行评估。芝加哥商业俱乐部继承了伯纳姆规划方案的遗产，并在2001年出版了规划方案《2020年的大都市芝加哥》。这项由律师埃尔默·W. 约翰逊进行的研究被作为《21世纪的芝加哥规划方案》（图79）。然而它却包含了六个委员提出的政治、经济和社会方面的建议，其主题涉及"经济的发展、教育、政府的治理、土地利用、住房、税收和交通等领域"[190]。这些目标与伯纳姆时期的目标十分类似："规划的目标是增强芝加哥地区的经济活力，并为全体居民提供最好的生活条件。"[191] 但是，与伯纳姆和本尼特不同的是，城市设计的草案并没有起到作用。唯一有价值的参考就是一张鸟瞰图，从中可以看到美丽城市的古老承诺：城市是一个实现梦想之地。（图80）

图 80 芝加哥商业俱乐部，《2020年的大都市芝加哥》，2001

5. 观点

书写历史常被某些人用来证明自己的观点，这种论证最为有力的形式就是构建必要的演变过程，这种演变注定了未来会不可避免地发展和变化。这种证明除了能让他们的方法得到确认的感受，还能让他们的行为逃避责任。另一方面，证明持有其他观点的人们不仅确实是错误的，而且明显与历史的法则相悖。为了达到目标，现代主义城市设计的代表们喜欢求助于这种存在于历史论证理由中的论证链条，从勒·柯布西耶到西格弗里德·吉提翁，从亚瑟·科恩到欧文·安东·古特金德，从雷姆·库哈斯到托马斯·西弗茨，都有很多这样的描述，认为自己的观点都是与历史的逻辑相符合的，而反对的观点则是陈旧过时的，与历史的进程是背道而驰的。

本书并不打算假定这样一种表面上必要的演变。出于同样的理由，它也会采用一些有代表性的图解，并与连贯的整体描述中的个别事件相结合。它不是演变的图解，而是传统的图解；不是关于必要变化的陈旧观念，而是关于可能连续性的普遍概念。通过运用建筑的实例和书面的思想，我希望展示整个 20 世纪通过建筑创造都市风貌所做的努力。这些愿望用事实证明了一个观念的虚假性，即在新技术、社会、政治和经济的挑战面前，现代时期的都市化城市概念是根本不可能的。这些城市愿望也同样证明了一个断言的错误，那就是认为在 20 世纪的某个时期，城市的消融、交通适应型城市、功能主义的定居地规划将成为不可避免的历史潮流。这种与都市化城市设计的刻意对照通常是精确的，其本身就是现代的一部分，这也证明

了在所有的时间点上，替代都是可以想象得到和可能做到的。因此，破坏城市的罪魁祸首应该为他们的思想负责，而不是让不变的历史进程担负责任。

但是，这里采用的连续性分类图片并不反映历史的客观性，也不是对未来的暗示。虽然本书中描述的每个城市设计实例都是历史的事实——没有一个是杜撰出来的，并且它们的数据都是真实可信的。但是它们构成的集合是由一个历史学家选定的，而不是历史本身。我本来可以找到其他的，更为不一致的实例。我也没有提及 20 世纪城市消融观念的尝试和企图，但是这并不意味着它们没有发生过。这些选择的更多意图是尽可能丰富和连贯地描述 20 世纪城市设计中都市风貌和密度的发展趋势，但是这只能是历史证据所允许的丰富性和连贯性。

然而，这种 20 世纪城市传统和密集型城市的建设，并没有伪装成一种预测，也当然不是一个未来的计划，就像下面所说的：由于有了这样一种传统，它就会在未来继续存在。无论历史学家采用了何种表达方式，他们都不能从中得出任何对未来的断言，或者说，事实并没有导出标准和规范。因此，这些历史的展示不能、更不会决定未来的城市设计。无论我们今天和明天对城市做了什么，都出自我们自己的决定，也是我们的责任。但是，作为一种历史的表达，它能够显示出城市设计手段、建议和挑战的可能性。只是，现代都市化城市设计的事实否定了在现代条件下不可能存在都市化城市设计的断言。20 世纪大量成功的城市设计形式实例，也适用于今天的城市设计实践。

也就是说，在历史事实和历史争论之外，本书还有一个规范的议程，即使它并不是来源于事实。本书的思想就是将都市风貌作为一种价值术语，与未来的希望和愿望紧密连接在一起。毫无疑问，我选择这样的主题，是因为我深信都市风貌代表了人类最伟大的文化成就之一。还因为我希望都市化城市能够担负自由和自决、安全和慷慨、社交性和团结性的责任。简而言之，就是亚里士多德所说的引导幸福生活的能力。本书的道德关注旨在预防由于草率的观点和措施引起的乌托邦思想在我们大部分的城市中反复出现。

因此，在本书结尾处的观点并不是因为历史学家可以通过预测而得知的即将到来的事情，而是因为历史学家作为当代的公民也体现出相应的价值观，从而预示着应该到来的事情。与布林克曼的《城市建筑》一样，除了将"历史的原型"作为"当代的目标"之外，这部关于历史的书籍将以当今都市化城市设计的纲领性目标作为结尾。2010 年，在杜塞尔多夫举行的"城市的美感与活力会议"上，参会人员将这些目标作为"当代城市艺术的十项原则"进行了讨论，其结果由多特蒙德工业大学的德国城市建筑研究所发表：

"在德国，所有城市设计方案的模型必须是可持续的、耐久的和美丽的建筑。对于乡村地区来说，这意味着要通过建筑加强农耕特色的景观风貌。但是对于城市而言，这意味着目标必须是适合当地特色的综合都市风貌。由于生态的原因，这种都市风貌要求城市中的建设活动要做到最小化，作为城市构成部分的市区建筑必须具有持续性和美感，从而创建高品质的

可持续都市环境。未来的德国城市必须是全面的综合城市，这意味着：它们必须是精心设计的具有特色的建筑，通过迷人的外观，构成与背景环境相关的公共空间；它们必须展现出合适的城区密度、功能的融合，确保高质量的生活品质，并便于行人的出入；它们必须面向不同的民族，并对广泛的社会阶层开放，都市风貌的形成必须有全体市民的参与；它们必须得到多样的支持，并以当地的经济为基础；它们应该以丰富的文化生活为识别特征，并保持与周边景观的对照关系。

（1）城市理论：
要复杂性，不要简化

城市艺术必须包含城市的所有方面，使其更为完整。城市的问题不会被简化为单一的方面，并且难以通过单独的学科得到解决。

（2）城市的形象
要城市设计，不要特殊的规划

城市的形象包括良好的秩序性和精心的城市建筑设计，需要具有永恒美感的城市设计。在城市规划中对景观继承性的忽视，是由于划分不同的规划区域而引起的，这也阻碍了高质量生活空间的形成和发展。

（3）城市建筑
要建筑的总体效果，不要个人主义风格的建筑

城市及建筑通过具有表现力的外观立面形成了总体的效果，并且创造了一个在结构和材质上相关的有机整体。而个人主义风格的建筑打破了城市的连贯性和城市空间的可理解性。

（4）城市的历史
要长期的城市文化，不要短期的功能成果

城市设计是一种基于历史经验和教育的文化活动，需要以科学的模型为基础，而诸如"交通适应型城市"这样的特殊组合概念，则是对城市的长期和全面特性的误判。

（5）城市的身份认同
要保护遗迹，不要品牌化

城市的身份认同是从长期的历史发展中形成的，与城市的遗迹、平面布局和建筑文化息息相关。而个人主义的品牌化则否定了当地特有的风格，并在全球化的时代加剧了城市自我身份认同感的丧失。

（6）城市社会
要混合的城区，不要居住区和工业园区

社会和功能融合的城区与通过建筑定义的空间为城市展现多姿多彩的生活奠定了基础。城市外部功能

单一的居住区、购物区和工业区破坏了都市风貌，并阻碍了城市社会通过城市实现身份认同。

（7）城市政策
市民要成为利益相关者，不要匿名的房地产经济

城市建设首先应该得到具有责任感的公民的支持，他们也是未来的用户。此外，还要以公平的房地产市场准入机制为基础，而这种市场又是以独立的地块为基础。公共机构的开发商，例如公共住宅公司或者房地产基金会，如果对当地的特点没有长期的兴趣，就不会创造出优秀的城市建筑。

（8）城市经济
要零售业，不要连锁经济

城市经济应该更多地以多样化的市区零售业和商业活动为支持。大型的连锁经营模式和大型的外包公司使城市经济容易陷入危机，并破坏城市自主的工作机会。

（9）城市交通
要城市的街道，不要直达的高速路

城市的街道是精心设计的、多样化的城市空间，除了服务于不同类型的交通之外，还提供了购物、散

步、社交、政治示威和娱乐等功能，而功能单一的高速路和步行区域则对城市造成了破坏。

（10）城市环境
要可持续性的建筑，不要快捷的隔热措施

城市环境的可持续性是由全面的持久性和都市风貌创造的。将必要的节能措施简化为以石油产品为基础的隔热材料和单一的节能型住宅，必然会为明天的环境留下了隐患。[192]

尽管历史没有为我们如何塑造未来指明方向，但它仍然会为美好的生活提供建议。今天，设计者的底线不是削弱这些建议，而是至少将它们视为一个与城市设计同等的挑战。众多 20 世纪都市场景的成功经验与"城市的呼唤"[193] 产生的共鸣，暗示着未来的城市将是一个幸福快乐之地。

注释与延伸阅读

前言

1. 1988年在悉尼举行的第八届IPHS会议，主题为"20世纪的规划经验"。

2. 2000年在赫尔辛基举行的第九届IPHS会议，主题为"核心—外围—全球化：历史与现在"。

3. 2003年在布鲁日举行的欧洲城市化委员会（CEU）的成立会议上，举行了20世纪密集型城市规划展览；沃尔夫冈·索恩，"变革的城市街区，被遗忘的20世纪都市主义现代大都市"，见2003年的《委员会报告第五卷》，第12—13页。

4. "20世纪密集型城市规划"，2004年于格拉斯哥灯塔为建设环境中心所作的演讲；"20世纪的都市文化、密集型城市规划"，2004年12月于布鲁日Jan Tanghe基金会所作的演讲；"变革的城市街区，大都市居住文化"，2005年4月于格拉斯哥灯塔为建设环境中心所作的演讲；"适合城市中心的居住类型，变革式城市街区"，2005年在格拉斯哥大学城市研究系举行的确保城市复兴、治安、公共性和秩序的会议上所作的演讲；"都市风貌文化，1890—1940年的变革式城市街区"，2005年9月，伦敦经济和政治科学学院（LSE）的社会学和城市计划系所作的演讲。

5. 2005年在格拉斯哥，英国皇家建筑师学会（RIBA）对研究信任奖RRT03008所做的报告。

6. 沃尔夫冈·索恩，"大都市的住宅，1890—1940年的变革式城市街区作为可持续的紧凑型城市模式"，见2009年的《规划的进步》第72卷，第53—149页；沃尔夫冈·索恩，"大都市的住宅：西特、黑格曼和1890—1940年的变革式城市街区在国际上的传播"，见2009年在伦敦和纽约发行，由查尔斯·C.博尔和让-弗朗索瓦·勒琼主编的《西特、黑格曼和大都市，现代城市艺术和国际交流》，248—273页。

7. 沃尔夫冈·索恩，"都市风貌文化，走进20世纪城市设计历史的新途径"，见《苏格兰社会艺术历史期刊》2005年第十期，55—63页。沃尔夫冈·索恩，"20世纪的城市文化和城市密度"，见卡斯滕·博格曼、斯文·库劳、马克·赛伦贝格2006年在柏林主编的《最后的城市？从变化的角度探索城市的历史》，历史论坛第8卷，49—68页，http://edoc.hu-berlin.de/e_histfor/8

8. 沃尔夫冈·索恩，"大都市的住宅，都市风貌作为1890—1940年的现代住宅典范"，见2010年的《定位，现代建筑和都市主义，历史和理论》第1卷，122—145页；沃尔夫冈·索恩，"城市建筑的新旧时代"，见克里斯托弗·麦科勒尔和沃尔夫冈·索恩2010年在苏尔根主编的《多特蒙德的建筑讲座》第2卷，10—29页；沃尔夫冈·索恩，"欧美城市发展的鼎盛时期"，见哈拉尔德·博登沙茨、克里斯蒂娜·格拉维、哈拉尔德·凯格曼、汉斯·迪特尔·纳格尔克和沃尔夫冈·索恩在2010年主编的《城市展望1910/2010，柏林城市总体规划百年展览中的柏林、巴黎、伦敦、芝加哥》，30—37页；沃尔夫冈·索恩，"城市、反城市和新城市，现代城市概念与莱茵河流域城市"，见厄休拉·克里菲什-乔布斯特、卡伦·荣格在2010年于柏林主编的《1910年至2010年之后的莱茵河流域城市的发展动态》，54—65页；沃尔夫冈·索恩，"城市的住宅，以多特蒙德为例的传统城市重建规划时代"，见耶恩·杜维尔、迈克尔·莫宁戈尔2011年在柏林主编的《梦想与创伤，城市设计的现代主义》，135—145页；沃尔夫冈·索恩，"住宅的外观立面——被遗忘的现代城市题材"，见克里斯托弗·麦科勒尔2011年在多特蒙德主编的《城市建筑：外观立面，多特蒙德23号建筑实例》，12—31页；沃尔夫冈·索恩，"作为纪念丰碑的城市，冯·罗西的建筑和历史保护思想回归"，见卡斯滕·鲁尔2011年在比勒菲尔德主编的《神奇的纪念意义，1945年以来城市建筑与艺术的策略》，123—142页；沃尔夫冈·索恩，"20世纪的都市主义和城区"，见德国城市规划和土地利用规划院2011年于柏林编撰的《未来的城市中心，2011年达姆斯塔特会议的年度报告》，278—284页；沃尔夫冈·索恩，"1900年至1950年的城市生活广场"，2012年6月在佛罗伦萨艺术学院的MaxPlanck研究所举行的"广场建筑，19世纪至今的连续性和变化性"会议上所做的演讲。

引言

1. 20世纪城市设计通史：格尔德·阿尔博斯于1975年在杜塞尔多夫编写的《1875—1945年城市建设发展趋势的思想概念论述》；格尔德·阿尔博斯、亚历山大·帕帕吉奥吉欧-维内塔斯1984年在图宾根编写的《1945—1980年城市规划的发展轨迹》第2卷；彼得·霍尔1988年在牛津编写的《明日城市，20世纪城市规划设计的知识历史》；让-迪特尔·阿戈吉克斯1994年在巴黎主编的《城市，1870—1993年欧洲的艺术和建筑》；J.库斯·博斯玛、赫尔玛·海林加1997年在海牙主编的《驾驭城市，1900—2000年北欧的城市规划》；让-路易斯·科恩，"城市建筑和现代都市的危机"，见理查德·科萨莱克、伊丽莎白A.T.史密斯1998年在洛杉矶主编的《世纪之末的百年建筑》，229—274页；斯蒂芬·V.瓦德2002年在奇切斯特编写的《规划20世纪的城市，先进的资本主义世界》；维托利奥·马尼亚戈·兰普尼亚尼2010年在柏林编写的《20世纪的城市，展望、设计和更新》第2卷。

2. 让-埃洛里，弗里德里希·希尔、沃尔夫·迪特尔·马施1969年在伍珀塔尔编写的《都市生活的优点》。

3. F.普洛芬纳尔，"都市风貌"，见乔基姆·里特尔、卡尔弗雷德·格伦德尔、戈特弗里德·加布里埃尔2001年在达韦斯塔特主编的《哲学历史词典》第11卷，351—354页；克里斯托弗·G.莱德尔，"都市主义"，见格尔特·尤丁2011年在达姆斯塔特编写的《修辞学历史词典》第10卷，1344—1364页。

4. 埃德加·沙林，"都市风貌"，见德国城市委员会1960年在科隆编写的1960年6月1日至3日在奥格斯堡举行的第11次德国城市委员会上的讲座、辩论和结果《更新我们的城市》，9—34页，第10页。

5. 尤金·德·圣-丹尼斯，"都市实践—都市风貌"的语义演变，见1939年的《拉丁语研究，罗马研究刊物》第3卷，5—24页；爱德温·拉梅奇，"罗马早期的都市风貌"，见1960年的《美国语文学杂志》第81卷，65—72页。

6. 马库斯·法比尤斯·昆体良，赫尔穆特·拉恩1972年在达姆斯塔特编写的《演说原理·十二卷本》第1卷，第4册，第720页。

7. 克劳斯·阿诺德，《中世纪晚期和近代早期对城市的赞美和描述》，2000年，维也纳；H.库格勒，"城市的赞美"，见格尔特·尤丁2007年在达姆斯塔特主编的《修辞学历史词典》第8卷，1319—1325页。

8. 参见赛尔斯汀·鲍尔-芬克在第42次春季城市历史比较研究研讨会上的演讲，题目为"都市风貌，文本、卡片和图片中的形式"，该研讨会由明斯特大学的玛蒂娜·斯特肯和尤翰·施奈德于2012年3月组织。

9. 引用：海因茨·佩措尔德，"都市主义"，见卡尔海因茨·巴克2005年在斯图加特、魏玛编写的《美学的基本概念》第6卷，281—311页，第282页。

10. 司汤达，1830年写于巴黎的《红与黑》，第41章。

11. "都市风貌，人们通常理解为优雅的生活方式；实际上，它是与他人相处时所表现出的优良品质。人们试图以此来避免冒犯有文化的品位和美的感受。因此，它与礼貌和美貌是不同的，与其相对立的则是乡土风格。"

12. 引用自彼得·纽曼2002年在明斯特编写的《都市风貌在小型工业城市中的重要性——对亨尼希斯多夫和柏林等城镇的实例研究》，第19页。

13. 引用了克劳斯·M.施莫尔斯1983年在慕尼黑主编的《城市与社会，劳动与基础工作》，第230页。

14. 见格奥尔格·齐美尔的"大城市与精神生活"，鲁迪格尔·克雷默、安吉拉·拉姆斯泰德、奥特因·拉姆斯泰德1995年在美茵河畔的法兰克福主编的《格奥尔格·齐美尔全集》第7卷，《1901—1908年的论文和散文》第1卷，第116页。

15. 马克斯·韦伯，"城市的概念和分类"，见1921年的《社会科学与社会政策档案》第47卷，第621页之后。

16. 见卡尔·舍夫勒"一种风格"，1903年的《柏林建筑世界》第5卷，291—295页，第293页。

17. 出处同上，第294页。

18. 出处同上，第295页。

19. 出处同上，第295页。

20. 出处同上，第295页。

21. 见卡尔·舍夫勒1913年在柏林撰写的《大城市的建筑》，第3页。

22. 罗伯特·E.帕克，"城市，城市环境中人类行为的研究建议"，见罗伯特·E.帕克、欧内斯特·W.伯吉斯、罗德里克·D.麦肯齐于1925年在芝加哥主编的《城市》，1—46页，第1页。

23. 路易斯·沃思，"都市化，一种生活方式"，见1938年7月的《美国社会学杂志》第44卷，1—24页，第8页。

24. 刘易斯·芒福德，1938年写于伦敦的《城市文化》，第3页。

25. 古斯塔夫·卡恩，1901年在巴黎创作的《街道的审美》。

26. 埃米尔·马尼，1908年在巴黎创作的《城市美学、街道景观、游行、市场、集市、展会、墓地、水的美学、火的美学、未来的城市建筑》。

27. 见奥古斯特·恩德尔1908年在斯图加特撰

写的《大城市之美》，第23页。

28. 见奥托·瓦格纳1911年在维也纳创作的《大城市研究》，第7页。

29. 出处同上，21—22页。

30. 1912年的《城镇规划回顾》，第3卷，第209页。

31. 帕特里克·阿伯克龙比，"城镇规划之前的研究"，见1916年的《城镇规划回顾》第6卷，第3集，171—190页，第171页。

32. "在巴黎，街道的声音总令我狂喜"，见齐格弗里德·克拉考尔1987年在柏林编撰的《柏林和其他城市的道路》，第7页。

33. 齐格弗里德·克拉考尔，《来自新德国的雇员》，1930年于美茵河畔法兰克福。

34. 见1931—1932《科隆社会学补充》第10卷，200—219页，第214页。

35. 出自汉斯·施密德昆茨，"城市和农村的住宅"，见1908年的《城市规划》第5卷，147—150页，第148页。

36. 出处同上，第148页。

37. 出处同上，第149页。

38. 出处同上，第149页。

39. 亚瑟·特里斯坦·爱德华兹，"花园城市运动的批判"，见1913年的《城镇规划评论》第4卷，第2集，150—157页，第154页。

40. 出处同上。

41. 出处同上。

42. 出处同上，154—155页。

43. 出处同上，第156页。

44. 亚瑟·特里斯坦·爱德华兹，"花园城市运动的进一步批判"，见1913年的《城镇规划评论》第4卷，第4集，312—318页，第316页。

45. 出处同上，第317页。

46. 亚瑟·特里斯坦·爱德华兹，"建筑中的好方式与坏方式"，见1924年的《英国皇家建筑师学会志》第31卷，系列3，175—177页，第175页。

47. 出处同上，第176页。

48. 出处同上。

49. 出处同上。

50. 出处同上，第177页。

51. 帕特里克·阿伯克龙比，"城镇和乡村的规划，城市设计与景观设计的对比"，见1930年的《城镇规划评论》第14卷，第1集，1—12页，第12页。

52. 托马斯·夏普，1932年在牛津编写的《城市与乡村，城乡发展的若干方面》；1936年在伦敦编撰的《英国全景》。

53. 托马斯·夏普，1940年在伦敦发表的《城镇规划》，第58页。

54. 詹姆斯·莫德·理查兹爵士，"新城镇的失

败"，见1953年的《城镇规划评论》第114卷，第31页。

55. 汤姆·梅勒，"持久的郊区"，见1955年的《城镇规划评论》第25卷，第4集，第251页。

56. 出处同上，第254页。

57. 伊恩·奈恩，1955年在伦敦创作的《对城乡畸形发展的愤怒》。（也出自《建筑评论》第117卷，第702集）；伊恩·奈恩，1956年在伦敦撰写的《反击乡村都市化，论现代生活与景观》，（也出自《建筑评论》第120卷，第719集）。

58. 戈登·卡伦，1978在伦敦撰写的《城镇风光》，第7页。

59. 克里斯托弗·唐纳德，1953年在伦敦、纽约撰写的《人类的城市》，第20页。

60. 出处同上。

61. 出处同上，第21页。

62. 出处同上，第47页。

63. 出处同上，第223页。

64. 出处同上，第346页。

65. 西比尔·莫霍利·纳吉，"伟大的城市在哪里"，见1954年的《建筑记录》，第1集，第24页。

66. 西比尔·莫霍利·纳吉，1968年在伦敦撰写的《人类的矩阵，城市环境历史图解》，第281页。

67. R.理查德·沃尔，"都市化、都市风貌和历史学家"，见1955年的《堪萨斯大学城市评论》第22卷，53—61页，第53页。

68. 出处同上，第57页。

69. 约翰·伊利·伯查兹，"城市审美"，见1957年的《美国政治与社会科学院年报》第314卷，112—122页，第112页。

70. 出处同上，第117页。

71. 威廉·H.怀特，1958年在纽约主编的《都市大爆炸》，第7页。

72. 出处同上，第10页。

73. 出处同上，第40页。

74. 简·雅各布斯，"适合人类的城市中心"，见威廉·H.怀特1958年在纽约主编的《都市大爆炸》，140—168页，第140页。

75. 出处同上，第141页。

76. 出处同上。

77. 出处同上，第148页。

78. 凯文·林奇，1960年于剑桥发表的《城市的形象》。

79. 出自汉斯·保罗尔特，"城市和城市化，城市规划社会学的未来思考"，见1956年的《建筑和形式》，第12卷，653—657页，第656页。

80. 出处同上，第653页。

81. 出处同上，第655页。

82. 出处同上，

83. 出处同上，第653页。

84. 出处同上。

85. 出处同上，第656页。

86. 出处同上，第657页。

87. 出自汉斯·保罗·巴尔特，"社会与城市"，见1960年的《建筑世界》第51卷，1467—1477页，第52卷，1471—1474页。

88. 出处同上，第1477页。

89. 出处同上，第1476页。

90. 出处同上，第1477页。

91. 出处同上。

92. 出处同上。

93. 出自汉斯·保罗·巴尔特，1961年在汉堡附近的莱茵贝克发表的《现代大城市：城市规划的社会学思考》，第103页。

94. 出处同上，第108页。

95. 出处同上，第121页。

96. 出自埃德加·沙林，"都市主义"，见德国城镇协会1960年在科隆主编的关于1960年6月1日—3日在奥格斯堡举行的《更新我们的城市，第十一次辩论和演讲大会》，9—34页，第23页。

97. 出自埃德加·沙林，"从都市主义'到'都市研究'"，见1970年的《循环·国际社会科学期刊》第23卷，869—881页，第874页。

98. 出自埃德加·沙林，"都市主义"，见德国城镇协会1960年在科隆主编的关于1960年6月1日—3日在奥格斯堡举行的《更新我们的城市，第十一次辩论和演讲大会》，9—34页，13—14页。

99. 出处同上，第21页。

100. 出自埃德加·沙林，"城市的精神"，见赫尔曼·林恩、马科斯·莱希纳尔1961年在慕尼黑主编的《时代的变化，纪念卡尔·J.伯克哈特70岁文集》，364—374页，第364页。

101. 出自埃德加·沙林，"都市主义"，见德国城镇协会1960年在科隆主编的关于1960年6月1日—3日在奥格斯堡举行的《更新我们的城市，第十一次辩论和演讲大会》，9—34页，第24页。

102. "城市塑造"

103. "市民社区"

104. 出处同上，第34页。

105. 出处同上，第27页。

106. 见1970年的《循环·国际社会科学期刊》第23卷，869—881页，874—875页。

107. 出处同上，第875页。

108. "与陌生人的交流互动"

109. "例如公共广场"

110. 见慕尼黑的德国城市建设规划学院1964年主编的《城市建设的贡献》第2集，1—8页，第7页。

111. 沃尔夫·乔布斯特·希德勒和伊丽莎白·尼格迈耶尔，1964年在柏林创作的《谁杀死了了城市》《天使和街道的绝唱》《广场和树木》；亚历山大·米切利希1965年在法兰克福创作的《我们不舒服的城市》。

112. 出自海德·伯恩特，"城市建设中失去的都市风貌"，1967年的《柏林社会问题论证》第9卷，263—286页，第285页。

113. 出处同上。

114. 出处同上。

115. 出自海德·伯恩特，"都市风貌"，见鲁迪格·沃伊特1984年在奥普拉登主编的《公共政治词典》，468—472页，第471页。

116. 出自基恩·艾米，弗雷德里克·希尔、沃尔夫-迪特尔·马施1969年在伍珀塔尔编写的《都市生活的优点》，5—15页，第5页。

117. 出处同上，第12页。

118. 出处同上，第15页。

119. 出自弗雷德里克·希尔，"回首：曾经的世界"，见基恩·艾米、弗雷德里克·希尔、沃尔夫-迪特尔·马施1969年在伍珀塔尔编写的《都市生活的优点》，16—25页，第16页。

120. 出处同上，第22页。

121. "都市风貌的优点"

122. 出处同上，第19页。

123. "语言多元化，形式多样化"

124. 出处同上，第21页。

125. 出处同上，第23页。

126. 出处同上。

127. 亨利·勒菲弗尔，1968年在巴黎创作的《城市的权利》；1970年在巴黎创作的《城市革命》。

128. 引用：海因茨·佩措尔德，"都市主义"，见卡尔海因茨·巴克2005年在斯图加特、魏玛编写的《美学的基本概念》第6卷，281—311页，第299页。

129. 出处同上，第301页。

130. 克劳德斯·菲舍尔，"走向亚文化理论的都市主义"，见1975年的《美国社会学期刊》第80卷，第6集，1319—1341页。

131. 理查德·森尼特，1976年创作于纽约的《公众人物的堕落》。

132. 出自保罗·霍恩，"反城市和城市形态"，见1979年的《建筑论文作品》第33—34卷，23—27页，第24页。

133. 彼得·布雷特灵，"作为城市发展目标的都市风貌"，见克劳斯·伯查德、格尔德·阿尔博斯1979年在慕尼黑主编的《20世纪

下半叶城市建设和传统的转型》，82—87
页，86页。

134. 见哈特穆特·霍贝尔曼和沃尔特·西贝
尔1987年在法兰克福创作的《新都市风
貌》，9—10页。

135. 见哈特穆特·霍贝尔曼和沃尔特·西贝尔
1992年创作的《都市风貌，城市研究对城
市发展的贡献》，第6页。

136. 沃尔特·西贝尔，"都市主义是乌托邦吗"，
见1999年的《地理期刊》，第87卷，第2
集，116—124页，第123页。

137. 见哈特穆特·霍贝尔曼和沃尔特·西贝尔
1992年创作的《都市风貌，城市研究对城
市发展的贡献》，第14页。

138. 出处同上，第10页。

139. 出处同上，第19页。

140. 出处同上，37—46页；参见沃尔特·西贝
尔，"什么让城市具有都市风貌？定义、
对比、矛盾性"，见1992年的《奥登堡卡
尔·冯·奥西茨基大学的研究见解》第16
卷，16—21页；包括下列新都市风貌的关
键词："社会平等、多元文化的城市、自由
民主、历史的存在、与自然和谐相融、新
型统一的日常生活、开放的矛盾性。"

141. 沃尔特·西贝尔，"都市主义是乌托邦
吗？"，见1999年的《地理期刊》，第87卷，
第2集，116—124页，第124页。

142. 沃尔特·西贝尔，"都市风貌"，见哈特穆
特·霍贝尔曼2000年在奥普拉登主编的
《大城市的社会学》，264—272页，第272
页。

143. 见迪特尔·霍夫曼·阿克斯赛尔姆1993年
在法兰克福创作的《第三种城市》，第176
页。

144. 出处同上，第138页。

145. 见斯特凡·博尔曼1999年于斯图加特编写
的《城市教材，世纪之交的城市生活和城
市文化》，123—129页，第125页。

146. 汉斯·科尔霍夫，"城市社会，未来欧洲城
市的思考"，见1997年的《建筑论文》第27
卷，第6集，40—41页；引用：弗里茨·纽迈
耶2010年在苏黎世主编撰的《汉斯·科尔霍
夫，建筑的观点、文章和访谈》，134—139
页，第134页。

147. 出处同上，第139页。

148. 维特利奥·马尼亚戈·兰普尼亚尼2002年
在柏林编写的《限制速度，未来的远程信
息城市》，第61页。

149. 出处同上。

150. 迪特尔·哈森普鲁格，"欧洲城市的印象、
指导原则和构思"，见迪特尔·哈森普鲁
格2002年在明斯特主编的《欧洲的城

市，神话与现实》，第31页；以及冈瑟尔·
伯姆1982年在法兰克福编写的《都市风
貌，论城市和人的形象》；海因里希·维
福因，"新老城市的渴望，什么是都市风
貌"，见1998年的《新评论》第109卷，第2
集，82—98页。

151. 沃尔特·普里格，《20世纪的都市风貌和
知性主义，1900年的维也纳、1930年的法
兰克福、1960年的巴黎》，1996年于法兰
克福、纽约。

152. http://www.cnu.org/charter (20.09.2012)

153. 贡纳·奥特、妮娜·鲍尔，《都市主义是
一种生活方式？德国生活方式的空间变
化》，见2008年《社会学期刊》第73卷，
第2集，93—116页；查尔斯·R.迪特尔、
哈罗德·G.格拉斯米克，"都市风貌：城市
化、建筑和文化的影响"，见2001年的《社
会科学研究》第30卷，313—335页；参见
彼得·德尔克什米尔2009年在比勒菲尔德
发表的反对意见《都市风貌是一种习惯，
城市生活与人文地理学》。

154. 托马斯·伍得斯特2004年在威斯巴登创作
的《都市风貌，神话和潜力》。

155. 艾里卡·斯皮格尔，"密度"，见哈特穆特·
霍贝尔曼主编的《大城市，社会学》，39—
47页。

156. 莱因哈特·鲍迈斯特，1911年在柏林发表
的《建筑和城市规划问题讲座》第4卷，
第3集。

157. 尼古拉·罗斯卡姆，2011年在比勒菲尔德
创作的《密度，一个跨学科的概念，城市
空间的论述》，19—36页。

158. 路易斯·沃思，"都市主义是一种生活方
式"，见1938年7月《美国社会学期刊》第
44卷，1—24页。

159. 约翰尼斯·格德里茨，"城市建设"，见阿尔
弗雷德·恩斯卡特等人1938年在斯图加特
主编的《住房和定居地经济词典》，1015—
1033页。

160. 约翰尼斯·格德里茨1954年在威斯巴登
发表的《居住密度》；约翰尼斯·格德里
茨，罗兰德·雷纳、休伯特·霍夫曼1957年
在图宾斯创作的《松散结构的城市》。

161. 格哈德·博丁豪斯，1995年在布伦瑞克、
威斯巴登发表的《社会密度，1963/1964年
新城市发展规划和方向的关键举措》。

162. 尼古拉·罗斯卡姆，2011年在比勒菲尔德
创作的《密度，一个跨学科的概念，城市
空间的论述》，312—313页。参见尼古拉·
罗斯卡姆，"欧洲城市和建设密度"，见奥利
弗·弗雷，弗洛林·科赫2011年在威斯巴登
主编的《未来的欧洲城市》，71—85页。

163. 鲁斯·格拉斯，"更高和更低"，见1953年
《建筑评论》第114卷，358—360页。

164. 弗雷德里克·海恩斯，1956年在伦敦编写
的《历史中的城镇建设，五千年来影响城
镇'规划'的条件、影响、思想和方法的概
要回顾》，第433页。

165. 简·雅各布斯，"适合人类的城市中心"，
见威廉·H.怀特1958年于纽约主编的《都
市大爆炸》，157—184页，159—160页。

166. 简·雅各布斯，1961年在美国出版的《伟
大美国城市的生与死》。

167. 格哈斯·博丁豪斯，1969年在亚琛发表
的论文《城市规划中建筑测定方法的
使用程度》；格哈斯·博丁豪斯，1995年
在布伦瑞克、威斯巴登发表的《社会密
度，1963/1964年新城市发展规划和方向
的关键举措》。

168. 见海因因茨·费希特，1969年在慕尼黑创作
的《城市密度》。

169. 雷姆·库哈斯1978年在纽约创作的《狂躁
的纽约，曼哈顿的追溯宣言》。

170. 雷姆·库哈斯，"大都市的生活"或"拥堵的
文化"，见1977年的《建筑设计》第47卷，
第5集，319—325页，第320页。

171. 皮埃尔·克莱门特、萨宾·古斯，"巴黎的
城市密度/形式报告"，见伯纳德1998年在
巴黎主编的《巴黎，都市风貌和建筑形
式》，125—144页；马丁·温茨2000年在
法兰克福主编的《紧凑型城市，未来的城
市》。

172. 维托利奥·马尼亚戈·兰普尼亚尼、托马
斯·K.凯勒、本杰明·布瑟2007年在苏黎
世主编的《城市的密度》。

173. 亚瑟·科恩，1953年在伦敦创作的《历史
造就城市》。

174. 迈尔·赫伯特、沃尔夫冈·索恩，"'历史
造就城市'，20世纪城市规划中对历史的
运用"，见查维尔·芒库鲁、曼努尔·
瓜迪尔2006年在伦敦主编的《文化，都市
主义和规划》；沃尔夫冈·索恩，"历史造就
城市，20世纪早期城市建设的历史"，见2007
年《关键报告，艺术和文化学术期刊》第35
卷，地1集，18—32页；西格里德·布兰特
《城市建筑，及其史学方法》。

175. 伊夫林·舒尔茨、沃尔夫冈·索恩1999年
在苏黎世主编的《连续性和变化性，不同
学科和文化中的历史》。

176. 沃尔夫冈·索恩，"创建历史，建筑中的古典
主义、历史主义、传统主义和现代主义"，见
伊夫林·舒尔茨、沃尔夫冈·索恩1999年
在苏黎世主编的《连续性和变化性，不同
学科和文化中的历史》，261—330页。

177. 安东尼奥·圣伊利亚，"未来的建筑"
（1914），见汉斯格奥尔格·施密特·贝尔
格曼1993年在汉堡附近的莱茵贝克编写
的《未来主义、历史、审美、记录》，231—
232页。

178. 威利·伯西尔1937年在苏黎世编写的
《勒·柯布西耶和皮埃尔·让纳雷1910—
1929年作品全集》。

179. 勒·柯布西耶，1923年在巴黎创作的《走
向建筑》；参见温伯雷德·纳丁格尔，"从
鲍豪斯到哈佛，沃尔特·格罗皮乌斯的历
史运用"，见温多林·赖特、珍妮特·帕
克斯1990年在新泽西主编的《美国建筑
流派的历史》，89—98页。

180. 艾利尔·萨福宁，1943年在纽约发表的
《城市的发展、衰退和未来》。

181. 亚瑟·科恩，1953年在伦敦创作的《历史
造就城市》，第1页。

182. 出处同上。

183. 厄恩斯特·埃格利，1959年在苏黎世、斯
图加特创作的《城市规划历史》，第1卷
《旧世界》，第9页。

184. 出处同上，第10页。

185. 出处同上，第9页。

186. 欧文·安东·古特金德，1962年在纽约、伦
敦创作的《城市暮光》，第1页。

187. 出处同上，第56页。

188. 出处同上，第40页。

189. 欧文·安东·古特金德，1964年在伦敦
撰的《城市发展国际史》第1卷《欧洲中
部城市的发展》，第6页。

190. 出处同上，5—6页。

191. 出处同上，第6页。

192. 出处同上，第51页。

193. 西格弗里德·吉提翁，1941年在剑桥创作
的《空间、时间和建筑，新传统的发展》，
第41页。

194. 出处同上，第11页。

195. 出处同上，第8页。

196. 刘易斯·芒福德，1938年在纽约编写的
《城市文化》，第283页。

197. 出处同上，第4页。

198. 罗伯特·沃耶特维奇，1996年在剑桥编写
的《刘易斯·芒福德和美国现代主义，建
筑与城市的乌托邦理论》。

199. 刘易斯·芒福德，1961年在伦敦创作的
《历史中的城市，起源、转变和前景》。

200. 见卡米略·西特1889年在维也纳编写的
《根据自身艺术原则进行城市规划》前
言部分。

201. 保罗·祖克尔，1959年在伦敦、纽约创作
的《城市和广场》，《从广场到绿色乡

村》，第2页。

202. 出处同上。

203. 出处同上，第17页。

204. 出处同上，第18页。

205. 奥斯卡·汉德林，约翰·伯查德1963年在剑桥主编的《历史学家与城市》。

206. 约翰·伯查德，"一些反思"，见奥斯卡·汉德林，约翰·伯查德1963年在剑桥主编的《历史学家与城市》，第256页。

207. 费尔南·布罗代尔，1949年在巴黎编写的《菲利普二世时期的地中海和地中海地区》。参见鲁兹·拉豪尔1994年在斯图加特发表的《厄尔本·冯·布洛赫和费布尔，1945—1980年法国的新历史学和历史年鉴》。

208. 沃克尔·维特尔，2002年在剑桥编写的《帕特里克·格迪斯和生活之城》，88—90页。

209. 引用：海伦·梅勒尔1979年在莱彻斯特主编的《理想城市》，第79、82页。

210. 沃克尔·维特尔，2002年在剑桥编写的《帕特里克·格迪斯和生活之城》，124—127页。

211. 帕特里克·格迪斯，1915年在伦敦主编的《演变的城市，城镇规划运动的介绍和公民的研究》，329—375页；海伦·梅勒尔·帕特里克·格迪斯1990年在伦敦编写的《社会进化论者和城市规划师》。

212. 丹尼尔·哈得逊·伯恩海姆，爱德华·赫伯特·本尼特1909年在芝加哥编写的《芝加哥规划方案》。

213. 亨德里克·克里斯蒂安·安德森和厄尔斯特·赫布拉希1913年在巴黎编写的《世界通信中心》；沃尔夫冈·索恩2003年在慕尼黑、伦敦、纽约发表的《代表国家，20世纪早期首都城市的规划》，241—285页。

214. 弗雷德里克·海斯斯，1956年在伦敦编写的《历史中的城镇建设，五千年来影响城镇"规划"的条件、影响、思想和方法的概要回顾》，前言部分。

215. 出处同上，第412页。参见彼得·拉克哈姆，"1942—1952年英国重建规划中的保护地"，见2003年《规划视角》第18卷，295—324页。

216. 沃尔夫冈·索恩，"从多学科中诞生的城市建筑历史精神"，见2006年的《世外桃源——脱离现实的幻想，建筑理论与科学国际期刊》第10卷，第2集。http://www.cloud-cuckoo.net/

217. 阿伯特·埃里克·布林克曼，1908年发表的《广场和纪念碑》；1911年在法兰克福

发表的《历史上的德国城市建筑》；1920年在柏林发表的《城市建筑，历史断面和新目标》。

218. 见阿伯特·埃里克·布林克曼1920年在柏林发表的《城市建筑，历史断面和新目标》，第107页。

219. 科尼利厄斯·戈尔利特，1901—1902年在柏林编写的《历史的城市形象》，12卷；科尼利厄斯·戈尔利特，1920年在柏林编写的《城市建筑手册》。

220. 塞纳大省巴黎扩展委员会1913年主编的《历史概况》；马塞尔·波特，1924—1931年在巴黎主编的《城市的生活》；马塞尔·波特，1929年在巴黎主编的《城市规划概论，城市的发展》；唐纳特拉·克拉比，"马塞尔·波特，'城市规划'的先锋和'城市历史'的卫士，见1996年的《规划远景》第11卷，第4集，413—416页；唐纳特拉·克拉比，帕巴吉·安妮·温蒂，1997年在威尼斯主编的《马塞尔·波特，城市的历史和起源》。

221. 皮埃尔·拉维丹，1926—1952年在巴黎编写的《城市规划史》，共3卷。

222. 雷蒙德·昂温，1911年在伦敦发行的《城市规划实践，城市和郊区设计艺术引言》第二版，第104页。

223. 维尔纳·黑格曼和埃尔伯特·皮茨，1922年在纽约合著的《美国的维特鲁威，建筑师的城市艺术手册》；克里斯蒂娜·克拉泽曼·柯林斯，2005年在纽约创作的《维尔纳·黑格曼和都市主义的普遍研究》。

224. 马丁·沃恩克，2000年在主编的《阿比·瓦尔堡，记忆女神图像地图集》。

225. 沃尔夫冈·索恩，"图像、历史和建筑，城市规划理论的三要素"，见维尔纳·黑格曼和埃尔伯特·皮茨的《美国的维特鲁威》；见2002年的《沃纳·奥赫斯林图书馆基金会报告》注释》第2卷，122—133页。

城市住宅街区的变革 1890—1940

1. 沃尔特·格罗皮乌斯，"住宅的形式，公寓、中型住宅及高层建筑"，见1929年的《新柏林》第1卷，第4期，75—80页。

2. 厄恩斯特·梅，"法兰克福住宅建设五年计划"，见1930年《新法兰克福》第4卷，第2—3期，21—70页；图示"现代城市规划发展示意图"，插图15，第34页。

3. 克拉伦斯·S.施泰因，"走向美国的新城镇"，见1949年《城市规划评论》第20卷，第3期，203—282页，第209页插图。

4. 西格弗里德·吉提翁，1946年在剑桥创作

的《空间、时间和建筑，新传统的发展》，第525页。

5. 菲利普·巴内翰、让·卡斯泰和让-查尔斯·德保勒，1977年在巴黎创作的《城市形态，岛上酒吧》；英文译版：菲利普·巴内翰、让·卡斯泰、让-查尔斯·德保勒、艾弗塞缪尔，《城市形态，城市街区的生与死》，2002年，牛津。

6. 彼得·G.罗，1993年在剑桥编写的《现代性与住宅》，第168页。

7. 芭芭拉·米勒·莱恩，2007年在伦敦、纽约主编的《房屋与住宅，现代国内建筑展望》。

8. 比约恩·林恩，1974年在斯德哥尔摩创作的《斯托加德的周边：单一模式与品质的背景》。

9. 迪尔曼·哈兰德，2007年在斯图加特编写的《城市住宅，历史、城市建设、前景展望》。

10. 伦敦郡议会1937年编写的《伦敦住宅》：附录中的列表展示了20个"别墅小屋"和173个"街区住宅"。

11. 维尔纳·黑格曼，1930年与柏林创作的《柏林，世界上最大的兵营式住宅城市》。

12. 西奥多·格约克，"柏林的工人公寓，一种建筑技术的社会研究"见1890年的《德国建设》第24卷，501—502页，508—510页，522—523页，第501页；参见尼古拉斯·布洛克、詹姆斯·里德1985年在剑桥编写的《1840—1914年德国和法国的住宅改革运动》，第83页。

13. 见1890年《德国建设》第24卷，501—502页，508—510页，522—523页，第502页。

14. 出处同上，第508页。

15. 约翰·弗里德里希·吉斯特、克劳斯·库沃尔斯，1980年在慕尼黑编写的《1740年至1862年的柏林住宅》；1984年编写的《1762年至1945年的柏林住宅》；尤利乌斯·波泽纳，1979年在慕尼黑创作的《威廉二世时期柏林的新建筑》，第365页。

16. 见1892年《康科迪亚，促进工人福利协会期刊》第294期，1426—1427页。引用：阿德尔海德·冯·萨尔登，"有家，有住宅，紧张的住房和经费状况"，见尤尔根·罗伊勒克1997年在斯图加特主编的《1800—1918年公民权利时代住宅历史》第3卷，145—332页，第218页。

17. 1891年《德国建设》第25卷，181—182页。

18. 尤利乌斯·波泽纳，1979年在慕尼黑创作的《威廉二世时期柏林的新建筑》，344—346页；艾尔弗·布劳特、罗伯特·哈贝尔、汉斯-迪特尔·纳格尔克、阿尔弗雷

德·梅塞尔2009年在柏林主编的《城市的愿景》，160—177页。

19. 见1900年《柏林建筑世界》第2卷，315—325页；引用：尤利乌斯·波泽纳，1979年在慕尼黑创作的《威廉二世时期柏林的新建筑》，第367页。

20. 尼古拉斯·布洛克、詹姆斯·里德1985年在剑桥编写的《1840—1914年德国和法国的住宅改革运动》，125—137页；胡安·罗德里格斯-劳雷斯、格林德·费尔1988年在汉堡主编的《住房的问题，欧洲社会住房建设的起源》，112—122页。

21. 约瑟夫·斯图本，1890年在达姆斯塔特创作的《城镇建设》，第5页、第9页。

22. 出处同上，9—10页。

23. 出处同上，第26页。

24. 出处同上，第15页。

25. 出处同上，第10页。

26. 出处同上，第28页。

27. 汉斯·克里斯蒂·努斯鲍姆，"开放式还是封闭式，城市街区该走向何方？"，见1904年《城市建设》第1卷，29—31页、42—45页、103—107页。

28. 西奥多·格约克，"柏林的住宅街区"，见1905年《城市建设》第2卷，127—1301页、143—147页，表73—77，第143页。

29. 见1908年《城市建设》第5卷，2—5页、19—21页、表1—2，第3页。

30. 见1908年《城市建设》第5卷，147—150页、第148页。

31. 出处同上，第149页。

32. 出处同上。

33. 出处同上。

34. 尤利乌斯·波泽纳，1979年在慕尼黑创作的《威廉二世时期柏林的新建筑》，321—327页。迪特尔·霍夫曼·阿克斯撒姆，2011年在柏林编写的《柏林的城市住宅，1900—2010的类型和历史》，209—237页。

35. 阿尔伯特·格斯纳，1909年在慕尼黑创作的《德国的出租公寓，当代城市文化的贡献》。

36. 尤利乌斯·波泽纳，1979年在慕尼黑创作的《威廉二世时期柏林的新建筑》，335—337页。

37. 赫尔穆特·盖泽特，"城市住宅的变革模式"，见保罗·卡菲尔特、约瑟夫·保罗·克莱斯勒、索斯滕·希尔2000年在柏林主编的《城市建筑，1900—2000的柏林城市建筑》，40—51页，第48页；卡伦·施梅恩克，2005年苏黎世瑞士联邦理工学院的论文《多功能街区建设，1900年柏林城市

38. 尤利乌斯·波泽纳，1979年在慕尼黑创作的《威廉二世时期柏林的新建筑》，第302页。

39. 胡戈·利希特，"勋伯格城威尔曼区的开发"，见1912《城市建设》第9卷，52—55页，表27—30，第55页。

40. 尤金·赫纳德，1903—1909年在巴黎编著的《巴黎转型研究》：第2册：《支离破碎的路线，堡垒林荫大道环形区域的问题》，巴黎，1903年。

41. 威利·哈思，"城市建设中的现代街区建筑"，见杜塞尔多夫市政管理部门1913年编写的《1912年杜塞尔多夫首届城市讨论大会》，47—53页，第49页。

42. 大柏林竞赛，参见埃里希·康特尔，"为了实现国际大都市的承诺，1910年为改造'老柏林'举行的城市设计大奖赛"。见格哈德·费尔、胡安·罗德里格斯-劳雷斯1995年在巴塞尔、柏林、波士顿主编的《城市改造，魏玛共和国时期欧洲主要城市的改建规划》，249—272页；沃尔夫冈·索恩，"大都市的理念，1910年大柏林竞赛"，见保罗·卡菲尔特、约瑟夫·保罗·克莱修斯、索斯滕·希尔2000年在柏林主编的《城市建筑，1900—2000年的柏林城市建筑》，66—67页；沃尔夫冈·索恩，2003年在慕尼黑、伦敦、纽约发表的《代表国家，20世纪早期首都城市的规划》，101—140页。

43. 赫尔曼·詹森，见1911年柏林的《1910年大柏林竞赛，获奖设计一览》，第20页。

44. 卡尔·舍夫勒，"一种风格"，见1903年《柏林建筑世界》第5卷，291—295页；卡尔·舍夫勒1910年在柏林编写的《柏林，一座城市的命运》，250—253页。

45. 卡尔·舍夫勒，1913年在柏林编写的《大城市的建筑》，第16页。

46. 出处同上，第3页。

47. 出处同上，第130页。

48. 沃尔特·柯特尔·贝伦斯，1911年在柏林创作的《城市设计中作为空间元素的统一街区立面》。

49. 西奥多·格约克，"为焕发柏林的活力，参与竞赛的方案"，见1911年《城市建设》第8卷，49—58页，表26—33.

50. 1911年编撰的《1910年大柏林竞赛，获奖设计一览》，参见A. 基塞林1910年在波鸿创作的《城市规划展览和住房问题》。

51. 鲁道夫·埃伯斯塔特，1909年在耶拿编写的《住房和住房问题手册》，第207页，第210页，238—239页。参见鲁道夫·埃伯斯

52. 鲁道夫·埃伯斯塔特，1909年在耶拿编写的《住房和住房问题手册》，186—187页。

53. 西奥多·格约克，"交通道路和住宅区街道"，见1893年的《普鲁士年鉴》第73卷，85—104页。参见安·罗德里格斯-劳雷斯、格哈斯·费尔1988年在汉堡主编的《住房的问题，欧洲社会住房建设的起源》，122—126页。

54. 雅克·卢坎，1996年在巴黎编写的《巴黎郊区的形成和变化》，34—37页。

55. 维尔纳·黑格曼，1911年在柏林编写的《根据柏林城市总体设计展的结果进行城市规划，附录：杜塞尔多夫国际城市建设博览会》第1卷，插图28。

56. 维尔纳·黑格曼和埃尔伯特·皮茨，1922年在纽约合著的《美国的维特鲁威，建筑师的城市艺术手册》，第185页。

57. 海因里希·德·弗里斯，"城市规划思想"，见1920年《城市规划》第17卷，50—54页，第52页。

58. 出处同上，第53页。参见，卡尔·约翰尼斯·福克斯，1918年在斯图加特创作的《战后的住房问题和解决方法，一个小型的居住区规划》。

59. 海因里希·德·弗里斯，1919年在柏林编写的《未来的城市住房》。

60. 见1917年《城市建设》第14卷，132—137页，表73—75，第133页。

61. 出处同上，第136页。

62. 西奥多·格约克，"老西柏林"，见1918年《城市建设》第15卷，53—55页，表27—32。

63. 鲁道夫·希尔，1992年为巴塞尔、柏林、波士顿创作的《欧文·古特金德1886—1968，作为城市空间艺术的建筑》；皮尔吉亚科莫·布西亚雷利，1988年在柏林编写的《欧文·安东·古特金德1886—1968，一个局外人眼中的20世纪20年代的柏林建筑》。参见里奥·艾德勒1931年在柏林主编的《现代住宅与居住区》。

64. 戈尔温·佐伦，2006年在汉堡创作的《鲁道夫·弗兰克，大西洋花园城和柏林》。

65. 维尔纳·黑格曼，1929年在柏林编写的《住宅立面，新旧时期的商业和住宅建筑》。

66. 奥托·拉辛，"设施广场和瓦尔皮彻勒大街的设计实施"，见1905年的《城市建设》第2卷，8—9页，表2—5。

67. 卡尔·盖斯勒和厄恩斯特·内格尔，"一项自由的探讨研究，大城市中常见的现代建筑"，见1922年《城市建设》第19

卷，65—71页，表28—29，第66页。

68. 克劳斯·维森菲尔德，"慕尼黑的博斯特街区，保守的20世纪20年代居住区模式"。见1980年《混杂的巴瓦利卡·莫森萨》第99期；阿克塞尔·温特施泰因2005年在慕尼黑编写的《博斯特，伯纳德·博斯特的生活创意》。

69. 彼得斯，"马德格堡街区的建筑设计竞赛"，见1915年《城市建设》第12卷，97—100页，表54—59，第97页。

70. C.普莱沃特，"马德格堡街区的建筑设计竞赛"，见1916年的《城市建设》第13卷，第44页，表29。

71. 哈特穆特·弗兰克，1994年在斯图加特主编的《弗里茨·舒马赫，现代文化与改革》；赫尔曼·西普，"弗里茨·舒马赫的汉堡，城市的变革"，见维托利奥·马尼亚戈·兰普尼亚尼、罗马纳·施内德1992年在斯图加特主编的《1900年至1950年德国现代建筑的变革与传统》，150—183页；赫尔曼·西普，1982年在汉堡创作的《汉堡的住宅，20世纪20年代世界经济危机和通货膨胀时期的住宅》；格尔特·卡勒尔，1985年在布伦瑞克创作的《住宅与城市，20世纪20年代法兰克福、维也纳的社会住房模式》。

72. 弗里茨·舒马赫，1940年在莱比锡创作的《大城市的问题》。

73. 弗里茨·舒马赫，1932年在汉堡编写的《适于居住的城市，汉堡的新形象》，第37页。

74. 赫尔曼·西普，"弗里茨·舒马赫的汉堡，城市的变革，见维托利奥·马尼亚戈·兰普尼亚尼，罗纳·施内德1992年在斯图加特主编的《1900年至1950年德国现代建筑的变革与传统》，150—183页，第163页。

75. 弗里茨·舒马赫，1917年在莱比锡编写的《小型公寓，住房问题研究》，插图21。

76. 弗里茨·舒马赫，"重新设计的建筑规划"，见1925年的《城市建设》第20卷，132—134页。

77. 格尔特·卡勒尔，"不只是新的建筑！城市建设，住宅和建筑"，见格尔特·卡勒尔2000年在斯图加特主编的《住宅的历史第4卷：1918—1945年的变革——反应——破坏》，303—452页，第336页。

78. 布鲁诺·施万，"德国，住宅"，见布鲁诺·施万1935年在柏林编写的《世界城镇规划与住宅》，130—134页，第133页。

79. 格尔特·卡勒尔，"不只是新的建筑！城市建设，住宅和建筑"，见格尔特·卡勒尔2000年在斯图加特主编的《住宅的历

史第4卷：1918—1945年的变革——反应——破坏》，303—452页，第414页；参见布鲁诺·施万1935年在柏林编写的《世界城镇规划与住宅》，第121页。

80. 埃克斯·莫拉万斯基，1998年在剑桥编写的《竞争展望，中欧建筑的审美创造和社会想象力》，第411页；乌尔夫冈·霍思尔·戈特弗里德·皮尔霍夫斯，1988年在维也纳主编的《1848—1938年的维也纳住宅，公共住宅的构造研究》，83—84页。

81. 弗里德里希·阿赫莱特纳，1990年在萨尔兹堡创作的《20世纪的奥地利建筑，四卷指南》第三卷，第一部，维也纳，1—12区，124—125页，129—130页，第185页，189—190页。

82. 出处同上，101—102页。

83. 卡米略·西特，"大城市——绿色"（1900年），见卡米略·西特的《根据艺术原则进行城市建设》，第247页，2003年由克里斯蒂安·克拉泽曼·柯林斯，克劳斯·塞姆施罗德在维也纳编辑整理。

84. 奥托·瓦格纳，1911年在维也纳编写的研究成果《大城市》，第21页。

85. 出处同上，3—4页。转载：奥托·安东尼亚·格拉夫、奥托·瓦格纳1985年在维也纳、科隆、格拉茨编写的《建筑师的工作》，第2卷，第641页。

86. 曼弗雷多·塔夫里，1980年于米兰主编的《红色维也纳，维也纳的社会主义住房政策》；汉斯·豪特曼、鲁道夫·豪特曼，1980年在维也纳编写的《1919—1934年红色维也纳的城市建设》；赫尔穆特·威斯曼，1985年在维也纳创作的《红色维也纳，1919—1934年社会主义民主制度下的建筑和公共政策》；格尔特·卡勒尔，1985年在布伦瑞克编写的《住宅与城市，20世纪20年代法兰克福、维也纳的社会住房模式》；伊夫·布劳，1999年在剑桥创作的《1919—1934年红色维也纳的建筑》。

87. 见《维也纳城市杂志》，1920年3月10日第29卷，第20期，第677页。参见伊夫·布劳，1999年在剑桥创作的《1919—1934年红色维也纳的建筑》，第93页。

88. 奥托·诺伊拉特，"城市建设与无产阶级"，见1924年《斗争》，第17卷，236—242页，第237页。

89. 见1924年6月17日的《工人报》，第8页。

90. 维也纳市政管理部门，1933年编写的《1921年1月1日至1928年12月31日期间，首都维也纳在市长雅各布·罗伊曼和卡尔·

塞茨领导下的管理》，第2卷，第1223页（维也纳市政厅图书馆的打印稿）。

91. 出处同上，第1226页。

92. 出处同上，第1227页。

93. 出处同上，第1222页。参见伊夫·布劳，1999年在剑桥创作的《1919—1934年红色维也纳的建筑》，第93页，第252页。

94. 维也纳市政管理部门，1933年编写的《1921年1月1日至1928年12月31日期间，首都维也纳在市长雅各布·罗伊曼和卡尔·塞茨领导下的管理》，第2卷，1223—1224页（维也纳市政厅图书馆的打印稿）。

95. 出处同上，第1224页。

96. 出处同上，第1225页。

97. 1924年10月31日《工人报》，第6页。

98. 维尔纳·黑格曼，1938年在纽约编写的《城市规划：住宅第3卷，1922—1937城市艺术的图解评论》，第93页。

99. 唐纳德·布鲁克，"维也纳的卡尔·马克思庭院街区"，见1931年《英国皇家建筑师学会志》第38卷，第3系列，671—677页，第674页。

100. 厄休拉·普罗科普，2001年在维也纳编写的《鲁道夫·佩尔科1884—1942，从红色维也纳的建筑到纳粹的狂妄》，158—187页。

101. 罗斯蒂拉夫·斯瓦查，1995年在剑桥、伦敦编写的《1895—1945年新布拉格的建筑》，90—91页。

102. 出处同上，第158、162页。

103. 出处同上，158—159页。

104. 阿尔伯特·海曼，"匈牙利的住房福利"，见1927年《城市建设》第22卷，122—124页。

105. 埃克·莫拉万斯基，1988年在维也纳编写的《建筑的更新，1900—1940年中欧的现代化途径》，223—225页。

106. 迈克尔·科赫，1990年在苏黎世主编的《马蒂亚斯·索曼丹，苏黎世教会，市政合作建房，1907—1989年全部的住宅建筑》，36—37页。

107. 出处同上，第155、157页。

108. 出处同上，第32、108页。

109. 出处同上，第33、146页。

110. 马里亚纳·马萨格利亚·艾特-艾哈麦德，1991年在日内瓦主编的《莫莱斯·布莱拉德，建筑师和城市规划师》；厄休拉·帕拉维西尼，帕翠卡·昂福，1993年在日内瓦主编的《莫莱斯·布莱拉德，1879—1965年瑞士现代建筑的先锋者》；艾利那·科林托·兰萨，2003年在日内瓦主编的《城市规划师莫莱斯·布莱拉德，法国城市管理的有效和具有远见的策

111. 厄恩斯特·基耶茨曼、格特鲁德·戴维，1949年在苏黎世和埃伦巴赫编写的《如何居住/家庭和住宅/我的居所》，第26页。

112. 出处同上。

113. 亨德里克·彼得鲁斯·贝尔拉格，"建筑学和印象主义"，见1894年的《建筑》第2卷，第22期：93—95页，第23期：98—100页，第24期：105—106页，第25期：109—110页。引用：维托里奥·马尼亚戈·兰普尼亚尼、鲁斯·哈尼什、乌尔里奇·马克西米利安·舒曼、沃尔夫冈·索恩2004年在洛伊特主编的《20世纪建筑理论，位置、计划、宣言》，第18页。

114. 塞尔吉奥·波拉诺，1988年在米兰主编的《亨德里克·彼得鲁斯·贝尔拉格作品全集》，140—141页。

115. 南希·施蒂贝尔，1998年在芝加哥编写的《阿姆斯特丹的住宅设计与社会，1900—1920年城市秩序和身份认同的重构》，第68页，157—257页。参见海伦·西林，1971年在耶鲁大学撰写的论文《荷兰的住宅和阿姆斯特丹学派》；海伦·西林，"红旗飘扬，1915—1923年的阿姆斯特丹住宅"，见亨利·A.米伦，琳达·诺克林主编的《政治服务中的建筑与艺术》，230—269页。

116. 亨德里克·彼得鲁斯·贝尔拉格，"实现标准化住宅"，见1918年在鹿特丹编写的《住宅建筑规范》，21—50页。参见H.P.贝尔拉格，A.克普勒、W.克罗姆霍特、J.威尔斯1921年在鹿特丹主编的《荷兰的工人住宅》。

117. 马里斯特拉·卡斯西亚托，维博·德·维特，1984年在罗马编写的《米歇尔·德·克拉克的案例1913—1921年》；曼弗雷德·博克，西格里德·约翰尼斯，弗拉迪米尔·斯蒂西1997年在鹿特丹主编的《米歇尔·德·克拉克，阿姆斯特丹学派的建筑师和艺术家，1884—1923年》，57—91页。

118. 南希·施蒂贝尔，1998年在芝加哥编写的《阿姆斯特丹的住宅设计与社会，1900—1920年城市秩序和身份认同的重构》，221—224页。

119. 出处同上，231—234页。苏珊娜·科莫萨等人2005年在比瑟姆主编的《荷兰城市街区图集》。

120. 塞尔吉奥·波拉诺，1988年在米兰主编的《亨德里克·彼得鲁斯·贝尔拉格作品全集》，第222页。

121. 弗兰西斯·F.弗兰克尔，1976年在莱茵河畔阿尔芬创作的《H.P.贝尔拉格的阿姆

122. 曼弗雷德·博克、西格里德·约翰尼斯，弗拉迪米尔·斯蒂西1997年在鹿特丹主编的《米歇尔·德·克拉克，阿姆斯特丹学派的建筑师和艺术家，1884—1923年》，249—257页。

123. 塞尔吉奥·波拉诺，1988年在米兰主编的《亨德里克·彼得鲁斯·贝尔拉格作品全集》，237—238页。

124. 马里斯特拉·卡斯西亚托，1996年在鹿特丹撰写的《阿姆斯特丹学派》，187—189页。

125. 马里斯特拉·卡斯西亚托，弗兰科·潘西尼、塞尔吉奥·波拉诺1980年在米兰编写的《1870—1940年的荷兰，城市，住宅和建筑》。

126. 塔弗恩，科尔·瓦赫纳尔，2001年在鹿特丹编撰的《J.J.P.乌德琴1890—1963年作品全集，充满诗意的功能主义者》。

127. J.J.P.乌德琴，"不朽的城市形象"，见1917年《风格》10月第1卷，第1期，10—11页，第10页。

128. 托比亚斯·菲伯尔等人，1995年创作的《凯·菲斯克尔》。

129. 比约恩·林，1974年在斯德哥尔摩撰写的《斯托加德的周边：单一模式与品质的背景》，181—182页。

130. 凯·菲斯克尔，F.R.耶胡里1927年在伦敦编写的《现代丹麦建筑》，表66—67。

131. 出处同上，表72—74。

132. F.C.伯德森，"丹麦住宅"，见布鲁诺·施万，1935年在柏林编写的《世界城镇规划与住宅》，106—108页，第106页。

133. 出处同上。

134. 比约恩·林，1974年在斯德哥尔摩撰写的《斯托加德的周边：单一模式与品质的背景》。

135. 马格努斯·安德森，1998年在斯德哥尔摩编写的《斯德哥尔摩年鉴，城市发展一瞥》，96—99页。

136. 出处同上，108—111页。托马斯·霍尔，"瑞典的城市规划"，见马克·霍尔1991年在伦敦编写的《北欧国家的规划和城市发展》，167—246页，第207页；比约恩·林，1974年在斯德哥尔摩撰写的《斯托加德的周边：单一模式与品质的背景》，204—217页。

137. 马格努斯·安德森，1998年在斯德哥尔摩编写的《斯德哥尔摩年鉴，城市发展一瞥》，116—119页。

138. 出处同上，128—131页。

139. 克莱斯·卡尔登比、约恩·林德瓦尔、威弗里德·王，1998年在慕尼黑、纽约主编

的《20世纪的瑞典建筑》，第63页。

140. 比约恩·林，1974年在斯德哥尔摩撰写的《斯托加德的周边：单一模式与品质的背景》，201—203页。

141. 海因里希·德·弗里斯，"大城市中的小型住宅，爱德华·霍尔奎斯的建议，斯德哥尔摩"，见1921年的《城市建设》第18卷，56—62页，表27—29。

142. 见1927年的《城市规划评论》第12卷，第4期，表54；布鲁诺·施万，1935年在柏林编写的《世界城镇规划与住宅》，第377页。

143. 埃里克·洛奇奇、扬·埃文德·迈尔，"挪威的城市规划"，见马克·霍尔1991年在伦敦编写的《北欧国家的规划和城市发展》，116—166页，第139页。

144. J.G.瓦特耶斯，1927年在阿姆斯特丹编写的《挪威、瑞典、芬兰、丹麦、德国、捷克斯洛伐克、奥地利、瑞士、法国、比利时、英国和美国的现代建筑》，插图7—9。参见乔尼·阿斯本，2003年在奥斯陆创作的《Byplanlegging som representasjom，哈拉尔·阿尔斯的1929年奥斯陆规划分析》。

145. 参见布鲁诺·施万，1935年在柏林编写的《世界城镇规划与住宅》，第281页。

146. 埃利尔·萨里宁，1915年在赫尔辛基制定的《穆基涅米-哈格区总体规划方案》；马里卡·豪森、吉勒莫·米瑞拉、安娜-丽莎阿涅博格、泰迪·瓦尔托1990年在赫尔辛基编写的《埃利尔·萨里宁，1896—1923年的项目》；马克·特雷布，"博尔特的城市结构，埃利尔·萨里宁在穆基涅米-哈格区"，见1982年《建筑协会季刊》，第13卷，2—3期，43—58页。

147. 波特尔·荣格，1918年在赫尔辛基发布的《赫尔辛基城市规划》；利伊塔·尼古拉，"波特尔·荣格，现代赫尔辛基城市规划的先锋"，见芬兰艺术历史协会编写的《漫画图，向西克斯滕·林布姆的艺术历史研究致敬》第16卷，193—212页。

148. 布鲁诺·施万，1935年在柏林编写的《世界城镇规划与住宅》，第175页。

149. 利伊塔·尼古拉，1993年在赫尔辛基撰写的《建筑景观，芬兰建筑概述》，第121页。

150. 出处同上，122—123页。

151. 玛丽·珍妮·杜蒙，1991年在列日编写的《1850—1930年的巴黎社会化住房，廉价出租住房》，第34页。

152. H.图尔特，《HBM委员会报告》，见1905年市议会报告文件第8期，第133页。引用：玛丽·珍妮·杜蒙，1991年在列日编写的《1850—1930年的巴黎社会化住房，廉租房》，第105页。

153. 《现代建筑》1904—1905年第2系列，第10卷，第483页，表97—99；《现代建筑》1911—1912年第2系列，第17卷，表1；玛丽·珍妮·杜蒙，1991年在列日编写的《1850—1930年的巴黎社会化住房，廉租房》，31—57、84—90页；尼古拉斯·布洛克，詹姆斯·里德1985年在剑桥编写的《1840—1914年德国和法国的住宅改革运动》，403—407页；让·塔里凯特、马丁·维拉尔斯，1982年在布伦编写的《1850—1930年的巴黎廉价住房年纪》；阿道夫·奥古斯丁·雷伊，1912年在巴黎编写的《法国的呼声：住房，严重的危机，补救的措施》。

154. 1913年巴黎市举办的廉价住房设计大赛。

155. 尤金·赫纳德，1903—1909年的《巴黎的变化》，第2部分：《破碎的路线，要塞周围环形道路附近的问题》，1903年，巴黎。

156. 亨利·普洛文萨尔，1908年在巴黎撰写的《社会问题，便宜、健康的住宅》。

157. 莫尼克·埃尔伯，安妮·德尼尔，1995年在巴黎创作的《现代住宅的发明，1880—1914年巴黎的私人建筑》，295—298页。

158. 弗朗索瓦·罗耶尔等人，1987年在列日主编的《亨利·索维奇，梯田式街区》。

159. 古斯塔夫·卡恩，1901年在巴黎创作的《街道的审美》，第301页。

160. 出处同上，第300页。

161. 出处同上，第299页。

162. 埃米尔·马尼，1908年在巴黎创作的《城市美学、街道景观、游行、市场、集市、展会、墓地、水的美学、火的美学、未来的城市建筑》，第62页。

163. 出处同上，第89页。

164. 出处同上，第16页。

165. 出处同上，第18页。

166. 让-路易斯·科恩，安蒂烈·洛尔蒂，1992年在巴黎编写的《从要塞到城镇，巴黎，城市的极限》；亨利·赛里尔，1921年在巴黎创作的《巴黎地区居民的住房危机和公共干预政策》。

167. 阿代代·德尔内毕科特，1929年的《巴黎市议会、HBM委员会行动报告和文件》，第39号，第2卷，第329页；引用：让-路易斯·科恩，安蒂烈·洛尔蒂，1992年在巴黎编写的《从要塞到城镇，巴黎，城市的极限》，第160页。

168. 保罗·切米托夫、玛丽·珍妮·杜蒙、伯纳德·马雷，1989年在巴黎编写的《1919—1939年的巴黎郊区，家庭建筑》。

169. 加斯顿和朱丽叶·特雷安特-麦西，1930年左右在巴黎创作的《愉悦的居所》，路易

斯·霍特克尔撰写了前言。

170. 弗尔维奥·伊莱斯，1982年在罗马编写的《卡波鲁塔》；弗尔维奥·伊莱斯，1994年在米兰编写的《1893—1982年，吉奥瓦尼·穆齐奥作品》；塞尔吉奥·博埃蒂1994年在米兰主编的《吉奥瓦尼·穆齐奥的建筑》。

171. 吉奥瓦尼·穆齐奥，"米兰周边的建筑"，见1927年的《商业中心》第53卷，317期，241—258页，第258页。

172. 理查德·A.艾德琳，1991年在剑桥写的《1890—1940年意大利建筑中的现代主义》；安内格雷特·伯格，1992年在巴塞尔编写的《1920—1940年米兰的城市建筑，"米兰新世纪"运动会中的吉奥瓦尼·穆齐奥和杰赛普·德·费内蒂》；玛丽莎·玛基埃托，"杰赛普·德·费内蒂，建筑与城市"，见1986年的《历史中心建筑的研究报告》，第33期，3—113页。

173. 维尔纳·黑格曼，1938年在纽约编写的《城市规划·住宅，第3卷：1922—1937年城市艺术的图片回顾》，第126页。

174. 劳尔·里斯帕，1998年在巴塞尔编写的《1920—1999年西班牙房屋建筑指南》，第230、240页。

175. 维尔纳·黑格曼，1913年在柏林编写的《根据柏林城市总体设计展的结果进行城市规划，附录：杜塞尔多夫国际城市建设博览会》第2卷，第277页。

176. 奥萨尔斯顿地产；伊恩·考尔克洪，1999年由皇家建筑师协会（RIBA）在牛津编撰的《20世纪的英国住宅》。

177. 肯尼斯·坎贝尔，1976年在伦敦编写的《住宅，甜蜜的家庭：1888—1975年伦敦郡议会和大伦敦议会的建筑师设计的住宅》；苏珊·比蒂，1980年在伦敦编撰的《住宅的革命：1893—1914年LCC的住宅建筑师和他们的作品》。

178. 伦敦郡议会1900年在伦敦编写的《1855—1900年伦敦的住宅问题》，第194页。

179. 出处同上，第208页。

180. 《建设者》，1900年2月17日，第78卷，第159页；引用：苏珊·比蒂，1980年在伦敦编撰的《住宅的革命：1893—1914年LCC的住宅建筑师和他们的作品》，第22页。

181. 欧文·弗莱明，"界限街住宅区的重建"，见1900年《英国皇家建筑师学会志》第3系列，第7卷，264—273页，第273页。

182. 伦敦郡议会1900年在伦敦编写的《1855—1900年伦敦的住宅问题》，第213页。

183. 1900年4月《AA观察》，第15卷，54—55页。引用：苏珊·比蒂，1980年在伦敦编撰

的《住宅的革命：1893—1914年LCC的住宅建筑师和他们的作品》，第69页。

184. 伦敦郡议会1913年在伦敦编写的《伦敦工人阶级的住宅》，47—50页。

185. 出处同上，86—89页。

186. 威廉·爱德华·莱利，"伦敦郡议会的建筑作品"，见1909年《英国皇家建筑师学会志》第3系列，第16卷，413—422页，第417页。

187. 伦敦郡议会1913年在伦敦编写的《伦敦工人阶级的住宅》，50—53页。

188. 建筑中心委员会1936年在伦敦主编的《欧洲住宅调查》第1卷。

189. 出处同上。

190. 尤尔根·布兰埃，"伦敦的城市规划工程"，见1926年《城市建设》，第21卷，187—192页。

191. 格雷·沃纳姆，"现代公寓"，见1931年《英国皇家建筑师学会志》第3系列，第38卷，435—455页，第435页。

192. 伦敦郡议会1937年在伦敦编写的《伦敦住宅》，第10页。

193. 出处同上，108—109页。

194. 爱德华·阿姆斯特朗，"公寓：斯托克纽因顿16号的教会属地居住区"，见1938年《英国皇家建筑师学会志》第3系列，第45卷，544—547页。

195. 伦敦郡议会1937年在伦敦编写的《伦敦住宅》，第38页。

196. 出处同上。

197. 西奥多·钱伯斯，"拉克霍尔住宅区"，见1929年《建筑评论》第66卷，7—16页，第8页。

198. 出处同上。

199. 出处同上，第10页。

200. 路易斯·德·苏瓦松，"出租住宅，为圣·马丁波恩房屋协会建造的N.W.1维尔科夫居住区"，见1934年《英国皇家建筑师学会志》第3系列，第41卷，1016—1020页。

201. J.弗兰彻，"肯宁顿的穷人建筑"，见1934年《建筑评论》第75卷，82—86页，第85页。

202. 布鲁克·基钦，"威廉敏斯特1832年的城市规划预案"，见1912年《建筑评论》第32卷，251—254页。

203. 亚瑟·特里斯坦·爱德华兹，"花园城市运动的批判"，见1913年《城镇规划评论》第4卷，第2期，150—157页，第154页。

204. 出处同上，154—155页。

205. 亚瑟·特里斯坦·爱德华兹，"花园城市运动的进一步批判"，见1913年《城镇规划评论》第4卷，第4期，312—318页，第318页。

206. 亚瑟·特里斯坦·爱德华兹，"花园城市运

动的批判"，见1913年《城镇规划评论》第4卷，第2期，150—157页，第156页。

207. 亚瑟·特里斯坦·爱德华兹，"花园城市运动的进一步批判"，见1913年《城镇规划评论》第4卷，第4期，312—318页，第313页。

208. 亚瑟·特里斯坦·爱德华兹，"如何普及城市设计"，见1913年《城镇规划评论》第9卷，第3期，139—146页，第140页。

209. 托马斯·E.科尔克特，"伦敦的改进，伦敦的贫民区和住房问题"，见1921年《英国皇家建筑师学会志》第3系列，第27卷，130—139页，第132页。

210. F.X.费拉德，"魔鬼的选择"，见1929年《城镇规划评论》第13卷，第3期，185—187页，第186页。

211. 托马斯·夏普，1936年在伦敦编写的《英国全景》，第85页。

212. 出处同上，第86页。

213. 出处同上，第98页。

214. 出处同上，第99页。

215. 出处同上，第106页。

216. 伊丽莎白·登比，"安置贫民区居民的观点"，见1934年《英国皇家建筑师学会志》第3系列，第44卷，61—80页，第63页。

217. 出处同上，第71页。

218. 出处同上，第66页。

219. 亚瑟·特里斯坦·爱德华兹，1946年在伦敦编写的《现代排屋和高密度发展的研究》，第3页。

220. 出处同上，第4页。

221. 出处同上，第23页。

222. 伊波利特·卡曼卡，1947年在伦敦编写的《公寓：现代公寓建设的发展》，第21页。

223. 出处同上，第82页。

224. 出处同上，第45页。

225. 出处同上，第46页。

226. 出处同上，第137页。

227. 出处同上，第134页。

228. 托马斯·海斯廷斯，"德文郡住宅大楼"，见1927年《英国皇家建筑师学会志》第3系列，第34卷，567—579页，第577页。

229. 出处同上，第576页。

230. 出处同上，第575页。

231. 广告，见1935年《建筑评论》，第77卷，第16页。

232. 弗兰西斯·罗恩，爱德温·麦克斯韦尔，"大规模生产制造出来的庇护所"，见1935年《建筑评论》，第77卷，11—19页，第11页。

233. 1936年《建筑评论》第80卷，210—211页。

234. 出处同上，30—31页。

235. 拉尔夫·帕克尔，"波特兰镇一瞥"，见1938

年《建筑评论》，第83卷，286—295页，第287页。

236. 出处同上，第293页。

237. 1938年《建筑评论》，第83卷，133—134页。

238. 伯纳德·弗雷德曼，1938年在伦敦编写的《公寓，城市和私营企业》，第65页。

239. 查尔斯·赫伯特·莱利，"城镇的主体"，见1934年《城镇规划评论》第16卷，第2期，89—107页，第101页。

240. 出处同上。

241. 出处同上，第100页。

242. 彼得·里德，"出租住宅城市"，见彼得·里德1993年在爱丁堡编写的《格拉斯哥，城市的构成》，105—129页。参见约翰·考伯恩1925年在爱丁堡创作的《出租公寓，新颖的格拉斯哥生活》。

243. 弗兰克·阿内尔·沃克，"格拉斯哥新城"，见彼得·里德1993年在爱丁堡编写的《格拉斯哥，城市的构成》，24—40页。

244. 弗兰克·沃思达尔，1979年在爱丁堡创作的《出租公寓，一种生活方式，格拉斯哥住宅的社会、历史和建筑研究》

245. 安·莱尔德，1997年在格拉斯哥编写的《海墨兰德，爱德华七世时期风格的出租公寓城区》

246. 弗兰克·沃思达尔，1979年在爱丁堡创作的《出租公寓，一种生活方式，格拉斯哥住宅的社会、历史和建筑研究》，112—117页。

247. 亨利·斯伯丁，"街区住宅，关联和自我独立的系统"，见1900年《英国皇家建筑学会志》第3系列，第17卷，253—260页。

248. 出处同上，第255页。

249. 利物浦市1928年主编的《特别参照战后最新发展趋势和清理不健全区域计划而建造的住宅》

250. L.H.凯伊，"利物浦的贫民区拆迁，圣安德鲁花园重建计划"，见1935年《英国皇家建筑学会志》第3系列，第42卷，1136—1141页，第1137页。

251. L.H.凯伊，"利物浦中心区域的再开发"，见1939年《英国皇家建筑学会志》第3系列，第46卷，293—298页；"利物浦的公寓"，见1939年《建筑评论》第85卷，196—197页。

252. L.H.凯伊，"中心区域的住宅和再开发"，见1936年《英国皇家建筑学会志》第3系列，第43卷，57—74页，第57页。

253. 出处同上，第60页。

254. "桌面上的谈话"，见《阿普尔顿日报》，1871年12月2日第4卷，第638页；引用：理查德·普朗兹，1990年在纽约创作的《纽约

住宅的历史，美国大都市的住宅类型和社会变化》，第30页。

255. 阿尔弗雷德·特雷德韦·怀特，1890年在纽约创作的《住宅公司改进模式的河畔大厦》；理查德·普朗兹，1990年在纽约创作的《纽约住宅的历史，美国大都市的住宅类型和社会变化》，108—110页；罗伯特·A.M.斯特恩，托马斯·梅林斯、大卫·菲什曼，1999年在纽约编写的《1880年的纽约，镀金时代的建筑和都市生活》，871—874页，878—883页。

256. 欧内斯特·弗拉格，"纽约出租公寓的梦魇和对治方法"，见《斯克里布纳杂志》1896年第16卷，108—117页；理查德·伯默尔，"20世纪30年代早期的美国城市住宅建筑"，见1978年《建筑历史学家协会杂志》第37卷，235—264页，第257页，第260页。

257. 理查德·普朗兹，1990年在纽约创作的《纽约住宅的历史，美国大都市的住宅类型和社会变化》，41—43页。

258. 出处同上，第99页。

259. 罗伯特·A.M.斯特恩，托马斯·梅林斯、大卫·菲什曼，1999年在纽约编写的《1880年的纽约，镀金时代的建筑和都市生活》，561—565页。

260. 安德鲁·阿尔伯恩，1975年在纽约创作的《富人的公寓，纽约建筑的历史调查》，26—27页；理查德·普朗兹，1990年在纽约创作的《纽约住宅的历史，美国大都市的住宅类型和社会变化》，78—83页。

261. 安德鲁·阿尔伯恩，1975年在纽约创作的《富人的公寓，纽约建筑的历史调查》，50—51页。

262. 罗伯特·A.M.斯特恩，格雷戈瑞·吉尔马丁，托马斯·梅斯1987年的《纽约1930》，第417页。

263. 维尔纳·黑格曼和埃尔伯特·皮茨，1922年在纽约编写的《美国维特鲁威城市规划建筑师手册》，194—195页。

264. 威廉·T.本斯林，"美国公寓住宅的最新发展"，见1925年《英国皇家建筑师学会志》第3系列，第32卷，504—519页，540—551页，第519页。

265. 罗伯特·A.M.斯特恩，格雷戈瑞·吉尔马丁，托马斯·梅斯1987年的《纽约1930》，第417页。

266. 理查德·普朗兹，1990年在纽约创作的《纽约住宅的历史，美国大都市的住宅类型和社会变化》，第137页。

267. 理查德·伯默尔，"20世纪30年代早期的美国城市住宅建筑"，见1978年《建筑历史学家协会杂志》第37卷，235—264页，第

258页，第260页。

268. 威廉·T.本斯林，"美国公寓住宅的最新发展"，见1925年《英国皇家建筑师学会志》第3系列，第32卷，504—519页，540—551页，第505页。

269. 理查德·普朗兹，1990年在纽约创作的《纽约住宅的历史，美国大都市的住宅类型和社会变化》，153—154页。

270. 劳伦斯·维勒，"美国的住宅问题"，见1929年的《城市规划评论》第13卷，第4期，228—256页。

271. 托马斯·亚当斯，1929—1931年在纽约编写的《纽约的地区规划和展望》，第2卷；大卫·约翰逊1996年在伦敦创作的《大都市的规划，1929纽约的地区规划及展望》。

272. 托马斯·亚当斯，1931年在纽约编写的《城市建筑，纽约的地区规划及展望》第2卷；托马斯·亚当斯，爱德华·M.巴塞特1931年在纽约主编的《建筑，及其运用和空间》。

273. 克拉伦斯·亚瑟·佩里，1929年在纽约编写的《街区和社区规划》。

274. 克拉伦斯·S.施泰因，"走近美国的新城镇"，见1949年《城市规划评论》第20卷，第3期，203—282页，第215页。

275. 出处同上。克拉伦斯·S.施泰因，"走近美国的新城镇"，见1950年的《城镇规划评论》第20卷，第4期，319—418页；克拉伦斯·S.施泰因，《走近美国的新城镇》，1951年，利物浦。

276. 联邦公共工程管理局，1936年在华盛顿发布的第2号公告《城市住宅，1933—1936年PWA住宅部门纪事》。

277. 迈克尔·W.斯特劳和塔尔博特·韦格，1938年在纽约提出的《住宅时代的到来》，第36页。

278. 出处同上，第74页。

279. 出处同上，第55页。

280. 出处同上，第70页。

281. 出处同上，第57页。

282. 理查德·伯默尔，"20世纪30年代早期的美国城市住宅建筑"，见1978年《建筑历史学家协会杂志》第37卷，235—264页，249—250页。

283. 联邦公共工程应急管理局，1937年华盛顿的哈莱姆河住宅区。

284. 凯瑟琳·哈米尔，"2196个家庭生活在威廉斯堡和哈莱姆河住宅项目"，见1939年8月《时尚芭莎》，第101页；引用：盖尔·雷德福，1996年在伦敦、芝加哥发表的《美国现代住宅，新政时代的政策斗争》。

285. 住房委员会纽约分会，美国建筑师协

会，1949年在纽约编写的《纽约大型住宅专著第一部：纽约城市住宅管理局的工作意义》，表1。

286. 盖尔·雷德福，1996年在伦敦、芝加哥发表的《美国现代住宅，新政时代的政策斗争》，第160页。

287. 理查德·伯默尔，"20世纪30年代早期的美国城市住宅建筑"，见1978年《建筑历史学家协会杂志》第37卷，235—264页，第254页。

288. 塔尔博特·哈林，"纽约的住宅，威廉斯堡和哈莱姆河住宅区"，见1938年5月的《铅笔画》杂志，第19卷，281—292页，第283页；引用：理查德·普朗兹，1990年在纽约创作的《纽约住宅的历史，美国大都市的住宅类型和社会变化》，第216页。

289. 丹尼尔·哈德逊·伯纳姆、爱德华·赫伯特·班尼特，1909年的《芝加哥规划》；约翰·祖科沃斯基1979年在芝加哥编写的《1909—1979年的芝加哥规划》。

290. 丹尼尔·哈德逊·伯纳姆，"民主政府的未来城市"，见英国皇家建筑学会1911年主编的《城市规划会议，1910年10月10日—15日，汇报》，368—378页。

291. 维尔纳·黑格曼，1938年在纽约编写的《城市规划·住宅第3卷，1922—1937城市艺术的图解评论》，第152页。

作为公共舞台的广场和街道 1890—1940

1. 卡米略·西特，1889年在维也纳创作的《遵循艺术原则的城市规划》，第98页。

2. 出处同上，第12页；另见卡米略·西特，"1889年维也纳的新老城市设施，广场和纪念性建筑参考"，见克劳斯·泽姆斯罗特、迈克尔·莫宁戈尔、克里斯蒂亚娜·克雷泽曼·柯林斯2010年在维也纳主编的《卡米略·西特全集，第2卷：城市规划和建筑设计作品》，251—275页。

3. 马库·伯格尼克，"卡米略·西特，建筑师和规划师。摩拉维亚的普里莫斯/奥德福特城市中心项目"，见查尔斯·C.波尔、让-弗朗索瓦·勒琼2009年在纽约主编的《西特、黑格曼和大都市，现代城市艺术与国际交流》，52—67页。

4. 西尔克·哈普斯、沃夫夫冈·索恩，"埃森市的老天主教堂，城市改革运动的经典范例"，见2010年《莱茵兰省纪念性建筑的保护》第27卷，第3部，115—120页。

5. 卡米略·西特，1902年在日内瓦、巴黎编写的《城市建筑的艺术，卡米尔·马丁的建筑解读和诠释》。

6. 奥托·瓦格纳, 1911年在维也纳编写的《大城市》, 第2页。

7. 鲁斯·哈尼什·沃尔夫冈·索恩, "卡米略·西特'森佩尔的崇拜者", 见雷纳尔德·弗朗茨, 安德烈斯·尼尔霍斯2007年在维也纳主编的《高特弗里特·森佩尔和维也纳, 科学、艺术和工业对建筑师的影响》, 97—111页。

8. 背景: 约尔格·斯塔贝诺, 1996年在布伦瑞克主编的《约热·普列茨涅克, 现代城市建设中的影响》; 另见, 约热·普列茨涅克, 弗朗斯·斯塔勒1941年在卢布尔雅那编写的《建筑问题》; 约热·普列茨涅克, 弗朗斯·斯泰勒1955年在卢布尔雅那主编的《建筑随笔》; 约瑟普·普乐尼克·德拉》; 伊安·本特利, 杜尔达·格尔赞布提纳1983年在牛津主编的《约热·普列茨涅克(1872—1957)城市与建筑》; 塞尔吉奥·波拉诺1988年在米兰编写的《约热·普列茨涅克的歌剧院》; 达米扬·普莱洛夫塞涅克1992年在萨尔茨堡、维也纳编写的《约热·普列茨涅克1872—1957年, 建筑问题》; 彼得·克莱西奇, 1993年在伦敦编写的《普列茨涅克作品全集》; 达米扬·普莱洛夫塞涅克1997年在纽黑文、伦敦编写的《约热·普列茨涅克, 1872—1957年: 建筑问题》。

9. 约热·普列茨涅克, "卢布尔雅那和环境的监管研究", 见1929年《家和世界》第4卷, 第3部, 增刊4。

10. 弗朗斯·斯泰勒, "大学图书馆计划", 见1932年《家和世界》第45卷, 169—174页, 173—174页; 摘自约尔格·斯塔贝诺, 1996年在布伦瑞克主编的《约热·普列茨涅克, 现代城市建设中的影响》, 第138页。

11. 弗朗斯·斯泰勒, "普列茨涅克的卢布尔雅那", 见1939年《斯洛文尼亚城市编年史》第6卷, 227—232页, 第232页。

12. 见阿尔伯特·埃里克·布林克曼, 1908年在柏林创作的《广场和纪念碑, 新时代城市建设的历史与审美研究》, 第165页。

13. 出处同上, 第169页。

14. 出处同上, 第169页。

15. 出处同上, 第170页。

16. 出处同上, 第170页。

17. 卡佳·施里西奥, 2011年多特蒙德工业大学毕业论文《鲁尔地区的城市建筑, 卡尔·罗思的市政厅》。

18. A.纽梅特, "巴门的市政厅", 见1908年《德意志竞赛》第23卷, 第274册, 1—36页。

19. 海因里希·科勒尔, 1921年在巴门编写的《城市建设委员会科勒尔提交给市政厅建设委员会的1921年4月23日纪念巴门市政厅启用的文集》, 第20页。

20. 海因里希·科勒尔, "巴门市的新市政厅", 见1914年的《建筑和建设文摘》, 第23卷, 第21集, 169—172页。

21. 卡尔·罗思, "巴门的新市场", 见1924年的《建筑和建设文摘》, 第44卷, 第19集, 149—151页, 第150页; 另见卡尔·罗思, "巴门的新市政厅", 见1922年的《建筑和建设文摘》, 第42卷, 第45集, 269—272页。

22. 卡尔·罗思, "巴门的新市场", 见1924年5月7日的《建筑和建设文摘》, 第44卷, 第19集, 149—151页, 第149页。

23. 出处同上。

24. 卡尔·罗思在达姆斯塔特工业大学的论文, 第30号文档"城市建设—概念"。

25. 参见维尔纳·黑格曼和埃尔伯特·皮茨, 1922年在纽约合著的《美国的维特鲁威, 建筑师的城市艺术手册》, 第24页, 插图155—156。

26. 维尔纳·林德纳尔、埃里克·博科勒尔, 1939年在慕尼黑编写的《城市: 人们的关怀与设计》, 插图159。

27. "感知建议", 菩提树大街项目竞赛, 见1925年《城市建设》第20卷, 67—70页, 第67页。

28. 见1925年《建筑月刊》, 第19卷, 第11册, 497—498页。

29. "菩提树下大街项目竞赛结果", 1926年《建筑月刊》, 第10卷, 第2册, 61—76页; 除了范·伊斯特伦的参赛作品之外, 所有原创的作品都由柏林工业大学的建筑博物馆收藏。

30. "菩提树下大街项目竞赛结果", 1926年《建筑月刊》, 第10卷, 第2册, 61—76页, 第66页。

31. 出处同上, 第67页。

32. 马丁·瓦格纳, "世界级城市广场的形式问题", 见1929年《新柏林》第2号, 33—38页, 第33页。

33. 卢多维卡·斯卡帕, 1986年在布伦瑞克编写的《马丁·瓦格纳与柏林, 魏玛共和国时期的建筑和城市建设》。

34. 克里斯蒂娜·克拉泽曼·柯林斯, 2005年在纽约创作的《维尔纳·黑格曼与普遍都市主义的探索》; 卡洛琳·福里克2005年在慕尼黑编写的《维尔纳·黑格曼(1881—1936), 城市规划、建筑、政治: 在欧美的工作》; 查尔斯·C.博尔、让·弗

朗索瓦·勒琼, 2009年在伦敦主编的《西特、黑格曼与大都市, 现代城市艺术与国际交流》。

35. 维尔纳·黑格曼和埃尔伯特·皮茨, 1922年在纽约合著的《美国的维特鲁威, 建筑师的城市艺术手册》, 第4页。

36. 维尔纳·黑格曼, 1911—1913年在柏林创作的《根据柏林城市总体设计展的结果进行城市规划, 附录: 杜塞尔多夫国际城市建设博览会》第2卷。

37. 维尔纳·黑格曼和埃尔伯特·皮茨, 1922年在纽约合著的《美国的维特鲁威, 建筑师的城市艺术手册》, 第29页。

38. 出处同上, 第151页。

39. 维尔纳·黑格曼, 1929年在柏林编写的《排屋的外观, 新旧时期的商业建筑和住宅》; 参见维尔纳·黑格曼"街道单元", 见1925年《城市建设》第20卷, 95—107页。

40. 见1925年《文物保护与国土安全》第27卷, 65—71页, 第71页。

41. 参见, 维尔纳·黑格曼等人的文章, 见1925年《城市建设》第20卷, 29—47页, 159—171页; 以及1925年《建筑月刊》, 398—414页。

42. 维尔纳·黑格曼1938年在纽约编写的《城市规划: 住宅第3卷, 1922—1937城市艺术的图解评论》, 34—39页。

43. 出处同上, 第5页。

44. 出处同上。

45. 耶罗尼米斯·海尔达尔, 见1915年《建筑与装饰艺术》, 81—92页。

46. 耶罗尼米斯·海尔达尔, "皮波维根城区市政厅", 见1929年《圣哈尔瓦德: 奥斯陆基督教历史杂志》第7卷, 129—155页; 克里斯蒂安·诺尔博格-舒尔茨等人1986年在奥斯陆主编的《现代挪威建筑》, 35—37页。

47. 卡·加斯特, 1975年在奥斯陆主编的《奥斯陆市政厅》, 第5页。

48. 伍尔夫·格隆沃尔德、尼尔斯·安克尔、贡纳尔·索伦森2002年在奥斯陆编写的《奥斯陆市政厅》, 第54页。

49. 哈拉尔德·阿尔斯, "克里斯汀那市政厅", 见1920年《圣哈尔瓦德: 奥斯陆基督教历史杂志》第4卷, 181—189页, 第188页。

50. 卡·W.施尼特勒, "阿内伯格和波尔松市政厅", 见1920年《圣哈尔瓦德: 奥斯陆基督教历史杂志》第4卷, 158—180页, 第171页。

51. 阿恩施泰因·阿内伯格, "克里斯汀那新市政厅", 见1923年《圣哈尔瓦德: 奥斯陆基督

教历史杂志》, 第5卷, 145—154页。

52. O.A., "奥斯陆的新市政府", 见1929年《建筑月刊》, 第13卷, 第467页。

53. 伍尔夫·格隆沃尔德、尼尔斯·安克尔、贡纳尔·索伦森2002年在奥斯陆编写的《奥斯陆市政厅》, 106—111页。

54. 克里斯蒂安·诺尔博格-舒尔茨等人1986年在奥斯陆主编的《现代挪威建筑》, 第77页; 佩尔·乔纳斯·诺德哈根, 1992年在卑尔根编写的《卑尔根, 指南和手册, 历史遗迹、艺术和建筑、城市发展》。

55. 希莫·帕维莱宁, 芬兰建筑博物馆1982年在赫尔辛基编写的《1910—1930年的北欧古典主义》, 第115页。

56. 乔治·谢尔曼, "哥塔普拉特森广场", 见1929年《建筑大师的建筑》第8卷, 149—154页。

57. 亨宁·拜尔, "哥塔普拉特森广场", 见1918年《技术杂志: 瑞典技术协会》, 第8卷, 111—123页。

58. 克莱斯·卡尔登比、约恩·林德瓦尔、威尔弗里德·王, 1998年在慕尼黑、纽约主编的《20世纪的瑞典建筑》, 266—267页; 亨里克·O.安德森、弗雷德里克·白杜里, 1996年在斯德哥尔摩编写的《1640—1970年瑞典建筑图纸》, 180—181页; 希莫·帕维莱宁, 芬兰建筑博物馆1982年在赫尔辛基编写的《1910—1930年的北欧古典主义》, 第417页; 哈拉尔德·米约尔贝里, "建筑师西格弗里德·埃里克森, 1879—1958", 见1958年《建筑大师的建筑》, A9, 第37卷, 197—199页; 阿克塞尔·L.罗姆达尔, "哥德堡的哥塔普拉特森广场", 见1936年的《文字与图片》, 33—43卷。

59. 维尔纳·黑格曼, 1925年在柏林编写的《哥德堡国际城市规划、城市建设展览, 第1卷: 美国的建筑和城市建设》, 第7页。

60. 卢卡·奥特利, "埃里克·甘纳·阿斯普伦德: 1917年和1918年在哥德堡, 1922年在斯德哥尔摩设计的三个项目", 见1989年《莲花国际》, 第61集, 9—23页; 彼得·布伦纳尔·琼斯, 2006年在伦敦、纽约编写的《甘纳·阿斯普伦德》, 83—95页。

61. 雷格纳·奥斯伯格特, "Göteborgstäflingen", 见1917年7月《建筑》, 94—109页。

62. 文森佐·丰纳塔, "罗马案例", 见吉多·祖科尼、阿曼德·布鲁诺特1992年在米兰主编的《卡米略·西特及其翻译》, 第148页; 查尔斯·布尔斯, 1893年在布鲁塞尔编写的《城市的美学》; 马塞尔·斯麦茨, 1995年在列日编写的《城市的艺术原

则》。

63. 阿尔方索·鲁比尼亚、瓜蒂耶洛·庞第尼1909年在博洛尼亚提出的中央广场和两座大楼之间的道路，以及大楼与车站之间的另一条道路。

64. 古斯塔沃·吉奥凡诺尼，"建筑环境"，见古斯塔沃·吉奥凡诺尼1925年在罗马编写的《历史和生活方面的建筑问题》，25—27页。参见，维托利奥·马尼亚戈·兰普尼亚尼、鲁斯·哈尼什、乌尔里奇·马克西米利安·舒曼、沃尔夫冈·索恩2004年在洛伊特主编的《20世纪建筑理论，位置，计划，宣言》，第18页。

65. 古斯塔沃·吉奥凡尼，"新旧城市的建设，文艺复兴时期的罗马"，见1913年《新选集》第48卷，第995集，449—472页；古斯塔沃·吉奥凡尼，"老城中心建筑细化的分析，文艺复兴时期的罗马"，见1913年《新选集》第48卷，第997集，53—76页；古斯塔沃·吉奥凡尼，1931年在都灵编写的《新旧城市的建设》。

66. 凡纳·弗拉迪塞利，"意大利的广场：贝加莫(1906—1926年)，布雷西亚(1929—1932年)，E42(自1937年)"，见1983年《莲花国际》，第39集，36—54页；马里奥·鲁帕诺，1991年在罗马编写的《马塞洛·皮亚森蒂尼》；瓦尼·萨沃拉，1997年在米兰创作的《创意城市：工程师欧内斯特·苏阿尔多：贝加莫1890—1961》；瓦特·巴贝罗，2000年在布雷西亚编写的《贝加莫现代中心》；吉利亚诺·福诺，"马塞洛·皮亚森蒂尼的贝加莫和歌剧院规划"，见2001年《贝加莫的科学、文学和艺术研究》第62卷，37—50页。

67. 乌戈·奥杰蒂，1907年在贝加莫发表的《贝加莫规划竞赛的结果报告》贝加莫市政府的商业报告。

68. 弗朗西斯科·斯卡佩里，"贝加莫博览会"，见1908年《自然与艺术》，第2卷，387—391页；马塞洛·皮亚森蒂尼、朱塞佩·夸罗尼1907年在罗马设计的主题为全景的贝加莫城市改造参赛方案。

69. 罗伯托·帕皮尼，1929年在贝加莫创作的《贝加莫的改造》，第41页。

70. 出处同上，第48页。

71. 弗朗西斯科·斯卡佩里，"贝加莫博览会"，见1908年《自然与艺术》，第2卷，387—391页，第391页。

72. 出处同上。

73. 马塞洛·皮亚森蒂尼，1924年在罗马编写的《城市建筑的教训》，第102页，佛罗伦萨大学皮亚森蒂尼基金会，信封41。

74. 吉奥瓦尼·穆齐奥，"城市规划和住宅扩展，贝加莫中心区域的重建"，见1925年的《商业中心》，381—390页，第387页。

75. 罗伯托·帕皮尼，1929年在贝加莫创作的《贝加莫的改造》，第53页。

76. 埃托·贾尼，"贝加莫的新中心"，见1924年《商业中心》，265—272页，第271页。

77. 吉奥瓦尼·穆齐奥，"城市规划和住宅扩展，贝加莫中心区域的重建"，见1925年的《商业中心》，381—390页，第386页。

78. 罗伯托·帕皮尼，1929年在贝加莫创作的《贝加莫的改造》，第102页。

79. 出处同上，第7页。

80. 出处同上，第83页。

81. 出处同上，第68页。

82. 出处同上，第14页。

83. 参见，凡纳·弗拉迪塞利，"意大利的广场：贝加莫(1906—1926年)，布雷西亚(1929—1932年)，E42(自1937年)"，见1983年《莲花国际》，第39集，36—54页；弗兰科·洛沃奇，1998年在布雷西亚创作的《布雷西亚·利托比亚：法西斯城市规划模式》，约瑟夫·伊波尔德，"布雷西亚的胜利广场：中世纪广场的法西斯主义改造"，见托马斯·布雷默2006年在图宾根主编的《意大利建筑》，23—31页；哈拉尔德·博登沙茨，2011年在柏林编写的《墨索里尼的城市建设，意大利法西斯时期的新城市》，298—299页。

84. 1927年4月8日的审议记录。参见路易吉·伦齐，"布雷西亚，为意大利布雷西亚重新举行的全国竞赛"，见1928年《城镇规划评论》，第8卷，第1集，1—6页；尼古拉·洛克，"布雷西亚的管理计划"，见1933年《工程师》5月号，第7卷，369—374页。

85. 马塞洛·皮亚森蒂尼，"胜利广场"，见1932年的《布雷西亚》第5卷，9—10号，17—24页，第20页；另见，马塞洛·皮亚森蒂尼，"布雷西亚的新中心"，见1932年10月《意大利图片》第30卷，634—635页，第635页。参见，马塞洛·皮亚森蒂尼，雷纳托·帕西尼1932年在米兰创作的《建筑师马塞洛·皮亚森蒂尼的布雷西亚新中心规划》。

86. 路易吉·伦齐，"布雷西亚中心的改造"，见1933年《建筑月刊》第17卷，第3集，132—134页，第133页。

87. 马塞洛·皮亚森蒂尼，"胜利广场"，见1932年的《布雷西亚》第5卷，9—10号，17—24页，第21页；另见，马塞洛·皮亚森蒂尼，"布雷西亚的新中心"，见1932年10月《意大利图片》第30卷，634—635页，第635页。

88. 出处同上。

89. 出处同上。

90. 皮耶尔·玛莉亚·巴尔迪，"胜利广场"，见1932年8月《Ambrosiano》第30卷，20—23页。

91. 安东尼奥·内齐，"布雷西亚古老和全新的城市中心"，见1930年5月的《商业中心》，291—301页，第296页。

92. G.尼科戴米，"布雷西亚的胜利广场"，见1934年3月的《商业中心》，143—151页，146—148页。

93. 出处同上，第149页。

94. 路易吉·伦齐，"布雷西亚中心的改造"，见1933年《建筑月刊》，第17卷，第3集，132—134页，第134页。

95. 出处同上，第133页。

96. 出处同上。

97. 见1931年8月的《热那亚城市杂志》，634—672页；1932年2月的《热那亚城市杂志》，143—154页；保罗·赛尼，1989年在热那亚编写的《20世纪30年代的热那亚：从拉博到达尼埃里》。

98. 维尔纳·黑格曼，1938年在纽约编写的《城市规划：住宅第3卷，1922—1937城市艺术的图解评论》，第39页。

99. 乌戈·索拉，1993年在维琴察主编的《博岑的胜利广场，意大利的城市建筑和雕塑(1926—1938)》。

100. N.D.R.，"博岑新的胜利广场"，见1939年《建筑》第18卷，第2集，105—110页；奥斯瓦尔德·佐格勒尔、兰贝托·伊波利托，1992年在拉那编写的《1922—1942年意大利博岑的建筑》；卡琳·鲁斯·莱赫曼，"法西斯主义的博岑新城市规划"，见2007年《老城市》第3卷，191—204页。

101. 皮耶尔·拜尔拉蒂、维托里奥·伯纳德·博蒂诺、安吉塔·德拉戈内、E.利维·蒙塔西尼、卢西亚诺Re、P.圣洛伦佐、吉奥瓦尼·塞萨1987年在米兰主编的《罗马街，都灵五十年的历史形象和生活》；卢西亚诺Re、吉奥瓦尼·塞萨1992年在都灵编写的《都灵，罗马街》。

102. 保罗·塔昂·迪·莱维尔、欧几里德·西尔维斯特里、吉奥希拉·曼奇尼、奥兰多·奥兰蒂尼、皮耶罗·波尔塔卢比、乔瓦尼·巴蒂斯塔·米拉尼，洛伦佐·麦纳，"都灵罗马街的第二阶段设计竞赛"，见1934年《意大利建筑》，第29卷，第12集，39—47页，第45页。参见，普利宾奥·马尔尼，"都灵罗马街的第二阶段改造计划"，见1934年5月《建筑》，295—316页。

103. 皮耶罗·维奥托，"罗马街重建工作的第二

104. 出处同上，第13页。

105. 马塞洛·皮亚森蒂尼，"城市规划与建筑"，见1936年12月《都灵》，6—9页，第8页。

106. 出处同上，第9页。

107. N.D.R.，"都灵罗马街的第二阶段重建"，见1939年《建筑》，第18卷，第6集，339—373页，第344页。

108. 阿曼多·梅利斯，"都灵罗马街的第二阶段重建"，见1938年12月《意大利建筑》，第17卷，347—420页，第407页；参见，伊塔洛·克雷莫纳，"新罗马街"，见1937年《商业中心》第86卷，676—677页。

109. 安内格雷特·伯格，1929年在巴塞尔创作的《1920—1940年米兰的城市建筑，"新世纪米兰"运动的吉奥瓦尼·穆齐奥和杰赛普·费内蒂》；安内格雷特·伯格，2005年苏黎世联邦理工学院的论文《米兰新世纪运动的城市建设中的建筑师、规划师，阿尔贝托·阿尔帕戈·诺维罗、杰赛普·德·费内蒂、吉奥瓦尼·穆齐奥》。

110. 吉奥瓦尼·穆齐奥，"1947年11月5日在都灵理工大学的就职演讲，重建和建筑"，见杰赛普·甘比拉西奥、布鲁诺·米纳尔迪1982年在米兰主编的《吉奥瓦尼·穆齐奥，作品与著作》，261—281页，第266页。参见，多纳泰拉·卡拉比，"吉奥瓦尼·穆齐奥关于城市的著作"，见弗兰科·布奇·赛利尼1995年在米兰编写的《吉奥瓦尼·穆齐奥的建筑，1994年12月20日—1995年2月19日米兰三年展》，73—80页。

111. 马塞洛·皮亚森蒂尼，"卡布鲁塔项目"，见1922年《建筑和装饰艺术》，第2卷，第2集，84—87页；弗尔维奥·伊莱斯，1982年在罗马编写的《卡布鲁塔》；弗尔维奥·伊莱斯，1994年在米兰编写的《1893—1982年，吉奥瓦尼·穆齐奥作品》。

112. 吉奥瓦尼·穆齐奥，"米兰周边的建筑"，见1927年的《商业中心》第53卷，317期，241—258页，第258页。

113. 出处同上。

114. 吉奥瓦尼·穆齐奥，"新型的现代城市"，见1930年在米兰编写的《米兰省级法西斯工程师联盟论文集》，365—370页。

115. 出处同上。

116. 城市规划师俱乐部，1927年在米兰编写的《米兰大都会的形式》；雷纳托·埃洛尔蒂，"米兰大都会的形式和贵族的错觉"，见1981年的《卡萨贝拉》，第468卷，34—43页；安德烈·博纳，"吉奥瓦尼·穆齐

奥，城市规划竞赛：米兰，1926年、博
岑，1929年、比萨，1930年、维罗纳，1932
年，见弗兰齐科·布奇·赛利亚尼1995年
在米兰编写的《吉奥瓦尼·穆齐奥的建
筑，1994年12月20日—1995年2月19日米兰
三年展》，166—173页。

117. 皮耶罗·波特鲁皮皮，马可·西曼萨，1927年
在米兰、罗马编写的《米兰的现状和未
来，米兰的城市规划项目》，第221页。

118. 吉奥瓦尼·西斯拉吉，马拉·德·贝内德
蒂，皮耶尔乔吉奥·马拉贝利，2002年在
米兰主编的《杰赛普·德·费内蒂的米兰
城市建设》，第236页。

119. 马塞洛·皮亚森蒂尼，"米兰的扩建和规划
项目全国竞赛结果研究"，见1927年《建筑
和装饰艺术》，第7卷，3—4号，132—182
页，第132页。

120. 出处同上。

121. 出处同上，第147页。

122. 出处同上，第159页。

123. 杰赛德·德·费内蒂，1942年在米兰创作
的《广场项目，米兰的加宣尔广场》，第5
页。

124. 出处同上，第16页；参见吉奥瓦尼·西斯拉
吉，马拉·德·贝内德蒂，皮耶尔乔吉奥·
马拉贝利1981年在米兰主编的《杰赛普·
德·费内蒂1920—1951年的项目》；芭芭拉·
斯塔西，"城市经典一瞥：杰赛普·德·费内
蒂的伦巴第大街"，见2007年《Aión》，第16
卷，117—121页。

125. 吉奥瓦尼·穆齐奥，"伦巴第大街的建
筑师"，见1930年《迷宫》，第11卷，第4
号，1082—1119页。

126. 艺术和工艺展览协会1897年在伦敦编写的
《艺术与生活，城市建筑与装饰》，45—
110页；参见，戈德弗雷·鲁本斯1986年
在伦敦编写的《威廉·理查德·莱瑟比
1857—1931年的工作与生活》。

127. 威廉·理查德·莱瑟比，1902年在伦敦创
作的《建筑、神秘主义与神话》，第100
页。

128. 雷蒙德·昂温，1909年在伦敦创作的《城
市规划实践，城市与郊区设计艺术概论》，
第10页。

129. A.R.J.，"城镇住宅的设计"，见1899年《建
筑评论》第5卷，36—38页，第38页。

130. 出处同上。

131. 彼得·里士满，2001年在利物浦编写的
《现代主义营销，查尔斯·莱利的建筑
和影响》。

132. 托马斯·海顿·莫森，1911年伦敦编写的
《城市艺术，城镇规划、公园、林荫大道

和开放空间的研究》，第6页。

133. 出处同上，第98页。

134. 出处同上。

135. 斯坦利·达文波特·阿兹海德，"城镇规划
的民主观"，见1914年《不列颠建筑师》第
82卷，第232页；另见，斯坦利·达文波特·
阿兹海德，"城镇规划的民主观"，见1914年
《城镇规划评论》第5卷，183—192页。

136. S.D.阿兹海德，"城市的装饰和布置，巨
大的拱门"，见1911年《城镇规划评论》
第2卷，第1部，18—21页，表5—23，第18
页；另见，S.D.阿兹海德，"城市的装饰
和布置，第2部，巨大的立柱"，见1911年
《城镇规划评论》第2卷，第2部，95—98
页，表45—55；"城市的装饰和布置，第3
部，方尖碑"，见1911年《城镇规划评论》
第2卷，第3部，197—199页，表82—86；
"城市的装饰和布置，第4部，钟表纪念
碑"，见1912年《城镇规划评论》第2卷，
第4部，303—304页，表105—108；"城市
的装饰和布置，第5部，喷泉"，见1912年《
城镇规划评论》第3卷，第1部，19—22页，
表7—12；"城市的装饰和布置，第6部，喷
泉"，见1912年《城镇规划评论》第3卷，
第2部，114—117页，表58—62；"城市的装
饰和布置，第7部，雕像"，见1912年《城市
规划评论》第3卷，第3部，171—175页，表
80—84；"城市的装饰和布置，第8部，雕
像，单体和群体"，见1913年《城镇规划评
论》第3卷，第4部，240—243页，表96—
103；"城市的装饰和布置，第10部，寓言雕
塑"，见1913年《城镇规划评论》第4卷，
第2部，95—97页，表21—23；"城市的装
饰和布置，第11部，实用装饰"，见1913年
《城镇规划评论》第4卷，第3部，192—
194页，表39—43；"城市的装饰和布置，
第12部，灯光标准"，见1914年《城镇规
划评论》第4卷，第4部，292—296页，表
59—71；"城市的装饰和布置，第13部，
高处照明标准，栏杆和汽车杆"，见1914年
《城镇规划评论》第5卷，第1部，47—48
页，表15—19；"城市的装饰和布置，第14
部，避难所"，见1911年《城镇规划评论》
第5卷，第2部，139—140页，表40—43；"城
市的装饰和布置，第15部，避难和保护场
所"，见1914年《城镇规划评论》第5卷，第
3部，225—227页，表57；"城市的装饰和
布置，第16部，树木"，见1915年《城镇规
划评论》第5卷，第4部，300—306页，表
81—90。

137. 查尔斯·罗伯特·阿什比，1917年在伦敦
编写的《伟大的城市在何处——新城市

的研究》，第60页；参见，阿兰·克劳福德
1985年在纽黑文，伦敦创作的《C.R.阿
什比，建筑师、设计师和浪漫的社会主义
者》。

138. 查尔斯·罗伯特·阿什比，1917年在伦敦
编写的《伟大的城市在何处，新城市的研
究》，第58页。

139. 出处同上，第20页。

140. 帕特里克·格迪斯，1915年在伦敦创作的
《进化的城市，对城市规划运动和公民
的研究导论》，240—241页，参见，海伦·
米勒1990年在伦敦编写的《帕特里克·格
迪斯，社会进化论者和城市规划师》；沃
克尔·维特尔2002年在剑桥、伦敦主编
的《生态都市，帕特里克·格迪斯和城市
生活》。

141. 亚瑟·特里斯坦·爱德华兹，"死亡的
城市"，见1929年《建筑评论》，第66
卷，135—138页，第137页。

142. 出处同上，第138页。

143. 托马斯·夏普，"英国的城镇传统"，见1935
年《建筑评论》，第78卷，179—187页，第
187页。

144. 托马斯·夏普，1940年在伦敦编写的《城
镇规划》。

145. 帕特里克·阿伯克龙比，"克利夫兰，城市
中心项目"，见1911年《城镇规划评论》，
第2卷，第2部，131—135页，表67—70；
参见，伊恩·莫利2008年在兰彼得编写的
《1880—1914年的英国地方城市设计和
维多利亚时代后期的建筑以及爱德华七
世时期的城市》。

146. 说明见1912年《建设者》第102卷，第145
页。

147. 说明见1913年《建设者》第105卷，699—
700页。

148. 伊恩·莫利，"代表一个城市和国家：威尔
士无与伦比的城市中心"，见2009年《威尔
士历史评论》第24卷，第3部，59—64页。

149. 亨利·沃恩·兰彻斯特，埃德温·阿尔弗雷
德·里卡德斯，"卡迪夫城的市政厅和法
院"，见1906年《建筑评论》第20卷，第235
页。

150. S.D.阿兹海德，"凯西公园，卡迪夫"，
见1910年《城镇规划评论》第1卷，第2
部，148—150页。

151. 1910年《城镇规划评论》第1卷，第1部，第
75页。

152. S.D.阿兹海德，"凯西公园，卡迪夫"，
见1910年《城镇规划评论》第1卷，第2
部，148—150页，表55—56，第150页。

153. 托马斯·海顿·莫森，1911年伦敦编写的

《城市艺术，城镇规划、公园、林荫大道
和开放空间的研究》，第42页。

154. 出处同上，第44页。另见，弗雷德里克
R.海恩斯1958年在伦敦编写的《历史上
的城镇建设》，第287页。

155. 威尔士亲王出席凯尔德大厅启用仪式的
纪念出版物，1923年，邓迪。参见，查尔
斯·麦基恩、大卫·沃克尔1984年在爱丁堡
编写的《邓迪，带有插图的介绍》，14—15
页。

156. W.道吉尔，"伯明翰的城市中心竞赛，对
设计的批评"，见1928年《城市规划评论》
第13卷，第1部，19—29页，表5—18，第20
页。

157. 出处同上，第19页。

158. 出处同上。

159. 出处同上，第23页。

160. 出处同上，第27页。

161. 出处同上，第21页。

162. "目前的建筑，城市中心"，见1938年《建筑
评论》，第83卷，298—299页。

163. "诺维奇的市政厅"，见1938年《建筑评
论》，第84卷，201—220页。

164. 维尔纳·黑格曼，1938年在纽约编写的
《城市规划：住宅第3卷，1922—1937城市
艺术的图解评论》，第28页。

165. A.M.沃森，"大城市街道建筑的不规则
处理和形式对比的可取性"，见1901年《英
国皇家建筑师学会志》第8卷，137—147
页；雷斯福德·派特，"现代街道建筑的处
理"，见1902年《建造者》第82卷，365—
367页；A.E.斯崔特，"伦敦街道建筑的
若干传统惯例"，见1904年《建筑评论》，
第15卷，81—82页；A.E.斯崔特，"伦敦
街道建筑"，见1905年《建筑评论》，第17
卷，164—167页。

166. 伊尼戈·特里格斯，1909年在伦敦编写的
《城市规划：过去、现在与未来》，第256
页；引自迈克尔·赫伯特，"街道建筑艺
术，曼彻斯特案例"，见查尔斯·C.博尔、
让-弗朗索瓦·勒琼，2009年在伦敦、纽约
主编的《西特、黑格曼与大都市，现代城
市艺术与国际交流》，236—247页，第241
页。

167. 弗兰克·匹克，"街道"，见1933年《建筑评
论》，第74卷，215—219页，第215页。

168. 出处同上，第219页。

169. 出处同上，第218页。

170. 亚瑟·特里斯坦·爱德华兹，"城市规划对
建筑风格的影响"，见1915年《建筑规划评
论》，第5卷，第4部，268—278页。

171. 出处同上，第273页。

172. 出处同上，第277页。

173. 出处同上，第275页。

174. 亚瑟·特里斯坦·爱德华兹，1924年在伦敦《建筑中的好方式与坏方式》，第1页。

175. 出处同上。

176. 出处同上，第63页。

177. 亚瑟·特里斯坦·爱德华兹，"建筑的述说"，见1926年《建筑评论》，第60卷，第81页。

178. 亚瑟·特里斯坦·爱德华兹，"色彩的冲击或阿盖尔街的摩尔风格"，见1929年《建筑评论》，第65卷，第290页。

179. 出处同上，第290页。

180. 出处同上，290—297页。

181. 出处同上，第298页。

182. 亚瑟·特里斯坦·爱德华兹，1924年在伦敦《建筑中的好方式与坏方式》，第14页。

183. 出处同上，第13页。

184. 出处同上。第139页。

185. 见1927年《城市建设》，第22卷，第10部，147—162页，第161页。

186. 参见，F.H.W.塞帕尔德1963年在伦敦编写的《伦敦调查》，第31/32卷，85—100页；赫敏·霍布豪斯1975年在伦敦编写的《摄政大街的历史》；茉莉亚·斯卡尔佐，"一切都是品位的问题，维多利亚和爱德华七世风格的商店店面问题"，见2009年《建筑历史学家协会杂志》第68卷，第1部，52—73页。

187. 1906年《建设者》，五月第5期，481—482页。

188. 援引：赫敏·霍布豪斯1975年在伦敦编写的《摄政大街的历史》，第120页。

189. 出处同上，第134页。

190. "摄政大街的重建"，见1923年《建筑师》，第110卷，15—32页，第16页。

191. "摄政大街的重建"，见1923年《建筑师杂志》，第57卷，第3部，68—77页，第68页。

192. "摄政大街重建项目"展示的一些设计和建筑概览图，见1923年《建筑师》，第110卷，15—32页；参见，查尔斯·赫伯特·莱利"伦敦的街道和新建筑，滑铁卢广场和下摄政大街"，见1922年《乡村生活》，第51卷，691—694页。

193. 雷吉纳尔德·布罗姆菲尔德，1940年在伦敦编写的《建筑师理查德·诺曼·肖，1831—1912》，第67页。

194. "摄政大街的重建"，见1923年《建筑师杂志》，第57卷，第3部，68—77页，第72页。

195. 亚瑟·特里斯坦·爱德华兹，1924年在伦敦《建筑中的好方式与坏方式》，61—119页。

196. 亚瑟·特里斯坦·爱德华兹，"摄政大街，一个讣告"，见1923年《建筑师杂志》，第59卷，第23部，177—183页，第178页；参见，肯尼斯M.B.克劳斯，"摄政大街的最大悲剧"，见1921年《建筑师杂志》，第9卷，556—561页；哈里·巴内斯，"新的摄政大街"，见1923年《建筑师杂志》，第58卷，561—562页。

197. 沃尔夫冈·索恩，2003年在慕尼黑编写的《代表国家，20世纪早期首都城市的规划》。

198. "对于美丽城市运动的不同目的和可行方法"，可见乔恩·A.彼得森1967年在哈佛大学撰写的论文《1840—1911年美国综合城市规划理想的起源》；乔恩·A.彼得森，"美丽城市运动，遗忘的起源和失去的意义"，见1976年《城市历史杂志》，第2卷，第4部，415—434页；威廉·亨利·威尔逊，"美丽城市运动的思想、美学与政治"，见安东尼·萨特克里夫1980年在伦敦主编的《1800—1914年现代城市规划的兴起》，165—198页；威廉·亨利·威尔逊，1989年在巴尔的摩编写的《美丽城市运动》；玛丽·柯宾·西斯，克里斯托弗·希尔维1996年在巴尔的摩、伦敦主编的《规划20世纪的美国城市》；乔恩·A.彼得森，2003年在巴尔的摩编写的《1840—1917年美国城市规划的诞生》；另见，梅尔·斯科特1969年在伯克利、洛杉矶编写的《1890年以来的美国城市规划》；理查德·E.福格莱森1986年在普林斯顿创作的《规划资本主义城市，20世纪20年代的殖民时代》，124—166页；斯坦利·K.舒尔茨1989年在费城编写的《建设城市文化，1800—1920年的美国城市与城市规划》。

199. 查尔斯·芒福德·罗宾逊，1901年在纽约创作的《城镇的改进》或《城市美学实践基础》，第8页。

200. 出处同上，第9页。

201. 出处同上，第188页。

202. 出处同上，第291页。

203. 出处同上，第152页。

204. 出处同上，288—289页。

205. 出处同上，第292页，另见第216页。

206. 查尔斯·芒福德·罗宾逊，1903年在纽约、伦敦创作的《现代城市艺术》或《城市产生美丽》，第26页。

207. 出处同上，第36页。

208. 查尔斯·朱布林，1903年在伦敦、纽约编写的《美国城市的进步》关于城市社会学的章节，第206页。

209. 出处同上，第219页。

210. 查尔斯·朱布林，1905年在芝加哥编写的《城市发展的十年》，第33页。

211. 出处同上，第1页。

212. 出处同上，第2页。

213. 查尔斯·朱布林，"城市复兴，'怀特'和后来者"，见1903年12月《肖托夸式运动》第38卷，第381页；援引：威廉·亨利·威尔逊，1989年在巴尔的摩编写的《美丽城市运动》，第93页。

214. 弗雷德里克·克莱姆森·豪，1905年在伦敦编写的《城市，民主的希望》，第7页。

215. 出处同上，第2页。

216. 出处同上，第6页。

217. 出处同上，第238页。

218. 出处同上，第248页。

219. 参见，查尔斯·摩尔1921在波士顿、纽约编写的《丹尼尔·哈德逊·伯纳姆》第2卷；托马斯·S.海恩斯1974年在纽约编写的《芝加哥的伯纳姆，建筑师和规划师》；辛迪亚·R.菲尔德1974年在纽约哥伦比亚大学撰写的论文《丹尼尔·哈德逊·伯纳姆的城市规划》。

220. 丹尼尔·哈德逊·伯纳姆，"民主政府之下的未来城市"，见英国皇家建筑师学会1911年在伦敦主编的《城镇规划会议，1910年10月10—15日伦敦会报》，368—378页，第369页。

221. 出处同上，第369页。

222. 出处同上，第372页。

223. 弗兰克·凯莱特，1914年在纽约编写的《现代城市规划和维护》，第1页。

224. 出处同上，第20页。

225. 维尔纳·黑格曼和埃尔伯特·皮茨，1922年在纽约合著的《美国的维特鲁威，建筑师的城市艺术手册》，第1页。

226. 出处同上，第1页。

227. 阿诺德·W.布伦纳，"城市中心"，见1923年《国家城市评论》，第12卷，第1部，第18页。

228. 霍利·M.拉里斯，1986年在克利夫兰创作的《进步的展望，1903—1930年克利夫兰的城市规划》。

229. 丹尼尔·H.伯纳姆、约翰·M.卡尔雷尔和阿诺德·W.布伦纳，1903年在纽约编写的《克利夫兰市公共建筑的群体规划》，第1页。参见，丹尼尔·H.伯纳姆、约翰·M.卡尔雷尔和阿诺德·W.布伦纳的"克利夫兰的公共建筑群"，见1903年的《国内建筑师和新闻记录》，第42卷，13—15页。

230. 丹尼尔·H.伯纳姆、约翰·M.卡尔雷尔和阿诺德·德·W.布伦纳，1903年在纽约编写的《克利夫兰市公共建筑的群体规划》，第1页。

231. 出处同上，第2页。

232. 出处同上，第3页。

233. 出处同上，第4页。

234. 出处同上，第3页。

235. 帕特里克·阿间克龙比，"克利夫兰，城市中心项目"，见1911年《城镇规划评论》第2卷，第2部，131—135页，表67—70，第131页。

236. 阿诺德·布伦纳，"克利夫兰的群体规划"，见1916年克利夫兰、纽约的《第八次全国规划会议记录》，14—34页，第28页。

237. 出处同上，第34页。

238. 乔恩·A.彼得森，2003年在巴尔的摩编写的《1840—1917年美国城市规划的诞生》，156—160页。另见，约翰·德·维特瓦纳，"城市中心"，见1902年3月《市政事务》，第6卷，1—23页。

239. 维尔纳·黑格曼和埃尔伯特·皮茨，1922年在纽约合著的《美国的维特鲁威，建筑师的城市艺术手册》，133—149页。

240. 维尔纳·黑格曼，1925年在柏林编写的《哥德堡国际城市规划展览，第一部：美国的建筑与城市建设艺术》，第31页。

241. 维尔纳·黑格曼，1938年在纽约编写的《城市规划：住宅第3卷，1922—1937城市艺术的图解评论》，34—36页。

242. 保罗·祖克尔，1959年在纽约、伦敦编写的《城镇和广场，从集市到绿色的村庄》，第1页。

243. 出处同上。

244. 出处同上，第2页。

245. 出处同上。

246. 出处同上，第18页。

高层建筑成为公共城市空间的生力军
1910—1950

1. 卡罗尔·威利斯，1995年在纽约编写的《追随金融的形式，纽约和芝加哥的摩天大楼和天际线》。

2. 托马斯·亚当斯，"美国印象一瞥——纽约的'艺术氛围'——摩天大楼与城市规划的关系"，见1911年的《城镇规划评论》第2卷，第2部，139—146页，第140页。

3. 曼弗雷多·塔夫里，"山峰的幻灭，摩天大楼与城市"，见乔尔吉奥·丘齐、弗朗西斯科·达尔·科、马里奥·马努埃里-艾利亚、曼弗雷多·塔夫里1979年在剑桥主编的《从内战到新政时期的美国城市》，389—528页；托马斯·A.P.范·莱文，1988年在剑桥编写的《向天空发展的思潮，美国摩天大楼的形而上学》。

4. 雷姆·库哈斯，1978年在纽约编写的《发狂的纽约，曼哈顿的追溯宣言》。

5. 丹尼尔·哈德逊·伯纳姆，爱德华·赫伯特·班尼特，1909年在纽约编写的《芝加哥规划》。

6. 艾利尔·萨里宁，"芝加哥的滨湖开发项目"，见1923年《美国建筑师，建筑评论》，第124卷，第2434期，486—514页，第487页。参见，马克·特雷布，"都市主义者艾利尔·萨里宁：高楼和广场"，见1985年《建筑师》，第3号，16—31页；约翰·祖科沃斯基1987年在慕尼黑、伦敦、纽约编写的《1872—1922年的芝加哥建筑，大都市的诞生》，313—317页。

7. 艾利尔·萨里宁，"芝加哥的滨湖开发项目"，见1923年《美国建筑师，建筑评论》，第124卷，第2434期，486—514页，第488页。

8. 出处同上，第493页。

9. 出处同上，第502页。

10. 出处同上，第504页。

11. 出处同上，第504页。

12. 出处同上，第502页。

13. 出处同上，第514页。

14. 出处同上，第514页。

15. 出处同上，第497页。

16. 出处同上，第504页。

17. 出处同上，第514页。

18. 艾利尔·萨里宁，1943年在剑桥编写的《城市，及其发展、衰落和未来》，第125页。

19. 1924年5月26日《纽约时报》；参见，卡罗尔·威利斯"分区和'时代精神'：20世纪20年代的摩天大楼城市"，见1986年《建筑历史学家协会杂志》第45卷，第1部，47—59页；卡罗尔·威利斯1995年在纽约编写的《追随金融的形式，纽约和芝加哥的摩天大楼和天际线》。

20. 见1924年《建筑月刊》，第9卷，第10部，310—312，311—312页。

21. "沃尔特·L.克里斯，第2部分，41"，关于胡德的书籍的打印稿。见纽约埃弗里档案，雷蒙德·胡德专辑4.4，选集2，文件夹3，文章和剪报。

22. 温斯顿·威斯曼，"谁设计了洛克菲勒中心"，见1951年《建筑历史学家协会杂志》第10卷，第1部，11—17页；阿兰·巴福尔，1978年在纽约编写的《洛克菲勒中心，作为剧院的建筑》；卡罗尔·赫塞利·科斯基，1978年在纽约编写的《洛克菲勒中心》；丹尼尔·奥伦伯特，2003年在纽

约编写的《巨大的财富，洛克菲勒中心的史诗》。

23. 亨利·H.迪恩，"城市重建的新思想"，见1931年《美国建筑师》，第139卷，第2594号，32—35页，第33页。

24. 出处同上，第34页。

25. 出处同上，第33页。

26. 雷蒙德·胡德，"洛克菲勒的城市设计"，见1932年《建筑论坛》，第56卷，第1部，37—60页，第39页。

27. 出处同上，第40页。

28. 出处同上，第48页。

29. 雷蒙德·胡德，"洛克菲勒中心"，见1933年《美术设计师年鉴》，69—74页。

30. 克里斯汀·鲁塞尔，2006年在纽约创作的《洛克菲勒中心的艺术》。

31. "华莱士·K.哈里森1937年11月10日在建筑大会午餐会上的讲演，WEAF电台的广播稿"，见纽约埃弗里档案，哈里森专辑3，选集2，3.220世纪30—40年代的WHK演讲。

32. "W.K.哈里森1947年1月23日晚间6:15—6:30在EBS电台的讲话，'我们的观点'，大城市过时了吗？"，打印稿第1页。见纽约埃弗里档案，哈里森专辑3，选集2，3.3，1947—1950年的WHK演讲。

33. 出处同上，第2页。

34. 出处同上，第6页。

35. 西格弗里德·吉提翁，1941年在剑桥编写的《空间、时间和建筑》，第853页。

36. 西格弗里德·吉提翁、何塞·路易斯、费尔南德·莱热，"九点关注：纪念性——人类的需要"[1943年]，见西格弗里德·吉提翁，1956年在汉堡编写的《建筑和社区，发展日记》，40—42页；西格弗里德·吉提翁，"纪念性的需求"，见保罗·祖克尔1944年在纽约主编的《新建筑与城市规划，学术研讨会》，549—568页。

37. 戴维·罗思，1966年在纽约创作的《城中之城，洛克菲勒中心传奇》，第97页。

38. 安德鲁·埃尔彭，1975年在纽约编写的《富人的公寓，纽约建筑的历史调查》，114—115页；史蒂芬·R.序滕鲍、1986年在纽约编写的《云端的豪宅，埃莫里·罗斯的摩天大楼》。

39. 罗伯特·A.M.斯特恩、格雷戈瑞·吉尔马丁、托马斯·梅林斯1987年在纽约创作的《纽约1930年》。

40. 迪特里奇·纽曼，"20世纪20年代德国的高层建筑"，见1992年的《建筑与城市年鉴》，38—51页；迪特里奇·纽曼，"摩天大楼的到来"，见1995年在布伦瑞克和威斯巴登编写的《20世纪20年代德国的高层

建筑，讨论—项目—建筑》。

41. 尤金·赫纳德，"城市的未来"，见英国皇家建筑师学会1911年主编的《城市规划会议，1910年10月10日—15日，会报》，345—367页，第355页。

42. 布鲁诺·陶特，1919年在耶拿主编的《城市之冠》。

43. 布鲁诺·莫林，"高层建筑的优点和条件，如何创建公共空间"，见1920年的《新旧时代的城市建设艺术》，第1卷，353—357页、370—376页、385—389页。

44. 奥托·科茨，1921年在柏林编写的《柏林的高层办公楼》；布莱吉特·雅各布、沃尔夫冈·施内泽，2012年在柏林主编的《天空中的建设，奥托·科茨的高层建筑》。

45. 杰吉·伊尔科茨、比特·斯托特卡尔1998年在代尔霍斯特编写的《1919—1932年布雷斯劳的高层建筑》。

46. 马科斯·贝尔格，"布雷斯劳的高层办公建筑缓解住宅需求"，见1920年《新旧时代的城市建设艺术》，第1卷，第7/8号，99—104页，116—118页。

47. 见维托利奥·马尼亚戈·兰普尼亚尼、罗马纳·施内德1992年在斯图加特主编的《1900—1950年的德国现代建筑，改革与传统》，200—219页，第218页。

48. 见1921/1922年《建筑月刊》，第6卷，第4/5部，101—120页，第103页。

49. 见1922年《德国建造》，54—58页，第58页。

50. 温弗雷德·纳丁格尔、艾克哈德·麦1994年在慕尼黑主编的《威廉·克雷斯，1873—1955年的帝国和民主建筑师》。

51. 克莱尔·卡尔登比、约兰·林德维尔、威尔弗雷德·王1998年在慕尼黑、纽约主编的《瑞典20世纪建筑》，270—271页。

52. 保罗·赛维尼，1989年在热那亚编写的《20世纪30年代的热那亚：从拉博到达尼埃里》；保罗·赛维尼，2001年在热那亚编写的《皮亚森蒂尼和热那亚的高层建筑》。

53. "新中心规划"，见1932年2月《热那亚，城市杂志》，143—154页，第148页。

54. 出处同上。

55. "不朽的贝莱尔—大都会建筑，洛桑"，见1933年《瑞士建筑、自由艺术和应用艺术作品月刊》，289—300页，第289页。

56. 出处同上，289—290页；皮埃尔·A.弗雷，1995年在波恩编写的《洛桑的贝莱尔大都会建筑》。

57. G.H.平古森，"新维勒班"，见1934年《今日建筑》，第7号，7—15页，第8页；参见，"

维勒班的新中心：里昂的现代之门"，见1934年《现代建筑》，第49卷，714—748页。

58. 马克·博尼维尔1978年在里昂编写的《维勒班，郊区工人居住区的变迁：城市化的进程和形式》；安娜·索菲·克莱门康，"规划和建筑：维勒班的摩天大楼（1931—1934）"，见1986年《法国艺术历史学会公报》，257—269页；罗伯卡·艾利弗尼、苏珊娜·加洛尼，"维勒班的高层建筑：两次大战之间法国城市的变化模式"，见1993年《参数》第24卷，第195部，78—85页；若埃勒·博尔金、查尔斯·德尔凡特1993年在里昂编写的《维勒班，摩天大楼的历史》。

59. "维勒班"，见1935年《建筑论坛》，第62卷，549—560页，第557页。

60. G.H.平古森，"新维勒班"，见1934年《今日建筑》，第7号，7—15页，第11页。

61. 出处同上，第10页。

62. G.H.平古森，"新维勒班"，见1934年《今日建筑》，第7号，7—15页，第13页。

63. "维勒班"，见1935年《建筑论坛》，第62卷，549—560页，第549页。

64. 出处同上。

65. 维尔纳·黑格曼，1938年在纽约编写的《城市规划：住宅第3卷，1922—1937城市艺术的图解评论》，第103页。

66. 布鲁塞尔2005年出版的《1935—1950年莫斯科的七座大厦，共产主义的巴比伦塔》。

67. B.卢巴年科，"莫斯科的高层建筑"，见1953年《德意志建筑》，第1部，28—34页，第28页。

68. 1936年莫斯科出版的《大莫斯科重建的总体规划——决议与材料》，参见，蒂莫西·J.克尔索尔1995年在剑桥编写的《莫斯科，统治社会主义的大都市》；彼得·诺弗1994年在慕尼黑主编的《暴政之美，斯大林时代的建筑》；耶夫热尼亚·戈什什科维奇、耶夫热尼·科尼夫2006年在莫斯科编写的《斯大林的帝国风格》。

69. 见哈拉尔德·博登莎茨、克里斯蒂安·博斯特2003年在柏林主编的《斯大林时期城市建设的阴影，1929—1935年苏联社会主义城市的国际影响》第391页。

70. 出处同上。

71. 出处同上，226—230页。格雷格·卡斯蒂洛，"高尔基大街和斯大林革命的设计"，见泽伊内普·塞里克、戴安妮·法弗洛、理查德·英格索尔1994年在伦敦编写的《街道，公共空间的临界视角》，57—69页。

72. 维切斯拉夫·奥塔泽夫斯基1953年在莫斯

科编写的《莫斯科高层建筑的建造》；1958年在莫斯科编写的《莫斯科城市规划与建设1945—1957》。

73. B.卢巴年科，"莫斯科的高层建筑"，见1953年《德意志建筑》，第1部，28—34页，第29页。

74. A.杰盖罗，"莫斯科摩棱斯克广场的高层大厦"，见1953年《德意志建筑》，第2部，56—62页，第57页。

75. 洛塔尔·博尔兹，"1950年7月民主德国政府确定的城镇建设十六项原则，注释27"，见洛塔尔·博尔兹1951年在柏林编写的《德国的建设，演讲和论文》，32—52页，第46页。

76. 华金·奥塔门迪，"办公室、公寓和酒店：26层的马德里'西班牙大厦'，建筑师：J.奥塔门迪"，见1955年《工程技术》，11—12月卷，337—344页；弗朗西斯科·贾维尔·佩雷兹·罗杰斯，"安东尼奥·帕拉西奥斯、华金·奥塔门迪"，见安德雷斯·佩雷斯·马丁1987年在马德里主编的《20世纪上半叶的马德里建筑，帕拉西奥斯·奥塔门迪、阿博斯、阿纳萨加斯蒂》，93—175页。

常规和传统主义的重建 1940—1960

1. 布鲁诺·陶特，1920年在哈根编写的《城市的存在；地球，一个美好的地方；高层建筑方法》，无页码参考。"重建？我说过这在技术上和资金上都是不可行的，我还说过，这在精神上也是不可行的"，奥托·巴特宁"异端思想的边缘"，见1946年4月《法兰克福纪事，文化与政治杂志》，第1卷，第1号，63—72页，第64页。

2. 参见，维尔纳·杜尔特、尼尔斯·古斯乔1988年在布伦瑞克和威斯巴登编写的《废墟中的梦想，1940—1950西德重建毁坏城市的规划》；克劳斯·冯·贝米等人1992年在慕尼黑主编的《新的城市废墟，战后的德国城市》；维尔纳·杜尔特、耶恩·杜维尔、尼尔斯·古斯乔1998年在法兰克福编写的《东德的建筑和城市建设》；温弗雷德·纳丁格尔2005年在萨尔兹堡编写的《建筑奇迹：1945—1960巴伐利亚州的觉醒和变迁》。

3. 参见DFG研究项目，"城市建设的常态，鲁尔地区城市的重建"，多特蒙德工业大学2012—2014年的建筑历史与理论讲座。

4. 西格弗里德·吉提翁、何塞·路易斯·费尔南德·莱热，"九点关注：纪念性——人类

的需要"（1943年），见西格弗里德·吉提翁，1956年在汉堡编写的《建筑和社区，发展日记》，40—42页；西格弗里德·吉提翁，"纪念性的需求"，见保罗·祖克尔1944年在纽约主编的《新建筑与城市规划，学术研讨会》，549—568页；格雷戈尔·鲍尔森、亨利·拉塞尔·希区柯克、威廉·霍尔福德、西格弗里德·吉提翁、沃尔特·格罗皮乌斯、卢西奥·科斯塔、阿尔弗雷德·罗思，"新纪念性的研究"，见1949年《建筑评论》第104卷，173—180页；刘易斯·芒福德，"纪念性、象征性和风格"，见1949年《建筑评论》第105卷，第621部，173—180页。

5. 康斯坦泽·席尔瓦·多姆哈特，2012年在苏黎世编写的《城市中心，1933—1951 CIAM关于城市的跨洋讨论》，第144页。

6. 杰奎琳·蒂里特、何塞·路易斯·赛尔特、欧内斯托·纳坦·罗杰斯1952年在伦敦主编的《城市的中心，走向人性化的城市生活》。参见，沃尔克·维尔特尔"从恶魔鬼到城市心脏，拥抱城市精神"，见伊恩·博伊德·怀特2003年在伦敦、纽约主编的《现代主义和城市精神》，35—56页。

7. 保罗·祖克尔，1959年在纽约编写的《城镇和广场，从集市到乡村的绿色》。

8. 海因茨·维特赛尔，1942年在斯图加特编写的《城市建设的变化，1941年9月21日在斯图加特NSBDT建筑工程组进行的讲座》，第6页。

9. 出处同上，第16页。

10. 海因茨·维特赛尔，1962年在斯图加特出版的《城市建设艺术，来自遗作的思想和图片》，第36页。

11. 出处同上，第34页。

12. 出处同上，第36页。

13. 出处同上，第32页。

14. 出处同上，第34页。

15. 出处同上，第43页。

16. 菲利普·拉帕波特，1945年在埃森编写，1946年再版的《德国城市的重建，指导原则》，第11页。

17. 出处同上，第4页。

18. 出处同上，第22页。

19. 出处同上。

20. 阿尔伯特·德内克，1946年在明斯特编写的《文艺复兴时期的城市建设，为城市重建提供的思路和建议》，第74页。

21. 出处同上，第80页。

22. 出处同上，第80页。

23. 出处同上，第82页。

24. 出处同上，第152页。

25. 出处同上，第83页。

26. 出处同上，第84页。

27. 出处同上，第90页。

28. 出处同上，第96页。

29. 出处同上，第236页。

30. 出处同上，第130页。

31. 出处同上，第91页。

32. 出处同上，第88页。

33. 出处同上，第236页。

34. 出处同上，第130页。

35. 出处同上，第235页。

36. 卡尔·奥斯卡·亚多，1946年在杜塞尔多夫编写的《城市主义，城市的复兴》，第36页。参见，贾斯珀·塞普尔"一个梦想的城市，关于卡尔·奥斯卡·亚多和他对科隆'复兴'的展望"，见耶恩·杜维尔、迈克尔·莫戈戈尔2011年在柏林主编的《梦想与创伤，城市设计的现代主义》，121—133页。

37. 卡尔·奥斯卡·亚多，1946年在杜塞尔多夫编写的《城市主义，城市的复兴》，第36页。第79页。

38. 出处同上，第23页。

39. 出处同上，第6页。

40. 弗里德里希·赫斯，1947年在斯图加特编写的《城市规划概论》，第16页。

41. 出处同上，第7页。

42. 阿道夫·阿贝尔，1950年在埃伦巴赫—苏黎世创作的《城市的再生》，第18、53页。

43. 出处同上，第7页。

44. 康拉德·盖茨，弗里茨·希尔，1950年在慕尼黑编写的《商店，建筑—施工—设备》，第23页。

45. 出处同上，第32页。

46. 出处同上，第21页。

47. 弗里茨·舒马赫，1951年在图宾根编写的《城市规划和城市设计中的问题》，第20页。

48. 出处同上，第42页。

49. 出处同上，第43页。

50. 出处同上，第33页。

51. 弗里茨·舒马赫，"重建中对古老建筑的维护"，见1948年柏林《关怀的艺术》，第14页。

52. 弗里茨·舒马赫，1951年在图宾根编写的《城市规划和城市设计中的问题》，第41页。

53. 沃尔夫冈·劳达，1956年在慕尼黑编写的《欧洲的空间规划问题，城市的中心——理念与设计》，第7页。

54. 出处同上，第7页。

55. 出处同上，第85页。

56. 出处同上，第95页。

57. 鲁道夫·西莱布雷特，"城市建设的新任务"，见维尔纳·博科尔曼、鲁道夫·西莱布雷特、阿尔伯特·玛利亚·勒尔1961年在巴塞尔和图宾根主编的《过去和未来之间的城市，规划，管理，建筑和交通》，119—134页，第132页。

58. 引用尼尔斯·古斯乔"20世纪40年代历史城市的建设"，见哈特维格·拜斯勒、尼尔斯·古斯乔、弗劳克·克雷奇默1988年在新明斯特主编的《德国建筑的战争命运：损失—损毁—重建，一份关于联邦德国领土的文件》，41—66页，第45页。

59. 卡尔·格鲁伯，1914年在慕尼黑编写的《德国的城市形态》；1937年在莱比锡编写的《德国城市的形成》。

60. 卡尔·格鲁伯，"重建被摧毁的中世纪城市"，见1946年海德堡、达姆斯塔特《工程师世界》；引用：尼尔斯·古斯乔"20世纪40年代历史城市的建设"，见哈特维格·拜斯勒、尼尔斯·古斯乔、弗劳克·克雷奇默1988年在新明斯特主编的《德国建筑的战争命运：损失—损毁—重建，一份关于联邦德国领土的文件》，41—66页，第44页。

61. 出处同上，第46页。

62. 沃尔夫冈·沃格特、哈特穆特·弗兰克，2003年在图宾根编写的《保罗·施密特纳1884—1972》。

63. 温弗雷德·纳丁格尔1984年在慕尼黑主编的《建设时代，慕尼黑1945—1950年的规划和建设》；加弗里艾尔·D.罗森菲尔德2000年在伯克利编写的《慕尼黑和记忆，第三帝国的建筑、遗迹和遗产》；温弗雷德·纳丁格尔2005年在萨尔兹堡编写的《建筑奇迹：1945—1960巴伐利亚州的觉醒和变迁》。

64. 卡尔·梅廷格尔，1946年在慕尼黑编写的《新慕尼黑，重建方案建议》，第7页。

65. 出处同上，第18页。

66. 出处同上，第59页。

67. 出处同上，第18页。

68. 出处同上，第25页。

69. 出处同上，第12页。

70. 出处同上，第39页。

71. 鲁道夫·菲斯特，"慕尼黑老城的改造"，见1946年《建设者》第43卷，107—121页，第107页。

72. 鲁道夫·菲斯特，"新慕尼黑，重建建议"，见1947年《建设者》第44卷，52—55页，第52页。

73. 出处同上。

74. 奥托·沃尔克斯，"新慕尼黑，卡尔·梅廷格尔的同名城市备忘录"，见1947年《新建筑世界》，第2卷，262—264页，第263页。

75. 出处同上。

76. 出处同上。

77. 赫尔曼·雷滕斯托费尔，"慕尼黑市，未来与重生"，见1946年《精神世界》第4号，27—36页；引用：温弗雷德·纳丁格尔1984年在慕尼黑主编的《建设时代，慕尼黑1945—1950年的规划和建设》，第90页。

78. 见1949年《南德意志时报》01、02期。参见，温弗雷德·纳丁格尔1984年在慕尼黑主编的《建设时代，慕尼黑1945—1950年的规划和建设》，第28页。

79. 出处同上。

80. 弗里德里希·克劳斯，1947年在慕尼黑编写的《历史在城市特色中的作用》，第24页。

81. 出处同上，第35页。

82. 出处同上，第44页。

83. 欧文·施莱米，"十九世纪城市住宅的历史价值，慕尼黑的实例"，见1957年《德国艺术与文物保护》，第15卷，130—137页，第132页。

84. 出处同上，第130页。

85. 见1955年《建设者》，第52卷，第1号，1—32页，第2页。

86. 出处同上，第6页。

87. 出处同上，13—14页。参见安德鲁·麦克尼尔2004年在科隆发表的论文《传统与创新，1945之后的联邦德国历史广场》，304—306页。

88. 鲁道夫·菲斯特，"慕尼黑老城的房屋重建"，见1953年《建设者》，第50卷，750—756页，第750页。

89. 出处同上。

90. 出处同上。

91. 出处同上，第754页。

92. 出处同上，第755页。

93. 约瑟夫·沃尔夫，"关于明斯特/威斯特伐利亚的城市建设"，见1952年《建设者》，第49卷，217—231页，第217页。

94. 尼尔斯·古斯乔，1980年在明斯特编写的《明斯特重建的材料记录》；厄休拉·理查兹-维特1988年在明斯特编写的《新明斯特，1945—1995城市重建和发展的50年》。

95. 汉斯·奥斯特建，1945年7月5日"关于新明斯特的城市建设和城市管理"，引用：维尔纳·杜尔特、尼尔斯·古斯乔1988年在布伦瑞克编写的《废墟中的梦想，1940—1950年西德重建毁坏城市的规划》第2卷，第970页。

96. 威廉·雷夫，"建筑与空间文化，重建时期的城市历史保护原则"，见1948年《新城市》，89—90页。引用：尼尔斯·古斯乔"20世纪40年代历史城市的建设，见哈特维格·拜斯勒、尼尔斯·古斯乔、弗劳克·克雷奇默1988年在新明斯特主编的《德国建筑的战争命运：损失—损毁—重建，一份关于联邦国领土的文件》，41—66页，第45页。

97. "维斯特法伦的明斯特主广场，实例或反例"，见1951年《建筑的艺术和形式》第6卷，27—36页，第28页。

98. 出处同上。

99. 出处同上，第30页。

100. 出处同上，第32页。

101. 出处同上，第33页。

102. 约瑟夫·沃尔夫，"战后五年规划"，见1951年《建设者》第1卷，41—43页，第41页。

103. 约瑟夫·沃尔夫，"关于明斯特/威斯特伐利亚的城市建设"，见1952年《建设者》第49卷，217—231页，第224页。

104. 出处同上，第227页。

105. 出处同上。

106. 出处同上，第229页。

107. 出处同上，第231页。

108. 约翰·伯查德，1966年在剑桥、伦敦编写的《凤凰之声，战后的德国建筑》，第26页。

109. 克里斯蒂安·比斯，一致性原则，1946—1957年明斯特的汉莎居住区"，见索尼娅·亨尼丽卡、马库斯·雅戈尔、沃尔夫冈·索恩2010年在比勒菲尔德编写的《回顾北莱茵威斯特法伦地区的战后建筑》，148—153页。

110. 汉斯-尤尔根·贝格尔、托比亚斯·劳特巴赫2009年在陶伯河罗腾堡编写的《陶伯河的罗腾堡，第二次世界大战之后的重建中遗迹保护的分析》。

111. 约瑟夫·施马德尔，"重建之前的自由帝国城市罗腾堡"，见1948年《艺术保护》第1卷，45—50页，第46页。

112. 出处同上。

113. 鲁道夫·菲斯特，"罗腾堡的重建"，见1949年《建设者》第8号，368—377页，第369页。

114. 出处同上。

115. 威廉·海因里希·德福斯，1946年5月编写的《城市中心的交通规则和重建规划》，第1页；引用：厄休拉·冯·佩茨，"城市规划，土地利用规划"，见雷纳特·卡斯特夫、威赫曼、厄休拉·冯·佩茨、曼弗雷德·瓦尔茨1995年在多特蒙德编写的《多特蒙德的城市发展，1918—1946年的现代化工业城市》，第283页。

116. 见索尼娅·亨尼丽卡、马库斯·雅戈尔、沃尔夫冈·索恩2010年在比勒菲尔德编写的《回顾北莱茵威斯特法伦地区的战后建筑》，42—51页；沃尔夫冈·索恩，"城市住宅，传统城市重建规划的时代，多特蒙德的实例"，见耶恩·杜维尔、迈克尔·莫宁戈尔2011年在柏林主编的《梦想与创伤，城市设计的现代主义》，135—145页。

117. 来自多特蒙德建设部门的建筑文件信息。

118. 来自多特蒙德DOGEWO21公司的资料信息。

119. 贝内迪克特·博赛因，2010年在科隆编写的《灰色建筑，西德的战后建设》。

120. 杰弗里·M.迪芬多夫，1993年在牛津、纽约创作的《战争之后，二战之后德国城市的重建》，第55页。

121. 赫尔穆特·普莱切特，"多瑙沃特，一个改造的规划实例"，见1946年《建设者》第43卷，142—144页，表31—34，第144页。

122. 出处同上。参见，温弗雷德·纳丁格尔2005年在萨尔兹堡和慕尼黑编写的《建筑奇观：1945—1960年巴伐利亚州的觉醒和变迁》，272—273页。

123. 格哈德·克雷布斯，"卡塞尔的重建，德国新城市建设的竞赛"，见1948年《建筑行业期刊》第3卷，第1部，8—17页；"卡塞尔城市重建的竞赛"，见1948年《建设者》第45卷，181—189页。

124. 福尔克特·鲁肯-伊斯贝尔纳，"卡塞尔，老城新貌"，见克劳斯·冯·贝米、汉斯·贝尔格1992年在慕尼黑主编的《新的城市废墟，战后的德国城市》，251—266页；彼得·斯特鲁克，"近年来的卡塞尔特雷朋大街"，见2010年《德国建筑杂志》，第144卷，第3号，54—59页。

125. 沃尔夫冈·班格特，《建设中的传统与进步》（1957沃姆斯建筑协会会议上关于卡塞尔重建的幻灯片展示），第8页。

126. 出处同上，第9页。

127. 沃尔夫冈·班格特，1955年在斯图加特编写的《1945—1955年卡塞尔的十年规划和建设》，第13页。

128. 沃尔夫冈·班格特，"卡塞尔城市中心的重建"，见1958年《城镇规划评论》，第29卷，99—102页，第100页。

129. 沃尔夫冈·劳达，1956年在慕尼黑编写的《欧洲城市的空间规划问题，城市中心—理念与设计》，第68页。

130. 出处同上，第130页。

131. 出处同上，第69页。

132. 萨拉·塔兹比尔，"20世纪50年代东德的城市建设艺术，1900年以来城市建设规划的改革，城市规划计演示"，见2009年《德国艺术文本》，第3卷，1—13页；乌尔里奇·雷伯什，"阿尔伯特·埃里克·布林克曼的广场和纪念碑"以及社会主义城市建设，见2011年《德国艺术文本》，第2卷，1—18页。

133. 沃尔夫冈·索恩，"具体意图—普遍关系，20世纪柏林的城市形态与政治愿望之间的关系"，见2004年《规划视角》第19卷，第3部，283—310页。

134. 沃尔夫冈·索恩，"城市建设艺术"的概念，1910年的国际现象"，见1910年《现代城市历史信息（IMS），焦点主题：国际背景下的1910年大柏林竞赛》，第1卷，14—27页。

135. "民主德国政府在1950年7月27日确定的城市建设十六项原则的原因"，见洛塔尔·博尔兹1951年在柏林主编的《德国的建设，演讲和论文》，87—90页，第87页。

136. 洛塔尔·博尔兹，"民主德国政府在1950年7月27日确定的城市建设十六项原则"，见洛塔尔·博尔兹1951年在柏林主编的《德国的建设，演讲和论文》，32—52页，第33页。

137. "民主德国政府在1950年7月27日确定的城市建设十六项原则"，见洛塔尔·博尔兹1951年在柏林主编的《德国的建设，演讲和论文》，87—90页，第88页。

138. 出处同上，第87页。

139. 出处同上，第88页。

140. 出处同上，第89页。

141. 洛塔尔·博尔兹，"民主德国政府在1950年7月27日确定的城市建设十六项原则的原因"，见洛塔尔·博尔兹1951年在柏林主编的《德国的建设，演讲和论文》，32—52页，第38页。

142. 德国建筑学会1954年在柏林主编的《建筑师手册》，第228页。

143. 洛塔尔·博尔兹，"民主德国政府在1950年7月27日确定的城市建设十六项原则的原因"，见洛塔尔·博尔兹1951年在柏林主编的《德国的建设，演讲和论文》，32—52页，第48页。

144. 出处同上。

145. 出处同上。

146. A.E.斯特拉门托夫，1953年在柏林编写的《城市规划的设计问题》。

147. 鲁斯·梅，1999年在多特蒙德编写的《斯大林市的城市规划，早期东德城市规划图—参观东部钢铁之城》；鲁斯·梅，"斯大林市的案例，东德社会主义城市的起源"，见克里斯托弗·伯恩哈特、托马斯·沃尔夫斯2005年在艾尔克纳尔编写的《项目设计的美学和类型，国际背景下的东德城市规划，291—320页；英格里德·阿伯利纳斯基，"1950—1989年东部钢铁之城的规划"，见克里斯弗·伯恩哈特、托马斯·沃尔夫斯2005年在艾尔克纳尔编写的《项目设计的美学和类型，国际背景下的东德城市规划，321—339页；伊丽莎白·布洛涔尔-罗马尼，2000年在魏玛编写的《铁厂镇和20世纪的理想城市》。

148. 库尔特·W.洛伊特，"东德的社会主义城市，铁厂镇"，见1952年《德意志建筑》第3部，100—105页，第103页。

149. 出处同上。

150. 出处同上，第104页。

151. 出处同上。

152. 出处同上。

153. 出处同上，第105页；库尔特·W.洛伊特，1957年在柏林编写的《东德的第一个新城市，斯大林市的规划和最终成果》。

154. 库尔特·容汉斯，"关于公寓住宅的分组"，见1952年《德意志建筑》第4部，166—173页，第166页。

155. 出处同上，第167页。

156. 出处同上，第168，169页。

157. 出处同上，第170页；库尔特·容汉斯、菲利克斯·博勒、鲁斯·甘特尔1954年在柏林主编的《住宅区作为城市建设中的规划单元》。

158. 约翰内斯·科纳，1997年在罗斯托克编写的《道路，罗斯托克兰格大街的历史》；耶恩·杜维尔，1995年在柏林编写的《建筑艺术的进步，东德/西德的建筑和城市建设，154—202页。

159. 海因里希·维特赛尔，"罗斯托克的城市建筑和规划"，见1949年《建筑行业期刊》第2部，29—34页。

160. 乔纳姆·纳德尔，"罗斯托克的国家建设项目，D-Süd街区"，见1954年《德意志建筑》第3部，168—171页，第168页。

161. 凯·克莱斯科普夫，"对公共空间的渴望，德累斯顿重建的概念冲突"，见耶恩·杜维尔、迈克尔·莫宁戈尔2011年在柏林主编的《梦想与创伤，城市设计的现代主义》，103—119页；拉夫·科姆，1998年在莱比锡编写的《莱比锡和德累斯顿，萨克森州的城市重建，1945—1955年的城

市规划、建筑、建筑师和论文》；耶恩·杜维尔，1995年在柏林编写的《建筑艺术的进步，东德/西德的建筑和城市建设，154—202页。维尔纳·杜尔特、耶恩·杜维尔、尼尔斯·古斯乔1998年在法兰克福编写的《东德的建筑和城市建设》第2卷《建设：城市、主题、文件记录》；维尔纳·杜尔特、耶恩·杜维尔、尼尔斯·古斯乔2007年在柏林编写的《东德早期的建筑与城市建设》。

162. 库尔特·容汉斯，"对德累斯顿重建的评论"，见1953年《德意志建筑》，第一部，13—19页，第13页。

163. 出处同上，第14页。

164. SBZ，"德累斯顿的老市场会发生什么"，见1953年《建设者》，第50卷，260—261页，第260页。

165. 出处同上，第261页。

166. 赫尔姆斯·布劳尔，"德累斯顿的规划在何处"，见1953年《德意志建筑》第4部，173—178页，第173页。

167. 弗里茨·拉扎鲁斯，"设计室的研讨会报告"，见1953年《德意志建筑》第4部，179—187页，第179页。

168. 出处同上，第180页。

169. "德累斯顿老市场，东侧"，见1954年《德意志建筑》第4部，128—131页；"德累斯顿老市场，西侧"，见1954年《德意志建筑》第4部，132—135页。

170. 格奥尔格·芬克，"德累斯顿东西公路的设计竞赛"，见1954年《德意志建筑》第5部，240—247页，第245页。

171. 出处同上，第244页。

172. 斯塔尼斯劳·阿尔布雷克特、阿莱克西·切尔文斯基，"华沙的新规划"，见1946年《美国规划师学会杂志》，第12卷，5—9页；芭芭拉·克莱恩，"华沙的城市规划"，见库斯·博斯马、赫尔玛·海林加1997年在海牙主编的《驾驭城市，1900—2000年北欧的城市规划》，112—127页；大卫·克罗利，"巴黎，还是莫斯科？20世纪50年代华沙的建筑师和现代城市形象"，见乔尔吉·佩特里，2010年在匹兹堡编写的《东欧和苏联的西方形象》，105—130页。

173. 让·扎瓦托维茨，"遗迹的保护计划和规则"，见1946年《艺术和文化历史通讯》第8卷，第1—2号，48—52页，第48页；引用：阿诺德·巴特茨基，2012年在科隆编写的《国家—政府—城市，19—21世纪建筑、古迹和历史文化》，第98页。

174. 安德烈·托马谢夫斯基，"传奇与现实，华沙的重建"，见迪特尔·宾根、汉斯-马

丁·海因兹2005年在威斯巴登主编的《粗化，德国和波兰历史建筑的破坏和重建》，165—173页；杰吉·科查诺斯基、彼得·马耶夫斯基、托马斯·马尔凯维奇、康拉德·罗基安2003年在华沙编写的《建立新华沙，风景美丽的首都（1944—1956）》。

175. 阿诺德·巴特茨基，2012年在科隆编写的《国家—政府—城市，19—21世纪建筑、古迹和历史文化，99—108页；弗里德里希·亚麦克，2010年在科隆编写的《老城新貌，1945—1960年伟大的重建》。

176. 托尔斯滕·格布哈特，"华沙的重建"，见1958年《德国艺术和遗迹保护》第16卷，79—81页，第79页。

177. 出处同上，第80页。

178. 出处同上。

179. 出处同上，第81页。

180. 博莱斯劳·贝尔鲁特，1950年在华沙创作的《华沙的六年重建规划》；见德语版：博莱斯劳·贝尔鲁特，1950年在华沙创作的《华沙的六年重建规划》。

181. 引用：大卫·克罗利，"巴黎，还是莫斯科？20世纪50年代华沙的建筑师和现代城市形象"，见乔尔吉·佩特里，2010年在匹兹堡编写的《东欧和苏联的西方形象》，105—130页，第115页。

182. 埃德蒙·戈尔德萨姆，1956年在华沙编写的《城市中心的建筑和文物保护问题》。

183. 亨里克·贝托夫斯基，1955年在华沙编写的《图说新华沙》；瓦克劳·奥斯特洛夫斯基，"波兰的城镇规划和建筑"，见1955年《建筑协会期刊》第71卷，121—128页；S.杰乌尔斯基、S.扬习夫斯基，"华沙的重建"，见1957年《城镇规划评论》，第28卷，第3部，209—221页；约瑟夫·西加林，"1950—1952年的MDM居住区"，见约瑟夫·西加林1986年在华沙编写的《1944—1980年华沙建筑师档案》，235—288页；维尔纳·哈博尔，2005年在科隆编写的《华沙，凤凰涅槃》。

184. 引用：大卫·克罗利，"巴黎，还是莫斯科？20世纪50年代华沙的建筑师和现代城市形象"，见乔尔吉·佩特里，2010年在匹兹堡编写的《东欧和苏联的西方形象》，105—130页，第118页。

185. 安德尔斯·阿曼，1992年在剑桥、伦敦著的《斯大林时代的东欧建筑和意识形态，冷战历史的一个侧面》。

186. 麦西耶·梅吉安，2004年在克拉科夫编写的《克拉科夫的新胡塔，社会主义的形式，迷人的内容》。

187. 托马斯·M.伯恩，2008年在科隆、魏玛和维也纳创作的《明斯克，社会主义城市模式。1945年之后苏联的城市规划和都市化》。

188. 佩德罗·比达戈尔，"西班牙城市设计的总体概况（1939—1967年）"，见1967年《城市规划法规杂志》，第4卷，23—70页；埃尔德曼·格尔姆森，"西班牙早期及战后的城市建设"，见1981年《马伯格地理著作》第4卷，193—212页；卡洛斯·萨姆布西奥，"法西斯的替代品，1936—1945年的西班牙建筑"，见哈特穆特·弗兰克1985年在汉堡编写的《法西斯建筑》，158—190页；迪特尔·J.梅尔霍兹，"20世纪的城市建设，以及1978年开始的民主化"，见迪特尔·J.梅尔霍兹1996年在多特蒙德主编的《西班牙城市，20世纪早期西班牙城市建设简史》，240—282页；安东·卡比特尔、奥利奥尔·博加索、安德烈·布赫纳等人2000年在慕尼黑主编的《20世纪的西班牙建筑》；路易斯·费尔南德兹-加利亚诺，"佛朗哥的几十年"，见2005年《AV专著》第113卷，20—31页。

189. 塞尔吉奥·托姆·费尔南德兹，"奥维耶多的重建"，见1987年《它会成为的样子·地理杂志》，第14号，213—227页。

190. 哈拉尔德，博det施亚系，马松尔·韦尔奇·格瑞担，"格尔尼卡：形象、毁坏和重建"，见2012年《城市论坛》第39卷，第3部，279—292页。

191. 佩德罗·比达戈尔，"马德里重建的首要问题"，见受灾地区总理事会1940年在马德里编写的《重建》第1卷，17—21页，第19页。

192. 出处同上。

193. 维克多·德奥尔斯，"马德里历史和艺术的有序性"，见1947年《国家建筑杂志》，第6卷，45—52页。

194. 劳尔·里斯帕，1998年在巴塞尔编写的《1920—1999年的西班牙房屋建筑》，第242页。

195. 拉蒙·阿巴尔·阿尔瓦雷斯，"西班牙当代建筑"，见1953年《国家建筑杂志》，第13卷，19—25页。

196. 弗朗西斯科·贾维尔·佩雷兹·罗杰斯，"安东尼奥·帕拉西奥和尤金·奥提门"，见安德雷斯·佩雷斯·马丁1987年在马德里编撰的《20世纪上半叶的马德里建筑，帕拉西奥、奥提门、阿博я и阿纳萨加蒂》，93—175页。

197. 胡安·赫苏斯·特拉佩罗，"都市化信息"，见1963年《建筑—马德里建筑学院官方杂

志》，第5卷，2—25页。

198. 何塞·索特拉斯·毛里，"城市设计展览对巴塞罗那规划的影响"，见1950年《建筑纪事》，第14卷，2—11页。

199. "巴塞罗那查理一世大道上的出租公寓，卡斯佩大街上的住宅"，见1948年《建筑纪事》，第9卷，48—51页，第48页。参见，1945年《建筑纪事》，第4卷，40—43页；"巴塞罗那的奥古斯塔住宅"，见1944年《建筑纪事》，第1卷，32—33页；"1942年巴塞罗那全国美术展"，见1954年《建筑纪事》，第1卷，24—27页。

200. "巴塞罗那的两栋出租公寓"，见1954年《建筑纪事》，第17卷，15—18页。

201. "巴塞罗那奥古斯塔街的C.Y.T.大楼"，见1961年《建筑纪事》，第44卷，25—26页。

202. "冶金工人住宅群"，见1961年《建筑纪事》，第44卷，12—14页。

203. 塞萨尔·奥提斯-查格，"20世纪30年代的西班牙建筑"，见1962年《作品》，第6卷，第49年，187—191页。

204. 特蕾莎·马拉特-门德斯、维托尔·奥利维拉，"20世纪中期的葡萄牙城市规划师：埃蒂安·德·戈洛尔和安陶·阿尔梅达·加莱特"，见2013年《规划视角》第28卷，第1部，91—111页。

205. 何塞·曼努埃尔·费尔南德斯、朱奥·维埃拉·卡尔达斯、马佳利达·索萨·洛博等人1998年在里斯本编写的《路易斯·克里斯蒂诺·达·席尔瓦（建筑师）》；朱奥·德·索萨·鲁道夫2002年在里斯本编写的《路易斯·克里斯蒂诺·达·席尔瓦，葡萄牙的现代建筑师》；参见，安奈特·贝克尔、阿纳·托斯妥耶斯、威尔弗雷德·王1997年在慕尼黑、纽约主编的《20世纪的葡萄牙建筑》，188—189页；加布里埃尔·塔利亚文蒂2000年在萨沃纳主编的《1900—2000年的另一种现代性，20世纪城市建设中的经典建筑和传统建筑》，222—229页。

206. 克里斯蒂诺·达·席尔瓦，1943年在里斯本编写的《阿雷埃罗广场，初期建设和周边建筑备忘录》，第117页。

207. 约瑟夫·阿布拉姆，1999年在巴黎编写的《1940—1966年的法国现代建筑，混乱的发展》，21—56页。

208. 致力于重建的全部期刊卷本：1950年《当代建筑》，第20卷，第32部；1950年《城市规划》，第19卷，第5部；1952年《技术和建筑》，第11卷，第9部；1956年《技术和建筑》，第16卷，第3部。

209. 约瑟夫·阿布拉姆，1989年在南锡编写的《佩雷的勒阿弗尔方案，乌托邦思想与

重建的折中》；约瑟夫·阿布拉姆，"奥古斯特和勒阿弗尔，乌托邦思想和重建的妥协"，1990年7月的《莲花国际》，109—127页；罗伯特·加尔吉亚尼，1994年在巴黎编写的《奥古斯特·佩雷特，勒阿弗尔的重建理论与实践》；保林·范·鲁斯麦伦，"1946年的勒阿弗尔重建规划"，见库斯·博斯马、赫尔玛·海林加1997年在海牙编写的《驾驭城市，1900—2000年的北欧城市规划》，266—272页；克莱尔·埃蒂安·斯泰纳，1999年在鲁昂编写的《勒阿弗尔，奥古斯特·佩雷特和重建》；莫莱斯·克洛特，2000年在巴塞编写的《佩雷特兄弟，勒阿弗尔的成功。奥古斯特·佩雷特的档案（1874—1954），建筑师、企业家古斯塔沃·佩雷特（1876—1952）》；卡拉·布里顿，2001年在伦敦撰写的《奥古斯特·佩雷特》；让-路易斯·科恩，2002年在巴黎编写的《百科全书，佩雷特》；克莱尔·埃蒂安·斯泰纳，2005年在巴黎编写的《勒阿弗尔，一个全新的港口城市》；马丁·利奥诺德，2007年在巴黎编写的《1930—2006年的勒阿弗尔，文艺复兴或者彻底的现代化》。

210. 奥格斯特·佩雷特，"勒阿弗尔的重建"，见1946年《技术和建筑》，第6卷，第7部，333—336页。

211. 奥格斯特·佩雷特，"城市草图"，打字稿，第2页，见《城市建筑与遗产》，巴黎，佩雷特基金，Objet PERAU-254，535号文件，AP 446.

212. 皮埃尔·达洛斯，"勒阿弗尔的重建"，见1960年《技术和建筑》，第20卷，70—71页，71—74页。参见，皮埃尔·达洛斯，"勒阿弗尔的城市重建"，见1956年《技术和建筑》，第16卷，第3部，59—74页。

213. 皮埃尔·达洛斯，"勒阿弗尔的重建"，见1960年《技术和建筑》，第20卷，70—77页，第76页。

214. 丹尼斯·加里，"勒阿弗尔的重建"，见1953年《城市生活》，第2期，81—129页。

215. 出处同上，第113页。

216. 出处同上，第114页。

217. 出处同上。

218. 出处同上，第93页。

219. 出处同上，第129页。

220. 《城市建筑与遗产》，巴黎，佩雷特基金，Objet PERAU-254，535号文件，AP 446.

221. 沃尔夫冈·劳达，1956年在慕尼黑编写的《欧洲城市建设的空间问题，城市的中心—理念与设计》，第61页。

222. 丹尼尔·德罗库尔，1995年在普罗旺斯地区的艾克斯编写的《马赛旧港的建筑，历史遗迹保护》；让-卢西恩·波尼洛，2001年在马赛编写的《费尔南多·普永，地中海式建筑》；让-卢西恩·波尼洛，2008年在马赛编写的《1940—1960年的马赛重建，建筑和城市工程项目》。

223. 西拉·克莱恩，"马赛旧港的发掘，走向考古学的重建"，见2004年《建筑历史学家协会杂志》第63卷，第3部，296—319页。

224. "鲁瓦扬，海滨的重建"，见1953年《今日建筑》，第23卷，第46部，27—29页，第27页。

225. 出处同上。

226. 出处同上，第28页。

227. "鲁瓦扬"，见1958年《城市规划》，第27卷，第59部，39—43页。

228. "鲁瓦扬，海滨"，见1952年《技术和建筑》，第11卷，第9部，76—79页。

229. 蒂里·让-莫纳德德、马克·德尼耶尔，吉勒斯·拉格特，2003年在巴黎主编的《城市的创造，50年代的鲁瓦扬》，第270页。

230. "伦敦的重新规划"，见1933年《建筑评论》，第73卷，108—116页，第108页。

231. 出处同上。

232. 皇家学院规划委员会，1942年在伦敦制定的《伦敦的重新规划，皇家学院规划委员会的中期报告》；皇家学院规划委员会，1944年在伦敦编写的《伦敦重新规划中的道路、铁路及河流，皇家学院规划委员会的第二次报告》；参见，"皇家学院的伦敦规划，1942年8月皇家学院规划委员会的中期报告摘要"，见1942年《英国皇家建筑师学会志》，第49卷，216—218页。

233. 以马内利·马尔马拉斯、安东尼·萨特克里夫，"战后伦敦的规划：1942—43年的三个独立规划方案"，见1994年《规划视角》，第9卷，第4部，431—453页；弗兰克·莫尔特，"大都市生活的幻想：20世纪40年代的伦敦规划"，见2004年《英国研究杂志》，第43卷，第1部，120—151页；安东尼奥·布鲁库莱利，"1941—1945年皇家学院为伦敦中部项目制定的城市设计和功能规划"，见欧洲建筑历史网络2010年6月17日—20日在葡萄牙吉马良斯举行的首次EAHN国际会议上的摘要书籍、论文光盘。

234. 皇家学院规划委员会，1942年在伦敦制定的《伦敦的重新规划，皇家学院规划委员会的中期报告》，第2页。

235. 出处同上。

236. 出处同上，第3页。

237. 出处同上，第15页。

238. 出处同上。

239. 出处同上。

240. 出处同上，第27页。

241. 出处同上，15—16页。

242. 出处同上。

243. 出处同上。

244. 吉莱斯·吉尔伯特·斯科特，"城市的重新规划"，见1942年《国民生活》，第91卷，第16部，110—111页，第110页。

245. 出处同上。

246. 出处同上。

247. 出处同上，第111页。

248. 克里斯托弗·赫希，"新伦敦的展望"，见1942年《国民生活》，第92卷，692—696页，第692页。

249. 出处同上。

250. 约翰·萨默森，"皇家学院委员会的伦敦规划，今后的伦敦"，见1942年《建筑师与建筑新闻》，第172卷，77—78页。

251. "伦敦的规划"，见1942年《建筑师与建筑新闻》，第163卷，39—45页，第40页。

252. 出处同上。

253. 莱昂内尔·布雷特，"对彗星集团的伦敦规划方案的质疑"，见1942年《建筑师杂志》，第96卷，23—25页，第24页。

254. 出处同上。

255. 出处同上，第25页。

256. 莱昂内尔·布雷特，"新豪斯曼"，见1943年《建筑评论》，第93卷，23—26页，第25页。

257. 贾斯珀·萨尔维，"重建城市，回归设计的经典主题？"，见1955年《建设者》，第189卷，260—261页。

258. 约翰·R.彭德尔伯里，"托马斯·夏普的都市主义"，见2009年《规划视角》，第24卷，第1部，3—27页；埃尔姆·厄滕，"托马斯·夏普与H.德·C.海斯廷斯的合作，城镇景观作为设计教学方法的构想"，见2009年《规划视角》，第24卷，第1部，29—49页；彼得·J.拉克哈姆，"托马斯·夏普和奇切斯特的战后重建，冲突、困惑和延迟"，见2009年《规划视角》，第24卷，第1部，51—75页；艾丹·维尔、马尔科姆·泰特，"埃克塞特和托马斯·夏普实物遗产问题"，见2009年《规划视角》，第24卷，第1部，77—97页；斯蒂芬·V.瓦尔德，"英国规划运动的重要人物托马斯·夏普"，见2008年《规划视角》，第23卷，第4部，523—533页；彼得·J.拉克哈姆，"1942—1952年英国重建规划中的城市保护场所"，见2003年《规划视角》，第18卷，第3部，295—324页。

259. 托马斯·夏普，1932年在牛津编写的《城镇与乡村，城乡发展的一些方面》；托马斯·夏普，1936年在伦敦编写的《英国全景》；托马斯·夏普，1940年在伦敦编写的《城镇规划》。

260. 托马斯·夏普，1950年在伦敦创作的《英国全景》第二版，第109页。

261. 托马斯·夏普，"建设不列颠：1941"，见1952年《城镇规划评论》第23卷，第3部，203—210页，209—210页。

262. 托马斯·夏普，1945年在伦敦创作的《教堂之城，达勒姆的规划》，第6页。

263. 出处同上，第5页。

264. 出处同上，第25页。

265. 出处同上，第95页。参见，阿尔弗雷德·C.博萨姆，"达勒姆的重新规划，托马斯·夏普为达勒姆制定的规划方案"，见1945年《建筑师杂志》，第101卷，97—100页。

266. 托马斯·夏普，1946年在伦敦编写的《埃克塞特的凤凰，重建规划》，第11页。

267. 出处同上，100—101页。

268. 艾丹·维尔，马尔科姆·泰特，"埃克塞特和托马斯·夏普实物遗产问题"，见2009年《规划视角》，第24卷，第1部，77—97页。

269. 托马斯·夏普，1948年在伦敦编写的《重新规划的牛津》，第12页。

270. 出处同上，第13页。

271. 出处同上，第20页。

272. 出处同上，第36页。

273. 出处同上，第73页。

274. 出处同上，第82页。

275. 出处同上，第170页。

276. 出处同上，第172页。

277. 托马斯·夏普，1949年在伦敦编写的《焕然一新的塞勒姆镇，索尔兹伯里的规划》，第9页。

278. 出处同上，第11页。

279. 出处同上，第82页。

280. 艾弗·德·沃尔夫，"城镇景观，英国视觉哲学的呼求"，见1949年《建筑评论》，第106卷，第636部，354—362页。

281. 戈登·卡伦，1961年在伦敦创作的《城镇景观》。参见，贾斯珀·塞普尼，"德国的城镇景观"，见2012年《建筑杂志》，第17卷，第5部，777—790页。

282. 伊安·奈恩，1955年在伦敦创作的《对城市和乡村缺陷的愤怒》（另见，《建筑评论》117卷，第702部）；伊安·奈恩，1956年在伦敦编写的《反击郊区乌托邦，现代生活和景观》（另见，《建筑评论》第120卷，第719部）。

283. 威廉·G.霍尔福德，"城市中心的设计"，见住房部和当地政府1953年在伦敦主编的《城镇和乡村的设计》，71—120页，第71页。

284. 出处同上，第75页。

285. 出处同上，第73页。

286. 出处同上，第74页。

修复城市 1960—2010

1. 埃德加·沙林，"都市风貌"，见德国城市联盟1960年在科隆主编的《修复我们的城市：1960年6月1日—3日在奥格斯堡举行的地11次德国城市联盟大会上的演讲和辩论结果》，9—34页。

2. 迪特尔·萨博茨威格，"文化和都市风貌"，见1986年《地方政府档案》，第25卷，1—23页，第7页。

3. 汉斯·保罗·巴尔特，1961年在莱茵贝克编写的《现代大都市，城市规划中的社会学思考》。

4. 沃尔夫·乔布斯特·习德勒和伊丽莎白·尼格迈尔，1964年在柏林创作的《天使和街道的绝唱，广场和树木》，第11页。

5. 出处同上，第9页。

6. 出处同上，第79页。斯蒂芬妮·沃尔克，"经典"的语境化，沃尔夫·乔布斯特·习德勒和伊丽莎白·尼格迈尔的散文'城市的绝唱'，见卡提亚·弗雷，维托利奥·马亚·兰普尼亚尼，埃利亚纳·佩罗蒂2011年在柏林主编的《城市与环境，18世纪以来有关城市规划理论思想的历史著作》，139—152页。

7. 亚历山大·米切利希，1965年在法兰克福创作的《我们冷漠的城市，煽动不和》。

8. 康拉德·拉西格，1968年在慕尼黑编著的《街道与广场，E.H.汉斯·施密特教授介绍的城市空间设计实例》，第5页。

9. 出处同上。

10. 彼得罗·哈梅尔，1972年在法兰克福创作的《我们的未来，城市》，第17页。

11. 出处同上，第208页。参见迈克尔·特里伯1973年在杜塞尔多夫编写的《城市设计，理论与实践》。

12. 罗伯·克里尔，1975年在斯图加特编写的《城市空间的理论和实践意义，斯图加特市中心的实例》，第1页。

13. 出处同上，第6页。

14. 凯文·林奇，1960年在剑桥创作的《城市的形象》。

15. 简·雅各布斯，1961年在纽约编写的《美国大城市的死与生》，150—151页；蒂莫

西·门内尔，乔·斯蒂芬斯，克里斯托弗·克莱梅克2008年在纽约主编的《街区连着街区，简·雅各布斯和纽约的未来》。

16. 克里斯托弗·亚历山大，"城市不是树"，见1965年《建筑论坛》，第122卷，第1部，58—62页，第2部，58—61页。

17. 罗伯特·文图里，1966年在纽约编写的《建筑中的复杂性和矛盾性》，第103页。参见丹尼斯·斯科特·布朗，"有意义的城市"，见1965年《美国建筑师协会期刊》第43卷，第1部，27—32页；罗伯特·文图里，丹尼斯·斯科特·布朗，斯蒂文·依泽诺1972年在剑桥编写的《向拉斯维加斯学习》。

18. 西比尔·莫霍利-纳吉，1968年在纽约创作的《人类的矩阵，城市历史环境图解》；西比尔·莫霍利-纳吉，1970年在慕尼黑编写的《城市的命运，世界城市历史》，第270页。

19. 出处同上，第268页。

20. 出处同上，第289页。

21. 出处同上。

22. 科林·罗维，弗雷德·科特尔，1978年在剑桥编写的《拼贴城市》。

23. 欧内斯托·纳森·罗杰斯，"重建中的环境卫生问题"，见欧内斯托·纳森·罗杰斯1958年在都灵创作的《建筑体验》，311—316页。

24. 塞维利奥·穆拉托里，1959年在罗马编写的《威尼斯的城市历史研究》，第5页。

25. 阿尔多·罗西，1982年在剑桥，马萨诸塞、伦敦编写的《城市建筑》，第61页。

26. 出处同上，第95页。

27. 出处同上，第70页。

28. 出处同上，第41页。

29. 康斯坦，"另一种城市，另一种生活"，见1959年《国际形势》，第3卷，37—40页。参见提亚·弗雷，维托利奥·马尼亚戈·兰普尼亚尼，埃利亚纳·佩罗蒂2005年在柏林主编的《城市建设文集，二战之后至今的城市重建》，第3卷，159—161页。

30. 亨利·莱菲布勒，1968年在巴黎主编的《城市的权利》。

31. 扬·盖尔，1971年在哥本哈根编写的《建筑之间的生活》；恩格尔，1987年在纽约编写的《建筑之间的生活，公共空间的运用》；杰尔曼，2012年在柏林编写的《房屋之间的生活》。

32. 阿西姆·胡贝尔，"城市规划中遗迹保护的地位，1900—1975年的成果全集"，见威斯特法伦—利珀河土地经济协会2007年在明斯特主编的《2005年度会议，共

同根源—分道扬镳？自1900年以来的环境、自然和家园保护，73个遗迹保护案例》，176—186页；西格里德·布兰特、汉斯-鲁道夫·迈耶2008年在柏林编写的《城市面貌和遗迹保护，城市设计和城市形象的传承》；格哈德·温肯，2010年在柏林编写的《住宅区，现代城市规划历史》；弗朗西斯科·班达林、罗恩·范·奥尔斯，2012年在西萨塞克斯主编的《历史城市景观，一个世纪的城市遗迹管理》；沃尔夫冈·索恩，"城市保护和城市设计，美感是城市设计和遗迹保护的任务"，见汉斯-鲁道夫·迈耶、英格里德·舒尔曼和沃尔夫冈·索恩2013年在柏林主编的《价值观，过去和现在的遗迹保护理由》，158—179页；联邦德国国家遗迹保护协会，2013年在波得堡编写的《城市规划和遗迹保护手册》。

33. 奥古斯都·威尔比·诺葛莫尔·皮金，1836年在伦敦创作的《对比》，或《14、15世纪的大型建筑和当今类似建筑的对比》；《当前品位堕落的表现》。

34. 卡米略·西特，1889年在维也纳编写的《根据艺术原则进行城市规划》，第3页。

35. 查尔斯·布尔斯，1893年在布鲁塞尔编写的《城市的美学》（1898年在德国发行了《城市美学》第二版——《塑造》）。

36. 查尔斯·布尔斯，1898年在德国发行的《城市美学》第二版——《塑造》，第10页。

37. 古斯塔沃·吉奥凡诺尼，"新旧城市的建设，文艺复兴时期的罗马居住区"，见1913年《新选集》第48卷，第995部，449—472页；古斯沃·吉奥凡诺尼，"老城中心的细化，文艺复兴时期的罗马居住区"，见1913年《新选集》第48卷，第997部，53—76页。

38. 厄恩斯特·鲁道夫，1897年编写的《国土安全》第一版，25—26页。

39. 舒尔茨-纳姆伯格，1906年在慕尼黑编写的《文化工作》第4卷《城市建设》，第27页。

40. 康拉德·施泰因布里奇，"旧城上的条纹"，见1899年《历史文物保护》，第1卷，第1—2、4、6部，7—9、13—14、29—31、46—48页。

41. 见1899年《历史文物保护》，第1卷，第16部，125—127页。

42. 引用：伯恩德·尤勒-罗尔，"遗迹保护的视觉价值"，见汉斯-鲁道夫·迈耶、西格里德·布兰特2010年在慕尼黑、柏林编写的

《遗迹保护的价值，遗迹保护的理论贡献和现状》，89—100页，第97页。

43. 阿道夫·冯·奥彻尔哈赛尔，1910年在莱比锡主编的《遗迹保护报告摘录》，第363页。

44. 见1907年《建筑文摘》，第27卷，第72部，第473页。

45. 汉斯·蒂泽，"老维也纳战役Ⅲ，维也纳的新建筑"，见1910年《文化——科学、文学和艺术年鉴》，第11卷，第4部，33—62页，43—44页。

46. 1928年在维尔茨堡和纽伦堡举行的有关遗迹保护和国土安全的会议。1929年柏林发行的《对弗兰肯地区和家族有着特殊贡献的会议报告》。

47. 古斯塔夫·拉普曼，"遗迹保护和国土安全"，见1928年《遗迹保护和国土安全》，第30卷，第10/11部，86—89页，第86页。

48. 出处同上，第87页。

49. 1928年在维尔茨堡和纽伦堡举行的有关遗迹保护和国土安全的会议。1929年柏林发行的《对弗兰肯地区和家族有着特殊贡献的会议报告》，第72页。另见，西奥多·费舍尔，"老城市和新时代，见1931年奥格斯堡的《艺术文化问题》，7—24页。

50. 1928年在维尔茨堡和纽伦堡举行的有关遗迹保护和国土安全的会议。1929年柏林发行的《对弗兰肯地区和家族有着特殊贡献的会议报告》，第72页。

51. 出处同上，第76页。

52. 出处同上，第79页。

53. 出处同上，第82页。

54. 厄恩斯特·梅，"老城市和新时代"，见1928年《遗迹保护和国土安全》，第30卷，第8/9部，第63页。

55. 出处同上。

56. 卡尔·格鲁伯，1914年在慕尼黑创作的《德国城市历史图解》。

57. 博尔特·普斯拜克，2006年在科隆、魏玛、维也纳编写的《城市家园，1933至1939年之间但泽的纪念建筑》，第206页；另见，马丁·基耶博林，"古老但泽的新建设思想"，见1929年《建筑文摘》，第49卷，693—704页；古斯塔夫·拉普曼，"模型"，见1929年《遗迹保护和国土安全》，第31卷，38—39页。

58. 1928年在维尔茨堡和纽伦堡举行的有关遗迹保护和国土安全的会议。1929年柏林发行的《对弗兰肯地区和家族有着特殊贡献的会议报告》，第100页。

59. 出处同上，第101页。

60. 博尔特·普斯拜克，2006年在科隆、魏

61. 克劳斯·特拉格巴尔，"锡耶那的住宅区，20世纪30年代意大利的城市改造"，见凯·克劳斯科普夫、汉斯-格奥尔格·立博尔特、克尔斯丁·扎什克2012年在德累斯顿主编的《新传统3，欧洲的传统主义和地方主义标志建筑》，143—166页。

62. 见1959年《德国艺术和遗迹保护》，第17卷，第1部，43—44页，第44页。

63. 出处同上，第45页。

64. 冈瑟尔·格伦志德曼，"大城市和遗迹保护"，见1962年《德国艺术和遗迹保护》，第20卷，第1部，1—12页，第11页。

65. 出处同上，第12页。

66. 罗伯特·布里奇特，"马雷区的重建"，见1963年《现代建筑》，第79卷，58—63页。参见，汉斯·弗拉基米尔、彼得·莱辛1965年在格拉茨、科降主编的《传统街区的重建，法国的解决方案案例》。

67. "城市更新，以马雷为例？"，见1972年《德意志建设》，第106卷，第9部，937—950页；莫莱斯·米诺默特，"巴黎—马雷区"，见1970年《建筑评论》，第148卷，第886部，359—363页；莫莱斯·米诺默特，"马雷区的保护部分"，见1973年《法兰西建筑》，第34卷，80—84页；莫莱斯·米诺默特，"马雷区的保护部分"，见1974年《法国轶事，巴黎》，第40卷，6—9页；罗杰·凯恩，"法国的保护规划，巴黎马雷区的政策和实践"，见1978年《都市化的历史与现状》，第7卷，22—34页。

68. 路易斯·阿基奇、米歇尔·莫特、伯纳德·维特里和莫瑟斯·米诺斯特，"城市的改造：马雷区"，见1968年《当代建筑》，第138期，86—87页，第87页。

69. 见1972年《德意志建设》，第106卷，第9部，937—950页，第950页。

70. 米歇尔和尼克尔·奥瑟曼，"马雷区，主要改造区域的研究"，见1968年《当代建筑》，第138期，88—89页；米歇尔和尼克尔·奥瑟曼，"巴黎马雷区的重建"，见1973年《当代建筑》，第169期，80—82页。

71. 皮埃尔·路易吉·塞尔维拉蒂、罗伯托·斯卡纳维尼、卡罗·德·安吉利斯，1977年在米兰编写的《新城市文化》，第103页。

72. 博洛尼亚公共部门1969年编写的《老城总体改造规划，历史中心的规划》；1970年编写的《博洛尼亚，历史中心》；引用：阿斯特里德·德博尔德-克里特尔，"保护博洛尼亚历史中心的概念构想"，见1972年《德国艺术和遗迹保护》，第30卷，第1

部，1—24页，第1页。

73. 皮埃尔·路易吉·塞尔维拉蒂、罗伯托·斯卡纳维尼、卡罗·德·安吉利斯，1977年在米兰编写的《新城市文化》，第106页。参见，皮埃尔·路易吉·塞尔维拉蒂、罗伯托·斯卡纳维尼，1973年在博洛尼亚编写的《博洛尼亚，历史中心重建的政策和方法》；阿斯特里德·德博尔德-克里特尔，"博洛尼亚的规划政策，城市发展和城市保护"，见1974年《建筑世界》，第65卷，第33部，1112—1132页；哈拉尔德·博登沙茨，1979年在法兰克福编写的《意大利的城市土地改革，土地法的争论和市政公共规划的历史》。

74. 皮埃尔·路易吉·塞尔维拉蒂、罗伯托·斯卡纳维尼、卡罗·德·安吉利斯，1977年在米兰编写的《新城市文化》，152—155页。

75. 科尔德·麦克塞普尔，"城市的面貌、遗迹和历史，历史的研究功能"，见1974年《城市历史、城市社会学和遗迹保护期刊》，第一卷，3—22页。参见，1975年在慕尼黑举行的"我们的过去和未来——联邦德国城市保护和遗迹保护展览会"目录。

76. 蒂尔曼·布鲁尔，"巴伐利亚遗产保护法相关设计和概念问题汇编"，见1976年《德国艺术和遗迹保护》第34卷，21—38页。

77. 耶格·穆勒，1976年在阿劳提到的"一个建筑在这里倒下，一台起重机矗立在那里，牵引车成为永久的威胁。"

78. 彼得·兹洛尼奇，"遗迹保护和实际规划指导原则"，见1976年汉诺威发行的《遗迹保护1975，联邦德国国家遗迹保护协会年会文件》，231—233页。

79. 威利鲍尔德·索尔兰德，"要扩大纪念性建筑的影响吗？"，见1975年《德国艺术和遗迹保护》第33卷，117—129页，124—125页。

80. 独立公民协会1975年在波恩-巴特戈德斯贝格编写的小册子《我们的栖息地需要保护，遗迹保护，你们的家园正在一户户地死去》，第3页。

81. 出处同上，第4页。

82. 出处同上。

83. 出处同上，第8页。

84. 出处同上。

85. 出处同上，第9页。

86. 出处同上，第10页。

87. 出处同上，第12页。

88. 卡尔·舍费勒，1913年在柏林编写的《大都市建筑》，第130页。

89. 迈尔斯·格兰丁，2013年在伦敦、纽约编

写的《保护运动，建筑保护的历史，从过去到现代》，337—338页。

90. 出处同上，343—344页。

91. 科林·布坎南，1968年在伦敦创作的《巴斯的保护研究》；亚当·弗格森，1973年在索尔兹伯里创作的《巴斯的洗劫》。

92. 罗伊·沃斯科特、罗纳德·莱德斯顿、休·甘顿，1978年在巴斯编写的《拯救巴斯，保护计划方案》；参见，迈尔斯·格兰丁，2013年在伦敦、纽约编写的《保护运动，建筑保护的历史，从过去到现代》，312—314页，323—324页，第329页。

93. 见http://www.staedtebaulicher-denkmalschutz.de/programm/ (11.06.2012).

94. 联邦交通运输、城市建设和发展部2006年在柏林编写的《经典实例——城市遗迹保护行动指南》，第1页。

95. 联邦区域规划部门、建筑和城市规划部门、德国遗产保护基金会1996年在波恩编写的《古老的城市，崭新的机遇》《德国东部的城市保护实例》；联邦交通运输、城市建设和发展部2007年在柏林编写的《文档，15年的城市遗产保护方案》；德国城市协会2009年在科隆编写的《2009年10月29日至30日在科隆举行的专家会议：城市的自身发展的目标、问题和解决方案，城市建筑遗产作为城市综合发展的核心政策》。

96. 直到现在仍然继续出版的15部系列著作中的一部分：汉斯-鲁道夫·迈耶，2006年在德累斯顿编写的城市发展和遗迹保护系列第1卷：《城市的纪念性——古老的纪念建筑，城市重建的问题和机遇》；尤尔根·苏尔泽2006年在德累斯顿编写的城市发展和遗迹保护系列第2卷：《重振城市建设——文化》；尤尔根·苏尔泽2007年在德累斯顿编写的城市发展和遗迹保护系列第5卷：《重振城市建设——价值观》；尤尔根·苏尔泽2010年在柏林编写的城市发展和遗迹保护系列第13卷：《城市内部—城市的创新、实验和更新》。

97. http://www.domroemer.de/site/startseite/(31.05.2013).

98. 劳尔·里斯帕，1998年在巴塞尔编写，比尔克出版社出版的《1920—1999年的西班牙建筑一览》，第261页。

99. 莱斯利·马丁和莱昂内尔·马奇，1972年在伦敦编写的《城市空间的结构》。

100. 约瑟夫·保罗·克莱修斯，"成行排列还是块状街区？城市中心住宅区的新尝

试"，见1978年《新家园》，第25卷，第11部，24—39部，18—27部；约瑟夫·保罗·克莱修斯，"柏林的街区，一种平面结构类型"，见1979年《建筑作品和论文（城市背后）》，31—32部，18—27部。

101. 索斯滕·希尔等人2006年在埃森主编的《北莱茵的威斯特法伦州60年来的建筑和工程师与艺术家》。

102. 沃尔特·冯·洛森，"从大到小，从整体到局部——旧城改造的初步设计规划"，见1978年《建筑世界》，202—212页，第205页。

103. 见1978年《明镜周刊》，第28期，150—151页，第150页。参见，曼弗雷德·萨克，"冯·洛森——填补空白的建筑艺术家，街区周边住宅的出现"，见1977年9月2日《Die Zei》，第37版；维尔纳·施特罗特霍夫，"美学再次发挥作用"，在古老环境中进行富有活力的建设，来自科隆的建筑师冯·洛森的谈话"，见1978年8月25日《科隆城市报》，第190/24版。

104. IBA的出版物：1981年在柏林发行的《1984年柏林国际建筑展览会，新区的建设》；1984年在柏林发行的《城市修复和重建的概念、过程和成果，1987年的柏林国际建筑展览会，1984年的马丁-格罗皮乌斯建设展览会》；1984年在柏林发行的《柏林国际建筑展览会1984/87，新区的建设、文件、项目和城市的模型》；1984年在柏林发行的《具有冒险精神的想法，工业革命以来的建筑哲学，IBA 1987》；1987年在斯图加特发行的《弗里德里希的城市南部，历史的破灭，残破区域的关键重建》；1987年在斯图加特发行的《柏林750年的建筑和城市建设，历史背景下的柏林国际建筑展》；1987年在柏林发行的《展览中心的信息，1987年的柏林国际建筑展览会》；1989年在斯图加特发行的《普拉格广场，被破坏的羽毛头饰，激进的空虚，历史的拼贴》；1991年在柏林发行的《1987年的柏林国际建筑展览会，项目概述》。关于IBA的出版物，甘特尔·施卢舍1997年在柏林编的《柏林国际建筑展览会，一种平衡状态》；哈拉尔德·博登沙茨，维托利奥·马尼亚戈·兰普尼亚尼、沃尔夫冈·索恩，2012年在苏尔根编写的《1987年的柏林国际建筑展览会25周年，欧洲城市建设的转折点》。

105. 参议院，1978年在柏林编写的关于住房和建设问题计划文档《柏林的议会代表，决策的制定与实施模式，1984年的柏林国际建筑展览会》；3—4页。

106. 出处同上，第5页。

107. 约瑟夫·保罗·克莱修斯，1973年在柏林编写的《柏林的城市景观与城市空间地图集，夏洛滕堡试验区》；约瑟夫·保罗·克莱修斯，1973年在柏林编写的《柏林的城市景观与城市空间地图集，克罗伊茨贝格试验区》。

108. 哈特-瓦尔德尔·哈默尔，"城市温文尔雅的更新"，见1984年柏林发行的《1987的柏林国际建筑展览会，指南，1984年项目-数据-历史年度报告》35—36页。

109. 出处同上，37—38页。

110. 罗布·克里尔，狄波拉·贝尔克，肯尼斯·弗兰普顿1980年在纽约编的《罗布·克里尔，1968—1982年的城市项目》；卡佳·弗里贝尔，建设和住房参议员，1981年在柏林编的《骑士大街的实验性居住街区：波茨坦广场南部边缘的四组建筑》；阿尔贝托·费尔伦加，"罗布·克里尔的广场：十字路口上的广场，柏林1977—1983年"，见1983年《莲花国际》，第39期，102—107页；"骑士大街住宅区，西柏林南部的腓特烈施塔特，1977—1980年"，见1984年《建筑与都市主义》，第1期，109—120页。

111. 国际巡回展，另见密格塔尔·尤克尔，"IBA：目标和原则"，见1981年《国际城市设计》，第2卷，第6部，12—13页；哈特-瓦尔德尔·哈默尔，"城市中心是居住的场所"，见1981年《国际城市设计》，第2卷，第6部，18—19页；道格·克莱兰，"专刊：柏林模式"，见1984年《建筑评论》，第176卷，第1051部，18—114页；约瑟夫·保罗·克莱修斯，"IBA的影响：柏林的其他项目"，见1984年《莲花国际》，第41部，18—29页；约瑟夫·保罗·克莱修斯，"1987年柏林国际建筑展览会：布拉格广场区域"，见1987年《建筑与都市主义》，第5期，55—66页；彼得·布莱克，"柏林的IBA：一个重要的评估"，见1993年《建筑记录》，第181卷，第8部，50—52页；沃利斯·米勒，"IBA的'城市模式'：住宅和冷战时期的柏林形象"，见1993年《建筑教育期刊》，第46卷，第4部，202—216页。

112. 冈特尔·斯塔恩，1985年在柏林编写的《马克思恩格斯广场的尼科莱住居区，柏林城市中心的起源和形成，城市发展的贡献》；汉斯·斯蒂曼，1985年在柏林编写的《以'社会主义新建设''复杂重建'方法进行的东柏林城市改造—概述和材料》；弗洛里安·厄本，2007年在柏林编写的《柏林/东德的新历史，预制的历史》。

113. 维托利奥·马尼亚戈·兰普尼亚尼，1991年在斯图加特编写的《柏林的明天，大都市中心理想》。

114. 竞赛简介，第25页；维托利奥·马尼亚戈·兰普尼亚尼，1994年在斯图加特编写的《大都市的实验，柏林波茨坦广场的规划》；维尔纳·奥克斯林，约瑟夫·保罗·克莱修斯，"波茨坦广场是一个堪称典范的实例"，见1992年《建筑论文》，第22卷，第2部，25—33页；斯坦尼斯劳·冯·穆斯，2000年在费尔巴赫编写的《希默尔和萨特勒，建筑与项目》。

115. 汉斯·斯蒂曼，2001年在柏林编写的《从建筑到城市的辩论，城市规划工作的探讨》；戈尔温·佐伦，2006年在柏林编写的《城市建设，1991—2006的斯蒂曼时代》；哈拉尔德·博登沙茨，乔恩·杜维尔，尼尔斯·古斯乔，汉斯·斯蒂曼，2009年在柏林编写的《柏林及其建筑，第一部分：城市建设》。

116. 戈尔温·佐伦，2002年在柏林编写的《寻找失落的城市，20世纪末期的柏林建筑》；雷纳·霍尔里奇，弗兰兹·施威尔、沃尔夫·乔布斯特·习德勒，1999年在柏林编写的《不合时宜，柏林的传统建筑》；哈拉尔德·博登沙茨，2005年在柏林编写的《城市中心的复兴，伦敦和柏林的市区中心建设》。

117. 汉斯·斯蒂曼，2011年在柏林创作的《城市住宅》。

118. 奥利奥尔·博伊霍斯，"城市方法论的十个要点"，见提姆·马绍尔2004年在伦敦、纽约编写的《改变巴塞罗那》，91—96页，第92页；首次出现于1999年《建筑评论》，第206卷，第9部，88—91页。

119. 出处同上，第94页。

120. 出处同上。参见，奥利奥尔·博伊霍斯，巴塞罗那市政部门1982年编写的《1981/1982年巴塞罗那的规划项目》；奥利奥尔·博伊霍斯1985年在巴塞罗那创作的《巴塞罗那的重建》。

121. 巴塞罗那市政部门1996年编写的《巴塞罗那，1981—1996年的城市空间》。参见，汉斯-尤尔根·克罗瑙尔1989年在波恩编写的《巴塞罗那的城市美化，城市重建的一个方面》；奥利奥尔·博伊霍斯，彼得·布坎南、维托利奥·马尼亚戈·兰普尼亚尼1991年在纽约主编的《巴塞罗那，1980—1992年的城市和建筑》；唐纳德·麦克尼尔，1999年在伦敦编写的《欧洲左派与城市变迁，新巴塞罗那的故事》；乔安·巴

史》。

塞奎特斯，2005年在罗韦雷托编写的《巴塞罗那，紧凑型城市的都市演化》；彼得·G.罗维2006年在巴塞罗那编写的《建设巴塞罗那，第二次复兴》。

122. 奥利奥尔·博伊霍斯，扎耶克-韦尼克，1991年在斯图加特主编的《巴塞罗那，为1992年奥运会规划的建筑和城市建设》；大卫·麦凯，"伊卡利亚的新星，巴塞罗那奥运村的思考"，见1991年《德国建设报》，第125卷，第5部，168—171页。

123. 两年一度的巴黎建筑展览会主办方，1980年编写的《都市风貌的研究，了解城市，了解城市生活》；参见，莫妮卡·雅莉，2008年在阿姆斯特丹、纽约编写的《反拆法国的城市，1968年以后的建筑、住宅和展会》，25—30页、49—56页。

124. 雅克·马伯利特，2005年在巴黎创作的《1982—2001巴黎城市之爱20年》。

125. 纳达·布雷特曼、马克·布雷特曼，1994年在列日编写的《勒普莱西-鲁宾逊镇，木林山谷的街区》；纳达·布雷特曼、马克·布雷特曼，2002年在布鲁塞尔编写的《木林山谷，1992—2001建造的街区》；加布里埃尔·塔利亚文蒂，"郊区城市化1，拆除并重建一个城市居住区，法国巴黎的勒普莱西-鲁宾逊镇"，见1995年《A & C国际》第2卷，25—31页；查尔斯·西格尔，"勒普莱西-鲁宾逊镇，灵活发展的典范，见2012年Planetizen网站，www.planetizen.com/node/57600.；参见，让-雅克·朱利安，1995年在列日编写的《埃克鲁斯区》。

126. "伊利斯和特里：1983年的里士满河畔项目"，见1984年《建筑设计》，第54卷，第3部，74—77页；"昆兰·特里：里士满河畔项目"，见1988年《建筑设计》，第58卷，第1部，10—13页；"昆兰·特里：里士满河畔项目"，见1988年《建筑设计》，第58卷，第9部，32—37页；彼得·布伦德尔-琼斯，"里士满河畔项目，糖衣药片"，见1988年《建筑评论》，第184卷，第1101部，86—90页；肯·鲍威尔，"古典主义的街道信誉"，见1988年《国家生活》，第182卷，第20部，172—175页；大卫·沃特金，2008年在纽约编写的《激进的古典主义，昆兰·特里的建筑》。

127. 查尔斯·詹克斯和利昂·克里尔，"帕特诺斯特广场，查尔斯·詹克斯和利昂·克里尔之间的讨论"，见1988年《建筑设计》，第58卷，第1部，7—8页；A.帕帕达克斯、肯·鲍威尔，"帕特诺斯特广场"，见1992年《建筑设计》，第62卷，第5部，6—59页；伊莎贝尔·艾伦，"图片新闻，帕特诺斯特

广场, 怀特菲尔德总体规划的第三次好运, 见1997年《建筑师杂志》, 第27卷, 第20页, 10—12页; 理查德·威士顿, "事情的终结: 帕特诺斯特广场", 见2001年《英国皇家建筑师学会志》, 第108卷, 第4部, 13—16页; 大卫·沃特金, "新都市主义的十年庆典", 见加布里埃尔·塔利亚文蒂, 建筑与城市规划米兰三年展, 欧洲展望, 2004年在佛罗伦萨主编的《新城市建筑, 郊区都市化的生态替代, 第四届米兰三年展》, 29—39页。

128. 伊恩·卡胡恩, 1999年在牛津主编的《RIBA20世纪英国住宅全书》; 格雷厄姆·托斯, 2005年在阿姆斯特丹、伦敦主编的《熟悉城市, 城市住宅设计概论》。

129. 查尔斯亲王, 1989年在伦敦编写的《不列颠视野, 个人的建筑观点》。

130. 加布里埃尔·塔利亚文蒂, 欧洲展望, 1996年在博洛尼亚主编的《城市的复兴》; 加布里埃尔·塔利亚文蒂, 欧洲展望, 1999年在柏林编写的《城市的复兴》; 参见, www.avoe.org; 加布里埃尔·塔利亚文蒂, 2000年在萨沃纳编写的《1900—2000年的另一种现代性, 20世纪的古典和传统建筑与城市建设》。

131. 城市任务工作组, 理查德·罗杰斯, 1999年在伦敦编写的《走向城市复兴》; 参见, 安德鲁·塔伦, 2010年在纽约、伦敦编写的《英国的城市复兴》。

132. 城市任务工作组, 理查德·罗杰斯, 1999年在伦敦编写的《走向城市复兴, 执行总结》, 第2页。

133. 出处同上, 第3页; 参见, 英国合作伙伴2000年在伦敦编写的《城市设计纲要》。

134. 安德烈·巴雷、莫里斯·库洛特、菲利普·列斐伏尔1980年在布鲁塞尔发表的《关于欧洲城市重建的布鲁塞尔宣言》。

135. 利昂·克里尔, "欧洲城市重建, 宪章概要", 见《现代建筑档案》1980年在布鲁塞尔编写的《利昂·克里尔, 1967—1980年的图纸》; 利昂·克里尔, "欧洲城市重建, 宪章概要", 见1985年《UIA国际建筑师》, 第7期, 55—58页; 另见, 理查德·艾克诺玛吉斯1992年在伦敦编写的《利昂·克里尔, 建筑和城市设计1967—1992》, 16—21页。

136. 马利斯·博约曼、伯纳德·霍尔斯曼、汉斯·伊贝林斯、阿拉德·乔利斯、艾德·梅米特、唐·沙普尔等人2006年在鹿特丹编写的《阿姆斯特丹东港区, 都市主义与建筑》。

137. 汉斯·伊贝林斯, 2004年在纽约编写的

《不时髦的建筑, 荷兰鹿特丹的当代传统主义》; 厄休拉·克里夫施-乔布斯特、罗伯·克里尔2005年在维也纳编写的《罗伯·克里尔, 一个浪漫的理性主义者, 建筑师和城市规划师》。

138. 托马斯·霍尔, 2009年在伦敦编写的《斯德哥尔摩, 大都市的塑造》。

139. 亚历山大·沃洛达斯基、费恩·韦尔内, "斯德哥尔摩的圣埃里克城区", 见1997年《建筑, 瑞典建筑评论》, 第97卷, 第7部, 40—47页; 莉斯贝思·索德奎斯特, "圣埃里克的住宅区, 隆德尔的新古典主义风格", 见2005年《建筑世界》, 第96卷, 第6部, 15—16页。

140. 苏内·马洛奎斯特、哈沃尔·阿尔恩特, "1992—1996年, 瑞典斯德哥尔摩首都城市中心的新型城市街区", 见1996年《A&C国际》, 第5期, 64—69页。

141. 古德伦·特里西亚·德·玛德斯娜、马蒂亚斯·舒斯特尔、安德雷斯·菲尔德凯勒, 2005年在图宾根编写的《向南发展, 图宾根模式》。

142. 安德雷斯·菲尔德凯勒, 1994年在法兰克福编写的《疏远的城市, 反对城市公共空间的解构》, 第113页。

143. 出处同上, 第40页。

144. 出处同上, 第61页。

145. 出处同上, 118—119页。

146. 出处同上, 第171页。参见, 迪特尔·哈森普鲁格, 2002年在明斯特编写的《欧洲的城市, 神话与现实》。

147. 联邦区域规划、建筑和城市建设部门1993年在波恩编写的《2000年的未来城市》; 引用, 格尔德·阿尔伯斯, "紧凑型的城市, 变革的力量", 见马丁·温茨2000年在法兰克福编写的《紧凑型城市, 未来的城市》, 22—29页, 第26页。

148. 见2009年《Hochparterre》补编部分, 6—7号, 第30页。

149. http://www.richti.ch (29.04.2013)

150. http://www.bmvi.de/DE/Home/home.html

151. 维克多·格伦, "德克萨斯州沃思堡市的总体规划", 见1956年《建筑记录》, 第5号, 12页之后; 维克多·格伦, "沃思堡的明天更加伟大", 见1956年《城市规划》, 第26卷, 第20部, 118—130页; "典型的城市中心改造, 沃思堡具有全国最成功的购物中心", 见1956年《建筑论坛》, 第104卷, 146—155页; "德州沃思堡的升级改造", 见1957年《今日建筑》, 第28卷, 34—37页; 珍妮·R.罗维, "沃思堡发

生了什么?", 1959年《建筑论坛》, 第110卷, 136—139页; 参见, M.杰弗里·哈德威克, 2004年在费城编写的《购物中心的缔造者, 维克多·格伦, 一个建筑师的美国梦》; 阿莱克斯·瓦尔, 2005年在巴塞罗那编写的《维克多·格伦, 从城市商场到新都市》。

152. 维克多·格伦, 1964年在纽约编写的《我们城市的心脏, 都市的危机和诊治》, 第147页; 参见, 维克多·格伦, "为新的都市风貌拯救城市", 见1960年《美国建筑师学会杂志》, 第33卷, 35—38页。

153. 埃德蒙·培根, 1974年在纽约编写的《城市设计》; 参见, 亚历山大·冯·霍夫曼, 2003年在纽约编写的《一座座住宅, 一个个街区, 美国城市社区的重生》。

154. 沃尔特·G.哈德威克, "20世纪60年代的回响, 温哥华的适应性社区设计", 见1994年《环境与行为》, 第26卷, 338—362页; 伊米泽·赫尔布莱特、斯蒂芬·劳·卡尔-让·鲁普等人, "温哥华" (世界城市建设137), 1998年《建设世界》第89卷, 第12部, 582—647页; 约翰·庞特尔, 2003年在温哥华编写的《温哥华的成就, 城市规划和设计》; 伊丽莎白·麦克唐纳德, "临街住宅单元和宜居性, 温哥华新型高密度居住社区出现的建筑类型所产生的影响", 见2005年《城市设计杂志》第10卷, 第1部, 13—38页。

155. 约翰·昆西, 2003年在波士顿编写的《昆西市场, 波士顿的地标》; 尼古拉斯·达根·布隆姆, 2004年在哥伦布编写的《幻想商人詹姆斯·劳斯, 美国商业推销者的乌托邦》; 参见, 伊恩·卡胡恩, 1995年在伦敦编写的《城市的再生, 一种国际视角》。

156. 亚历山大·冯·霍夫曼, "城市重建遗失的历史", 见2008年《都市生活杂志》, 第1卷, 第3部, 281—301页; 参见, 迈尔斯·科尔恩1953年在纽约编写的《更新我们的城市》。

157. 斯蒂芬·V.瓦尔德, "城市就是乐趣! 巴尔的摩文化都市主义模式的创造和传播", 见哈维尔·蒙鲁斯、曼努埃尔·瓜迪亚2006年在奥尔肖特编写的《文化、城市生活和规划》, 271—286页。

158. 安·布林、迪克·里格比, 1994年在纽约编写的《滨水地带, 城市优势再现》; 安·布林、迪克·里格比, 1996年在伦敦编写的《全新滨水地带, 世界性的成功范例》; 汉·迈耶, 1999年在乌得勒支编写的《城市与港口, 港口城市的变化, 伦敦、巴塞罗

那、纽约、鹿特丹》; 基恩·德斯弗、詹妮弗·莱森利、昆汀·斯蒂芬斯、德克·舒伯特2011年在阿宾顿编写的《城市滨水区的变化, 固定性和流动性》。

159. 1981年8月《时代周刊》, 第24期, 标题。

160. 亚历山大·库珀联合公司, 1979年在纽约编写的《纽约炮台公园城草案总结报告和1979年的总体规划》, 第42页。

161. 出处同上。

162. 出处同上。参见, 大卫·L.A.戈登, 1997年在阿姆斯特丹编写的《炮台公园城, 纽约滨水区的政治和规划》。

163. "纪念性与城市", 见1984年剑桥发行的《哈佛建筑评论》, 第4卷。

164. 迈克尔·沃泽尔, "公共空间, 都市风貌的乐趣和成本", 见1986年《异议》, 470—475页, 第470页。

165. 出处同上, 471页。

166. 威廉·H.怀特, 1988年在纽约编写的《城市, 中心的再现》, 第341页; 参见, 劳伦斯·A.赫尔佐格, 2006年在奥斯丁编写的《回归中心, 全球化时代的文化、公共空间和城市建筑》。

167. 彼得·卡茨, 1994年在纽约编写的《新都市主义, 走向公共建筑》; 约翰·A.达顿, 2000年在米兰编写的《全新的美国城市生活, 重塑郊区都市化》; 迈克尔·赫伯特, "新背景下的都市主义", 见《建筑环境》第29卷, 193—209页; 哈拉尔德·博登沙茨、芭芭拉·舍尼格, 2004年在伍珀塔尔编写的《精明的发展——新都市主义——宜居社区, 美国反扩张运动的进程与实践》; 狄格兰·哈斯, 2008年在纽约编写的《新都市主义及其超越, 为未来设计城市》; 罗伯·斯图德维尔, 2009年在伊萨卡编写的《新都市主义, 最佳的实践指南》。

168. 新都市主义大会, 2000年在纽约发表的《新都市主义宪章》; 参见, www.cnu.org/charter

169. www.cnu.org/canons.

170. "新都市主义词汇", 2002年版, www.dpz.com/Research/Lexicon; 参见, 安德雷斯·杜安尼、伊丽莎白·普拉特—兹伊贝克1992年在纽约编写的《城镇和城镇塑造原则》; 安德雷斯·杜安尼, "横断面", 见2002年《城市设计杂志》, 第7卷, 第3部, 251—376页。

171. 安德雷斯·杜安尼、伊丽莎白·普拉特—兹伊贝克、杰夫·斯派克, 2000年在纽约编写的《郊区国家, 蔓延的兴起和美国梦的衰落》。

172. 安德雷斯·杜安尼、伊丽莎白·普拉特一兹伊贝克、罗伯特·阿尔米尼亚纳，2003年在纽约编写的《新城市艺术，城镇规划的元素》，前言部分；参见，城市设计协会2003年在纽约编写的《城市设计手册，技术和工作方法》。

173. 安德雷斯·杜安尼、麦克·莱登、杰夫·斯派克2010年在纽约编写的《巧妙的发展手册》；佳利娜·塔切娃2010年在华盛顿编写的《蔓延修复手册》；迪鲁·A.塔达尼，2010年在纽约编写的《城镇的语言：可视的词典》。

174. 利昂·克里尔、迪鲁·A.塔达尼、彼得·J.黑泽尔，2009年在华盛顿编写的《社区的建筑》。

175. 伊丽莎白·A.T.史密斯，1994年在洛杉矶编写的《城市的修复，当前公共领域的项目》；乔安娜·隆巴德、杜安尼·普拉特一兹伊贝克和康帕尼·贝蒂·邓洛普，2005年在纽约编写的《杜安尼·普拉特一兹伊贝克和康帕尼的建筑》。

176. 安德雷斯·杜安尼、伊丽莎白·普拉特一兹伊贝克，"传统的社区条例"，见1994年《新城市》，第2卷，142—151页。

177. 彼得·卡尔索普，1993年在纽约编写的《下一个美国大都市，生态、社区和美国梦》；彼得·卡尔索普、威廉·富尔顿，2001年在华盛顿编写的《区域性城市，终结蔓延的规划》；汉克·迪特马尔、格罗利亚·奥兰德，2004年在华盛顿编写的《日新月异的城镇，面向变化发展的最佳实践》。

178. 约翰·诺奎斯特，1998年在纽约编写的《城市的财富，重振美国生活的中心》；詹姆斯·奥尔，"宣扬设计的市长"，见1995年《进步建筑》，第76卷，第5部，92—95页；约翰·诺奎斯特、乔纳森·林根，"国家议程，他再造了密尔沃基：现在，约翰·诺奎斯特市长将领导全国的新都市主义改革城市大会"，见2003年《大都市》第23卷，第2部，48—49页，第68页。

179. 迈克尔·梅纳德，"滨水步行区，通过河畔步行道的创立，一度被城市忽略的密尔沃基河成为连接城市中心的新通道"，见1997年《景观建筑》第87卷，第5部，34—39页；芭芭拉·A.纳达尔，"密尔沃基的城市议程，重新定义城市中心的设计"，见1998年《内地建筑师》，第115卷，第3部，24—36页。

180. 托德·布雷西，"都市主义的城市中心，阿尔布开克和密尔沃基的策略"，见2000年《地方》，第13卷，第2部，32—37页。

181. 芭芭拉·舍尼格，"芝加哥，当前城市发展的项目和盲点"，见哈拉尔德·博登沙茨、克里斯蒂娜·格拉维、哈拉尔德·凯格勒、汉斯·迪特尔·纳格尔克、沃尔夫冈·索恩，2010年在柏林主编的《1910/2010城市愿景，柏林，巴黎，伦敦，芝加哥，柏林的百年城市规划展》，260—263页。

182. 理查德·M.戴利，"通过公园和公共空间重振芝加哥"，见2003年《地方》，第15卷，第3部，26—29页，第26页。

183. 出处同上

184. 出处同上，第28页。

185. 盖尔·萨特勒，2006年在迪卡尔布编写的《城市的两个传说，重建芝加哥的建筑和社会景观1986 - 2005》，19—42页。

186. 蒂莫西·J.吉尔福伊尔，2006年在芝加哥创作的《千禧公园，创建芝加哥的标志性建筑》。

187. 哈拉尔德·博登沙茨、克里斯蒂娜·格拉维、哈拉尔德·凯格勒、汉斯·迪特尔·纳格尔克、沃尔夫冈·索恩2010年在柏林主编的《1910/2010城市愿景，柏林，巴黎，伦敦，芝加哥，柏林的百年城市规划展》，322—323页；参见，艾米丽·塔伦，"社区级别的社会多样性，洞悉芝加哥"，见2006年《美国规划协会杂志》，第72卷，第4部，431—446页。

188. 芝加哥市，2003年编制的《芝加哥中心区域规划，为21世纪准备的中心城市》，内页标题。

189. 芝加哥市，2009年发表的《中央区域行动方案》。

190. 埃尔默·W.约翰逊、芝加哥商业俱乐部、美国艺术与科学学会，2001年在芝加哥编写的《2020年的大都市芝加哥，21世纪的芝加哥规划方案》，第12页。

191. 出处同上，第1页。

192. 克里斯托弗·麦科勒尔和沃尔夫冈·索恩2011年在苏尔根编写的《城市的美学与活力会议1》，187—189页；参见，克里斯托弗·麦科勒尔和沃尔夫冈·索恩2012年在苏尔根编写的《城市的美学与活力会议2》；克里斯托弗·麦科勒尔和沃尔夫冈·索恩2013年在苏尔根编写的《城市的美学与活力会议3》；克里斯托弗·麦科勒尔和沃尔夫冈·索恩2009年在苏尔根编写的《多特蒙德城市建筑讲座》，第1卷；克里斯托弗·麦科勒尔和沃尔夫冈·索恩2010年在苏尔根编写的《多特蒙德城市建筑讲座》，第2卷；克里斯托弗·麦科勒尔和沃尔夫冈·索恩2010年在苏尔根编写的《多特蒙德城市建筑讲座》，第3卷。

193. 查尔斯·芒福德·罗宾逊，1908年在旧金山、纽约编写的《城市的呼唤》。

图片版权信息列表

在正文部分图注中已经标注了版权的图片没有在这里列出。

引言

9　Willy Boesiger (ed.), *Le Corbusier et Pierre Jeanneret. Œuvre complète de 1910–1929*, Zurich 1937

10　Vittorio Magnago Lampugnani, Romana Schneider (eds.), *Moderne Architektur in Deutschland 1900 bis 1950*, Stuttgart 1994

14　Volker Welter, *Biopolis*, Cambridge 2002

城市住宅街区的变革 1890—1940

2　Julius Posener, *Berlin auf dem Wege zu einer neuen Architektur*, Munich 1979

3　Julius Posener, *Berlin auf dem Wege zu einer neuen Architektur*, Munich 1979

4　Albert Gessner, *Das deutsche Miethaus*, Munich 1909

5　Boden-Actiengesellschaft Berlin-Nord (ed.), *In den Ceciliengärten*, Berlin around 1912

6　Paul Kahlfeldt et al. (eds.), *City of Architecture. Architecture of the City. Berlin 1900–2000*, Berlin 2000

7　Paul Kahlfeldt et al. (eds.), *City of Architecture. Architecture of the City. Berlin 1900–2000*, Berlin 2000

8　*Wettbewerb Gross-Berlin 1910. Die preisgekrönten Entwürfe mit Erläuterungsberichten*, Berlin 1911

10　Rudolf Hierl, *Erwin Gutkind 1886–1968*, Basel et al. 1992

13　bing.maps

14　Dorothea Neitzel, Peter Nauert, *Die Ebertsiedlung*, Ludwigshafen 2009

15　Dorothea Neitzel, Peter Nauert, *Die Ebertsiedlung*, Ludwigshafen 2009

16　Margerita Spiluttini

17　Eve Blau, *The Architecture of Red Vienna 1919–1934*, Cambridge 1999

18　Josef Bittner, *Neubauten der Stadt Wien*, vol. 1 *Wohnhausbauten*, Vienna 1926

19　Eve Blau, *The Architecture of Red Vienna 1919–1934*, Cambridge 1999

20　Josef Bittner, *Neubauten der Stadt Wien*, vol. 1 *Wohnhausbauten*, Vienna 1926

21　Eve Blau, *The Architecture of Red Vienna 1919–1934*, Cambridge 1999

22　*Die Wohnhausanlage der Gemeinde Wien auf dem Gelände der ehemaligen Krimskykaserne im III. Bezirk*, Vienna 1928

23　Eve Blau, *The Architecture of Red Vienna 1919–1934*, Cambridge 1999

24　Thomas Ledl

25　Fondation Braillard Architectes

26　NAI, part of The New Institute/ BERL_63.5

27　Nancy Stieber, *Housing Design and Society in Amsterdam*, Chicago 1998

28　Nancy Stieber, *Housing Design and Society in Amsterdam*, Chicago 1998

29　Nancy Stieber, *Housing Design and Society in Amsterdam*, Chicago 1998

30　Susanne Komossa et al. (eds.), *Atlas of the Dutch Urban Block*, Bussum 2005

31　Rein Geurtsen, Max van Rooy, *Een Gat in de Ruimte*, Amsterdam 1991

31　NAI, part of The New Institute/TENT_ o729

32　Rein Geurtsen, Max van Rooy, *Een Gat in de Ruimte*, Amsterdam 1991

33　Danmarks Kunstbibliothek

34　Danmarks Kunstbibliothek

35　Danmarks Kunstbibliothek

36　Danmarks Kunstbibliothek

37　Magnus Anderson, *Stockholm's Annual Rings*, Stockholm 1998

38　bing.maps

39　Marika Hausen et al., *Eliel Saarinen. Projects 1896–1923*, Helsinki 1990

40　*La Construction moderne*, 1905

41　Wikimedia commons

42　Marie-Jeanne Dumont, *Le logement social à Paris 1850–1930*, Liège 1991

43　François Loyer et al., *Henri Sauvage. Les immeuble à gradins*, Liège 1987

44　François Loyer et al., *Henri Sauvage. Les immeuble à gradins*, Liège 1987

45　Jean-Louis Cohen, André Lortie, *Des fortifs au périf*, Paris 1992

46　Marie-Jeanne Dumont, *Le logement social à Paris 1850–1930*, Liège 1991

47　The Building Centre Committee (ed.), *Housing. A European Survey*, vol. 1, London 1936

48　Annegret Burg, *Stadtarchitektur Mailand 1920–1940*, Basel 1992

49　Annegret Burg, *Stadtarchitektur Mailand 1920–1940*, Basel 1992

50　Annegret Burg, *Stadtarchitektur Mailand 1920–1940*, Basel 1992

53　London County Council, *Housing of the Working Classes in London*, London 1913

54　Edward Denison

55　London County Council, *Housing of the Working Classes in London*, London 1913

56　London County Council, *Housing of the Working Classes in London*, London 1913

57　London County Council, *London Housing*, London 1937

58　The Architectural Review, 1929

59　The Architectural Review, 1929

60　The Architectural Review, 1935

61　The Architectural Review, 1938

62　The Architectural Review, 1938

63　Ann Laird, *Hyndland. Edwardian Glasgow Tenement Suburb*, Glasgow 1997

64　*Journal of the Royal Institute of British Architects*, 1935

65　Wikimedia commons

66　Andrew Alpern, *Apartments for the Affluent*, New York 1975

68　*The Town Planning Review*, 1949

69　Richard Plunz, *A History of Housing in New York City*, New York 1990

70　Richard Plunz, *A History of Housing in New York City*, New York 1990

作为公共舞台的广场和街道 1890—1940

2　Stadtarchiv Essen, 2009_12_10_952_K3_2

3　Jörg Stabenow, *Joze Plecnik. Städtebau im Schatten der Moderne*, Braunschweig 1996

4　Damjan Preslovsek (ed.), *Josef Plecnik. 1872–1957*, Salzburg 1992

5　Kalle Södermann

6　Damjan Preslovsek (ed.), *Josef Plecnik. 1872–1957*, Salzburg 1992

7　Heinrich Köhler, *Festschrift zur Einweihung des neuen Rathauses zu Barmen*, 1921

8　Papers of Karl Roth, TU Darmstadt University Archive

9　Papers of Karl Roth, TU Darmstadt University Archive

11　City Archive Oberhausen

13　Carsten Krohn (ed.), *Das ungebaute Berlin*, Berlin 2010

14　Architekturmuseum TU Berlin, Inv. No. 7869

15　Akademie der Künste

16　Udo Kultermann (ed.), *Wassili und Hans Luckhardt*, Tübingen 1958

17　Philipp Meuser

19　*Denkmalpflege und Heimatschutz*, 1925

21　Ulf Grönvold, Nils Anker, Gunnar Sörensen, *The City Hall in Oslo*, Oslo 2002

22　Martin Damus, *Das Rathaus*, Berlin 1988

23　*St. Halvard, Tidskrift for Oslos og Kristianias Historie*, 1920

24　Ulf Grönvold, Nils Anker, Gunnar Sörensen, *The City Hall in Oslo*, Oslo 2002

25　Ulf Grönvold, Nils Anker, Gunnar Sörensen, *The City Hall in Oslo*, Oslo 2002

26　Simo Paavilainen, Suomen Rakennustaiteen Museo, *Nordisk klassicism = Nordic classicism 1910–1930*, Helsinki 1982

27　Wikimedia commons

28　Arkitekturmuseet Stockholm

29　*Lotus international*, 1989

30　*Lotus international*, 1989

31　*Lotus international*, 1989

33　Roberto Papini, *Bergamo rinnovata*, Bergamo 1929

34　Roberto Papini, *Bergamo rinnovata*, Bergamo 1929

35　Roberto Papini, *Bergamo rinnovata*, Bergamo 1929

36　Roberto Papini, *Bergamo rinnovata*, Bergamo 1929

37　Rete Archivi Piani urbanistci (RAPu), Politecnico di Milano

38　Marcello Piacentini, *Il nuovo centro di Brescia*, Mailand 1932

39　Klaas Vermaas

40　Christine Beese

41　Alessio Sbarbaro

42　*L'Architettura Italiana*, 1934

43　Mario Lupano, *Marcello Piacentini*, Rome 1991

44　Mario Lupano, *Marcello Piacentini*, Rome 1991

45　Wikimedia commons

46　Ferdinando Reggiori, *Milano 1800–1943*, 1947

47　*Architettura e arti decorative*, 1927

48　Harald Bodenschatz (ed.), *Städtebau für Mussolini*, Berlin 2011

50　Wikimedia commons

52　*Town Planning Review*, 1928

53　George Plunkett

57　Reginald Blomfield, *Richard Norman Shaw, R. A., Architect 1831–1912*, London 1940

58　Hermione Hobhouse, *A History of Regent Street*, London 1975

59　*The Architect*, July 1923

60　Wikimedia commons

61　Daniel H. Burnham et al., *The Group Plan of the Public Buildings of the City of Cleveland*, New York 1903

62　bing.maps

63　Arnold W. Brunner et al., *Partial Report on the City Plan of Baltimore*, Baltimore 1910

64　Virgil G. Bogue, *Plan of Seattle*, Seattle 1911

65　Edward Herbert Bennett, *The Denver Plan*, Denver 1917

67　LaGuardia, LayoverGuide.com

高层建筑成为公共城市空间的生力军 1910—1950

2　*Architectural Review*, 1923

3　*Architectural Review*, 1923

4　*Architectural Review*, 1923

5　Vittorio Magnano Lampugnani, *Die Stadt im 20. Jahrhundert*, Berlin 2010

6　*Journal of the Society of Architectural Historians*, 1986

7　Alan Balfour, *Rockefeller Center. Architecture as Theatre*, New York 1978

8　Carol Herselle Krinsky, *Rockefeller Center*, New York 1978

9　Carol Herselle Krinsky, *Rockefeller Center*, New York 1978

10　Rem Koolhaas, *Delirious New York*, Aachen 1999

11　globeattractions.com

12　Michael Minn

13　Architekturmuseum TU Berlin, Inv. No. 15686

14　Royal Institute of British Architects (ed.), *Town Planning Conference. London, 10–15 October 1910*, London 1911

15　Maurice Culot et al., *Les frères Perret, L'oeuvre complète*, Paris 2000

16　Bauhausarchiv Berlin

17　*Stadtbaukunst alter und neuer Zeit*, 1920

18　*Stadtbaukunst alter und neuer Zeit*, 1920

20　Hans Nerstu

21　Paola Chiarella

22　Pierre A. Frey, *L'immeuble de la Tour Bel-Air et la salle Métropole à Lausanne*, Bern 1995

23　*The Architectural Forum*, 1935

24　Bibliothèque municipale de Lyon, Inv. No. P0546_SA 2/19

25　Foto Jules Sylvestre, Bibliothèque municipale de Lyon, Inv. No. P0546_SV 313

26　Foto Jules Sylvestre, Bibliothèque municipale de Lyon, Inv. No. P0546_SV 365

27　*Generalnyj plan rekonstrukcii goroda Moskvi. 1. Postanovlenija i materialy [General Plan for the Reconstruction of the City of Moscow. Decisions and Materials]*, Moscow 1936

28　V. Škvarikov, *Moskva: planirovka i zastrojka goroda. 1945–1957*, Moscow 1958

29　Natalia Vremyachkina

30　Jennifer Tobolla

31　Peter Noever (ed.), *Tyrannei des Schönen*, Munich 1994

32　Fabiola Ciruelos

常规和传统主义的重建 1940—1960

7　Werner Durth, Niels Gutschow, *Träume in Trümmern*, Braunschweig 1988, vol. 2.

8　Karl Meitinger, *Das neue München*, Munich 1946

9　Karl Meitinger, *Das neue München*, Munich 1946

10　Winfried Nerdinger (ed.), *Aufbauzeit. Planen und Bauen in München 1945–1950*, Munich 1984

11　*Baumeister*, 1955

12　*Baumeister*, 1953

13　*Baumeister*, 1953

15　*Schlossplatz – Hindenburgplatz – Neuplatz in Münster – 350 Jahre viel Platz*, Arbeitsheft der LWL-Denkmalpflege, no. 11, Münster 2011

16　Wurstebrot.de, der Westfalenblog

17　*Baumeister*, 1952

18　Stadtarchiv Münster, Inv. No. Slg-KUP DN 115/294

19　*Baumeister*, 1949

20　*Baumeister*, 1949

21　Georg Knoll

22　*Der Baumeister*, 1946

23　z.cochrane, Panoramio

24　*Deutsche Bauzeitschrift*, 2010

25　Wolfgang Bangert (ed.), *Kassel. Zehn Jahre Planung und Aufbau 1945–1955*, Stuttgart 1955

27　Werner Durth et al., *Architektur und Städtebau in der DDR*, vol. 2, Frankfurt 1998

29　*Deutsche Architektur*, 1952

30　*Deutsche Architektur*, 1952

31　Bundesarchiv – Rostock, Inv. No. 183-A0704-0004-004

32　Werner Durth et al., *Architektur und*

Städtebau in der DDR, vol. 1, Frankfurt
1993

33 Werner Durth et al., *Architektur und Städte-
bau in der DDR*, vol. 1, Frankfurt 1993
34 Werner Durth et al., *Architektur und Städte-
bau in der DDR*, vol. 1, Frankfurt 1993
35 Bundesarchiv (Bild 183-38600-0003)
36 Henryk Bietkowski, *Nowa Warszawa w
ilustracjach*, Warschau 1955
37 Bolesław Bierut, *Szescioletni Plan
Odbudowy Warszawy*, Warschau 1950
38 Koos Bosma, Helma Hellinga (eds.),
Mastering the City, Den Haag 1997, vol. 2
39 Oldenburg University Library
40 Koos Bosma, Helma Hellinga (eds.),
Mastering the City, Den Haag 1997, vol. 2
41 Henryk Makarewicz, Fundacja Imago
Mundi
42 Wikimedia commons
43 bing.maps
44 *Forum Stadt*, 2012
45 Aljuarez, Flickr
46 *Cuadernos de arquitectura*, vol. 9, 1948
47 Philip Drew, *La realidad del espacio*,
Barcelona 1993
48 Philip Drew, *La realidad del espacio*,
Barcelona 1993
49 Annette Becker, Ana Tostoes, Wilfried
Wang (eds.), *Portugal. Architektur im
20. Jahrhundert*, Munich / New York 1997
50 Annette Becker, Ana Tostoes, Wilfried
Wang (eds.), *Portugal. Architektur im
20. Jahrhundert*, Munich / New York 1997
52 Estúdio Horácio Novais, Biblioteca de
Arte-Fundação Calouste Gulbenkian
53 *Lotus International*, 1989
54 Claire Etienne-Steiner, *Le Havre. Auguste
Perret et la Reconstruction*, Rouen 1999
55 Maurice Culot, *Les frères Perret. L'oeuvre
complète*, Paris 2000
56 Maurice Culot, *Les frères Perret. L'oeuvre
complète*, Paris 2000
57 Georges Godefroy, *Le Havre, ville neuve*,
Le Havre 1954
58 Henrard, Musee historique du Havre
59 Wikimedia commons
60 Jean-Lucien Bonillo, *La Reconstruction à
Marseille*, Marseille 2008
63 Royal Academy Planning Committee,
London Replanned, London 1942
64 Royal Academy Planning Committee,
London Replanned, London 1942
65 Royal Academy Planning Committee,
London Replanned, London 1942
66 Thomas Sharp, *Cathedral City*, London
1945
67 Thomas Sharp, *Exeter Phoenix*, London
1946
68 Thomas Sharp, *Oxford Replanned*, London
1948

修复城市 1960—2010
3 Rob Krier (Archiv KK Architekten, Berlin)
4 Rob Krier (Archiv KK Architekten, Berlin)
5 Rob Krier (Archiv KK Architekten, Berlin)
13 *Architectural Design*, 1982
14 Karl Gruber, *Bilder zur Entwicklungs-
geschichte einer deutschen Stadt*, Munich 1914
15 Birte Pusback, *Stadt als Heimat*, Cologne
et al., 2006
16 *L'Architecture d'Aujourd'hui*, 1968
17 *The Architectural Review*, 1970
18 Pier Luigi Cervellati et al., *La nuova cultura
delle città*, Milan 1977
19 Pier Luigi Cervellati et al., *La nuova cultura
delle città*, Milan 1977
20 Pier Luigi Cervellati et al., *La nuova cultura
delle città*, Milan 1977

21 Pier Luigi Cervellati et al., *La nuova cultura
delle città*, Milan 1977
24 Harald Bodenschatz et al. (eds.), *25 Jahre
Internationale Bauausstellung Berlin 1987*,
Sulgen 2012
26 Sachsenfoto Füssel
27 Wikimedia commons
28 HHVISION, DomRömer GmbH
29 Miroslav Šik, Panoramio
30 Seier + Seier
31 *Architectural Design*, 1982
32 Jean-Marie Monthiers, ADAGP 2009
33 Hans Ibelings, *Un-modern Architecture*,
Rotterdam 2004
34 Thomas Scheidt
35 Rob Krier (KK Architekten Archive, Berlin)
36 Rob Krier (KK Architekten Archive, Berlin)
37 Senator für Bau und Wohnungswesen, Berlin
38 Philipp Meuser
39 Harald Bodenschatz et al. (eds.), *25 Jahre
Internationale Bauausstellung Berlin 1987*,
Sulgen 2012
40 Günter Stahn, *Das Nikolaiviertel am Marx-
Engels-Forum*, Berlin 1985
41 Hilmer & Sattler und Albrecht
42 Senatsverwaltung für Stadtentwicklung,
Berlin
43 Jasper Cepl, Hans Kollhoff, Milan 2004
44 Wikimedia commons
45 Philipp Meuser
46 Petra und Paul Kahlfeldt, Foto: Stefan Müller
47 Prof. Christoph Mäckler Architekten,
photo: HG Esch
48 Arnd Dewald
49 Wikimedia commons
50 *Lotus International*, 1988
51 Berlinische Galerie (ed.), *Barcelona Olym-
pia Architektur*, Berlin 1991
52 Rafael Moneo, *Bauen für die Stadt*,
Stuttgart 1993
53 Serge Santelli, *Bernard Huet*, Paris 2003
54 *Architectural review*, 1995
55 Wikimedia commons
56 Marc and Nada Breitman
57 HRH The Prince of Wales, *A Vision of
Britain*, London 1989
58 Carl Laubin
59 ADAM Architecture, photo: Morley von
Sternberg
60 CZWG Architects LLP
61 Léon Krier et al., *The Architecture of
Community*, Washington 2009
62 Gabriele Tagliaventi (ed.), L'altra modernità
1900–2000, Savona 2000
63 Wikimedia commons
64 Rob Krier (KK Architekten Archive, Berlin)
65 www.skyscrapercity.com
66 Vittorio Magnago Lampugnani, Studio di
Architettura
67 Maximilian Meisse
68 mercadosdelmundo.com
69 Alexander Cooper Associates, *Battery Park
City*, New York 1979
70 Wikimedia commons
71 Andrés Duany et al., *The New Civic Art*,
New York 2003
72 Dhiru A. Thadani, *The Language of
Towns & Cities*, New York 2010
73 John A. Dutton, *New American Urbanism*,
Milan 2000
74 Gabriele Tagliaventi, *New Civic
Architecture*, Florence 2004
75 John A. Dutton, *New American Urbanism*,
Milan 2000
76 *Landscape Architecture*, 1997
77 James Steinkamp
78 Harald Bodenschatz et al. (ed.), *Stadt-
visionen 1910 / 2010*, Berlin 2010
80 Harald Bodenschatz et al. (ed.), *Stadt-
visionen 1910 / 2010*, Berlin 2010

沃尔夫冈·桑尼是多特蒙德工业大学建筑和土木工程系的历史和建筑理论教授，也是德国城市建筑研究所的副主任。他先后在慕尼黑大学、巴黎的索邦大学、柏林的自由大学学习了艺术历史和古典考古学，并在苏黎世联邦理工大学完成了博士学位。他曾在苏黎世联邦理工大学和苏格兰斯特拉思克莱德大学任教。他出版的著作包括：《代表国家，20世纪早期首都城市的规划》（慕尼黑、伦敦、纽约，2003）、《20世纪建筑理论——位置、方案、宣言》（与维托利奥·马戈尼亚戈·兰普尼亚尼、鲁斯·哈尼什、乌尔里奇·马克西米利安·舒曼、奥斯特菲尔登-鲁伊特共同编写，2004）、《媒体的建筑》（柏林和慕尼黑，2011）；《过去和现在进行遗迹保护的价值和理由》（与汉斯-鲁道夫·迈耶、英格里德·舒尔曼共同编写，柏林，2013）。